内容简介

建筑物、构筑物及其山石水土与有生命的景观植物的科学配置能创造出天上人间的琼台楼阁与鸟语花香的景观生活环境，这是建筑及环境工程设计者们所追求的一设计梦想。

本书是针对高等院校的建筑学、城市规划与设计、环境工程等与环境景观有关的设计类及其相关专业开设的景观植物学课程而编写的大学本科教材。其内容主要包括中国景观植物资源及特点，景观植物分类及识别的形态学要点，中国景观植物的主要种类及分布、习性与繁殖、用途及观赏特性，景观植物种植设计的基本形式与类型，景观植物组配设计模式与应用，景观植物与环境生态等。

本书贯彻少而精、理论联系实际的原则，舍弃了植物细胞学、分子生物学及植物遗传谱系分类等植物学专业较难的内容，主要以较直观的植物形态学为切入点，并配以大量形态学图片与景观植物配植设计实用照片，图文并茂，以便非生命科学专业的学生在高中生物知识的基础上能顺利地学好本课程，这样既有利于学生的理解与掌握，又便于教师的讲授，同时反映出学以致用的教学宗旨，这是不同于园林植物学等教材的主要区别之一，也是本书编撰的难点所在。

本书可供高等院校开设的建筑学、城市规划与设计、道路桥梁建设、环境工程等与环境景观有关的设计类及其相关专业使用，也可供环境景观施工及建设的工程技术人员参考与使用。

景观植物学

JINGGUAN ZHIWUXUE

郭兆武 编著

中国农业出版社

图书在版编目（CIP）数据

景观植物学 / 郭兆武编著 . —北京：中国农业出
版社，2014.3
ISBN 978 - 7 - 109 - 18933 - 1

Ⅰ.①景…　Ⅱ.①郭…　Ⅲ.①园林植物-高等学校-
教材　Ⅳ.①S68

中国版本图书馆 CIP 数据核字(2014)第 036359 号

中国农业出版社出版
（北京市朝阳区农展馆北路 2 号）
（邮政编码 100125）
策划编辑　王玉英
文字编辑　周丽芳

中国农业出版社印刷厂印刷　新华书店北京发行所发行
2014 年 3 月第 1 版　2014 年 3 月北京第 1 次印刷

开本：787mm×1092mm　1/16　印张：20.5
字数：490 千字
定价：45.00 元
（凡本版图书出现印刷、装订错误，请向出版社发行部调换）

前 言
QIANYAN

　　自古以来，景观植物与人类生产生活休戚相关；在现代社会，绿草如茵、花团锦簇、树木葱茏、荷香拂水、空气清新的景观生活环境是人们追求的梦想。为此，人们在建筑物内外及人工与自然景观中往往设计配置有各种风格迥异的植物景观。无生命的建筑物、构筑物、山石水土与有生命的景观植物的组配并非简单的拼凑即可，而科学合理的配置设计又应充分了解与掌握景观植物的种类及分布、生态习性、群落形态、景观美学，以及景观植物生命体在各种建筑物旁对所处微环境与大环境的适应性，才能达到景观植物与人、建筑物、景观与自然的和谐统一。本教材力求使学生了解与掌握这些基础知识。

　　本教材主要是为高等教育中与环境景观有关的设计类及其相关专业的本科学生所开设的景观植物学课程而编写的，其舍弃了植物细胞学、分子生物学及植物遗传谱系分类等植物学专业的内容，主要以较直观的植物形态学为切入点，并配以大量形态学图片与景观植物配置设计应用照片，图文并茂，以便非生命科学专业的学生在高中生物知识的基础上就能顺利地学好本课程，这是与园林植物学等教材的主要区别之一，也是本书编撰的难点。

　　本教材的英文、拉丁文及图文录入编辑由杨洁负责，形态学图片与景观植物配置设计照片的制作编辑由郭叶子负责，许凯扬、陈永发参与了部分章节的编辑工作。另外，研究生陈月华、甄琪、邹思远、杨超、孙凯、黎程、张超、孙晓伟、周维超、郑伟凡、杨有望、岳乾阳、欧阳杰、张春丽、覃熙媛、陈颖、杜凯、吴青林、李璇地、包平、张泽蕙、王珂、胡干平、王平、刘丹、杨晓平、刘馨遥、蒋方兵、周生珍、王兴等全程参与了本教材的核对等相关工作。全书由郭兆武、杨洁、郭叶子统稿。

　　在整个编写过程中，得到了国内外同行的指导与帮助，并由长沙理工大学立项为规划教材而予以资助；在编写过程中，本书作者吸收、融合和引用了国内外研究成果与中国园林、园艺等有关网站的最新信息，书中无法一一标出，书后附有主要参考文献。谨此一并深表谢意！

由于本教材系首次编写，兼有理论性与实践性，涉及专业面广，特别是因教学亟须，加之编撰者水平有限，难免存在不少问题和错误，敬请读者提出宝贵意见，以便进一步修改与补充。谨此衷心致谢！

编　著

2014 年 3 月 29 日

目 录
MULU

第一章 绪 论

景观植物学是一门集景观植物及其设计应用于一体的学科。景观植物有广义、狭义两重含义。狭义的景观植物是指常见的具有观赏性的植物种类与品种，包括全部园林植物及花卉，如苏铁（*Cycas revoluta* Thunb.）、银杏（*Ginkgo biloba* L.）、雪松［*Cedrus deodara* (Roxb.) G. Don］、白兰（*Michelia alba* DC.）、红叶李（*Prunus cerasifera* Ehrh cv. *Atropurpurea* Jacq.）、香石竹（*Dianthus caryophyllus* L.）、菊花［*Dendranthema morifolium*（Ramat.）Tzvel.］、唐菖蒲（*Gladiolus hybridus* Hort.）、芍药（*Paeonia lactiflora* Pall.）、凤仙花（*Impatiens balsamina* L.）等。广义的景观植物是指在所有人工与自然景观环境中，除园林花卉植物外，还包括构成各种景观的乔木、灌木、草本及地衣等植物；在特定条件下，甚至还包括农作物，如山水间成片的油菜花景观、蓝天白云下广袤的麦穗景观等。所以，景观植物不但包括了所有园林花卉植物，还涵盖了构成特定景观的其他高等与低等植物；景观植物学所涉及的植物范畴大于园林植物学，小于植物学或植物分类学，三者间没有绝对界限，是互为包含或交叉关系，但各又有其侧重点及其特点。

景观植物学是与景观生态环境有关的设计类专业的重要专业基础课，是人工建筑及设施的景观规划、景观环境、景观工程等技术的基础。它以植物形态学为切入点，舍弃了植物细胞学、植物生理学、植物生物化学、分子生物学及植物遗传谱系分类等植物学专业的内容，以便非植物学专业的学生能迅速入门，掌握其精髓，学以致用。

景观植物学重点阐述景观植物的主要形态特征、分类方法、地理分布、生态习性、栽培要点、繁殖方法、种植设计、树种配置等应用技术。另外，通过景观植物学的学习，达到认识自然景观中植物的重要性，以期更好地保护人工与自然景观之植物。要充分保护与挖掘树种资源，丰富人工与自然景观，科学合理地进行树种规划设计，首要的基础工作是必须识别树种；只有在此基础上，才能进一步了解其生态习性，进行种质资源交流以及资源开发利用等。

现在用于观赏的多数景观植物，是随着人类社会的经济发展、文化水平的不断提高，而逐渐把野生植物资源进行园艺化后形成的；近几十年来，人们直接把野生植物进行移栽，以人工造景。野生植物是景观植物的资源库，人们只有先保护、后合理地开发利用野生植物资源，才能营造人类美好的景观生活环境。

第一节 景观植物在环境景观设计中的作用

一、景观植物与环境

人类是大自然的产物，与自然环境息息相关，人类的生存依赖于良好的自然环境。在地球上人口较少，自然资源可为人类提供足够的必需品时，环境问题是微乎其微的。但是，随着人口的不断增长，人类生产力的发展，再加上长期开发自然资源的盲目性，生产和生活排放的污染物超过了自然环境的可容量，这种变化不仅影响了局部地区的环境质量状况，而且也导致了全球环境的逐步恶化，威胁着全人类的生存。这一全球性的环境问题，在人口稠密、居住拥挤、污染严重的城市和工厂等地尤为突出。因此，以生态学的整体观点，着眼于长期的环境效益，从改善生态平衡的高度来进行城市、工厂、道路等人工建筑及其居住环境的景观绿化，这是对人类、社会、历史负责的做法。毫无疑问，作为恢复良性生态循环重要手段之一的园林绿化、景观美化，注重环境效益，强调以"绿"、"植物造景"为主，已成为历史的必然趋势。

植物具有吸收二氧化碳，放出氧气的功能。据日本植物学家计算，1公顷落叶阔叶林每年可吸收二氧化碳14吨，1公顷常绿阔叶林每年可吸收二氧化碳29吨。另有计算表明，1/15公顷森林一般每天产生氧气48千克，能满足65人1天的需氧量。

植物具有调节气候的作用。城市景观植物有比较明显的降温增湿效果。一方面，植物光合作用可将太阳能转化成化学能，保持良好的环境小气候；而没有植物的条件下，太阳能会直接转化成热能，使环境温度骤然升高。另一方面，植物的蒸腾作用，也可消耗热量，使周围的温度降低。植物可防风、降低噪音、吸附灰尘和其他污染物。植物还具有杀灭有害细菌、产生负离子的功效。

总之，景观植物在改善和保护环境方面，具有显著的作用，被称作绿色的环境卫士。所以，景观植物对环境污染的生态反应及其在改善和净化环境中的作用，是人们用来监测和保护环境的重要手段，是在对有"三废"（废气、废水、废渣）以及噪声、放射线等分别治理后，综合防治其对环境大气、水质、土壤、动物、植物污染的必不可少的最经济有效的重要措施。掌握各景观植物的特性，根据环境特点及要求，科学地设计城市各类景观绿化，则能使景观植物在保护环境、美化环境中产生巨大的作用。

二、景观植物与造景

植物是造景"三要素"（山水、建筑和植物）之一。它不仅是大自然生态环境的主体，也是风景资源的重要内容。取之用于景观创作，可以造成一个充满生机的优美的自然景观环境；繁花似锦的植物景观，可提供焕发精神的自然审美享受对象。造景可以无山或无水，但不能没有植物。中国古典园林，特别是江南私家园林，虽然植物比重不大，但它仍然是园林景观构成必不可少的要素。连北京颐和园和承德避暑山庄等皇家宫苑，建筑也只在一个角落里，更多的是自然山水与景观植物。欧洲造园，不论是花园（Garden）或林园（Park），顾名思义，植物为造园的主角。我们可以说，植物与园林不可分割，离开了树木花草也就不成其为园林艺术了。每种植物都有独自的形态、色彩、风韵和芳香，给人以视觉、听觉、嗅觉等感受，还有一年四季的季相变化。

从现在的一些古典园林中也可看出，其造景离不开景观植物，甚至其命名也与景观植物有直接或间接的联系。例如，承德离宫中的"刀窦松风"、"青枫绿屿"、"梨花伴月"、"曲水荷香"等，都是以景观植物作为其景观的主题而命名的。江南园林也不例外，例如拙政园中的枇杷园、远香堂、玉兰堂、海棠春坞、留听阁、听雨轩等，其命名也都与景观植物有直接联系，它们有的以观赏树木为主题，有的则是借花木而间接地抒发某种意境和情趣。

　　我们知道，中国古典园林不单是一种视觉艺术，而且还涉及听觉、嗅觉等感官。此外，春、夏、秋、冬时令变化，雨、雪、阴、晴等气候变化都会改变空间的意境并深深地影响到人的感受，而这些因素往往又都是借景观植物为媒介而间接发挥作用的。例如，拙政园中的听雨轩，就是借雨打芭蕉而产生的声响效果来渲染雨景气氛的。借风声也能产生某种意境，例如承德离宫中的"万壑松风"建筑群，就是借风掠松林而发出的涛声而得名的。

　　通过嗅觉而作的景观植物就更多了。例如，苏州留园中的"闻木樨香"，拙政园中的"雪香云蔚"和"远香益清"（远香堂）等景观，无不都是借桂花、梅花、荷花等的香气袭人而得名的。

　　古藤老树或珍贵花木更具有独特的造景价值，有名胜的性质，它本身即可构成独立观赏的对象。因此，造景时常在一个适当的环境里，诸如小家庭、小天井、月台、路口等处，以台、座、栏、篱为衬托，作相对独立的陈设式布置。这些"活的历史文物"，常招徕无数游客。如江苏昆山亭林公园入口处的古琼花树；苏州光福司徒庙四株形态各异的千年古柏，古人因其形而分别给其题名为"清、奇、古、怪"，杭州超山的一唐一宋两株老梅，以及山东曲阜孔庙大成殿前的一株相传为孔子手植的桧柏（现存者为清雍正二年，即1732年所萌新条）等都起到了这样的作用。亭台楼阁、山石水池，破废了还可以重修；而苍松古柏、老槐高桐等古树名木，却不能死而复活。因此，各地园林部门都十分重视古树名木的保护工作。即使枯干配木，也不轻易挖去。而是采用特殊的手法，如缠以紫藤、凌霄，便可"枯木逢春"，蔚然成景。

　　景观中的建筑、雕像和山石，通过景观植物的修饰、烘托，还可减少人工印痕，增加景色的生趣。由于景观树木不同的自然地理分布，会形成一定的乡土景色和情调。景观植物的造景有绿化、美化、香花和彩化等作用。

三、景观植物与景观变化

　　在造景创作中，植物不但是绿化的颜料，而且也是万紫千红的渲染手段，描写大自然的美丽景象，要求同大自然一样，现实四季的变化。表现季相的更替，正是景观植物所特有的作用。江南有四时不谢之花，它们分别显示着不同的时节；树木更是季相鲜明，花果树木春华秋实，仲夏则绿叶成荫子满枝，季相更替不已；一般落叶树的形、色，也随季节而变化；春发嫩绿，夏被浓荫，秋叶胜似春花，冬季则有枯木寒林的画意。由景观植物的开谢与时令的变化所形成的丰富的园林景观是其他造景材料所望尘莫及的。

　　空间异质性变化。就城市光照而言，人工建筑群的布局创造了多样的光照条件，如广场、街心、屋顶等开阔地为全光照环境；密集建筑楼群的阴面、高架桥下、住宅的空架层、林荫下等小环境为荫蔽环境；城市的大多数生境为半日照环境。就城市水分而言，城市中河道两旁季节性漫水的带状湿地，以及不受洪水影响的高坡地水分差别多样，即使是广场绿地，由于美学需要所做的地形变化处理，出现了上坡位和下坡位的变化，尤其是梅雨季节，排水快慢直接影响上坡位和下坡位的水分状况。就城市土壤而言，类型多样。由于城市改造，局部地段裸露出贫瘠的成土母质；部分地段因回填垃圾土、表土，或由于生活污水的长期侵蚀使得土壤有机质丰富；还有部分地段由于工业废水的污染等原因，形成了各种类型的污染土壤。就城市气温而言，城市化加剧，使得市中心出现了明显的"热岛效应"，市中心的气温普遍高于郊区，如能利用好这一温差，适量引种一些偏南方树种，可增加城市风景的

新奇效果。

季相异质变化。随着生活水平的提高，居民的审美和环境意识不断增强，对城市建筑外绿地的要求不仅仅停留在绿化覆盖率上。在时间尺度上要求城市绿地具有"春花、夏荫、秋彩、冬绿"的四季动态变化。这种要求可以看作绿地景观的时间异质性，这种时间异质性所表现的风景景观的动态变化大大提高了绿地的可观赏性。

四、景观植物与地域

植物的生长由于受气候条件限制，不同区域生长的植物不同，形成的景观也不一样，如热带雨林、热带红树林、热带棕榈、亚热带常绿阔叶林（南亚热带榕树、中亚热带的壳斗科、北亚热带樟树）、落叶阔叶林、针叶林、草原、高山草甸等。

城市树种规划应考虑市民观景赏花的地区传统。例如，成都之所以称为"蓉都"，主要是市民喜爱木芙蓉（*Hibiscus mutabilis*）；洛阳市民对牡丹（*Paeonia suffruticosa*）情有独钟，历史悠久；南京市民一直有早春郊游赏梅（*Armenniaea mume*）踏青的习俗；扬州市民有春天观赏琼花（*Viburnum macrocephalum. f. keteleeria*）的传统。充分利用好一个地区的文化传统可体现城市景观树种规划的地方特色，突出城市的个性。

第二节　景观设计与景观植物

景观树种的配置要与建筑协调，起到陪衬和烘托作用。景观树木的选择，无论是体型大小或色彩的浓淡，必须同建筑的性质、体量相适应。如杭州灵隐大殿配置浓绿、淡绿、金黄色叶的楠木、银杏等大乔木，取得了体型和色彩的对比。选择适当的树种，还能使建筑主题更加突出，如杭州岳庙《精忠报国》影壁下种植的杜鹃花，是借"杜鹃啼血"之意，以杜鹃花鲜红浓郁的色彩表达后人对忠魂的敬仰与哀思。

树木的配置方式亦要与建筑的形式、风格及建筑在园中所起的作用联系起来，这样方能发挥树木陪衬和烘托的作用，协调建筑和环境的关系，丰富建筑物艺术构图，完善建筑物的功能。我国园林建筑中的亭、廊、桥、榭、轩等都是靠绚丽多姿的花木，而使得园景明媚动人。

在花木与建筑的配置上，一般来说，花色浓深宜植于粉墙旁边，鲜明色淡则宜于绿丛或空旷处。如《花镜》中所述：桃花妖艳，宜别墅山隈，小桥溪畔；横参翠柳，斜映明霞，杏花繁灼，宜屋角墙头，疏村广榭；梨之韵，李之洁，宜闲庭旷圃；榴之红，葵之灿，宜粉壁绿窗。

景观植物配置要与园林的地形、地貌及园路结合起来，取得景象的统一性。通过树种的选择和配置，可以改变地形或突出地形。如在起伏地形配置树木，高处栽大乔木，低处配矮灌木，可突出地形的起伏感；反之，则有缓平的感觉。在地形起伏处配置景观植物，还应考虑衬托或加强原地形的协调关系。如在陡峻岩坡，配置尖塔形树木；在浑圆土坡处则配置圆头形树木，使其轮廓相协调，增加柔美匀称的视觉效果。

山地景观植物的配置，土山与石山是不一样的。对土山来说，一般山麓多采用灌木、地被等接近地表覆盖地面，再适当置以小乔木，目的在于遮挡平视观赏线，不使看到山冈的全体，造成幽深莫测的感觉；山腰可适当间植大乔木；山顶则多种大乔木，造成有一定景深的山林，平视可看到层层树木，仰视枝桠相交，俯视则虬根盘曲，这便衬托出山巅岭上林莽之间的景象效果。石山的树木应侧重于姿态生动的精致树种，如罗汉松、白皮松、紫薇等。体量较小，表现抽象，形式美的叠石或独立石峰，多半是配置蔓性月季、蔷薇、凌霄、木香、络石、薛荔之类攀缘花木。

景观中的各种水体，无一不借助树木花草创造丰富的水体景观，一般飞瀑之旁，用松、枫及藤蔓象征山崖的险要；溪谷宜用竹、桃、柳等；水中之岛可选用南天竹、棕榈、罗汉松、杜鹃花、桃叶珊瑚、八角金盘、木芙蓉等；水滨宜种落羽松、池杉、水杉、柳、槭、乌桕、桃、棣棠、锦带花、迎春、连翘、紫薇、月季等。

第三节　景观植物群落

在景观设计中，人们知道乔木、灌木、草本要科学合理地结合，但如何搭配值得深入了解。在树冠中，叶片相互重叠并彼此遮荫，从树冠外部到树冠内部，光照强度逐步递减。因此，在一棵树的树冠内，各个叶片接受的光辐射量是不同的，这取决于叶片所处位置及入射光的角度。在植物群落内，由于植物群落对光的吸收、反射和透射作用，所以群落内的光照强度、光质和日照时间都会发生变化，而且这些变化随植物种类、群落结构，以及随时间和季节的不同而不同。例如，较稀疏的栎树林，上层林冠反射的光约占 18%，吸收率约为 5%，射入群落下层的光约为 77%。针阔混交林群落，上层树冠反射的光约占 10%，吸收率约 70%，射入下层的约为 11%。越稀疏的林冠，光辐射透过率也越大。一年中，随季节的更替，植物群落的叶量也有变化，因而透入群落内的光照强度也随之变化。在冬季落叶阔叶林的林地上可照射到 50%～70% 的阳光；春季树木发叶后可照射到 20%～40% 的阳光；但在盛叶期，林冠郁闭后，透到林地的光照仅为 10% 以下。对常绿林而言，则一年四季透入到林内的光照强度较小，并且变化不大。

光辐射透过林冠层时，大部分被林冠所吸收。因此，群落内对光合作用有效的光辐射比群落外少得多。针对群落内的光照特点，在配置景观植物时，上层应选阳性喜光景观植物，下层应选耐荫性较强或阴性景观植物。

总之，20 世纪以来，人们在景观植物的研究、保护、利用方面取得了长足的进步与发展，已培育出许多新、奇、特的景观植物新品种问世，还不断有各种新品种问世；但需特别指出的是景观植物对我国城市、公园、住宅小区、道路、桥梁等人工建筑的环境景观美化方面取得了显著成效。但我们也需清醒地认识到，在美化人工景观的同时，有时却忽略了自然景观之植物的保护与科学合理的开发利用，甚至时有牺牲自然景观为代价去创造人工景观的现象发生，这是我们所不愿看到的。目前，在实际应用中，对景观植物的保护与科学合理的开发利用方面，仍然存在许多问题。

植物的适应性与引种问题。在引种过程中，对景观植物的适应性问题认识不足，进行盲目引种与应用。如对温度的适应性考虑不足，常把热带、亚热带景观植物盲目向北引种。例如，把热带棕榈科植物跨大区域向北引种，冷杉属向南引种等，造成生长不良，甚至死亡。对土壤水分的适应性问题，如在地势低洼的地区种植不耐涝的景观植物，而在干旱地块种植喜湿景观植物等。对光照的适应，如喜阴喜阳景观植物的合理搭配与布局等，还有如景观植物对土壤条件的适应性等，均应进行科学的设计与合理地布局。

　　还有诸如种类的配植问题；组成种类与配植结构；草坪在城市绿化中的地位；大树进城，森林树种园林化应用等问题；景观设计与景观植物的生物学特性问题等。景观植物应用于景观设计应考虑其自身的生物学特性，如体量变化、对环境的适应性等，景观植物有别于一般的建筑材料，其为活体，有生长、发育、衰老、死亡这一过程，应用于景观设计时应充分考虑这些特点。

第二章 中国景观植物资源及特点

景观植物资源依托于植物资源库，其植物范围涵盖了高等植物与低等植物之不同种（Species）、亚种（subspecies）、变种（varietas）、变型（forma）等野生植物资源以及经人类长期驯化、培育而成的品种（cultivar）；自然景观的景观植物也就是构成其整体景观中植物之全部。

全球已知植物有 50 余万种，中国种子植物约有 3 万种、药用植物 1 200 余种；植被类型有森林、灌丛、草原、草甸等；群落类型有热带常绿阔叶林、亚热带常绿落叶阔叶混交林、温带落叶阔叶林、寒温带落叶阔叶针叶混交林、寒带针叶林等。我国幅员广大，自然环境优越，形成了丰富的植被资源与多样的植被类型，是我国景观植物最丰富的资源库。

第一节 景观植物自然资源的分布

地球上丰富的景观植物（包括花卉）资源广布于五大洲，分布于全球热带、亚热带、温带及寒带。它们之间由于地理性的隔离，诸如海拔高度、年平均气温、年降雨量等都有相当大的差异。

据 Miller 及塚本氏的研究，全球共划分为 7 个气候型，即地中海气候型、墨西哥气候型、欧洲气候型、热带气候型、寒带气候型、中国气候型。中国气候型分温暖型和冷凉型，虽以中国大部分省、自治区为主，但所涉及的国家及地理分布范围较广。在每个气候型所属地区内，由于特有的气候条件，形成了丰富的野生景观植物自然分布中心。

中国土地辽阔、地形多变，兼有热带、亚热带、暖温带、温带和湿润、半湿润、干旱及半干旱性气候，分布着极其丰富的植物资源。全国有近 3 万种高等植物，其中观赏植物占相当大的比例。特别是中国西部及西南部的特定地理条件，形成了世界上某些景观植物的分布中心，仅云南省就有 18 000 多种，如杜鹃属（*Rhododendron* L.）、报春属（*Primula* L.）、龙胆属（*Gentiana* L.）、山茶属（*Camellia* L.）、中国兰花（*Cymbidium* Sw.）、石斛属（*Dedrobium* Sw.）、凤仙属（*Impatiens* L.）及绿绒蒿属（*Meconopsis* Vig.）等。在全国范围内广泛分布，形成植物属世界分布中心的还有蔷薇属（*Rosa* L.）及菊属〔*Dendranthema*（DC.）Des Moul.〕等。此外，中国海南岛属沙漠气候型，是中国仙人掌科植物的集中分布地区。

按原产地气候型自然分布的分类是一个基本分类方法。但是，植物本身对变化了的外界条件还存在一定的适应性，如欧洲气候型与中国气候型之间有较大的差异，但原产欧洲及北非和叙利亚一带的黄菖蒲（*Iris pseudacorus*）在中国华东及华北一带生长也很旺盛，能够露地越冬。马蹄莲（*Zanthedeschia aethiopica*）是原产南非的景观植物，世界不少国家引种

以后，出现了夏季休眠、冬季休眠及不休眠的不同生态类型。总的来说，原产某一气候型区域的景观植物移至另一不同气候型地区进行栽培，多数生长不良，有的甚至死亡；但也有的种能适应不同地区的气候条件，这对于景观植物的引种是十分重要的。

第二节 景观植物自然资源染色体倍数性的地理分布

20 世纪以来，一些学者在研究中发现，植物的自然地理分布往往与染色体倍数及数量有一定关系。早在 1925 年 Hurst 就研究了蔷薇属（*Rosa* L.）的分布情况。*Rosa* 属的染色体基数 x=7，广布于北半球，从热带至寒带都有分布。热带及温暖地区分布着 2 倍体种，而寒带地区分布着 8 倍体种。研究表明，由于气候型的不同，表现在染色体倍数及组型上也有相应的差异。

Dowrick（1952）调查了菊属的情况，在地中海沿岸分布的都是 2 倍体种；而在中国和日本及西伯利亚的野生宿根草本却是 8 倍体及 10 倍体的高倍数种。

地中海沿岸分布的球根花卉，随着染色体数的增加，有向北移的趋向。仅仙客来属就有 15～16 个种，2n ＝ 20、22、30、34、68、96 等，广布于地中海沿岸。欧洲仙客来（*C. europaeum*）产地深入到欧洲中部的奥地利，其染色体数 2n＝48，与西非北海岸原产的 *C. africanum* 2n＝68 的种在形态上很相近，而染色体数相差甚大。从这个事例可见，随着地理位置的北移，有降低倍数性的趋向，这与前面谈及的蔷薇属植物分布规律恰恰相反。

一些景观花卉植物属的自然地理分布情况与染色体倍数性的关系，现在尚未完全查明，但这一研究课题无疑对野生景观花卉植物的分布规律和今后的选种、育种及利用，都有很重要的意义。

第三节 景观花卉植物品种资源及其景观性状

近 100 多年来，人们对景观植物中的野生花卉园艺化育种做出了重大的贡献。在景观植物中，花卉种类的占比最大。据法国种苗商报报道，花卉中若不把高山植物及野生草花计算在内，已经园艺化的花卉达 8 000 多种。而在改良了的花卉种类中，还有众多的品种（Cultivar）。在 Emsweller 品种数量表中列举了月季有 10 000 多个品种、郁金香 8 000 多个品种、水仙 3 000 多个品种、唐菖蒲 25 000 多个品种、芍药 2 000 多个品种、鸢尾 4 000 多个品种、大丽花 7 000 多个品种、菊花 1 500 多个品种。诸多的种与品种形成了开花景观植物如下独特的景观性状。

1. 花期 即花朵开放的时期，分早花、中花和晚花，其中又分初开、盛开及凋谢。

2. 花色 一般指花朵盛开时的标准颜色，包括色泽、浓淡、复色、变化等。

3. 花瓣 其类型有重瓣、复瓣、单瓣及套瓣等。

4. 花式 即开花与展叶的前后关系，有纯式及衬式之分。

5. 花香 即花所分泌散发出的独特气味，包括香味的浓淡、类型、飘香距离等。

6. 花相 即花朵在植株上着生的状况，有密满花相、覆盖花相、团簇花相、星散花相、线条花相及干生花相等诸种。

7. 花韵 即花所具有的独特风韵，是人们对客观所引起的一种感觉或印象。

第四节　彩叶木本景观植物资源及其景观性状

一、亮绿叶类景观植物

此类观叶树种通常枝叶繁茂，叶厚密，叶常厚革质，叶色浓绿而富有光泽，大多为常绿树种，是目前长江流域地区景观植物新品种引种的热点类型。传统上有女贞（*Ligustrum lucidum*）、海桐（*Pittosporum tobira*）、石楠（*Photinia serrulata*）、珊瑚树（*Viburnum awabuki*）、大叶黄杨（*Euonymus japonicus*）等，现在较为流行的有樟树（*Cinnamomum camphora*）、深山含笑、乐昌含笑和杜英（*Elaeocarpus decipiens*）等景观植物。

二、异形叶类景观植物

异形叶类景观植物，其叶形奇特，与常见的单叶形态有显著的差别。按叶形的不同可分为如下几种基本类型：

1. 羽状深裂叶　如苏铁（*Cycas revoluta*）；羽状复叶，如无患子（*Sapindus mukurossi*）、红豆树（*Ormosia henryi*）和合欢（*Albizzia julibrissin*）等。

2. 掌状复叶　如七叶树等。

3. 掌状叶　如八角金盘、棕榈（*Trachycarpus fortunei*）等。

4. 剑形叶　如丝兰（*Yucca filamentosa*）、凤尾兰（*Yucca gloriosa*）等。

另外，有些单叶的叶缘开裂或收缩方式不同而形成特殊观叶效果，如叶缘浅裂，形如"马褂"的鹅掌楸。

三、彩色叶类景观植物

叶色不同于通常的颜色，色彩丰富，种类极多。此类又可概括为如下类型：

1. 终年彩色树种　多数为常绿树或落叶树种的生长期间，叶片从幼叶到衰老，彩色始终存在。根据叶片的彩色着生部位和形状，进一步可区分为如下类型：

① 复色　叶有2种或2种以上的颜色。

嵌色：在绿色叶上镶嵌着黄色或银色的斑块。如金心大叶黄杨、金心胡颓子、银斑大叶黄杨、花叶长春蔓、花叶冬青、银斑常春藤等品种。

洒金：在绿色上散落黄色或银色斑点。如洒金东瀛珊瑚、洒金千头柏等。

镶边：在叶片边缘呈黄色或白色。如金边黄杨、银边黄杨、玉边胡颓子等品种。

异色：叶的背腹两面颜色有明显差别。如银白杨、木半夏等，还有温室植物变叶木、红背桂。

② 单色　叶终年仅有一种色彩。

全年红：叶在整个生长期内为红色。主要有红羽毛枫、红檵木、红鸡爪槭、红乌桕等。

全年紫：叶在整个生长期内为紫色。主要有紫叶李、紫叶桃、紫叶小檗等。

全年黄：叶在整个生长期内为黄色。如金叶女贞、金叶小檗等。

2. 季节性变色树种　绝大多数为落叶树，转色期在落叶前3～5周。

① 秋红型　在秋季落霜后叶色出现大红、洋红、橙红、紫色等色彩。主要有鸡爪槭、枫香、黄栌、盐肤木、黄连木、紫薇、檫木、乌桕、卫矛、山麻杆、榉树、南天竹等。

② 秋黄型 在秋季落霜后叶色出现鲜黄、淡黄、橙黄等色彩。主要有银杏、复叶槭、刺楸、无患子、槲栎、七叶树、金钱松、山胡椒等。

③ 春红型 春季抽出的幼嫩枝叶为红色。常见有石楠、桂花。

近半个世纪以来，由于生物科学及细胞工程与分子生物学的迅速发展，各国对景观植物野生资源的引种及育种又有许多新的突破，不断有新、奇、特等品种问世，为景观植物资源库增添了新的色彩。

第五节 景观植物的自然植物群落资源库

由于植物组建的水平不同，而分为植物个体和植物群体（包括植物群落和植被）。广义的植物生态学，包括个体生态学（autecology）和群体生态学（synecology），二者又常合称为植物生态群落学或生态地植物学（ecological geobotany）。

自然界的植物很少单生，常多数聚生在一起，形成群体，称为植物群落（plant community，phytocoenosis）。有时，因出现的面积过少，不足反映群落的特征，称之为群落片段。柳林、蒲塘、灌丛、草地都是常见的自然植物群落。人工植物景观和果园种植的果林，则属于人工植物群落。群落中的植物个体称为群落成员。

自然植物群落是自然界组建的一个整体。从生态学的观点来看，它有自己形成的历史，与外部环境有着密切的联系，其内部成员之间也具有相互联系、相互制约的特点。这类群落内部、外部的联系和相互制约的作用，推进着群落的发展变化、形态结构的形成、类型的划分和分布，并显示出一定的规律性。

世界上不同的地带生长着不同类型的植物群落。它们的分布，决定于群落所在的生态环境和历史原因，但是气候常在其中起着主导的作用。因此，大多数类型的植物群落在分布上是有地带性的。

景观植物造景系人为设计植物群落，即人工植物群落。但设计人工植物群落时必须尊重自然，科学地进行设计，合理地布置景观植物种类，达到既美观，又符合植物的生长发育规律；特别是在仿自然造景设计时，我们有必要先了解植物自然群落的类型及其特点，分布的主要种类，这既有利于掌握植物本身的生长发育规律，也有利于了解植物生活习性的本质以不同自然植物资源的地理分布特点。所以，景观人工植物群落源于自然植物群落，自然植物群落资源是人工景观植物群落的资源库。

世界上不同的地带生长着不同类型的植物群落。它们的分布，决定于群落所在的生态环境与历史姻缘，但是气候常在其中起着主导的作用。因此，大多数类型的植物群落在分布上是有地带性的。以下将分别叙述植物群落的基本类型及其分布。

一、常雨林和红树林

这两类群落都出现在潮湿的地带。常雨林又称为潮湿热带雨林，分布在终年湿润多雨的热带（降水量在2 000 mm以上，分配均匀）。世界上面积最大的常雨林分布在南美亚马孙河流域和赤道非洲的西部，其他如中美的东部，印度西南沿海，中印半岛的西部，我国的台湾南部、海南岛，以及许多热带岛屿上，也都有出现。常雨林分布在雨量最充沛、热量最丰富，热、水与光的常年分配最均匀的地带；相应地，常雨林就成为陆地上最茂盛的植物群落。在常雨林里，植物种类很多，每公顷的地面上可以出现二三百种以上的树种（也有种类较少的情况）。树木的分枝少，树冠小，树身高挺，有些树种在树干下部产生许多板状根，像护墙一样围绕着高大的树身。由于乔木的高度不等，因此常雨林的树冠常参差不齐。成层结构很发达，乔木层多至4～5层，下面还有灌木层和草本层。藤本植物纠缠交错，如棕榈科的省藤属（*Calamus*）缠绕茎长可达300 m，附生蕨类和附生的兰科植物最为常见，还有附生的藻类和藓类。尤其是附生植物不但生在枝干上，还生在叶上，似乎形成特殊的空中花园。这些附生植物大量出现，种类也很多。常雨林中所有植物都是常绿的，终年生长，轮流开花。很多树木，例如可可属（*Theobroma*）、木波罗属（*Artocarpus*）、榕属（*Ficus*）及柿属（*Diospyros*）等的许多种，能在树干和老茎上直接开花结实。常雨林中所有植物的芽都没有牙鳞。林内湿度很高，林下植物具有大而柔软的叶，显示出湿性植物的特征；但上层乔木的叶由于有时接触到晴朗炎热的天气，所以通常革质、坚硬、具光泽，带有旱生特征。

红树林是以红树科（Rhizophoraceae）为主的灌木或矮树丛林；此外，还有海榄雌科（Avicenniaceae）、海桑科（Sonneratiaceae）、紫金牛科（Myrsinaceae）和使君子科（Combretaceae）等种类及一些伴生植物，分布在热带海岸上的淤泥滩上，我国的台湾、福建和广东、广西沿海也有分布。当涨潮时，红树林茎干下部淹没，只有林冠挺出海面；退潮时，树干和红树特有的根系——支柱根和呼吸根就都显露出来。支柱根伸入土中，支撑着树身。海岸土壤由于缺氧，表现为蓝色，呼吸根挺出地面，能从空中获得充足的氧气。红树科植物的果实在母体上时种子已经开始萌发，伸出胚轴。当坠入海岸淤泥后，能很快地固定发育成新株。这是红树群落对环境的一种特殊的适应。

二、阔叶常绿林

阔叶常绿林分布在亚热带潮湿多雨的地区。我国南部、日本南部、印度北部、葡萄牙、加那列群岛、马德拉群岛、美国南部的佛罗里达、智利、巴塔哥尼亚、新西兰等都有分布。这类森林所占的面积并不很大，主要的树种为樟属（*Cinnamomum*）、楠木属（*Phoebe*）等。有时也出现一些具有扁平叶的针叶树，例如竹柏属（*Podocarpus*）、红杉属（*Sequoia*）等。树叶革质、有光泽，叶面与光照垂直，能在潮湿多云的气候下有效地进行光合作用。但这类森林生长处的气候并不像常雨林那样终年温热潮湿，所以上层乔木的芽都已有了芽鳞保护。林下植物虽仍表现出湿生植物的特征，但林内的附生植物已不如常雨林中的发达，并缺少老茎开花和具有板状根的植物。

三、竹　林

竹林是由禾本科竹类植物组成的木本状多年生单优势种常绿植物群落，分布范围很广，从赤道两边直到温带都有分布。不少竹类高达20～30 m，但大多数是灌木状的中小型竹，少数是蔓生藤竹。全世界竹类植物共约62属1 000种以上。亚洲是竹类的起源中心，不但种类最为丰富（有37属700余种），而且特有属的数目较多（共有27属）；依次为美洲、非洲和大洋洲，欧洲没有自然分布的竹种。

天然的竹林多为混交林，乔木层中以竹为主，还混生其他常绿阔叶树或针叶林。人工栽培的则多为纯林。竹林的地下茎既是养分贮藏和输导的主要器官，也具有强大的繁殖能力。竹林的开花周期长，种的传播和繁殖更新主要是通过营养体（地下茎）的繁殖来实现的。竹类植物适应性较强，从赤道两边直到温带，从河谷平原到丘陵和山地都有分布。除了干燥的沙漠、重盐碱土壤和长期积水的沼泽地以外，几乎各种土壤都能生长，但绝大多数竹种要求温暖湿润的气候和较深厚而肥沃的土壤。

我国竹类植物约有 26 属，近 300 种，为亚洲各地之冠。竹林面积约 270 万公顷，相当于世界竹林总面积的 1/5，包括丛生、散生和混生竹三类。我国竹类植物天然分布范围在北纬 18°～35°、东经 85°～122°，南自海南岛，北至黄河流域，东起台湾岛，西迄西藏的聂拉木地区。其中有经济价值的 50 余种，而且有不少种类原产于我国，如毛竹（*Phyllostachys pubescens* Mazel）、刚竹（*Ph. bambusoides* Sieb et Zucc）、淡竹［*Ph. nigra*（Odd.）Munro var. *henosis*（Mitf.）Stapf ex Rendle］、唐竹（*Sinobambusa tootsik* Makino）和茶杆竹［*Pseudosasa amabilis*（McClue）Keng f.］等。我国竹林的分布区主要在热带、亚热带地区，华南地区竹的种类最多（占全国竹类种数的 48%），长江流域以南海拔 100～800 m 的丘陵山地，以及河谷平地竹林分布最广、生长最盛。

四、硬叶林

硬叶林是常绿、旱生的灌丛或矮林。出现的气候特点为夏季炎热且干旱，此时植物虽不落叶，但处于休眠状态；其余时期的雨量较多而不冷（最冷月份的平均温度也不低于 0 ℃），适合植物生长。地中海沿岸一带属于硬叶林分布的典型地区。其他如澳洲的西部、东部和中部的一些地区，南非的开普敦，北美的加利福尼亚，南美的契兰（圣地亚哥以南）沿海一带，也都有硬叶林出现。

硬叶林的主要特征是叶常绿，革质，有发达的机械组织，没有光泽，叶面的方向几乎与光线平行。群落中大多数植物都能分泌挥发油，因此这类群落具有强烈的芳香气味。

硬叶林的种类成分随地区而不同。栓皮槠（*Quercus* suber L.）、椰子栎（*Q. cocci fera* L.）、大果黑钩叶（*Arbutus unedo* L.）、百里香属（*Thymus*）等在地中海一带；桉属（*Eucalyptus*）、金合欢属（*Acacia*）在澳洲；欧石楠属（*Erica*）在南非都占优势；栎属（*Quercus*）和黑钩叶属（*Arbutus*）在北美也占有重要地位。

五、季雨林和稀树草原

这类群落分布在干湿季节交替出现的热带地区，干季落叶休眠，雨季生长发育。依雨量的多少和干季的长短又有不同的类型。

季雨林（又称雨绿林）出现在雨量较多的地方（年雨量约 1 500 mm）。雨季枝叶茂盛，林下的灌木、草本和层外植物发达，外貌很像常雨林，但干季植物落叶。如果干季只有一小部分植物落叶，群落外貌仍然保持绿色，这样的季雨林与阔叶常绿林很近似，我国南方沿海的季雨林就是这种类型。如果大部或全部植物都在干季落叶，那么群落在干季就显出枯黄的迹象，这样的季雨林在东南亚（印度、中南半岛和巽他群岛的一些岛屿）非常发达，如柚木（*Tectona grandis* L.）林是典型例子。

在雨量较少（年雨量 900～1 200 mm）、干季较长（达 4～6 个月）的热带地区，有稀树草原出现。其特点是草层为主，稀疏地生长着旱生的乔木或灌木，雨季葱绿，干季枯黄。草层常以高茂的禾本科草本植物为主。木本植物的种类随地区而不同，例如非洲的猴面包树（*Adansonia digitata* L.）、南美的纺锤树（*Cavanillesia arborea*）等，都是很有名的。稀树草原在赤道非洲、南非、南美、澳洲以及亚洲的印度等地都有分布。我国云南、台湾和海南岛的少雨地区，也有稀树草原出现。

六、夏绿阔叶林

夏绿阔叶林简称夏绿林，出现在温带和一部分亚热带地区。特点是：夏季枝叶繁茂，冬季落叶进入休眠。夏绿林的种类成分不很繁杂，优势种明显。因此，有栎林、桦林、山杨林等名称。乔木层除夏绿阔叶树外，有时还有松、侧柏等针叶树。林下植物的多少随乔木的种类而不同。例如，在稠密、阴暗的山毛榉林里，几乎没有什么林下植物，但在明亮的栎林下，则常有发达的灌木层和草本层。藤本植物和附生植物不多。夏绿林在北半球相当普遍，南半球则较少。

七、针　叶　林

在高纬度地带和高山上，有针叶林分布。北半球的针叶林很发达，从温带起向北延伸，一直达到森林的北界，然后被灌丛、冻原等植被所代替。南半球的针叶林很少，大都出现在山区。一般针叶林对于酸性、瘠薄土地有较强的适应能力。

除落叶松林外，针叶林都是常绿的，种类成分比较单纯。因此，有落叶松林、云杉林、冷杉林、松林、杉木林等名称。林下植物不发达，层外植物极少。在低湿环境的针叶林下，藓类常占优势；而在特别干燥的针叶林下，常有较多的地衣；在土层较厚、湿度适中的针叶林下，也能出现较茂盛的草本层。

八、干草原和草甸

干草原和草甸都是草本植物群落。干草原主要分布在温带雨量较少的地区。欧亚大陆的干草原很发达。我国内蒙古、前苏联的西伯利亚、北美的密西西比平原以西与洛矶山脉之间，南美的阿根廷与乌拉圭的大部分地区，都有广大面积的干草原。其他如南非的桔河上游以及澳洲、新西兰等处也有分布。干草原出现地区的年雨量为200～450 mm。在典型的干草原上，由于雨量不足，乔木绝迹。但在雨量稍多的地方，干草原与小片树林交错出现，这样的植被带有过渡的性质，称为森林草原。干草原的草层一般能郁闭起来，但在干燥较甚的情况下，草原比较稀疏，地面经常暴露，这样的干草原带有向荒漠过渡的性质，称为半荒漠。干草原的草类属于旱生类型，它的种类成分一般是以丛生的多年生禾本科草类为主，其中以针茅属（*Stipa*）分布最广，无论在欧亚大陆或南美、北美的干草原上都常占优势，也是我国内蒙古、新疆典型干草原的优势种。在干草原里，随着干旱程度的加强，还会逐渐增多一年生植物的数量。

草甸的草类都是中生的。因此，常比干草原的草类植株高大，种类成分也较复杂。除禾本科、莎草科、豆科、菊科等占优势的草甸外，还有其他植物构成的草甸。例如，亚高山或高山的草甸常包括龙胆属（*Gentiana*）、报春花属（*Primula*）、马先蒿属（*Pedicularis*）、勿忘草属（*Myosotis*）、罂粟属（*Papaver*）、毛茛属（*Ranunculus*）、风铃草属（*Campanula*）、紫菀属（*Aster*）等许多植物。夏秋之际，百花齐放、色彩缤纷、鲜艳夺目。草甸大都是在森林遭破坏后出现的。因此，草甸的分布一般没有地带性。但高山草甸及高纬度地带的草甸仍有地带性。这类草甸比较低矮，其中多年生植物占绝对优势，一年生植物几乎不存在。

九、荒　　漠

荒漠是对植物生长最为不利的环境。因此，荒漠上植被异常稀疏，甚至几乎看不见植物。根据形成荒漠的主要原因，可以分为如下两类。

1. 干荒漠　在干旱气候条件下发育，年雨量不超过 300 mm，甚至有些地区在某些年份里根本没有降雨（利比里亚荒漠每隔 4～5 年才降雨一次）。干荒漠主要分布在高气压的亚热带和大陆性气候特别强烈的地区。世界上著名的荒漠有非洲撒哈拉大沙漠、亚洲的戈壁沙漠及澳洲中部的沙漠，它们都占有广阔的地面。此外，北美西部的大盆地直至加利福尼亚半岛、南美中部的西海岸一带以及南非等地，也有干荒漠的分布。

干荒漠植被中的植物，可分为旱生和短命、类短命类型。旱生类型都是多年生的，主要是半灌木和草本植物，它们具备各类旱生植物的特点。短命、类短命植物都是一些低矮的小草，能在 60～70 天内完成生活史，很多植物甚至在 3 周内就能完成生活史。

有些荒漠的雨季集中在春季。例如，北非的荒漠、南非的卡鲁荒漠、中亚的一部分荒漠等。在这类荒漠上，短命和类短命植物非常发达，春季绿茵遍地，百花盛开，形成荒漠中的特殊景观。但在雨量分散而不集中，或雨量十分缺乏的荒漠上，只有旱生类型的植物才能生长。

2. 冻荒漠　冻荒漠是严寒极地和高山的严寒气候下形成。冻荒漠的植物几乎处于生活的极限。由于环境的异常严酷，植物种类极其贫乏，分布也异常稀疏。特别在极地的广大冰原上，植物几乎绝迹。

冻荒漠群落的典型植物都很低矮，呈垫状、莲座状。由于气候严寒，营养期短，一年生植物难以达到开花结实。因此，冻荒漠上所有植物几乎都是多年生的。

十、冻　　原

冻原分布在高纬度地带，那里的气候寒冷（最热月份的平均温度不超过 10 ℃），降水量少（不超过 250 mm），风大，生长周期短（不超过两个月），地面下不远就有永冻层。夏季，土壤仅解冻到 15～20 cm 的深度。

冻原植被的基本特点之一为森林绝迹。但在冻原与森林地带的过渡地段，仍有片段的森林出现，称为森林冻原。

冻原植被包括很多类型，其中最典型的是地衣真藓冻原，种类成分以苔藓和地衣为主。在湿冷沼泽化环境下藓类占优势，在高燥地方及排水良好的沙质土壤上地衣较多。在气候不过分严酷的环境下，也有灌木冻原出现。

十一、沼泽植被

沼泽植被是不沉没于水中的湿生植物群落。在分布上没有地带性，类型很多，主要有草本沼泽和泥炭藓沼泽。在草本沼泽中，单子叶植物常占优势，常见的有苔草属（*Carex*）、芦苇（*Phragmites communis* Trin.）、藨草属（*Scirpus*）、香蒲属（*Typha*）、灯心草属（*Juncus*）、雨久花属（*Monochoria*）、泽泻属（*Alisma*）、蓼属（*Polygonum*）、水芹属（*Oenanthe*）、水龙属（*Jussiaea*）、石龙尾属（*Limnophila*）等。草本沼泽分布很广，在温暖湿润的气候下更为发达。

在凉爽气候条件下的沼泽，由于植物残体分解缓慢，逐渐积累成大量泥炭并产生大量酸类。酸类淋洗矿物营养的结果，形成一种酸性的、瘠薄的泥炭沼泽。这类沼泽不适宜于草类的生长，但泥炭藓能在其上健壮地生长。泥炭藓的残体继续形成泥炭，泥炭上又长出新的泥炭藓。所以在凉爽气候下，泥炭藓群落相当稳定，草本沼泽常被泥炭藓沼泽演替。在发育年代较久的泥炭藓群落下面，常可形成很厚的泥炭层，好像隆起的小丘。

泥炭藓能直接从湿润的空气中吸收水分，并能在植物体内贮藏大量的水分（个别种类达1 500%～3 000%）。因此，北方或山地的针叶林下如果出现泥炭藓，就可能使林地沼泽化，这对于森林经营是不利的。

十二、水生植物

水生植被分布在各地河流、湖泊、沼泽和海洋，没有地带性。水生植物有的固定在水底，称为水底植物；有的漂在水面，称为漂浮植物；有的悬在空中，称为悬浮植物。高等植物中的水生植物大多数是水底植物，少数是漂浮植物，没有悬浮植物。眼子菜属（*Potamogeton*）、金鱼藻属（*Ceratophpllum*）、睡莲属（*Nymphaea*）、萍蓬草属（*Nuphar*）、荇菜属（*Nymphoides*）等，都是常见的水底植物。

漂浮植物最常见的有浮萍属（*Lemna*）、槐叶苹属（*Salvinia*），它们常覆盖池塘的水面。悬浮植物都是一些低等植物（细菌、鞭毛有机体、藻类），它们是鱼类的主要食料。

第六节　中国景观植物的自然植被资源库

一定区域范围内的植物群落和植物的总体，称为该地区的植被（vegetation）。例如长江下游的植被、中国的植被、世界植被等。本节将简要介绍中国植被分区的有关知识，为合理地利用自然植被，科学地组建人工景观植被和管理人工景观植被，为取得景观植被与环境较好的统一，并为今后的学习与工作打下一定的基础。也为我们设计与建造人工景观植被时对所取景观植物的地理分布、生活习性、资源所在地等有所了解，做到合理地利用自然资源，达到科学地设计与合理地建造人工植被景观之目的。

改革开放以来，随着人工造景的迅速发展，景观植物跨大区域栽培越发频繁，如把热带景观植物引种至亚热带，甚至温带露地栽培，创造所谓"热带景观"。随着全球气候变暖，景观植物的南种北栽成功的种类也不罕见，但失败者甚多，究其原因，除温度外，还有景观植物原产地的地理、气候与土壤条件等因素，这些因素造就了植物的生物学特性。下面就中国植被的分布作简要阐述，以期了解我国各大区域的植物种类特点及其地理、气候与土壤条件等，使之对景观植物的造景地与资源输出地均进行较全面地了解，避免人工造景中对景观植物选择的盲目性，以提高成功率。

我国地域辽阔，南从北纬4°附近的曾母暗沙以南起，北到北纬53°32′漠河以北的黑龙江心，东至黑龙江与乌苏里江汇流处，西至帕米尔高原，地跨热、亚热、暖温、寒温诸带，地形复杂，有海拔高于8 800多米的高峰，也有低于海拔154 m的低洼盆地。气候、土壤等方面的变化，也是错综复杂的。更由于文化历史悠久，在多样化的自然因素和人为因素的综合作用下，出现了多种类型的植被，形成了丰富多彩的自然景观。

在大的方面，依照主要植被类型的生态分布情况，可以把全国分为三个大区域：东部森林植被大区域，内蒙古、新疆旱生植被大区域，青海、西藏高寒植被大区域。各地带又依植被的特点进一步划分为区域和亚区域，只有蒙新与青藏之间，由于环境的变化很急剧（昆仑山为一大断层，山上海拔在 6 000 m 左右，属于青藏地带，山下海拔在 1 000 m 左右，属于蒙新地带），植被也就缺乏明显的过渡。以下按中国植被分区，扼要地叙述各区域的植被。

一、寒温带针叶林区域

此区域位于我国最北部，北纬 49°20′（牙克石附近）以北，东经 127°20′（黑河附近）以西的大兴安岭北部及其支脉伊勒呼里山的山地一带。面积不大，山势不高，一般海拔 700～1 100 m，最高峰奥科里堆山也仅 1 530 m。地形丘陵状起伏，坡度平缓。在河流的源头和河岸低地处多见沼泽地。气候寒冷，年平均温度在 0 ℃ 以下。冬季长达 9 个月，最冷月（1 月）平均温度为 −28～−38 ℃，绝对最低温度常达 −45 ℃ 以下；夏季最长不超过 1 个月，最暖月（7 月）平均温度为 15～20 ℃，绝对最高温度可达 35～39 ℃，年温差和日温差均极为悬殊，一年中植物生长期仅 90～110 天。年降水量平均为 360～500 mm，大多在生长期内降落，有利于植物生长。土壤主要是棕色针叶林土，此外，谷底两旁的冲积阶地上有草甸土，低洼地段有沼泽土，地下 1 m 左右常有永冻层。

本区域植被以兴安落叶松 [*Larix gmelinii*（Rupr.）Kuz.] 所组成的落叶针叶林为主。有时也见兴安落叶松与白桦（*Betula platyphylla* Suk.）、獐子松（*Pinus sylvestris* var. *mongolica* Litvin.）混交林。群落结构简单清晰，常常是一种乔木组成大片森林。林下以具有旱生形态的兴安杜鹃（*Rhododendron dauricum* L.）为主，其次有狭叶杜香（*Ledum palustre* L. var. *angustum* N. Busch.）、越桔（*Vaccinium vitisideae* L.）和笃斯越桔（*V. uliginosum* L.）等灌木层，还有草本层和由苔藓植物组成的活地被层。山坡的上部或山顶、山脊处，并有偃松 [*Pinus pumila*（Pall.）Regel] 混生。落叶针叶林经采伐后，大部分被桦木、山杨等落叶阔叶林为主的次生林所代替。次生林再经破坏，便成为山地草甸，期间散生少数乔、灌木。

二、温带针叶阔叶混交林区域

本区域位于北纬 40°15′～50°20′，东经 126°～135°30′ 范围内，包括我国东北平原以东、以北的广阔山地。主要山脉有小兴安岭和长白山，山脉走向大部分为东北至西南。其中最高的山峰是长白山的白云峰，海拔 2 691 m，其他山峰多在 1 500 m 以下，山峦重叠，但一般山地海拔 300～800 m，坡度平缓。

本区域无霜期 125～150 天，1 月份均温多在 −10 ℃ 以下，7 月份均温多在 20 ℃ 以上。年降雨量 600～800 mm，多降在夏季。水热平衡，宜于针阔混交林的发育。地带性土壤为暗棕壤，以山地暗棕壤为主，低地则为草甸土和沼泽土。全区有较厚的季节冻层，北部有零星出现的永冻层。

本区域的典型植被是以红松为主的针阔叶混交林。种类组成随南北的自然环境而有所变化。在北部，针叶树除红松以外，混生的还有鱼鳞松 [*Picea microsperma*（Lindl.）Carr.]、红皮云杉（*Picea koraiensis* Nakai）、落叶松（*Larix gmelinii* Rupr.）、臭冷杉（*Abies nephrolepis* Maxim.）等树种，而阔叶树种较少，以紫椴（*Tilia amurensis* Rupr.）、硕桦（*Betula costata* Trautv.）为主。在南部，针叶树除红松之外，有杉松（*Abies holophylla*

Maxim.）和少量的朝鲜崖柏（*Thuja koraiensis* Nakai）出现，阔叶树种则显有增加，除紫椴、硕桦以外，有水曲柳（*Fraxinus mandshurica* Rupr.）、花曲柳［大叶白蜡树，*F. chinensis* var. *rhynchophylla*（Hance）Hemsl.］、黄檗（*Phellodendron amurense* Rupr.）、糠椴（*Tilia mandshurica* Rupr. et Maxim.）、千金榆及槭属（*Acer* spp.）等树种出现。林下灌木和藤本中如毛榛子（*Corylus mandshurica* Maxim.）、刺五加［*Acanthopanax senticosus*（Rupr. et Maxim.）Harms.］、暴马丁香［*Syringa reticulata*（Bl.）Hara var. *mandshurica*（Maxim.）Hara］等，以及藤本植物如多种猕猴桃（*Actinidia* spp.）、山葡萄（*Vitis amurensis* Rupr.）、北五味子（*Schisandra chinensis* Baill.）等相继出现。草本植物中的人参（*Panax qinseng* C.A. Mey.）、大叶子［山荷叶，*Astilboides tabularis*（Hemsl.）Engl.］、北细辛［*Asarum heterotropoides* Fr. Schmidt var. *mandshuricum*（Maxim.）Kitagawa］和天麻（*Gastrodia elata* Bl.）等都为本地的特有种。这类植物组成的森林充分展示了针阔叶混交林的外貌和结构。

在此区较高的山岭上，如小兴安岭（700～1 100 m）、张广才岭（900～1 500 m）、长白山（1 100～1 800 m），针叶林取代了针阔叶混交林。在个别高峰上，还有亚高山矮曲林（岳桦林）及高山草甸出现。在地形较低而不积水的草甸土上，常生长着野青茅属的一种（*Deyeuxia angustifolia*）；在低洼积水的沼泽土上，则生长着以苔草（*Carex* spp.）为主的沼泽植被。其中乌拉草（*Carex meyeriana* Kunth）是当地著名的纤维植物。

三、暖温带落叶阔叶林区域

此区域位于北纬 32°30′～42°30′，东经 103°30′～124°10′的范围内，燕山山地与秦岭两大山体之间。包括辽宁省的南部，北京市、天津市、河北省除坝上以外的全部，山西省恒山至兴县一线以南，山东省全部，陕西省的黄土高原南部、渭河平原以及秦岭北坡，甘肃省的徽、成盆地，河南省的伏牛山、淮河以北，安徽省和江苏省的淮北平原。全区域西高东低，山地分布在北部和西部，海拔平均超过 1 500 m；东部辽东丘陵和山东丘陵，平均海拔不到500 m。西部山地和东部之间的广阔地带，为我国最大的华北大平原以及经渤海到东北的辽河平原，海拔不到 50 m。本区域的气候特点是夏热多雨，冬季严寒而干燥，年平均气温一般为 8～14 ℃，由北向南递增。年降水量平均在 500～1 000 mm，由东南向西北递减，而且季节分配不匀，夏季可占 60%～70%。植物生长期 230～260 天。地带性土壤是褐色土和棕色森林土，黄土高原分布着黑垆土，在平原的湖泊和低洼地区分布着盐渍土和沼泽土，在经常受河流泛滥地段，还有零星分布的新冲积土和沙丘（黄河故道）。

本区域的代表性植被类型为落叶阔叶林，这是温带地区的主要森林群落。由于我国的这些地区受第四纪大陆冰川的影响较小，其植物种类组成较西欧、北美以及日本、朝鲜等地的为丰富。乔木树种主要是壳斗科（Fagaceae）的各种落叶栎类（*Quercus* spp.），其他的落叶树种有桦（*Betula* spp.）、槭（*Acer* spp.）、椴（*Tilia* spp.）、楝（*Melia azedarach* L.）、泡桐［*Paulownia fortunei*（Seem.）Hemsel.］等。针叶树种中油松（*Pinus tabulaeformis* Carr.）、赤松（*Pinus densiflora* Sieb. et Zucc.）、华山松（*P. armandii* Franch.）也占重要地位。村落附近现存树种有臭椿［*Ailanthus altissima*（Mill.）Swingle］、栾树（*Koelreuteria paniculata* Laxm.）、槐树（*Sophora japonica* L.）、榆（*Ulmus pumila* L.）、桑（*Morus alba* L.）等。此外，本区域的东北部山地还有云杉林和冷杉林。本区域的自然植被

中，目前面积最大而且分布最广的是森林遭受破坏后而出现的灌草丛，这是一种常见的次生植被，其建群种灌木以荆条 [*Vitex negundo* var. *heterophylla*（Franch.）Rehd.] 和酸枣（*Zizyphus jujuba* Mill.）为主，草本种类则以黄背草 [*Themda triandra* Forsk. var. *japonica*（Willd.）Makino] 和白羊草 [*Bothriochloa ischaemum*（L.）Keng] 占优势。

本区域是我国重要的温带水果产区，栽培有苹果、梨、杏、葡萄、枣、柿等优良的落叶果树，以及核桃、板栗等木本油粮植物。秦岭盛产中药材，如当归 [*Aneglica sinensis*（Oliv.）Diels]、党参 [*Codonopsis pilosula*（Franch.）Nannf.]、山茱萸（*Cornus officinalis* Sieb. et Zucc）、天麻等。华北平原的麻黄（*Ephedra sinica* Stapf）、大黄（*Rheum officinate* Baill.）、黄芪 [*Astragalus membranaceus*（Fisch.）Bunge]、白头翁 [*Pulsatilla chinensis*（Bunge）Regel] 等。此外，本区域的主要树种为落叶栎类，其叶可养柞蚕，因此也是我国主要的柞丝产区。

四、亚热带常绿阔叶林区域

本区域范围广阔，北部以秦岭、淮河为界，南达南岭山系北回归线附近，东濒黄海、东海海岸和台湾省及所属沿海岛屿，西界基本上沿西藏高原的东坡向南延至云南的西藏国界线上。包括浙江、福建、江西、湖南、贵州等省全境，江苏、安徽、湖北、四川等省大部分地区，河南、陕西、甘肃等省的南部和云南、广西、广东、台湾等省、自治区的北部以及西藏的东部，占全国总面积 1/4 左右。地势西高东低，西部包括横断山脉南部以及云南高原大部分地区，海拔 1 000～2 000 m。东部包括华中、华南的大部分地区，多为 200～500 m 的丘陵山地。本区东部和中部的大部分地区受太平洋季风的影响，西南部的部分地区受印度洋季风的影响，加以纬度偏南（北纬 23°～34°），气候温暖湿润，年平均温度在 15 ℃以上，一般不超过 22 ℃，最冷月平均温度都在 0 ℃以上。年降水量 800～2 000 mm，东部较西部为大，一般都在夏、秋两季内降落。冬季霜冻期不长，无霜期 250～350 天，土壤以酸性的红壤和黄壤为主。

本区常绿阔叶林的树种以壳斗科、樟科（Lauraceae）、木兰科、山茶科、金缕梅科（Hamamelidaceae）为主，其树叶革质、光滑，冬季能忍受短期寒冷而不落叶，林冠比较整齐，季相变化不如落叶阔叶林明显。常绿阔叶林中通常都有一至数个优势树种，其中乔木常又可分为两层（即乔木上层和亚层），林下都有比较明显的灌木层和草本层。灌木层中常绿的种类很多，草本层中还有常绿的蕨类植物。林内藤本和附生植物及树干上附生的苔藓植物都很普遍。

本区北部的常绿阔叶林具有较多的落叶树种，往往与常绿阔叶树混交，或成为下层优势种类；而偏南地区的常绿阔叶林又往往带有一些热带林的特征。

常绿阔叶林被成片砍伐后，常为针叶林所代替，但因本区东西两部分地理条件差异显著，针叶林的主要种类也不同：东部广泛分布马尾松，下层多见油茶和铁芒箕等；西部云南高原一带是云南松（*Pinus yunnanensis* Franch.），下层多见小铁仔 [*Myrsine stolonifera*（Koidz.）Walk.]、厚皮香 [*Ternstroemia gymnanthera*（Wight et Arn.）Spragua] 等。在长江中下游地区，杉木林分布普遍，极大部分是人工栽培，也有栽培后天然更新而呈半天然状态的，还有毛竹林也是东部地区的一种重要的植被类型。杉木林和毛竹林的群落结构都较简单，有时两者还可混交成为半天然竹木混交林。

在亚热带的高山上，由于高山的寒冷气候环境，分别由铁杉［*Tsuga chinensis*（Franch）Pritz.］、落叶松、云杉、冷杉等针叶树组成亚高山针叶林，这类针叶林已属于寒温带的植被类型。我国西南的亚高山针叶林分布十分普遍，这些林下或次生针阔叶混交林下，常常有多种矮小竹类，成片生长。我国特产的熊猫专以嫩竹为食，其分布和活动场所与这类针叶林下箭竹［*Sinarundinaria nitida*（Mitford）Nakai］的分布有着紧密关系。此外，本区还有一些地质史上残留下来的落叶树种，如银杏、水杉、银杉（*Cathaya argyrophylla* Chun et Kuang）、金钱松（*Pseudolarix kaempferi* Gord.）、枫香树、檫树（*Sassafras tzumu* Hemsl.）、鹅掌楸［*Liriodendron chinense*（Hemsl.）Sarg.］等，称为"孑遗植物"。

本区是我国植物资源最为丰富的地区，不论野生有用植物或栽培植物的种类都占全国重要地位，而且资源的开花和利用有很大潜力。西部地区目前尚有少量原始森林。常绿阔叶树种的木材质量良好，其中如楠木［*Phoebe nanmu*（Oliv.）Gamble］、樟［*Cinnamomum cumphora*（L.）Presl］、栎树（*Quercus* spp.）用于制造家具和农具，深受人们欢迎。目前较大面积分布的杉木、马尾松、云南松，以及高山地区的云杉、冷杉等，是建筑用材。经济林木有油桐、乌柏、茶、漆树（*Rhus verniciflua* Stokes）、油茶（*Camellia oleifera* Abel.）、香樟（*Cinnamomum* spp.）、桑、山核桃（*Carya cathayensis* Sarg）、棕榈［*Trachycarpus fortunei*（Hook. f.）H. Wendl.］等。果木有柑橘、枇杷［*Eriobotrya japonica*（Thunb.）Lindl.］、杨梅［*Myrica rubra*（Lour.）Sieb. et Zucc.］、桃、李、梨、花红、石榴等，药用植物如杜仲、天麻（*Gastrodia elata* Bl.）、厚朴（*Magnolia officinalis* Rehd. et Wils.）、木通［*Akebia quinata*（Thunb.）Decne.］、茯苓［*Poria cocos*（Sobw.）Walf.］、五味子［*Schisandra chinensis*（Turcz.）Baill.］等种类也很多。作物以水稻为主产区，其他还有玉米、小麦、甘薯、豆类、烟草、甘蔗、麻类等。本区的杉木、毛竹、茶叶、油桐、生漆、蚕桑、麻类等均系我国重要的植物资源。本区是我国亚热带景观植物的主要自然资源库。

五、热带季雨林、雨林区域

本区域东起东经123°附近的台湾省静浦以南，西至东经85°的西藏南部亚东、聂拉木附近，北界位置蜿蜒于北纬21°～24°，基本上在北回归线以南，最南端处在北纬4°附近，其南端为我国南沙群岛的曾母暗沙，已属于赤道热带的范围。从东南到西北呈斜长带状，包括台湾、海南岛、广东、广西、云南和西藏六省（自治区）的南部。境内除个别山地外均为海拔百米的丘陵或数十米的台地。全年平均气温都在20～22℃，南部偏高，达25～26℃；最冷月平均气温一般为12～15℃以上，绝对最低温度多年平均值一般为5℃以上，全年基本无霜。年降水量大都超过1 500 mm。其中海南岛、台湾南部及西藏东南端的河谷地带可高达3 000～5 000 mm；而海南岛西部及广西南宁等地属雨影地区，年雨量仅为900～1 200 mm左右。代表性土壤类型为砖红壤性土。在丘陵山地随着海拔的增高逐步过渡为山地红壤、山地黄壤和山地草甸土等。

本区不仅气候温热湿润，有利于多种植物生长，而且由于在较近的地质年代没有受到大陆冰川的袭击，保留了较多的古老的热带植物种类。常见的有龙脑香科（Dipterocarpaceae）、无患子科（Sapindaceae）、梧桐科（Sterculiaceae）、橄榄科（Burseraceae）、楝科（Meliaceae）、茶科（Theaceae）、桑科（Moraceae）、四数木科（Datiscaceae）、使君子科（Combretaceae）、番荔枝科（Annonaceae）、肉豆蔻科（Myristicaceae）、山龙眼科（Proteaceae）、藤黄科（Guttiferae）、桃金娘科（Myrtaceae）、野牡丹科（Melastomataceae）、棕榈科（Palmae）等。

由于受季风气候及地形、土壤的影响，本区典型的植被可分为三大类：第一类是热带常绿雨林，本地区偏南地区局部湿度较高的闭塞的山谷及河流两岸还有少量的、分散的原始森林分布；第二类是落叶、常绿混交的季雨林，分布在云南南部河谷上部和海南岛、雷州半岛、台湾等地，群落所在地地形比较开敞，主要受海洋季风的直接影响；第三类是沿海岸海湾的淤泥滩上生长的红树林，主要由红树科（Rhizophoraceae）的植物所组成，其他还有马鞭草科（Verbenaceae）、紫金牛科（Myrsinaceae）等。本区热带山地的高海拔处，由于海拔升高，温度降低而湿度增加，通常能见到各种类型的山地雨林。这类雨林的上层以亚热带的植物成分为主，下层则有较多的热带植物种类。热带雨林、季雨林及山地雨林一旦经破坏后，均可出现以禾本科为主的高草地或藤蔓交错的杂木灌丛或各种热带竹林。

由于本区气候终年适合植物生长，不仅植物资源丰富，而且植被生产量很高，珍贵木材有紫檀（Pterocarpus indicus Willd.）、柚木（Tectona grandis L. f.）、香椿属类（Toona spp.）、铁力木（Mesua ferrea L.）、胭脂木（Wrightia spp.）等。低海拔的低丘台地均可栽种三叶橡胶，海南岛、云南南部已成为我国的重要橡胶基地。本区还有多种热带经济作物，如油棕（Elaeis guineensis Jacq.）、可可树（Theobroma cacao L.）、胡椒（Piper nigrum L.）、咖啡（Coffea spp.）、剑麻（Agave sisalana Perrine）、蕉麻（Musa textilis Nee.）、海岛棉（Gossypium barbadense L.）等。热带果木有香蕉、菠萝、芒果（Mangifera indica L.）、龙眼、荔枝、橄榄［Canarium album（Lour.）Raeusch.］、乌榄（Canarium pimela Koenig）、蒲桃［Syzygium jambos（L.）Alston］、木菠萝（Artocarpus heterophyllus Lam.）、番木瓜（Carica papaya L.）、牛心果（Annoa glabra L.）、椰子（Cocos nucifera L.）、槟榔（Areca catechu L.）等。热带的药用植物有肉桂（Cinnamomum cassia Presl）、砂仁（Amomum villosum Lour.）、金鸡纳（Cinchona ledgeriana Moens）、萝芙木［Rauvalfia verticillata（Lour.）Ball.］等。本区是我国热带景观植物的主要自然资源库。

六、温带草原区域

我国温带草原区域，是欧亚草原区域的重要组成部分，主要连续分布在松辽平原、内蒙古平原、黄土高原等地，面积十分辽阔。还有一小部分坐落在新疆北部的阿尔泰山区，通过蒙古人民共和国的草原区与我国内蒙古草原的草原区连接在一起。本区域东北部地势较低，一般海拔120～200 m，地势比较平缓；西部及西南部地势较高，一般海拔700～1 500 m，个别山地在2 000 m以上。气候属大陆性的温带气候类型，比较干燥。年降水量从东到西，从450 mm逐渐降至150 mm，大多集中在夏季。除东北平原外，一般降雪很少。温度的年变幅大，而且每日的温度变幅也大。无霜期100～170天，由北向南不等。春季和夏季风很大，常引起土壤水分的强烈蒸发。温带草原区典型的土壤为栗钙土，与针叶林过渡地段存在黑钙土，与荒漠过渡地段逐渐转化为棕钙土，在其他过渡地段有时还出现褐土、黑垆土等类型。局部地段有时还有碱化和盐化现象。

本区代表性植被主要为密丛禾本科植物组成的温带草原。除了禾本科植物外，豆科、莎草科、菊科、藜科、百合科也占重要地位。草原一年四季相变化十分明显，不同季相常有不同科的植物种类在群落中占优势。我国草原中针茅属的禾草比较普遍。此外，常见的还有隐子草（*Kengia* spp.）、羊草［*Aneurolepidium chinense*（Trin.）Kitag］、芨芨草，豆科中的甘草、锦鸡儿［*Caragana sinica*（Buchoz）Rehd.］、胡枝子（*Lespedeza bicolor* Turcz.），菊科中的蒿类植物等。还有藜科植物，在草原中一般都以小灌木或半灌木出现。

温带草原区域与温带森林区域之间，由于气候相对比较湿润，分布着森林草原或草甸草原，尤以后者为主，只在低山丘陵北坡和沙地、沟谷等处，有岛状的森林分布。有时，在森林与草甸草原之间，还有以中生杂类草为主的草甸群落。温带草原区域与温带荒漠区域之间由于气候的进一步干燥，使草原群落的高度和密度显著变低，分布着由一组特有的强旱生小型针茅，如戈壁针茅（*Stipa gebica* Roshey.）、沙生针茅（*S. glareosa* P. Smirn.）和短花针茅（*S. breviflora* Gniseb.），并含有一组强旱生小半灌木，如女蒿［*Hippolytia trifida*（Turcz.）Poljak］、著状亚菊［*Ajania achilleoides*（Turcj.）Ling］和冷蒿（*Artemisia frigida* Willd.）组成的半郁闭的矮草荒漠草原，它的西侧与荒漠区域相连。

我国草原面积很大，自东北向西绵延3 000多公里，约占全国土地面积的1/5以上，是我国重要的畜牧业基地。草原中野生植物资源丰富，针茅、隐子草、羊草等都是天然的牧草资源，芨芨草是造纸的纤维植物。药用植物有200多种，大宗出产的有甘草、远志（*Polygala tenuifolia* Willd.）、黄芩（*Scutellaria baicalensis* Georgl）、麻黄、防风［*Saposhnikovia divaricata*（Turcz.）Sehischk.］等。农作物有春小麦、马铃薯、莜麦、甜菜、亚麻、玉米、大豆、高粱、小米等，还有优质的栽培牧草如紫花苜蓿、草木樨等。

七、温带荒漠地区

我国温带荒漠区域位于东经108°以西，北纬36°以北。包括新疆维吾尔自治区的准噶尔盆地与塔里木盆地、青海省的柴达木盆地、甘肃省与宁夏回族自治区北部的阿拉善高平原，以及内蒙古自治区鄂尔多斯台地的西端，占我国面积的1/5强。此区域海拔多在1 000 m左右（柴达木盆地海拔3 000 m左右）。地形较平坦，但多沙漠与戈壁、多盆地、多盐湖。本区是欧亚大陆的中心部分，距海洋在2 000~3 000 km以上，且四周被高山环绕，海洋潮湿气流很难到达，是世界上著名的干燥区之一。气候表现为强烈的大陆性，不仅冬、夏温度变化大（年温差26~42 ℃），而且每日的温度变化也很大，日温差可达30~40 ℃（敦煌），绝对最高温可达47.6 ℃（吐鲁番，1956年7月24日），绝对最低温可降至−35 ℃。年降水量均在200 mm以下，一般都有不足100 mm，个别地区在50 mm以下。土壤为棕钙土、荒漠灰钙土、灰棕漠土、棕漠土和龟裂土。

荒漠植被以藜科植物为常见，其中有蒿类、柽柳、沙拐枣等。这些植物一般都是小型的半灌木，在形态上有着适应于干旱的许多特征。此外，荒漠中还有一些生活周期极短的短命植物。

荒漠植被对于固定流沙、改良土壤都起着巨大的作用。还有一些资源植物，如胡杨、灰杨（*Populus* spp.）是建筑材料，沙拐枣可以做家具，琐琐可做薪柴，骆驼刺、泡泡刺、隐子草等是羊和骆驼的好饲料。药用植物有麻黄、甘草、枸杞、百里香（*Thymus mongolicus* Ronn.）等。梭梭根部寄生的苁蓉和白刺上寄生的琐阳，都是名贵药材。本区高山山麓有雪水灌溉之处，是农业发达的绿洲地带，可种一年一熟的春小麦、莜麦、马铃薯、甜菜、陆地棉、亚麻等，还生产葡萄、哈密瓜、海岛棉，以及桃、李、梨等落叶果树。

八、青藏高原高寒植被区域

自第三纪以来，在地质结构上迅速隆起的青藏高原成为世界的屋脊，对东亚大陆的气候和生物界产生了巨大的影响。青藏高原位于北纬 28°～37°，东经 75°～103°，平均海拔在 4 000 m 以上，是世界上最高、最大、最年青的高原，包括西藏绝大部分，青海南半部、四川西部以及云南、甘肃和新疆各一部。此区域的气候特征表现为：气温低，年差较小，日差较大，干湿季和冷暖季变化分明，雨暖同期，干冷季长（10 月至翌年 5 月），暖湿季短（6～9 月），而且冷暖转换急速，过渡表现突然。此外，还表现在太阳辐射强，日照充足，风大，雷暴和冰雹均多等特点。由于高原面积辽阔，地形复杂，各地气候状况相差悬殊，总的情况是高原东南部受海洋季风影响较大，而西北部大陆性气候明显，由东南往西北，气温逐渐降低，降水逐渐减少，气候状况从暖温湿润逐步变为寒冷干旱，形成有规律的地区差异。在高原的中部和南部，一般海拔 3 000～5 000 m，大部分地区年平均温度在 0～5 ℃，冬季最低温度可达 −25 ℃，夏季平均温度一般在 10 ℃ 左右，最热月平均温度都在 20 ℃ 以下；年降水量 300～500 mm，但低海拔的部分地区，因受峡谷季风影响，年雨量可达 1 000 mm，而高海拔的局部地区年雨量甚至只有 150 mm。在高原的西北部，海拔 5 000～7 000 m，号称世界屋脊，气候极端寒冷，年平均温度一般都在 0 ℃ 以下，绝对最低温度达 −40 ℃，夏季天气变化无常，经常雨雪，时冷时暖，日温差很大，烈日下可增温达 37.8 ℃，而夜间有降温至 −4 ℃；空气稀薄干燥，年降水量低于 100 mm，有的地方只有 20 mm 或更少，主要在夏季降落，通常还伴随着大风。青藏高原的土壤类型也较多，从东南往西北依次出现：山地棕色森林土和山地灰褐色森林土——高山灌丛草甸土——高山草甸土和高山寒漠土——亚高山灌丛草原土和高山草原土——山地荒漠土和高山荒漠土，表现明显的水平分布特征，但不同地区又有不同的垂直带谱的土壤类型。

已知的青藏高原植物种类，并非过去所想象的那样贫乏。特别是东部和东南部，是我国植物区系较为丰富的地区之一。在高原东侧，川西、滇北以及高原南部的横断山脉地区，一般海拔 3 000～4 000 m，针阔叶混交林分布面积最大，也有片段的亚热带温性常绿阔叶林和大面积的寒性针叶林。主要优势树种为常绿栎类，高山松（*Pinus densata* Mast.）、多种云杉和冷杉，是我国第二大林区——川西林区的一部分。在海拔 1 800 m 以下的干热河谷，还普遍分布着多刺肉质灌丛。海拔 4 000～5 000 m 为高寒灌丛和高寒草甸植被，前者主要建群种为蔷薇科的金露梅 [*Dasiphora fruticosa*（L.）Rydb.]、多种杜鹃、高山柳、鬼箭锦鸡儿 [*Caragana jubata*（Pall.）Poie.] 和圆柏等；后者的主要建群种为嵩草和蓼等植物。海拔 4 500～5 000 m 处，大面积地分布着高寒草原和高寒荒漠草原植被，主要建群种为紫花针茅、羽柱针茅（*Stipa subsessiliflora* var. *basiplumosa*）、昆仑针茅以及嵩属、青藏苔草（*Carex moorsroftu* Falc. ex Boott）等。在海拔较低（4 400 m 以下）的藏南谷地，出现了温性草原和温性干旱落叶灌丛，建群种为中温性禾草，如毛芒草属（*Aristida* spp.）、白草（*Pennesetum flaccidum* Griseb）、固沙草 [*Orinus thoroldii*（Stapf）Bor.]、长芒草（*Stipa bungeana* Trin.）和砂生槐树 [*Sophora moorcroftiana*（Wall.）Benth. ex Baker]、星毛角桂花（*Ceratostigma griffithii* Clarke）、薄皮木（*Leptodermis saurangia*）等灌木。在海拔 4 400～4 600 m 以上为高寒草原和高寒灌丛，建群种为紫花针茅、嵩属和变色锦鸡儿（*Caragana versicolor* Benth.）、香柏 [*Sabina squamata*（Buch. - Ham.）Antoine var. *wilsonii*

（Rhd.）Cheng et I. K. Fu.］等。到了高原的最西北部，即喀拉昆仑山与昆仑山之间的山原和湖盆区，平均海拔在 5 000 m 以上，气候极为寒冷干旱，已有大面积的多年冻土分布，发育着高寒荒漠植被，主要建群种为垫状驼绒藜［*Ceratoides compacta*（Losinsk.）Tsien et Ma.］，优势植物尚有硬叶苔草、羽柱针茅等。但在西部阿里地区，海拔平均在 4 200～4 500 m，气候相对较温和，但很干燥，为山地温性荒漠或草原化荒漠植被，建群种为超旱生的小半灌木驼绒藜（*Ceratoides latens*）、灌木亚菊（*Ajania fruticulosa*）以及优势种砂生针茅（*Stipa glareosa* P. Smirn）等。

本区域的高原上有许多蒿草、苔草及各种禾本科草类，都是优良的天然牧草。常见的几种蓼科和豆科草类的种子富含淀粉和蛋白质。野生中药材资源也相当丰富，其中产量较大的有贝母（*Fritillaria* spp.）、虫草［*Cordyceps sinensis*（Beck.）Sacc.］、大黄（*Rheum officinale* Baill.）、党参、羌活（*Nototterygium incisum* Ting.）、独活、黄芪、木通、五味子等。主要作物有青稞、小麦、燕麦、豌豆、芜菁（*Brassica rapa* I.）、马铃薯、油菜、大葱等。雅鲁藏布江中游谷地气候温和，日照充足，土地肥沃、平整，又有较好的灌溉条件，向有"西藏粮仓"之称；此外，还可栽种杨、柳、桃、杏、胡桃等树木。

第三章 景观植物实用分类学基础

据不完全统计，地球上已定名的植物达 50 余万种，原产中国的高等植物有 3 万种以上，木本植物近 7 500 种。目前，在园林、道路、河州、田园化等实用景观中仅利用了很少部分，大量的种类还未被认识与开发。要充分挖掘其资源，丰富自然与人工景观，科学合理地进行景观植物规划设计，首先必须识别景观植物；要识别景观植物，就必须掌握植物分类学的基础知识。只有在认识景观植物的基础上，才能进一步掌握其生态适应性，进行种质资源交流，以及合理的资源开发、种植设计与利用等。

景观植物是城市、公园、广场、风景区等地造景工程中的重要组成部分，也是道路旁绿化、桥梁两端园林化、河州绿化、田园化防风林等实用景观的重要组分，其设计规划的好坏与景观植物知识的运用有直接的联系。地球上的植物种类丰富多样，生态习性各异，形态千差万别。

首先必须进行分门别类，才能有效合理地利用这些资源。学习景观植物分类学知识，可以了解各种景观植物的生物学特性和生态习性，为景观工程中的景观植物设计提供科学依据。不同的景观植物有不同的分布区，即在纬度、经度和海拔上有所不同。这些差异使植物在漫长的演化过程中，形成了与环境的适应性，从而表现出相应的生物学特性、生态学习性和形态特征，如花的颜色、常绿与落叶、生长速度、耐荫性、对土壤 pH 的要求、耐寒性等。不同景观植物的特性，通过系统学习，其分类知识则可以基本掌握。景观工程中的景观植物设计是在不同的地点、不同的生态环境、不同的文化背景下进行的，具有强烈的针对性和创造性，景观植物的分类学知识为这种创造性的工作提供了知识支撑。其二，学习景观植物分类也是观赏植物育种、驯化和栽培的理论基础。景观植物分类，特别是系统分类，在一定程度上反映了物种演化过程中物种之间的亲缘关系。观赏植物的育种是创造新品种的工作，必须在认识物种的基础上进行。只有具备丰富的分类学知识，才能有效地利用丰富的物种资源，培育和创造出更具观赏价值的新品种。此外，错综复杂的物种生物学特性和生态学习性，是学习景观植物分类所必须掌握的知识。这些知识是开展景观植物驯化、栽培的理论基础。其三，景观植物分类是有效保护观赏植物物种资源的知识基础。地球上分布着许许多多的植物资源，其中不少是很有观赏价值的景观植物。由于人类工业化进程的加快和盲目开垦，很多颇具观赏价值的景观植物还没有被人类认识之前就已灭绝。因此，要保护与利用好具有观赏价值的景观植物，特别是野生观赏植物，达到保护与利用的有机统一，必须首先学习景观植物的分类，结合专业知识，开展景观植物保护，制定保护计划，从而有效地保护景观植物资源。

第一节　景观植物的应用分类

景观植物学属于应用学科，景观植物的实用分类与树木学或植物分类学有所不同，它无意追究各类植物的演化过程，也无需论证其亲缘关系、树种起源的先后等，这与植物的观赏价值并无必然联系，然而它们的生长习性、观赏内容及其在造景中的作用，我们必须充分了解。人为的分类方法虽较实用，但是不够严谨，有些景观植物，在生态环境变化后，其植物体或叶片也会截然两样，乔灌木之间、常绿与落叶之间均有互变的报道。对于根据观赏特性和功能用途的分类所涉及的景观植物，完全有可能出现交叉重复现象，我们只能根据其主要的性状或功能给以分类位置，而在其他有关类别中略予提及，再如有些景观植物在开花结果的实际表现方面，也会出现异常现象，我们都以本地区的记录为准。景观植物的实用分类，虽然未完全沿袭植物分类学之系统，但在本教材中仍将使用植物分类学的知识，尤其在形态特征的术语概念、命名法规和检索表的应用方面，为恪守学术界的公论行事。

景观植物的应用分类大致可以分为以下几类。

一、按观赏性状

（一）针叶类

1. 常绿针叶树 如雪松、桧柏、榔杉、罗汉松等。

2. 落叶针叶树 如金钱松、水杉、落羽杉、池杉、落叶松等。

（二）阔叶乔木类

1. 常绿阔叶乔木 如香樟、广玉兰、楠木、苦槠等。

2. 落叶阔叶乔木 如枫杨、悬铃木、榉树、泡桐、国槐、银杏、毛白杨等。

在乔木类中，按其树体高度又可分为大乔木（高达 20 m）、中乔木（高 5～20 m）、小乔木（高度在 5 m 以下）。

（三）阔叶灌木类

灌木类即无明显主干，或主干极矮，树体具许多长势相仿的侧枝。按其叶片的生长习性，又可分为：

1. 常绿阔叶灌木 如栀子花、海桐、黄扬、雀舌黄扬等。

2. 落叶阔叶灌木 如紫荆、蜡梅、绣线菊、贴梗海棠、麦李等。

（四）草本类

1. 一年生花卉 在一个生长季内完成生活史的植物，即从播种到开花、结实、枯死均在一个生长季内完成。一般在春天播种，夏秋开花结实，然后枯死，故一年生花卉又称春播花卉，即春季播种当年内开花的花卉。如凤仙花、鸡冠花、波斯菊、百叶草、半枝莲、麦秆菊、一串红、万寿菊等。

2. 二年生花卉 在两个生长季内完成生活史的花卉。当年只生长营养器官，越年后开花、结实、死亡。二年生花卉，一般在秋季播种，次年春夏开花，故常称为秋播花卉，即秋季播种次年春夏开花的花卉。如需苞石竹、紫罗兰、桂竹香、羽衣甘蓝等。

3. 多年生花卉 个体寿命超过 2 年，能多次开花结实。又因地下部分的形态有变化，可分为两类。

（1）宿根花卉 地下部分的形态正常，不发生变态。如萱草、芍药、玉簪、菊花等。

（2）球根花卉 地下部分变态肥大，成为鳞茎、球茎、块茎等。如水仙、唐菖蒲、美人蕉、郁金香、大丽花等。

4. 水生花卉 在水中或沼泽地生长的花卉。如睡莲、荷花等。

5. 岩生花卉　指耐旱性强，适合在岩石园栽培的花卉。

（五）藤本类

茎细长，不能直立，须依附其他物体向前延伸。

1. 常绿藤本　如常春藤、络石、扶芳藤等。

2. 落叶藤本　如地锦、葡萄、凌霄、紫藤等。

（六）匍匐类

性状似藤本，但不能攀缘，只能伏地而生，或者先卧地后斜升，如铺地柏、鹿角桧等。

二、按观赏特性

（一）花木类

花木类即观花树木类，其在花形、花色、花量、芳香等诸方面具有特色，以灌木和小乔木的比重较大，寿命也较长，可以年年开花，富有立体美，尤其栽培管理较简易。它们在景观配植上主要功能是起装饰和点缀作用，可以丰富景观色彩，配置成花丛、花坛、花境及花圃。以单种花木配植时，可充分发挥植株个体美，如白玉兰；也可以组成专类景观，如牡丹园、月季园、梅园、海棠园等。还可以多种花木布置成花境，繁花名种，万紫千红、春色满园、四时不绝，为人工景观增艳生色。花木类按其花期，又可分为春花类、夏花类、秋花类、冬花类。

（二）叶木类

叶木类，即观叶树木类，以观赏叶色、叶形为主，有些可以终年观赏，彩叶缤纷，用以美化环境、布置厅堂，管理上较花木类更为容易。以观色为主的叶木类，根据其叶色及其变化状况，又可以分为有季相变化和无季相变化两类。前者如金钱松、山麻杆、鸡爪槭、盐肤木、黄连木、紫薇、卫矛、火炬树、南天竹、杜英、石楠等，后者如紫叶李、红枫、日本小檗、银白杨、毛白杨、牛奶子、胡颓子、金心黄杨、洒金桃叶珊瑚、红背桂、变叶木等。

（三）果木类

果木类，即观果树木类，利用果实的色、香、形、量进行造景，是我国造景上的一大特色。作为观赏用的果木类树种与果树有所不同，无意追求其食用价值，但必须经久耐看，不污染地面、不招引虫蝇，这是其最基本的条件，其次在外观方面的要求为：

1. 色泽醒目　如天目琼花、紫珠、湖北海棠、构骨、大果冬青、山楂、香园、老鸦柿等。

2. 形状奇特　如佛手、柚子、秤锤树、刺梨、石榴、木瓜、罗汉松等。

3. 数量繁多　如火棘、荚蒾、金柑、南天竹、葡萄、石楠、枇杷等。

（四）荫木类

荫木类，即绿荫树木类，包括庭荫树和行道树。选用庭荫树时，须具有茂密的树冠、挺拔的树杆、花果香艳、叶大荫浓、树干光滑而无棘刺，可供人们树下蔽荫休息，如合欢，喜树、鹅掌楸、香樟、枫杨、榉树、广玉兰等；选行道树时，须具有通直的树干，优美的树姿，根际不滋生荫条，适应性强，生长迅速，分枝点高，不妨碍行人和车辆通行，同时要伤口愈合快、耐修剪、萌芽力强、抗烟尘、病虫害少、种苗来源广、大苗移栽易于成活，便于管理。如枫杨、国槐、二球悬铃木、喜树、鹅掌楸、毛白杨、长山核桃、栾树、水杉等。行道绿荫树关系到城市的美化和环境卫生，所以荫木类的确定是景观绿化的重点内容。

（五）蔓木类

蔓木类泛指木质藤本植物类，亦称藤木类，按其主要观赏特征可分为观叶、观花、观果三类。按其生长习性和攀缘方式又可分：

1. 缠绕类 以茎蔓在依附物上自行向左或向右旋绕。如紫藤、木通、金银花、猕猴桃等。

2. 攀缘类 依靠特定器官进行攀援。按其攀援器官的不同又可分为：

吸附型：利用气生根或吸盘进行攀附，如凌霄、络石、常春藤、扶芳藤、薜荔、地锦等。

钩附型：利用钩刺进行攀附，如悬钩子、云实、菝葜、木香等。

卷须型：利用卷须进行攀附，如葡萄、西番莲、山葡萄等。

柄缠型：靠叶柄旋转反应进行攀援，如铁线莲等。

以上所列或可直接爬墙附壁，或可利用各种支架，构成景观，这对充分利用土地和空间进行垂直景观绿化、增加景观绿化面积、美化环境具有十分重要的意义。这对于人口聚集，而可供景观绿化用地不多的城市，具有重要的现实意义。

（六）林木类

林木类泛指适于风景区及大型景观绿化地中成片种植，以构成森林之美的树木。林木类景观树种繁多，形态作用各异，但要求主干和树冠均较发达，适应性或抗逆性一般较强。在景观中配置疏林、树群，或作背景、障景。在创造山林自然风光和幽静环境时尤不可少，世界四大公园树种——雪松、金松、金钱松、南洋杉均属本类。林木类依其形态和生物学特性又分为针叶树种和阔叶树种两类，其中又各有常绿、落叶之分，如雪松、桧柏、柳杉、白皮松、黑松、黄山松、赤松、水杉、池杉、水松、金钱松、落羽杉、香樟、广玉兰、木荷、青冈、榉、榆、白杨、麻栎、刺槐等。

（七）竹类

竹类是高等植物中一个特殊的类群，用地下茎（竹鞭）分株繁殖，靠竹笋长成新竹，成林速度快，成林后竹林寿命长，可在百年甚至数百年不断调整竹株，确保新竹青翠健壮。景观配置时对其密度、粗度、高度均可人工控制，是体现我国景观特色的常用树种，也是现代景观常用的优良素材。按其地下茎和地面生长情况，有如下三种类型，造景时分别采取孤植、丛植、对植、群植等方式。

1. 单轴散生型 如毛竹、紫竹、斑竹、方竹、槽里黄、黄皮刚竹等。

2. 合轴丛生型 如凤尾竹、孝顺竹、佛肚竹等。

3. 复轴混生型 如茶杆竹、箬竹、菲白竹等。

（八）篱木类

铁栏木栅是住户周围的常见设施，具有隔离与防范作用。绿篱则是利用绿色植物（包括彩色）组成有生命的、可以不断生长壮大的、富有田园气息的篱笆。除防护作用外，还有装饰园景，分隔空间，屏障视线，遮栏疵点或做雕像。

绿篱并不全部都是绿色，有时也可以形成花篱、果篱、彩叶篱等。绿篱的高度以 1 m 左右较为常见，但是矮者可以控制在 0.3 m 以下，犹如景观园地的镶边，高者可超过 4 m，剪得平平整整，俨然一堵雄伟的绿色高墙。

绿篱通常都是双行带状密植，并严格按照设计意图勤加修剪，可成各种式样，以求整齐、美观，即为整形式绿篱。但是对于花篱、果篱、刺篱、树篱等为了充分发挥其主要功能，一般不做重修剪，只是处理个别枝条，勿使伸展过远，并注意保持必要的密度，可任其生长，即为自然式绿篱。

作为绿篱的树种，在形态上常以枝细、叶小、常绿为佳；在习性上还要具有"一慢三强"的特性，即枝叶密集，生长缓慢，下枝不易枯萎；基部萌芽力或再生力强；能适应或抵抗不良环境、生命力强；耐修剪、成枝力强。

现将适于配置各种绿篱的树种分列如下：

1. 绿篱 小叶女贞、小腊、大叶黄杨（正木）、黄杨、千头柏、桧柏等。

2. 彩叶篱 金心黄杨、紫叶小檗、洒金千头柏、金叶女贞、红叶石楠等。

3. 花篱 栀子花、油茶、月季、杜鹃、六月雪、榆叶梅、麻叶绣球、笑靥花、溲疏、木槿、雪柳等。

4. 果篱 紫珠、南天竹、枸杞、枸骨、火棘、荚蒾、天目琼花、无花果等。

5. 刺篱 枸桔（枳）、柞木、花椒、云实、石榴、小檗、马甲子、刺柏、罗木石楠等。

（九）草本类

草本类分一二年生花卉、宿根花卉、球根花卉和水生花卉等。

三、按开花季节

（一）春花景观植物

春花景观植物主要集中在春天开花，按其开花颜色可分为 4 个主要系列。

红色系列：如樱花（*Prunus serrulata*）、牡丹、山茶、湖北海棠（*Malus hupehensis*）等。

黄色系列：如金钟花（*Forsythia viridissima*）、迎春（*Jasminum nudiflorum*）、云南黄馨（*Jasminum mesnyi*）、棣棠（*Kerria japonica*）等。

白色系列：如白玉兰（*Magnolia denudata*）、琼花和木绣球等。

蓝紫系列：主要有紫玉兰（*Magnolia liliflora*）、紫荆（*Cercis chinensis*）、紫丁香（*Syringa oblata*）等。

按开花先后又可分为早春开花植物，如梅花、白玉兰和樱花等；晚春开花植物，如琼花、木绣球等种类。

1. 早春开花景观植物

（1）梅花（*Prunus mume* Sieb. et Zucc.（*Armeniaca mume* Sieb.） 蔷薇科、李属。落叶小乔木，高达 10 m，常具枝刺，树冠呈不正圆头形。中国梅花现有 300 多个品种，按进化与关键性状可分 3 系、5 类、16 型，即：

① 真梅系 为梅花的嫡系，是由梅花的野生原种或变种演化而来，而不掺入其他种的血统，真梅系品种既多，又富变化。按枝姿（直上、下垂、扭曲）分为 3 类，即直枝类、垂枝类和龙游类。

直枝梅类：直枝梅类是中国梅花中最常见、品种最多、变化幅度最广的一类，按其花型、花色、萼片颜色等标准分为 7 型，即江梅型、宫粉型、玉蝶型、朱砂型、绿萼型、洒金型和黄香型。

垂枝梅类：枝姿奇特、富有韵味、垂枝如柳，是演化程度较高，而品种形成较晚的类别。垂枝梅类分为 4 型，即单粉垂枝型、残雪垂枝型、白碧垂枝型和骨红垂枝型。

龙游梅类：龙游梅类和垂枝梅类一样都富有画意，枝条扭曲似龙桑。现仅有一个型，即玉蝶龙游型；一个品种，即龙游梅。

② 杏梅系 其品种的形态特征介于杏、梅之间，或颇似杏，而核表面有小凹点，这是梅的典型特征。它们是梅与杏（*P. armeniaca*）或山杏（*P. sibirica*）的种间杂种。现杏梅系仅有 1 类，即杏梅类，下有单杏型、丰后型、送春型等 3 个型。杏梅系出现较迟，品种不多，但表现出杂种优势，适应性和抗逆性均强，花繁色艳，大有前途，在抗寒育种和梅花北移上尤具潜力。

③ 樱李梅系 是宫粉型梅花与红叶李的种间杂种。最早由法国人于 19 世纪末育成。我国 1986 年始由美国引入，褐紫嫩叶与紫红花朵同时抽发，着花繁密，朵大瓣重，且具长梗（长至 0.9 cm），目前仅有美人梅一类一型一品种。

梅花原产中国，野梅以西南山区，尤其是滇、川两省为分布中心。分布的次中心在沿鄂南、赣北、皖南、浙西的山区一线，此外在广西东北和广东韶关、福建、台湾等地山区亦有野梅分布，梅花的栽培分布，露地栽植区主要在长江流域的一些城市及其郊区，向南延至珠江流域，向北达到黄淮一带，而以北京为最北界。国外以日本栽培较多。

梅花喜温暖气候，但在江南花木中，仍以梅较为耐寒，且开花特早，梅花一般不能抵抗−15～−20 ℃以下的低温，它对温度很敏感。一般在旬平均气温达 6～7 ℃时开花，乍暖之后尤宜提前开放。梅喜空气湿度较大，但花期忌暴雨，要求排水良好，涝渍数日即可造成大量落叶或根腐致死。对土壤要求不严，且颇能耐瘠薄，几乎能在山地、平地的各种土壤中生长，而以黏壤土或壤土为佳，中性至微酸性最宜，微碱性也可正常生长。梅花是阳性树种，最宜阳光充足，通风良好，但忌在风口栽培，在北方尤属大忌。寿命长，可达 1 300 年。萌芽、萌蘖力较强。

梅花苍劲古雅，疏枝横斜，花先叶开放，傲霜斗雪，色、香、态俱佳，是我国名贵的传统花木。孤植、丛植于庭园、绿地、山坡、岩间、池边及建筑物周围，无不相宜，成片群植犹如香雪海，景观更佳。如与苍松、翠竹、怪石搭配，则诗情画意、跃然而出。花桩做成树桩盆景，虬枝屈曲，古雅风致，益然可爱。亦可供瓶插。

（2）白玉兰（*Magnolia denudata* Desr. ） 木兰科、木兰属。落叶乔木，高达 20 m，胸径 60 cm，树冠广卵形，小枝灰褐色。花期 2～3 月，果期 8～9 月。同属植物我国 30余种，均为优美的观花树木，各地常见栽培的有紫玉兰（*M. liliflora*）、二乔玉兰（*M. soulangeana*）等。皖南及皖西大别山区 1 200 m 以下、浙江天目山 500～1 000 m、江西庐山 1 000 m 以下、湖南衡山 900 m 以上及广东北部海拔 800～1 000 m 有野生，自唐代开始，久经栽培，现北京及黄河流域以南至西南各地普遍栽培观赏。

玉兰性喜温暖湿润的环境，对温度很敏感，南北花期可相差 4～5 个月，即使在同一地区，每年花期早晚变化也很大。对低温有一定的抵抗力，能在−20 ℃条件下安全越冬。玉兰为肉质根，故不耐积水，低洼地与地下水位高的地区都不宜种植，根际积水易落叶，或根部窒息致死。肉根根系损伤后，愈合期较长，故移植时应尽量多带土球。最宜在酸性、富含腐殖质而排水良好的地域生长，微碱土也可。

玉兰花大香郁，玉树琼花，自古栽培观赏。在古典园林中常在厅前院后配植。若在路边草坪、亭台前后或漏窗内外、洞阁之旁丛植二三，饶有风趣。凡以玉兰为主体的树丛，其下配植以花期相近的茶花，互为衬托，更富画意，玉兰与松配在一起，点缀山石若干，古雅成趣。

（3）金钟花（*Forsythia viridissima* Lindl.） 木犀科、连翘属。落叶灌木，花期3月。果期7～8月。江苏、浙江、安徽、江西、福建、湖北、贵州、四川、南京、上海、青岛等各城市景观中均有栽培。

金钟花为温带及亚热带树种，喜生于湿润肥沃之地，性喜光照，适应性强，对酸性及中性土壤均能适应，耐寒力不及连翘，根系发达，萌蘖力强。金钟花枝条拱曲，金花满枝，宛若鸟羽初展，极为鲜艳，且早春先叶开花，更加艳丽可观。为优良之早春观花灌木，适宜宅旁、亭阶、墙隅、篱下及路边配植。若在溪边、池畔、草坪边缘、株丛之前成片种植，如点缀于其他花丛之中，则色彩对比鲜明，或列植、丛植为花径花丛，亦甚相宜，以常绿树为背景并与榆叶梅及绣线菊相配，则金黄夺目，色彩美丽。

（4）桃［*Amygdalus persica* L. *Prunus persica*（L.）Batsch］ 蔷薇科、桃属。落叶小乔木，高可达8 m，先叶开花，花期3～4月，果期6～8月。自然分布于东北南部及内蒙古以南地区，西至宁夏、甘肃、陕西、四川、云南，南至福建、广东等地，在平原及丘陵地区普遍栽培，做果树或观花。

桃花性喜光，耐旱，喜肥沃及排水良好的土壤，略耐水湿，碱性土以及黏重土均不适宜。喜夏季温热气候，有一定的耐寒力，北京可露地越冬。开花时尤怕晚霜，忌大风，根系浅，寿命短。桃树栽培历史悠久，品种多，根据果实品质及花、叶观赏价值分为食用桃和观赏桃两类。观赏桃的主要变型如下：

① 白桃（*f. alba* Schneid）：花白色，单瓣。

② 白碧桃（*f. alba - plena* Schneid）：花白色，复瓣或重瓣。

③ 碧桃（*f. duplex* Rehd）：花淡红，重瓣。

④ 绛桃（*f. cameliiaeflora* Dipp）：花深红色，复瓣。

⑤ 红碧桃（*f. rubro - plena* Schneid）：花红色，复瓣，萼片常为10。

⑥ 复瓣碧桃（*f. dianthiflora* Dipp）：花淡红色，复瓣。

⑦ 绯桃（*f. magnifica* Schneid）：花鲜红色，重瓣。

⑧ 酒金碧桃（*f. versicolor* Voss）：花复瓣或近重瓣，白色或粉红色，同一株上花有二色，或同朵花上有二色，乃至同一花瓣上有粉、白二色。

⑨ 紫叶桃（*flatropurpurea* Schneid）：叶为紫红色，花为单瓣或重瓣，淡红色。

⑩ 垂枝桃（*f. pendula* Dipp）：枝下垂。

⑪ 寿星桃（*f. densa* Mak）：树形矮小紧密，节间极短，花多重瓣。有"红花寿星"、"白花寿星"等品种。

桃树久经栽培，品种达3 000以上，观赏桃花开时节，烂漫芳芬，妩媚诱人。我国栽培历史悠久。孤植、丛植于山坡，池畔、庭院、草坪及林缘均甚相宜。桃花更宜群植，构成"桃溪"、"桃圃"、"桃园"、"桃坞"，花时凝霞满布，红雨塞途，令人流连忘返。寿星桃株矮花繁，色泽艳丽，颇堪盆景。

（5）笑靥花（*Spiraea prunifolia* Sieb. et Zucc.） 蔷薇科、绣线菊属。落叶灌木，高可达3 m，花期3～5月。同属植物原产我国的有50多种，不少种类已作为景观植物栽培。产于陕西、山东、江苏、安徽、浙江、江西、湖南、湖北、四川及贵州等省，朝鲜、日本均有栽培，喜生于溪谷河边。

笑靥花性喜光，比较耐干燥及寒冷气候，对土壤要求不严，微酸性、中性土壤均能适应，在排水良好、肥沃的土壤上生长特别繁茂，萌蘖力强，容易分株繁殖，萌芽力也较强，故耐修剪整形。

笑靥花早春展花，与叶同放，翠叶青青，繁花皑皑，花姿圆润，笑颜如靥，为一优良观花灌木，丛植池畔、坡地、路旁、崖边或树丛边缘，颇饶雅趣。若片植于草坪及房屋前后，做基础栽培，亦甚相宜。

（6）榆叶梅 ［*Amygdalus triloba*（Lindl.）Richer.（*Prunus triloba* Lindl.）］ 蔷薇科、桃属。落叶灌木或小乔木。花期 4 月上、中旬，北方适当推迟，单株花期 10 天左右，果实 6 月成熟。原产中国，分布于黑龙江、河北、山东、山西、江苏、浙江等地，栽培甚广。

温带树种，喜光，耐寒。对土壤要求不严，但以中性至微碱性而疏松肥沃的砂壤土为佳，不耐水涝。根系发达，耐旱力强。榆叶梅枝叶茂密，花繁色艳。宜栽于公园草地、路边或庭园中的墙角、池畔。

（7）日本樱花 ［*Cerasus yedoensis*（Matsum）Yu et Li（*Prunus yedoensis* Matsum.）］ 蔷薇科、樱属。落叶乔木，高可达 16 m。花期 3～4 月，果期 5 月。原产日本，我国广为栽培，尤以华北及长江流域各城市栽培观赏为多。

日本樱花为喜光树种，耐寒性较强，在北京地区可以露地安全越冬。对土的要求不甚严格，但低湿地不宜栽培。种下等级主要有：

① 粉霞樱 （*f. taizanfukum* Wilson）：又名泰山府君，系东京育成之优良类型。树体高度中，花重瓣，粉红色。

② 彩霞樱 （*f. shojo* Wilson）：亦称少女樱。花型大，重瓣，粉红色，外部色更浓。

③ 垂枝东京樱 （*f. perpendens* Wilson）：枝条细长，下垂，花梗及萼均有毛。

④ 翠绿东京樱花 （var. *nikaii* Honda）：新叶、花萼、花柄均绿色，花纯白色。

东京樱花又名日本樱花、江户樱花、吉野樱花及大和樱花。系日本的国花，以其花繁烂漫，素艳清香，淡雅端庄的风姿，赢得了日本及我国人民的喜爱。盛开时节，花瓣纷飘，日本有些地方则为其举行盛大的"樱花祭"。将樱花神化，以祈求自己的生活像樱花一般旺盛和美好。日本樱花尤适于片植。于草坪、溪边、林缘、坡地或列植于公园步道两旁，与荫树配植，对比鲜明，尤具特色。

樱花又名山樱花、青肤樱，春日繁花竞放，浓艳喜人，我国栽培观赏已久，秦汉时期即已应用于宫宛之中，唐代已普遍于私家庭园栽植。樱花妩媚多姿，繁花似锦，孤植、丛植或群植，无不适宜，尤以群植于公园、名胜地区及风景区为佳，亦可列植于道旁，背衬常绿树，前流溪水，则红绿相映，相得益彰，且景色清幽；植为堤岸树或风景树，盛开时节，佳景媚人。

2. 盛春开花景观植物

（1）丁香 （*Syringa oblata* Linn.） 木犀科、丁香属。落叶灌木或小乔木，高达 4～5 m。花期 4 月底至 5 月上、中旬，果期 9～10 月。我国华北及吉林、辽宁、内蒙古、山东、陕西、山西、河北、甘肃均有分布。栽培分布至长江流域各省。

紫丁香为温带及寒带树种，耐寒性尤强，性较耐旱，喜光照，亦稍耐荫，喜肥沃湿润、排水良好的土壤，忌在低湿处种植，否则发育停止，枯萎而死。丁香种下等级主要有：

① 白丁香 （var. *alba* Rehd）：花白色，香气浓；叶形较长，叶背微有短柔毛。

② 紫萼丁香 （var. *giraldii* Rehd）：叶片、叶柄和花梗除具有腺毛外，还有短柔毛；花

序较大，花瓣、花萼、花轴均为紫色。

③ 佛手丁香（var. *plena* Hort）：花白色，重瓣。

丁香姿态清秀，花丛庞大，花繁色艳，芬芳袭人，为北方著名观花树木。丛植于道旁、草坪角隅、林缘、庭前、窗外或与其他花木搭配，在幽静的林间空地栽植，盛花之时，清香扑鼻，引人喜爱。如以各种丁香构成"丁香园"，亦颇具特色。若在通幽之曲径步道旁点缀数丛，尤觉别有风致，丁香可作切花瓶插，老根枯干作盆桩。丁香对多种有毒气体抗性强，可用于有污染的工厂和市区街坊绿化种植。

（2）**垂丝海棠**〔*Malus halliana*（Voss.）Koehne〕 蔷薇科、苹果属。落叶小乔木，树冠疏散，枝条开展，幼时紫色，花期 4 月，果期 9～10 月。产于江苏、浙江、安徽、陕西、四川及云南等省，各地广泛栽培观赏。

喜温暖湿润气候，耐寒性不强，长江流域栽培。在北京地区需小气候环境特别良好处露地栽植，方能越冬，性喜光，较耐干旱，对土壤适应性较强，但忌水涝，受涝则烂根，以在深厚且排水良好的土壤中生长最好。

海棠类观花树种多数为我国传统花木，树高通常低于 3 m，树冠较宽大。它们形体挺秀；花繁，朵朵下垂。色泽艳丽。海棠宜配植门、厅入口两旁，亭台院落角隅，堂前栏外窗边，草坪水边湖畔，公园游道旁。海棠对二氧化硫有较强抗性，适宜于厂矿绿化、美化。海棠盆景，更具风趣。

（3）**西府海棠**（*Malus micromalus* Makino） 蔷薇科、苹果属。落叶小乔木，树态峭立，为山荆子与海棠花之杂种。花期 4～5 月，果期 8～9 月。产于辽宁、河北、山西、山东、陕西、甘肃、云南；野生于海拔 2 400 m 以下山区、平原。

西府海棠性喜阳光，耐寒，忌水涝，耐干旱，对土质和水分要求不严，最宜于肥沃疏松且排水好的沙壤土中生长。树形高大，3～5 m，枝条直展，冠幅瘦小。春天开粉红色的花，秋有红果缀满枝头，可观花观果。

（4）**贴梗海棠**〔*Chaenomeles speciosa*（Sweet）Nakai〕 蔷薇科、木瓜属。落叶灌木，高 2 m，花期 3～4 月；果期 9～10 月。贴梗海棠产于陕西、甘肃南部、河南、山东、安徽、江苏、浙江、江西、湖南、湖北、四川、贵州、云南、广东；各地均有栽培，缅甸也有分布。

贴梗海棠性喜阳光，耐瘠薄，喜排水良好的深厚土壤，不宜在低洼积水处栽植，水涝则根部容易腐烂。有一定耐寒能力，北京小气候良好处可露地越冬。

贴梗海棠枝丫横斜，花色艳丽，烂漫如锦，花朵三五成簇，黄果芳香硕大，是一很好的观花观果树种。适于庭院墙隅、草坪边缘、树丛周围、池畔溪旁丛植，与老梅、劲松、山石作为配景，或用翠竹数株，搭配贴梗海棠一二，植于怪石、立峰前后，画意倍增，在常绿灌木前植成花篱。花丛，春日红花烂漫，更饶意趣，亦可制作成老桩盆景，供赏玩。

（5）**麻叶绣线菊**（*Spiraea cantoniensis* Lour.） 蔷薇科、绣线菊属。落叶灌木，高达 1.5 m，花期 4～5 月，果期 7～9 月。原产于广东、福建、浙江、江西，栽培分布于河北、河南、陕西南部、山东、安徽、江苏、四川等地。日本也有栽培。

麻叶绣球为亚热带树种，性喜阳光，喜温暖湿润之环境，耐寒性不及同类其他种。栽培管理较为容易，可用播种、扦插、分株繁殖。麻叶绣球枝密叶茂，暮春花开，花序密集，繁花攒簇，花色洁白，为一优良之观花灌木。若作花篱或绿篱，盛花宛如锦带，片植于草坪、路边、花坛、花径，或丛植庭院一隅，均甚相宜。若点缀山石之旁，更饶有幽趣。

（6）木香（*Rosa banksiae* R. Br. et Alt.）　蔷薇科、月季属。半常绿攀援灌木，高达 6 m，花期 4～5 月，果期 9～10 月。原产我国西南部，野生遍布陕西、甘肃、山东等省，现广泛栽培。

亚热带树种，喜光好暖，适应性强，对土壤要求不严，中性土、微酸性黄壤均能生长，排水良好的砂质土壤尤为相宜。耐寒力不强，北京需选背风向阳处栽植。萌芽力尚强，耐修剪整形，生长快速。主要变种、变型有：

重瓣白木香（var. *alba - plena* Rehd）：花白色，重瓣，香浓。常为 3 小叶，久经栽培，应用最广。

重瓣黄木香（var. *lutea* Lindl）：花淡黄色，重瓣、香味甚淡。常为 5 小叶，栽培较少。

单瓣黄木香（f. *lutoscens* Voss）：花黄色，单瓣，罕见变型。

金樱木香（R. *fortuneana* Lindl）：藤本，小叶 3～5，有光泽，花单性，大型，重瓣，白色，香味极淡，花梗有刚毛，可能为木香与金樱子（*Rosa laevigata*）的杂交种。

木香高架万条，香馥清远，白者望若香雪，黄者灿若披锦。景观中多用于棚架。花墙、篱垣和岩壁的垂直绿化；孤植草坪、路隅、林缘坡地亦甚相宜。

（7）棣棠〔*Kerria japonica*（L.）DC.〕　蔷薇科、棣棠属。落叶丛生无刺灌木，高 1.5～2 m，花期 4 月下旬至 5 月底。产于江苏、浙江、江西、湖南、湖北、河南、四川、云南、广东诸省，野生于山涧、岩石旁，南方庭园多见栽培观赏。

棣棠为亚热带植物，性喜温暖、阴湿之环境条件。在北京需选小气候良好之处种植。喜富含腐殖质酸性土壤，中性土壤亦可适应，惟需注意排水及遮荫。萌蘖力强，易繁殖。变种有重瓣棣棠〔f. *plenilora*（Witte）Rehd.〕，花黄色，重瓣。

棣棠的花、叶皆美，柔枝下垂，南京地区露地栽培落叶迟，半常绿。春季，叶翠欲滴，金花朵朵，尤宜作花篱、花径之用，群植于常绿树丛之前，古木之旁，山石隙缝之间或池畔、水边、溪流及湖沿岸，均甚相宜。若配植于疏林草地及山坡林地，则尤为雅致，野趣盎然。

（8）日本晚樱〔*Cerasus lannesiana*（Carr.）Makino（*Prunus lannesiana* Wils.）〕　蔷薇科、樱属。落叶乔木，高达 10 m。花期较晚，约 4 月中旬至 5 月上旬开花，花期较长。果卵形，黑色，果期 6～7 月。原产日本，久经栽培。我国北部及长江流域各地常见栽培于园林观赏。

温带树种，性喜光，喜深厚肥沃而排水良好的土壤，有一定耐寒能力，除极端低温及寒冷之地外，一般均可适应。栽培品种在北京地区宜选小气候条件较好处栽培。根系较浅，对海潮风抵抗力较弱，对烟尘及有害气体抗性不强。变种、变型主要有：

① 白花晚樱（var. *albida* Wils.）：花单瓣，白色。

② 绯红晚樱（var. *hatazakura* Wils.）：花半重瓣，白色带有绯红色。

③ 大岛晚樱〔var. *speciosa*（Koidz.）Makino〕：新叶绿色，叶缘具有重锯齿；花大，径 3～4 cm，白色或带微红色，常芳香，花梗淡绿色；生长迅速，耐烟尘，抗海潮风。另有墨染樱、白妙樱、朱雀樱、一叶樱、紫樱、关山樱及金樱等品种。

樱花又名山樱花、青肤樱，春日繁花竞放，浓艳喜人，我国栽培观赏已久，秦汉时期即已应用于宫宛之中，唐代已普遍于私家庭园栽植。樱花妩媚多姿，繁花似锦，孤植、丛植或群植，无不适宜。尤以群植于公园及名胜地区、风景区为佳，亦可列植于道旁，背常绿树，前流溪水，则红绿相映，相得盖彰，且景色清幽，植为堤岸树或风景树，盛开时节景媚人。

（9）紫荆（*Cercis chinensis* Bunge） 苏木科（或豆科）、紫荆属。落叶灌木或小乔木，高 2～4 m，花期 4 月，9 月成熟。原产我国，分布很广，黄河流域、长江流域、珠江流域均有栽培。目前在神农架自然保护区及秦岭内有野生大树，在云南昆明、西山及浙江安吉山间亦有野生分布。

温带及亚热带树种，具有一定的耐寒能力，黄河流域地区可安全露地越冬。气温低于－20 ℃时，幼苗可受冻。阳性树种，不耐荫，否则花色减褪。有一定耐旱能力，不耐潮湿，以石灰质沙壤土最为适宜，萌芽力强。种下等级有白花紫荆（*f. alba* P. S. Hsu），花白色。若与原种混植，紫白相映成趣。

紫荆干直丛出，老枝生花，花如缀珥，满树嫣红，绮丽适人，叶形奇特，叶色绿，尤觉美观。在我国 1 000 多年前，紫荆即被栽培观赏。紫荆以孤植赏花最易发挥其优美之处。适于庭园、草坪、园路角隅、甬道两侧配植。若在庭前堂后、门旁宙外点缀一二，繁花，倍觉可爱。列植成花径、花篱，前以常绿小灌木护脚，亦甚相宜。紫荆与竹类、棣棠及碧桃相配，亦显效果。紫荆对氯气有一定抗性，滞尘能力较强，可用于城市绿地及工厂绿化中。

（10）紫藤（*Wisteria sinensis* Sweet.） 蝶形花科（或豆科）、紫藤属。大型落叶木质藤本。花期 4～5 月，与叶同放或稍早于叶开放。东北南部至广东、四川、云南均有分布。

喜光，略耐荫，较耐寒，喜深厚湿润土壤，但也耐干燥瘠薄，也有一定的耐水湿能力。主根深，侧根少，不耐移植，生长快，寿命长。种下等级主要有：

多花紫藤〔*W. floribunda*(Willd.)DC〕：小叶 13～19 枚，花紫色，芳香。花序较紫藤为大，花叶同放。原产日本，品种很多。

银紫藤（*Alba*）：花白色，芳香。

重瓣紫藤（*Plena*）：花重瓣，堇紫色。

葡萄紫藤（*Macrobotrys*）：花序长达 1 m，花蓝紫色。

玫瑰紫藤（*Rosa*）：花粉红或玫瑰色，翼瓣紫色。

重瓣多花紫藤（*Violacea-Plena*）：花重瓣，蓝紫色。

紫藤茎蔓缠绕，枝叶茂密，花大色艳，美而芳香，且寿命长，姿态古雅，为优良的棚架植物。可用来装饰花廊、花架、凉亭等，如植于水畔、台坡，沿他物攀升，也极优美。

（11）山茶花（*Camellia japonica* L.） 山茶科、山茶属。常绿小乔木或灌木，高可达 15 m，花期 2～4 月。山茶花原产中国，野生山茶花分布于浙、赣、川的山岳、沟、谷、丛林下和山东崂山及沿海岛屿。山茶花的栽培分布，露地栽培区主要在长江流域。在我国除了东北、西北、华北部分地区因气候严寒不宜种植外，几乎遍及我国各地园林景观之中。但大面积的露地栽培，则以浙江、福建、四川、湖南、江西、安徽省为多。现日本、美国、英国、澳大利亚、意大利等国家都有栽培。

山茶花性喜温暖环境，生长最适温度 18～25 ℃，开花时适宜温度 10～25 ℃，喜半阴环境，光照过强，叶片日灼率可达 70%。喜湿润气候，降雨量在 1 500 mm 左右比较适宜，空气相对湿度 70%～80% 为佳，对土壤有一定要求，喜肥沃疏松、微酸性的壤土或腐殖土，pH 5～6 最为适宜，中性土中生长不良，对海潮风有一定抗性。

茶花树姿优美，枝叶茂密，终年常青，花大色艳，花姿多变，耐久开放，是我国传统花木，为全国十大名花之一，在我国栽培历史悠久。由于品种繁多，花期长（自 11 月至次年

5月），开花季节正当冬末春初，正值其他花少的时候。因此，山茶是丰富园林景色的材料。孤植、群植均宜，其矮小者，可数种穿插丛植，乔型者缀于建筑物、甬道之周围，或群植作背景，惟茶花性喜阴凉，与落叶乔木搭配，尤为相宜。

（12）杜鹃花（*Rhododendron* spp.）　杜鹃花科、杜鹃花属。杜鹃花属全世界有 900 余种，在不同自然环境中形成不同的形态特征，既有常绿乔木、小乔木、灌木，也有落叶灌木。其基本形态是常绿或落叶灌木，分枝多，表面深绿色。花色丰富多彩，有的种类品种繁多。世界上杜鹃花栽培品种已逾 5 000 多个，我国目前广泛栽培的园艺品种有二三百种，其主要血统是映山红亚属的多个种。根据形态、性状、亲本和来源，大致上将其分为东鹃、毛鹃、西鹃和夏鹃四种类型，亦有的是分为春鹃、夏鹃、春夏鹃、西鹃四类，但多数是倾向于前一种分类法。

① 东鹃　即东洋鹃，因来自日本之故。又称石岩杜鹃、朱砂杜鹃、春鹃小花种等。本类包括石岩杜鹃（*Rh. obtusum*）及其变种，品种甚多。其主要特征是体型矮小，高 1～2 m，分枝散乱，叶薄色淡，毛少有光亮，4 月开花，着花繁密，花朵最小，一般径 2～4 cm，最大至 6 cm，单瓣或由花萼瓣化而成套筒瓣，少有重瓣，花色多种。传统品种有‘新天地’、‘雪月’、‘碧止’、‘日之出’及能在春、秋两次开花的‘四季之誉’等。

② 毛鹃　俗称毛叶杜鹃、大叶杜鹃、春鹃大叶种等，本类包括锦绣杜鹃、毛白杜鹃及其变种、杂种，体型高大，达 2～3 m，生长健壮，适应力强，可露地种植。是嫁接西鹃的优良砧木。幼枝密被棕色刚毛。叶长 10 cm，粗糙多毛。花大、单瓣、宽漏斗状、少有重瓣，花色有红、紫、粉、白及复色等。品种 10 余个，栽培最多的有‘玉蝴蝶’、‘紫蝴蝶’、‘琉球红’、‘玉玲’等。

③ 西鹃　最早在西欧的荷兰、比利时育成，故称西洋鹃，简称西鹃，系皋月杜鹃（*Rh. indicum*）、映山红及毛白杜鹃反复杂交而成，是花色、花型最多、最美的一类。其主要特征是体型矮壮，树冠紧密，习性娇嫩，怕晒怕冻。叶片厚实，淡绿色，毛少。叶形有光叶、尖叶、扭叶、长叶与阔叶之分。花期 4～5 月，花色多样，有单色、镶边、点红、亮斑、喷沙、洒金等，多数为重瓣、复瓣，少有单瓣，花瓣有狭长、圆阔、平直、后翻、波浪、飞舞、皱边、卷边等，径 6～8 cm，最大可超过 10 cm，传统品种有‘皇冠’、‘锦袍’、‘天女舞’、‘四海波’等，近年出现大量杂交新品种。

④ 夏鹃　原产印度和日本，日本称皋月杜鹃。发枝在先，开花最晚，一般在 5 月下旬至 6 月，故名。主要特征是枝叶纤细，分枝稠密，树冠丰满、整齐，高 1 m 左右。叶片狭小，排列紧密。花宽漏斗状，径 6～8 cm，花色、花瓣同西鹃一样丰富多彩，花有单瓣、复瓣、重瓣，是制作桩景的好材料。传统品种有‘长华’、‘大红袍’、‘陈家银红’、‘五宝绿珠’、‘紫辰殿’等。其中‘五宝绿珠’花中有一小花，呈台阁状，是杜鹃花中重瓣程度最高的一种。

杜鹃花是一个大属，分布于亚洲、欧洲和北美洲，而以亚洲最多，其中我国占世界种类的 59%，特别是云南、西藏、四川省、自治区，是世界杜鹃花的发祥地和分布中心。杜鹃原种集中分布于云南、西藏和四川海拔 1 000～3 000 m 的高山上，长期的自然选择形成了杜鹃性喜温凉、湿润和比较耐荫的生态习性。

对光照的要求：

杜鹃喜荫，也耐荫，最忌烈日曝晒，适宜在光照不太强烈的散射光下生长。光照过强，则嫩叶灼伤、老叶焦化、植株死亡、花期缩短，其中西鹃尤忌强光直射。据观察，杜鹃在30 000 lx以上的中强光照下生长不良，而在20 000 lx的中弱光照下花开繁密，在7 000～8 000 lx的偏弱光处花蕾稀少，在2 000～3 000 lx弱光下极难开花。杜鹃花光补偿点约1 400 lx。

对温度的要求：

杜鹃花喜温和凉爽之气候，忌酷热怕严寒，生长最适温度为12～25 ℃，超过35 ℃，则进入半休眠状态。各类之间稍有差异，原产南方的落叶或半常绿杜鹃，耐热性较强，来自北方或高山地区者较差。西鹃耐热力弱，不耐霜雪，冬季温度到0 ℃即可能受冻。春鹃比夏鹃稍耐寒，温室越冬适宜温度：西鹃8～15 ℃，夏鹃10 ℃左右，春鹃不低于5 ℃即可。目前市场上作为商品化生产的比利时四季杜鹃，温度不宜低于2 ℃，但近年从国外引进的石楠花品种，耐寒力极强，可耐－10 ℃以下的低温。

对湿度的要求：

杜鹃原产于云雾缭绕的中、低山上，喜湿，也稍耐湿，最怕干旱，对空气湿度要求较高，相对湿度一般要求在60％以上，休眠期需水少，春及初夏需水多，夏季更多。西鹃能在达饱和的空气湿度环境中，生长发育良好，但杜鹃根系较浅，故需土壤排水良好，切忌积水。

对土壤的要求：

杜鹃为典型的喜酸性土植物，以pH 4.5～6.5为宜，最忌碱性及黏土，忌浓肥，喜多次薄肥。

杜鹃花远在古代即被誉为"花中西施"。系全国十大名花之一。其树形秀美端庄，神态自若，花开繁密，其花瓣宛如轻纱，富于变化，春季远眺满山开遍的杜鹃花姹紫嫣红，仿佛在万绿丛中泼散点点胭脂，近看满树新绿初绽，微风拂过，朵朵繁花恰似有数个披红挂彩的少女翩翩起舞，那美丽的景色实在叫人陶醉。杜鹃类观花树种最适宜群植于湿润而有庇荫的林下、岩际，广布山野，花时簇聚如锦，万山遍红。园林景观中宜配植于树丛、林下、溪边、池畔及草坪边缘，在建筑物的背阴面可作花篱、花丛配植，以粉墙相衬，若是老松之下堆以山石，丛植数株其间，莫不古趣盎然，与观叶的槭树类相配合，组成群落景观，则相互争艳媲美，如红枫之下植以毛白杜鹃，青枫配以红花杜鹃；色彩鲜明，益觉动人，杜鹃类有些可作为盆景材料，盆栽则更为普遍，是年宵花的主要品种。

（13）云南黄馨（*Jasminum mesnyi* Hance） 木犀科、茉莉属。常绿攀援状灌木，花期4～5月。原产我国云南省，现各地均作栽培观赏。云南黄馨为暖地阳性树种，喜温暖湿润之气候环境。稍耐荫，忌严寒。

云南黄馨枝干袅娜，碧叶盖地，黄花点点，引人喜爱，最适于植于池畔、岩边、台地、阶前边缘，作花径、花带的陪衬树种，效果亦佳，在林缘坡地片植，使上下丰满，增加层次与色彩的变化，又能保持水土，防止冲刷，尤其是在溪边跌水或洞壁上下点缀，更具特色，花坛中成片栽植，构成一体，亦甚美观。

3. 晚春开花景观植物

（1）木绣球（*Viburnum macrocephalum* Fort.） 忍冬科、荚蒾属。落叶或半常绿灌木，高达4 m，冬芽裸露，枝叶密生星状毛。花全为白色大型不孕花，呈一大雪球状，极为美观，花期5～6月。山东、河南、江苏、浙江、江西、湖南、湖北、贵州、广西、四川、福建等省、自治区有栽培。北京偶有栽培。

木绣球适应性强，喜光，耐寒；喜富含腐殖质的土壤。种下等级主要有琼花［f. keteleeri (Carr.) Rehd］，聚伞花序，直径 10～12 cm，仅边缘为白色大型不孕花，中部为可孕花，花后结果，核果椭圆形，先红后黑。花期 4 月，果期 9～10 月。分布于江苏南部、浙江、安徽西部、江西西北部、湖南南部及湖北西部，生于丘陵山区林下或灌丛中；石灰岩山地也有生长，为著名观赏树种，各地均有栽培。

绣球花花序肥大，洁白如云，花期甚长，枝条拱形，树形圆正，为优良的观花树种，宜丛植于路边、草坪或林缘，植于小径两侧，形成拱形通道，别有风趣。

（2）广玉兰（Magnolia grandiflora L.）　木兰科、木兰属。常绿乔木，高达 30 m，花白色，芳香，花期 5～7 月，果期 10 月。原产北美东部，分布于密西西比河一带。我国长江流域以南各地引种栽培，生长良好。

广玉兰为亚热带树种，性喜光，但幼树颇能耐荫，喜温暖湿润的气候，有一定耐旱能力，能经受短期 −19 ℃低温而叶片无显著冻伤，但若在长时间的 −12 ℃低温下则叶片受冻。喜肥沃、湿润而排水良好的酸性或中性土壤，在河岸、湖滨发育良好，在干燥、石灰质、碱性土及排水不良之黏土上生长常不良。抗烟尘及二氧化硫气体，适应城市环境。根系深广，颇能抗风。

广玉兰又称荷花玉兰，树姿端整雄伟，四季常青，绿荫浓密，花芳香馥郁，宛如菡萏。孤擅或丛植均甚相宜，庭园、公园、游园等景观地多有栽培。大树孤植于草坪边缘，或列植于通道两旁边，中小型者可群植于花坛之上，成为纯林小园，与古建筑及西式建筑尤为调和，因为常绿性，枝叶繁茂，绿荫遍地，若丛植于房屋前后，则幽然可观，广玉兰不仅姿态优美、花大洁白、清香宜人，且耐烟抗风。对二氧化硫等有毒气体有较强的抗性，是净化空气、美化及保护环境的良好树种。

（3）八仙花［Hydrangea macrophylla (Thunb.) Seringe］　虎耳草科（或八仙花科）、八仙花属。落叶灌木，高 2～4 m，花期 6～7 月。原产于湖北、广东、云南诸省、自治区，日本亦有分布，现我国各地庭园常见栽培观赏。

八仙花系亚热带树种，性不耐寒，华北多盆栽，耐荫，喜湿润、肥沃壤土栽植，花多蓝色，在碱性土则出现水红色，根肉质，不耐积水，忌强烈日光。其变种与变型主要有：

山绣球（var. normalis Wils.）：伞房花序扁平、松散，不孕花排列在花序边缘，产于浙江。

大八仙花（var. hortensia Wils.）：伞房花序，全为不孕性花，密集呈球形，直径可达 20 cm。常见栽培。

紫阳花（f. otaksa Wils.）：伞房花序，全为不孕性花，花色有白、蓝、粉红等。国外栽培。

紫茎八仙花（var. mandshurica Wils.）：茎暗紫色或近于黑色，叶椭圆形，几乎全部为不孕花。常见栽培。

银边八仙花（var. maculata Wils.）：叶较狭小，边缘白色，花序中不孕性花与可孕性花共存，是优美的花、叶俱佳变种。

八仙花柔枝纷披，碧叶葱葱，清雅柔和，风姿自然，繁英如雪，聚集如球，犹如蝴蝶成团，玲珑满树，冰清玉洁，丰盛娇妍，花色亦蓝亦红，艳丽可爱。宜配植在林丛、林片的边缘或植于门庭入口处，植于乔木之下。若点缀于日照短的湖边、池畔、庭院，花色既艳，姿态亦美。配植于假山、土坡之间，或列植成花篱、花境，更觉花团锦簇，悦目怡神。八仙花用于盆栽，可供室内欣赏，也可用于工厂绿化。

（4）合欢（*Albizzia julibrissin* Durazz.） 含羞草科（或豆科）、合欢属。落叶乔木，高达 16 m。枝条开展，常呈伞状，小叶昼开夜合，花期 6～7 月。合欢产于黄河、长江及珠江流域各省，东自日本，南至印度及非洲均有分布。

合欢为温带、亚热带及热带树种，性喜光照，适应性强，有一定耐寒能力，但华北应选平原或低山之小气候较好处栽植。对土壤要求不严，能耐干旱、瘠薄，但忌水涝，喜微酸性之山地黄壤。

合欢叶纤细似羽，绿荫如伞，红花成簇，秀丽别致，是美丽的庭园观赏树种，宜作庭荫树和行道树，在池畔、溪旁、庭院、屋后房前，孤植或列植，均甚适宜，在公园草坪丛植数株，绿荫覆地，花开似绒，尤具特色。合欢对氯化氢和二氧化氮抗性强，对二氧化硫也具一定抗性，是街坊绿地、工厂、矿山优良的绿化景观树种。

（5）云实〔*Caesalpinia decapetala*（Roth）Alston.〕 苏木科（或豆科）、云实属。落叶攀援灌木。茎长数米，高可达 5 m，花期 5～6 月，果期 9～10 月。原产我国，分布于长江以南各地，国外多见于南亚各地栽培。云实喜生于山坡灌丛中或平原河谷间，耐干旱瘠薄，适应性强，不择土质，除盐碱地以外，一般土壤均可适应。

云实树冠团团如帷盖，金花盈串，别具风姿，鲜黄可爱，是优良的观花蔓木，攀援性强，宜用于花架、花棚及花廊的垂直绿化，作屏障配植，效果显著。若孤植于旷地或公园角隅，景色别具。

（二）夏花景观植物

夏花景观植物的开花时间主要集中在夏季，部分品种的花期可延续到初秋。主要有石榴、紫薇（*Lagerstroemia indica*）、金丝桃（*Hypericum chinensis*）、木槿、夹竹桃、凌霄（*Capmsis grandiflora*）等种类。

（1）石榴（*Punica granatum* Linn.） 石榴科、石榴属。落叶灌木或小乔木，高 5～7 m，果熟期 9～10 月。石榴经数千年的栽培驯化，发展成为果石榴和花石榴两大类，果石榴以食用为主，并有观赏价值。我国有近 70 个品种，花多单瓣。花石榴观花兼观果，又分为一般种和矮生种两类。常见栽培的变种有：

月季石榴（var. *nana*）：植株矮小，叶线状披针形，5～9 月每月开花 1 次，红色半重瓣，花果较小，其重瓣者称重瓣月季石榴。

重瓣红榴（var. *pleniflora*）：亦称千瓣大红榴或重瓣红石榴，花大重瓣，大红色，花果都很艳丽夺目，为观赏主要品种。

白花石榴（var. *albescens*）：亦称银榴，5～6 月间开花 1 次，白色。其花重瓣者称重瓣白榴或千瓣白榴，花大，5～9 月开花 3～4 次。

黄花石榴（var. *flavescens*）：又称黄白榴，花色微黄而带白色，其重瓣者称千瓣黄榴。

玛瑙石榴（var. *legrellei*）：又称千瓣彩色榴，花重瓣，有红色和黄白色条纹。

石榴原产伊朗及阿富汗，汉代张骞出使西域时引入我国，现黄河流域及其以南地区均有栽培，历史达 2 000 余年。石榴为亚热带和温带花果木，性喜温暖，较耐寒。较耐瘠薄和干旱，怕水涝，生育季节需水较多。对土壤要求不严，但不耐过度盐渍化和沼泽化的土壤，酸碱度在 pH 4.5～8.2 均可，土质以沙壤土或壤土为宜。过于黏重的土壤会影响生长。喜肥、喜阳光，在阴处开花不良。萌蘖力强，易分株。

石榴为花果俱美的著名景观绿化树种，露地栽培应选择光照充足、排水良好的地点，可孤植，亦可丛植于草坪一角，无不相宜。重瓣品种有三季开花者，花尤艳美，多供盆栽观赏，石榴老桩盆景，枯干疏枝，缀以红果更堪赏玩。又因对有毒气体抗性很强，是美化有污染源厂矿的主要树种。

（2）紫薇（*Lagerstroemia indica* Linn.） 千屈菜科、紫薇属。落叶灌木或小乔木，高可达 7 m，花期 6～9 月。紫薇有很多变种，常见者有：

银薇（var. *alba*）：花白色或微带淡堇色，叶色淡绿。

翠薇（var. *rubra*）：花紫堇色，叶色暗绿。

同属中有大花紫薇（*L. speciosa*）、浙江紫薇（*L. chekiangensis*）、南紫薇（*L. subcostata*）等，均有较高的观赏价值。紫薇原产亚洲南部及澳洲北部，我国华东、华中、华南及西南均有分布，各地普遍栽培。

紫薇属亚热带阳性树种，性喜光，稍耐荫，喜温暖气候，耐寒性不强，喜肥沃、湿润而排水良好的石灰性土壤。耐旱、怕涝、萌芽力和萌蘖性强，生长缓慢，寿命长。花芽形成在新梢停止生长之后。高温少雨，有利于花芽分化。单朵花期 5～8 天，全株花期在 120 天以上。

紫薇树干光洁，仿若无皮，玉股润肤，筋脉粼粼，与众不同，风韵别具，逗人抚摩，俗名怕痒树、痒痒树、无皮树等，其花瓣皱曲，艳丽多彩。紫薇适于庭院、门前、窗外配植，在园林景观中孤植或丛植于草坪、林缘，与针叶树相配，具有和谐协调之美，配植水溪、池畔则有"花低池小水平平，花落池心片片轻"的景趣。若配植于常绿树丛中，乱红摇于绿叶之间，则更绮丽动人。由于紫薇对多种有毒气体均有较强的抗性，吸附烟尘的能力比较强，是工矿、街道、居民区景观绿化的好材料，也是制作盆景、桩景的良好素材。

（3）凌霄 ［*Campsis grandiflora*（Thunb.）Loisel.］ 紫葳科、凌霄属。落叶大藤本，以气生根攀援上升，茎长达 10 m，花期 7～9 月，果期 10 月。同属中常见栽培观赏的有美国凌霄（*C. radicans*），小叶 7～13 片，叶背脉间有细毛，花冠较小，筒长，橘黄色。

凌霄原产我国长江流域至华北一带，以山东、河北、河南、江苏、江西、湖北、湖南等省、自治区多见，日本亦有分布。喜阳，也较耐阴，喜温暖湿润，不甚耐寒，在华北，苗期需包草防寒，成长后能露地越冬。要求排水良好、肥沃湿润的土壤，也耐干旱，忌积水，萌芽力、萌蘖力均强。花期自 6 月下旬至 9 月中下旬，长达 3 个月之久。

凌霄柔条细蔓，花大色艳，花期甚长，为庭园中棚架、花门之良好的绿化材料，亦适于配植在枯树、石壁、墙垣等处，蔓条悬垂，花繁色艳，妩媚动人。

（4）夹竹桃（*Nerium indicum* Mill） 夹竹桃科、夹竹桃属。常绿大灌木，高达 5～6 m，花期 6～10 月。原产印度及伊朗，为热带及亚热带树种。我国于宋元时代即开始引种，现广泛露地栽培于长江以南地区。夹竹桃性强健，喜温暖湿润气候，抗烟尘及有毒气体能力强，对土壤要求不严，以肥沃、湿润的中性壤土为宜，在微酸性土、轻碱土上亦能生长。

夹竹桃花似桃花，叶若竹叶，故名。其花红而艳，花期自夏至秋。适于水滨、庭隅、山坡及篱下种植，因树性强健，成活较易，故公园、游园及校园中，及其他建筑物旁颇多栽植。大树孤植成灌木球，小树群植，或沿园路或栅栏列植，于西洋式庭园中，尤觉调和。城市的干道分车绿带中亦可作下木配植，夹竹桃树对多种有害气体抗性较强，在距硫酸厂30 m处能正常生长，离气污染源50 m处能正常开花，而且对二氧化硫等有一定的吸收能力，耐粉尘能力亦强，是厂矿、街道绿化的优良树种。

（5）金丝桃（*Hypericum chinensis* Linn.） 金丝桃科、金丝桃属。常绿或半常绿灌木，高0.6～1 m，花期6～7月。原产于我国河北、河南、陕西、江苏、湖北、四川、广东诸省、自治区，日本亦有分布。金丝桃为暖温带树种，性喜光，适应性较强，以肥沃之中性土壤最为适宜。惟畏积水，多成半常绿。

金丝桃雄蕊尤长，散落花外，灿若金丝，而且枝柔披散，叶绿清秀，为南方庭园中常见观花灌木。适于假山石旁，庭院角隅，门庭两侧，花坛花台上配植；园林中常大片群植于树丛周围或山坡林缘，构成林下浑厚、丰满的景观，夏日骄阳当空，于芳草绿荫之间，逸出金黄耀眼之花，倍觉绚丽清适。若在入口对景的山石小品中配植一二，有增深色彩变化的效果，作花篱，亦甚适宜。

（6）木槿（*Hibiscus syriacus* L.） 锦葵科、木槿属。落叶灌木或小乔木，高2～6 m，花期6～9月。原产我国的江苏、浙江、山东、湖北、四川、福建、广东、云南、陕西、辽宁等省、自治区，现南北各地均有栽培，尤以长江流域为多。16世纪传入欧洲，西方园林亦有栽培。

木槿为亚热带及温带树种，性喜光，亦耐半荫，适应能力强，耐干旱，有一定抗寒能力，耐瘠薄土壤，喜肥沃湿润的中性土壤，微酸、微碱亦能适应，抗烟，滞尘及抗毒气能力均强。主要变种有：

重瓣白木槿（var. *alba - plena*）：花重瓣，白色。

重瓣紫木槿（var. *amplissimus*）：花重瓣，紫色。

木槿为南北常见栽培的观赏树种。我国栽培历史悠久，在南方庭园中多作绿篱及花篱，北方则作庭园点缀。群植于草坪边缘、林缘、池畔，或点缀于主景树丛中，均甚相宜。木槿对二氧化硫等有害气体抗性很强，又有滞尘能力，故作道路绿岛或工厂绿化景观甚宜。

（三）秋花景观植物

桂花、木芙蓉、栾树等少数木本种类在长江中下游地区的开花期在秋季。该季节能够开花的多年生草本植物种类较多，如葱兰（*Zephyranthes candida*）、菊花（*Dendranthema morifolium*）等。

（1）木芙蓉（*Hibiscus mutabilis* Linn.） 锦葵科、木槿属。落叶灌木或小乔木，高2～5 m，花期9～11月。栽培品种类型较多，主要有花粉红色、单瓣或半重瓣的红芙蓉和重瓣红芙蓉；花黄色的黄芙蓉；花色红白相间的鸳鸯芙蓉；花重瓣，多心组成的七星芙蓉；花重瓣，初开白色后变淡红至深红色的醉芙蓉等。

木芙蓉原产我国，黄河流域至华南各省均有栽培，尤以四川成都一带为盛，故成都号称"蓉城"。暖地树种，喜阳光，也略耐阴。喜温暖湿润的气候，不耐寒。忌干旱，耐水湿，在肥沃临水地段生长最盛。在江浙一带，冬季植株地上部分枯萎，呈宿根状，翌春从根部萌发新枝，在华北常温室栽培。

芙蓉清姿雅质，花色鲜艳，为花中珍品，宜丛植于墙边、路旁，也可成片栽在坡地。由于芙蓉喜水湿，配植在池边、湖畔，波光花影，相映益妍。木芙蓉适应性强，铁路、公路、沟渠边都能种植。可护路、护堤。更因对二氧化硫抗性特强，对氟气、氯化氢有一定抗性，在有污染的工厂绿化，既美化环境，又净化空气。

（2）桂花（*Osmanthus fragrans* Lour.） 木犀科、木犀属。常绿灌木至小乔木，高达12 m，花期9～10月。原产我国西南部，现云南尚有野生分布，四川、广西及湖北分布较多，南北各地均有栽培。桂花变种繁多，大致可归为如下4类：

金桂（var.*thunbergii*）：树身高大，树冠浑圆，叶广椭圆形，叶缘波状，浓绿而有光泽。幼龄树叶缘上半部有锯齿。花金黄色，易脱落，香气浓郁。

银桂（var.*latifolius*）：花色黄白或淡黄，香气略淡，叶较小，椭圆形、卵形或倒卵形。

丹桂（var.*aurantiacus*）：花色橙黄或橙红，香气较淡，叶较小，披针形或椭圆形。

四季桂（var.*semperflorens*）：花色黄或淡黄，花期长。除严寒酷暑外，数次开花，但以秋季为多。香味淡，叶较小，多呈灌木状。

桂花为喜阳树种，但在幼龄期要求一定的庇荫，成年后要求有充足的光照。适生于温暖湿润的亚热带气候，有一定的抗寒能力，但不甚强。对土壤要求不太高，除涝地、盐碱地外都可栽培，而以肥沃、湿润、排水良好的沙质壤土最为适宜，土壤不宜过湿，一遇涝渍危害，根系就要腐烂，叶片也要脱落，导致全株死亡。

桂花是中国传统十大名花之一，栽培历史悠久。终年常绿，枝繁叶茂，秋季开花，芳香四溢，可谓"独占三秋压群芳"，是现代都市绿化最珍贵花木之一。在园林中常作园景树，有孤植、对植，也有成丛、成片栽种在古典园林中，常与建筑物、山、石相配，以丛生灌木类的植株植于亭、台、楼、阁附近。旧式庭园常用对植。在住宅四旁或窗前栽植桂花，能收到"秋风送香"的效果。由于它对二氧化硫、氟化氢等有害气体有一定的抗性，也是工矿区绿化的优良花木。

（3）栾树（*Koelreuteria paniculata* Laxm） 无患子科、栾树属。落叶乔木，高达15 m，花期6～7月，果熟期9～10月。北起东北南部，南至长江流域，西至川中、甘肃东南部均有分布。华北地区较常见。栾树喜光，稍耐荫，耐寒，适生于石灰性土壤，稍耐湿，萌生力强，生长较快，具较强的抗烟尘能力。

栾树树体高大，姿态端正，枝叶茂密，春季嫩叶红色，夏季黄花满树，入秋红果累累，为优良的行道树或庭荫树之一。

（四）冬花景观植物

蜡梅（*Chimonanthus praecox*）、油茶（*Camellia oleifera*）、茶梅（*Camellia sasanque*）等在南京地区露地栽培冬季可正常开花，其中蜡梅和茶梅的品种较为丰富。

（1）蜡梅［*Chimonanthus praecox*(L.)Link.］ 蜡梅科、蜡梅属。落叶灌木，暖地半常绿，高达3 m。花两性，具浓香，先叶开放。花期初冬至早春，果7～8月成熟。原产我国中部湖北、陕西等省。在北京以南各地庭园中广泛栽培观赏，河南鄢陵为蜡梅传统生产中心。蜡梅在我国久经栽培，常见栽培的有：

狗蝇蜡梅（var.*intermedius*）：也称红心蜡梅，为半野生类型。花淡黄，花被片基部有紫褐色斑纹，香气淡，花瓣尖似狗牙，花后结实。

磬口蜡梅（var.*grandiflora*）：叶大，长达20 cm，花亦大，径3～3.5 cm，花被片宽，外轮淡黄色，内轮有浓红紫色边缘和条纹。花极耐寒，香气浓。

素心蜡梅（var.*concolor*）：花瓣内没有紫色斑纹，全部黄色，瓣端圆钝或微尖，盛开时反卷，香气较浓，栽培广泛。

小花蜡梅（var. *parviflorus*）：花特小，径约 0.9 cm，外轮花被片黄白色，内轮有浓紫色条纹，香气浓。

蜡梅喜光而能耐阴。较耐寒、耐旱，怕风，忌水湿，宜种在向阳避风处。喜疏松、深厚、排水良好的中性或微酸性沙质壤土，忌黏土和盐碱土。病虫害较少，但对二氧化硫气体抵抗力较弱。

蜡梅发枝力强，耐修剪，有"蜡梅不缺枝"之谚语。除徒长枝外，当年生枝大多可以形成花芽，徒长枝一般在次年能抽生短枝开花。以 5～15 cm 的短枝上着花最多。树体寿命较长，可达百年以上。

蜡梅花被片黄似蜡，在寒冬银装素裹的时节，气傲冰雪，冒寒怒放，清香四溢，是颇具中国园林特色的冬季典型花木，一般以自然式的孤植、对植、丛植、列植、片植等方式，配置于园林或建筑入口处两侧、厅前亭周、窗前屋后、墙隅、斜坡、草坪、水畔、道路之旁。蜡梅与南天竹配置，隆冬呈现"红果、黄花、绿叶"交相辉映的景色，是江南园林很早采用的手法。

（2）茶梅（*Camellia sasanqua* Thunb.）　山茶科、山茶属。常绿灌木，高可达 3 m。花期 11 月至翌年 1 月。产我国长江以南地区，日本亦有分布。本种品种达百余个，白花为常见花色。常见的品种有单瓣白茶梅（*Alba*）、聚花茶梅（*Floribunda*）、深粉茶梅（*Rosa*）、三色大花茶梅（*Tricolor - magnifica*）等。

茶梅性强健，喜光，稍耐荫，但以阳光充足处花朵更为繁茂；喜温暖气候及富含腐殖质而排水良好的酸性土壤，有一定的抗旱性，抗寒力强。观赏特性同山茶，可作基础种植及篱木材料，兼有花篱、绿篱的效果。日本学者将茶梅分成 4 个品种群。

普通茶梅群（Sasanqua Group）：10～12 月开花，在形态和生态上与茶梅原种相近，花瓣 1～2 轮，花色有白、桃红、红等。

冬茶梅群（Hiemalis Group）：11 月至翌年 3 月开花，重瓣佳种较多。

春茶梅群（Vernalis Group）：系茶梅与山茶之间杂种或其后代。12 月至翌年 4 月开花。树形、花形多居于茶梅与山茶之间。

油茶群（Oleifera Group）：11 月前后开白花，叶极大而无光泽。

（3）油茶（*Camillia oleifera* Abel）　山茶科、山茶属。常绿小乔木或灌木，高可达 8 m。花期 10～12 月，果期翌年 9、10 月。油茶分布于我国长江流域及其以南各省、自治区，野生或栽培。印度及越南均有分布，一般在海拔 700 m 以下。

油茶性喜光，幼年稍耐荫，为暖地阳性树种。喜温暖湿润气候，要求年平均温度 14～20℃，一月平均温度不低于 0℃，年降雨量 1 000 mm 以上；喜土层深厚、排水良好的酸性土，pH 4.5～5 为宜，不耐盐碱土，深根性。

油茶为观花及经济植物，其枝繁叶茂，洁花朵朵，果实累累，因耐寒性较强，故多栽培。油茶适于在树丛、林缘、道旁拐角处配植，多以丛植或群植，间或孤植。若于公园绿地的树丛边缘点衬二三，效果不亚于一般观花灌木。油茶对二氧化硫等有害气体抗性尤强，可适当配植于工厂区。

第二节　植物分类的方法

以上是景观植物的应用分类。从本节开始，逐步阐述植物分类学方法及其在景观植物中的应用。

　　自然界的植物种类之多，要认识、利用、改造它们，就必须对它们进行分门别类，为此，我们必须具备植物分类学的基本知识。景观植物属于全部植物中的一部分，其学名毫无疑问是由植物分类学而来的拉丁名称，故下面简要介绍植物分类学的基本知识。

　　植物界一词的含义随着科学的发展、社会的进步，也在不断地改变。在宇宙中，凡是有生命的机体，都称为生物。早在 1735 年，瑞典人林奈（Carl von Linnaeus）将生物分为动物界（Animalia）与植物界（Plantae）。1866 年，德国人赫凯尔（E. H. Haeckel）提出了三界学说：①原生生物界（Protista）；②植物界（Plantae）；③动物界（Animalia）。1938 年，美国人科帕兰（H. F. Copeland）提出了四界的分法：①原核生物界（Prokaryotes）；②原始有核界（Protoctista）；③后生植物界（Metaphyta）；④后生动物界（Metazoa）。1969 年，美国人维德克（R. H. Whittaker）根据生物的营养方式的不同，把生物分为五界：①原核生物界（Prokaryotes）；②原生生物界（Protista）；③植物界（Plantae）；④真菌界（Fungi）；⑤动物界（Animalia）。1979 年，我国科学家陈世骧又提出，在五界的基础上，把病毒（Virus）独立出来自成一界，成为六界。本教材仍沿用习惯上的两界分类。

　　植物分类是人类根据生活实际的需要，在生产实践的斗争中产生的。人类在史前时期，就开始接触和利用植物，从而辨别了可食的和有毒的植物，把某些种子、果实、块茎、块根等作为食物。继而把植物用来治疗疾病，李时珍的《本草纲目》，就是既总结了劳动人民辨别植物用来治疗疾病的性能、类别和名称，还总结了劳动人民对植物的描述。这些辨别植物的类别、名称、性能和对植物的描述，就是植物分类。

　　植物分类的目的，不仅是认识植物，给植物以一定的名称和描述，而且还要研究按植物的亲缘关系，把它们分门别类，建立一个足以说明植物亲缘关系的分类系统，从而了解植物系统发育的规律，为人们鉴别、发掘、利用和改造植物奠定基础。

　　例如，夹竹桃（*Nerium indicum*）碧叶青青如柳似竹，红花团团如火似桃。但其全株有剧毒，人畜误食有危险，故应避免在井边及饮水池附近种植这种景观植物。所以，首先必须认识植物及其特性，才能对其进行科学合理地利用。又如生长在森林里的伞菌，一般被视为山珍美味，但其种类繁多，有可食的，也有剧毒的。如鹅膏属（*Amanita*）的某些种，误食少量即可致死。药用植物也是这样，如认错了种类，不但达不到治病的目的，反而会使患者受害。因此，正确地识别植物种类，具有十分重要的实际意义。同时，可以利用植物亲缘关系的知识，进行引种、驯化、培育和改造植物，一般来说，亲缘关系愈近的，就易于进行杂交，人为地创造新品种。如月季（*Rosa* cvs.）利用蔷薇属中亲缘关系较近的不同种，已培育出许多丰富多彩的现代月季花；亲缘关系远的植物则不易杂交，但一旦杂交成功，其后代的生命力就更强。此外，还可以根据某种植物体内含有某种物质（芳香油、植物碱、橡胶等）或性能，推知其相近植物也有可能含有某种物质或性能。例如，小蘖科中的植物，亲缘比较相近，于是都可能含有小蘖碱。由此可知，正确地掌握、应用植物分类学知识，就能更好地为国家建设服务。

　　在植物学的发展中，植物分类的方法大致可分为两种。一种是人为的分类方法，是人们按照自己的方便，选择植物的一个或几个特点，作为分类的标准。如瑞典分类学家林奈（1707—1778 年），把有花植物雄蕊的数目作为分类标准，分为一雄蕊纲、二雄蕊纲……这是人为的分类方法，这样的分类系统，是人为分类系统。另一种是自然分类方法，是根据植物的亲疏程度，作为分类标准。判断亲疏的程度，是根据植物相同点的多少，如蔷薇、月季与玫瑰，有许多相同点，于是认为它们较亲近；蔷薇与紫薇、广玉兰、半枝莲相同的地方较少，所以它们之间亲缘关系较疏远。这样的方法，是自然分类方法；这样的分类系统，是自然的分类系统。

自从达尔文（Darwin，1809—1882 年）进化学说建立之后，认为植物起源于变异与自然选择，这对植物分类有很大影响，自然系统的"自然"二字，就有了更确切的意义。从而得知复杂的植物种类，大致是同源的。物种表面上相似程度的差别，能显示它们血统上的亲缘关系。例如，蔷薇、月季与玫瑰之所以较亲近，是由于它们有一个较近代的共同祖先；而蔷薇与紫薇、广玉兰、半枝莲较疏远，是因为它们有一个较远代的共同祖先。

在进化论以前的形态学及解剖学方面的资料和以后增加的地理部分的知识，是今天分类学的重要组成部分。进入细胞遗传学即物种生物学时期（Cytogenetical biosystematic period），更加认识到染色体资料、多倍化、杂交亲和性和繁育行为的重要性，在很大程度上影响着传统分类学。解剖学、花粉学、胚胎学等方面的新资料，已被应用于种以上的分类。

20 世纪中叶以来，是分类学的变革时期。有两个领域发展较快：一个是生物化学系统，另一个是统计分类学或数量分类学。化学分类系统学为我们进行分类和订正以前的分类提供了资料，为评价某些类别的系系发生关系有了可靠的依据。分子生物学在分类中的应用，有助于查明一些类群的起源。电子扫描显微镜对花粉、果实、种子和叶表面的性状认识，也是一个重大的进展。

统计数量分类学企图用数量方法重建进化关系，并判断性状和器官的进化趋向。统计分类学仅在于应用电子计算机处理数据和比较各组资料，以避免或减少主观因素。

植物分类方法主要是形态学与解剖学、细胞学、生物化学、分子生物学等的应用，现代生物技术的应用更证实了传统分类的各类资料的意义。作为植物分类的基本知识，植物形态学仍然十分重要与实用。

第三节　植物分类的各级单位

表示某一种植物的系统和归属的阶层是植物分类的等级。为了便于分门别类，按照植物类群的等级，各给予一定的名称，这就是分类上的各级单位。现将植物分类的基本单位列表如下（表 3 - 1）。

表 3 - 1　植物分类的基本单位

中　名	拉丁文	英　文
界	Regnum	Kingdom
门	Divisio	Division
纲	Classis	Class
目	Ordo	Order
科	Familia	Family
属	*Genus*	*Genus*
种	*Species*	*Species*

现以狭叶方竹为例，说明它在分类上所属的各级单位。

界（Regnum）　植物界（Regnum vegetabile）

　门（Divisio）　　种子植物门（Spermatophyta）

　　纲（Classis）　　　单子叶植物纲（Monocotyledoneae）

　　　目（Ordo）　　　禾本目（Graminales）

　　　　科（Familia）　　　禾本科（Gramineae）

　　　　　属（*Genus*）　　寒竹属（*Chimonobambusa*）

　　　　　　种（*Species*）　　　狭叶方竹（*Chimonobambusa angustifolia* C. D. Chu et C. S. Chao）

　　种是分类上的一个基本单位，也是各级单位的起点。同种植物的个体，起源于共同的祖先，有极近似的形态特征，且能进行自然交配，产生正常的后代（有少数例外），既有相对稳定的形态特征，又是在不断地发展演化。

　　根据需要各级单位可再分为亚级，在各阶层之下分别加入亚门、亚纲、亚目、亚科、族、亚族、亚属、亚种等阶层。即在各级单位之前，加上一个亚（sub-）字。每一阶层都有相应的拉丁词和一定的词尾，即拉丁名。

　　如果在种内的某些植物个体之间，又有显著的差异时，可视差异的大小，分为亚种（subspecies）、变种（varietas）、变型（forma）等。

　　种以下植物名称的形式如亚种为：*Magnolia officinalis* subsp. *biloba*（Rehd. et. Wils.）Law（凹叶厚朴）；变种为：*Michelia balansae* var. *appressipubescens* Law（细毛含笑）；变型为：*Gnetum montanum* Markgr. f. *megalocarpum* Markgr.（大叶买麻藤）。其中变种是最常用的。下面以景观植物向日葵（也是农作物）为例，予以说明含多亚阶层的分类等级。

界（Regnum）　植物界（Regnum vegetabile）

　门（Divisio）　　种子植物门（Spermatophyta）

　亚门（Subdivisio）　被子植物亚门（Angiospermae）

　　纲（Classis）　　双子叶植物纲（Dicotyledoneae）

　　亚纲（Subclassis）　合瓣花亚纲（Sympetalae）

　　　目（Ordo）　　　菊目（Asterales）

　　　亚目（Subordo）　菊亚目（Asterineae）

　　　　科（Familia）　　菊科（Compositae）

　　　　亚科（Subfamilia）　菊亚科（Asteroideae）

　　　　　族（Tribus）　　　向日葵族（Heliantheae）

　　　　　亚族（Subtribus）　　向日葵亚族（Helianthinae）

　　　　　　属（*Genus*）　　　向日葵属（*Helianthus*）

　　　　　　　种（*Species*）　　　向日葵（*Helianthus annuus* L.）

　　品种（cultivar）不是植物分类学中的一个分类单位，不存在于野生植物中。品种是人类在生产实践中，经过培育为人类所选育的。一般来说，多基于经济意义和形态上的差异，如大小、色、香、味等，实际上是栽培植物的变种或变型。种内各品种间的杂交，叫近亲杂交。种间、属间或更高级的单位之间的杂交，叫远缘杂交。育种工作者，常常遵循近亲易于杂交的法则，培育出新的品种。

第四节　植物命名法则

　　每种植物，各国都有各国的名称，就是一国之内，各地的名称也不尽相同，因而就有同物异名（synonym），或异物同名（homonym）的混乱现象，造成识别植物、利用植物、交流经验等的障碍。为了避免这种混乱，有一个统一的名称是非常必要的。1751 年林奈（Carl von Linnaeus）在自己的论文中讨论了这一问题，又在 1753 年出版的《植物种志》中全面应用后，对各国产生了巨大影响而为全世界所接受。林奈用两个拉丁单词作为一种植物的名称，第一个单词是属名，是名词，其第一个字母大写；第二个单词为种名形容词（specific epithet）；后面再写出定名人的姓氏或姓氏缩写（第一个字母要大写），便于考证。即植物学名＝属名＋种名词＋定名人。这种国际上统一的名称，就是学名。这种命名的方法，叫双名法。如荷花玉兰的学名是 *Magnolia grandiflora* L.，第一个字是属名，是荷花玉兰的古希腊名，是名词；第二个字是种名形容词；后面大写"L."是定名人林奈（Linnaeus）的缩写。如果是变种，则在种名的后边，加上一个变种（varietas）的缩写 var.，然后再加上变种名，同样后边附以定名人的姓氏或姓氏缩写。如蟠桃的学名为 *Prunus persica* var. *compressa* Bean.

为了避免命名上的混乱，学名必须遵守《国际植物命名法规》（International Code of Botanical Nomenclature，缩写 ICBN），这是瑞士人小德堪多（Alphonse de Candolle）1876 年在巴黎召开的第一次国际植物学会议上建议的植物命名规则，经过多次国际植物学会议讨论修订而成的。

第五节　植物检索表及其应用

植物分类检索表是识别鉴定植物时不可缺少的工具。检索表的编制是根据法国人拉马克（Lamarck，1744—1829 年）的二歧分类原则，把原来的一群植物相对的特征特性分成相对应的两个分支，再把每个分支中相对的性状又分成相对应的两个分支，依次类推，直到编制的科、属或种检索表的终点为止。为了便于使用，各分支按其出现的先后顺序，前边加上一定的顺序数字或符号。相对应两个分支前的数字或符号应是相同的。每两个相对应的分支，都编写在距左边有同等距离的地方。每一个分支下边，相对应的两个分支，较先出现的又向右低一个字格，这样继续下去，直到要编制的终点为止。这种检索表称为定距检索表。此外，还有平行检索表，相对应性状的两个分支，平行排列。分支之末，为名称或序号，此序号重新写在相对应分支之前。

通常有分科、分属和分种检索表，可以分别检索出植物的科、属、种。当检索一种植物时，先以检索表中次第出现的两个分支的形态特征，与植物相对照，选其与植物符合的一个分支，在这一分支下边的两个分支中继续检索，直到检索出植物的科、属、种名为止。然后，再对照植物的有关描述或插图，验证检索过程中是否有误，最后鉴定出植物的正确名称。

如植物类、门的检索表为：

1. 植物无根、茎、叶的分化，无维管束，雌性生殖器为单细胞（极少数例外），合子不形成胚，直接萌发为植物体 ……………………………………………………………………………………（一）低等植物
　2. 植物体不为菌、藻共生体。
　　3. 植物体有色素，能进行光合作用，生活方式为自养 …………………… 1. 藻类（Algae）
　　　4. 植物体的细胞无真正的核 ……………………………………………（1）蓝藻门（Cyanophyta）
　　　4. 植物体的细胞有真正的核。

5. 植物体为单细胞，无细胞壁，常具1根鞭毛，能游动 ·················· (2) 眼虫藻门（Euglenophyta）

5. 植物体为单细胞或多细胞或多细胞的群体。

 6. 植物体为单细胞时，如无细胞壁则常具2根鞭毛；或有细胞壁则由具花纹的甲片相连成而具2根鞭毛；或
  细胞壁由二瓣套合而成，则不具鞭毛；或为多细胞的群体，细胞横壁位于中间，整个细胞壁呈H形；或整
  个植物体无细胞横壁隔开，多核，呈非细胞结构状。

  7. 植物体的细胞壁不为具花纹的甲片相连而成 ·················· (3) 金藻门（Chrysophyta）

  7. 植物体的细胞壁常为具花纹的甲片相连而成，有2条槽，一条环绕细胞的中部，另一条在一侧直生，具
   2根鞭毛 ·················· (4) 甲藻门（Pyrrophyta）

 6. 植物体为多细胞的群体，或为多细胞，均有细胞壁。如为单细胞则壁不为二瓣套合或甲片相连而成。

  8. 植物体含有与高等植物相同的叶绿素a、b，叶黄素与胡萝卜素，呈绿色；储藏的养料
   一般是淀粉 ·················· (5) 绿藻门（Chlorophyta）

  8. 植物体含的色素与高等植物不同，储藏的养料不是真正的淀粉。

   9. 植物体含叶绿素a、c和胡萝卜素外，还含有墨角藻黄素（fucoxanthin），故呈褐色；储藏的养料主要
    是褐藻淀粉，也叫昆布多带糖（laminarin）和甘露醇（mannitol）·················· (6) 褐藻门（Phaeophyta）

   9. 植物体含叶绿素a、d和黄色素外，还含有藻红素，故呈红或紫色；储藏的养料是近似淀粉的糖叫红藻
    淀粉（floridean starch）·················· (7) 红藻门（Rhodophyta）

3. 植物体无色素，不能进行光合作用（极少数例外），生活方式为异养 ·················· 2. 菌类（Fungi）

10. 植物体的细胞无真正的核 ·················· (8) 细菌门（Schizomycophyta）

10. 植物体的细胞有真正的核。

 11. 植物体的细胞在营养体时期无细胞壁，是一团变形虫状裸露的原生质体，能移动和吞食固体
  食物 ·················· (9) 黏菌门（Myxomycophyta）

 11. 植物体的细胞有细胞壁 ·················· (10) 真菌门（Eumycophyta）

2. 植物体为菌、藻共生体 ·················· (11) 地衣门（Lichenes）

1. 植物有根、茎、叶的分化，有维管束（苔藓例外），雌性生殖器官由多个细胞构成，有颈卵器，合子形成胚，然后
 再萌发为植物体 ·················· （二）高等植物

12. 植物体无维管束，配子体占优势，孢子体不能离开配子体独立生活 ·················· (12) 苔藓植物门（Bryophyta）

12. 植物体有维管束，孢子体占优势，能独立生活。

 13. 不产生种子，只产生孢子，配子体仍能独立生活 ·················· (13) 蕨类植物门（Pteridophyta）

 13. 产生种子，雌配子体不能离开孢子体独立生活。

  14. 种子或胚珠裸露，不包被在果实或子房中。一般不具导管 ·················· (14) 裸子植物门（Gymnospermae）

  14. 种子或胚珠包被在果实或子房中，不裸露。有导管 ·················· (15) 被子植物门（Angiospermae）

  植物分类检索表是鉴定植物的工具，不同等级的分类群都可以编制相应的检索表，供鉴定之用。植物分类检索表常见的有定距（二歧）式和平行式两种。

一、定距式检索表

定距式检索表的特点是：

（一）相对立的性状特征排列在同样的距离之处。

（二）左边的性状序号只允许成对出现。

（三）在排列格式上，从左向右逐渐缩进，但左边的两个相同序号要对齐。这种检索表对照鲜明，简洁明了，使用方便。定距式检索使用比较普遍。下面是松科几个属的分属定距式检索表的格式。

1. 叶不成束，螺旋状排列，或簇生于短枝上

 2. 枝条无长枝和短枝之分，球果成熟后，种鳞自中轴脱落 ·················· 1. 冷杉属 *Abies* Mill

  3. 球果成熟后种鳞不脱落

4. 球果生枝顶，叶均匀排列在枝上

　5. 球果直立，种子连翅与种鳞近等长，雄球花簇生枝顶 ·············· 2. 油杉属 *Keteleeria* Carr.

　5. 球果下垂，种子连翅较种鳞短，雄球花单生叶腋；小枝无明显叶枕；叶平扁；苞鳞露出种鳞外，先端 3 分裂
　　 ·· 3. 黄杉属 *Pseudotsuga* Carr.

4. 球果生于叶腋，叶在节间上部排列紧密，下部稀疏 ·············· 4. 银杉属 *Cathaya* Chun et. Kuang

2. 叶有长枝和短枝之分

　6. 落叶，叶扁平，球果当年成熟

　　7. 雄球花单生于短枝顶部，种鳞成熟后不脱落 ·············· 5. 落叶松属 *Larix* Mill.

　　7. 雄球花数个簇生于短枝顶端，种鳞成熟后脱落 ·············· 6. 金钱松属 *Pseudolarix* Gord.

　6. 常绿乔木，叶针形，3 棱或 4 棱，球果第二年成熟，种鳞脱落 ·············· 7. 雪松属 *Cedrus* Trew.

1. 叶针形，成束状，每束 3～5 针，稀 7～8 针；常绿，球果第二年成熟，种鳞宿存 ·············· 8. 松属 *Pinus* Linn.

二、平行式检索表

平行式检索表的特点是把每一对相对立的性状特征紧紧排列在一起，易于比较；在一行叙述之后为一数字引导下一步；左边用序号表示的数字逐渐向右缩进。下面是平行式检索表的格式。

1. 灌木 ·· 2

1. 草本或藤 ··· 3

　2. 雄蕊 10～18 枚，果四角形，叶片狭小，长仅 2～7 mm ·············· 1. 沙拐枣属 *Calligonum* L.

　2. 雄蕊 6～8 枚，果有 2～3 角 ·························· 2. 针枝属 *Atraphaxis* L.

　　3. 果实有翅 ·· 4

　　3. 果实无翅 ·· 6

　　4. 花被 4，果扁平圆形，边缘有翅 ·············· 3. 山蓼属 *Oxyria* Hill.

　　4. 花被 5～6，果卵形，有 3 棱，沿棱生翅 ·················· 5

　　　5. 花被 5，果实基部有角状附属物，草质藤本 ·············· 4. 翼蓼属 *Pteroxygonum Damm*, et. Diels

　　　5. 花被 6，果实基部无角状附属物，直立草本 ·············· 5. 大黄属 *Rheum* L.

　　　6. 花被 3，雄蕊 3 ·············· 6. 冰岛蓼属 Koenigia L.

鉴定植物时，根据需要，应用检索表，可以从科一直检索到种。要能达到预期的目的，第一是要有完整的检索表资料，第二是收集的检索对象要有完整的能反映其性状的标本，方能顺利地进行检索。对检索表中使用的各项专用术语应有明确的理解，如稍有差错、含混就不能找到正确的答案。检索时要求耐心细致。检索一个新的植物种类，即使对一个较有经验的工作者，也常常会经过反复和曲折，绝非是一件一蹴而就的事。对一个分类工作者，检索的过程是学习、掌握分类学知识的必经之路。

第六节　植物界的基本类群

植物在长期演化过程中，出现了形态结构、生活习性等方面的差别。这种差别的形成是极慢的。在太古代约 34 亿年前就有了植物。在这个极长的时间里，地球上曾有过许多地质的变迁。每经过一度沧桑，地球上的生物也就换了面目。有些族系繁盛了，有些衰退了；老的种族消亡了，新的种类产生了。我们可以从植物化石里寻到证据。

从植物化石里还告诉我们，简单的植物先出现，较复杂的出现较晚。从表 3－2 中可以看出植物在各地质年代中发展的大致情况。

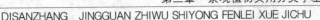

表 3-2　地质年代和不同时期占优势的各类植物

代 (Era)	纪 (Period)	世　（期） (Epoch or Part)	开始时期 （距今百万年前）	优势植物
新生代 (Cenozoic)	第四纪 (Quaternary)	近代（Recent）	1.2	被子植物兴 盛时期
		更新世（Pleistocene）	2.5	
	第三纪 (Tertiary)	上新世（Pliocene）	7	
		中新世（Miocene）	26	
		渐新世（Oligocene）	38	
		始新世（Eocene）	54	
		古新世（Paleocene）	65	
中生代 (Mesozoic)	白垩纪 (Cretaceous)	后期	90	裸子植物 兴盛时期
		早期	136	
	侏罗纪 (Jurassic)	后期	166	
		早期	190	
	三叠纪 (Triassic)	后期	200	
		早期	225	
古生代 (Paleozoic)	二叠纪 (Permian)	后期	260	低等维管植物
		早期	280	
	石炭纪 (Carboniferous)	后期	325	
		早期	345	
	泥盆纪 (Devonian)	后期	360	
		中期	370	
		早期	395	
	志留纪（Silurian）		430	藻类植物
	奥陶纪（Ordovician）		500	
	寒武纪（Cambrian）		570	
元古代 (Proterozoic)			570～1 500	
太古代 (Archaeozoic)			1 500～5 000	生命开始，细 菌蓝藻出现

　　根据植物形态结构、生活习性和亲缘关系等，以往的植物学家曾将植物界分成：①藻菌植物门（Thallophyta）；②苔藓植物门（Bryophyta）；③蕨类植物门（Pteridophyta）；④种子植物们（Spermatophyta）。也有将植物界分成显花植物（Phanerogamae）及隐花植物（Cryptogamae）。显花植物即种子植物，隐花植物包括蕨类以下的植物；或称为种子植物（seed plants）及孢子植物（spore plants）。也有把具有维管系统（vascular system）的蕨类植物和种子植物称为维管植物（vascular plants）；把苔藓植物以下的植物称为非维管植物（non - vascular plants）。苔藓植物、蕨类植物和种子植物的受精卵在母体中发育成胚，这些植物又称为有胚植物（Embryophyta）。苔藓植物和蕨类植物的雌性生殖器官为颈卵器

（archegonium），而裸子植物也具有退化的颈卵器。因此，三者又合称颈卵器植物。

根据现代的知识，植物分门的意见不一。本教材除将植物界分为十五门外，还将植物界分为低等植物和高等植物。前者包括十一门，后者为四门。现列表如下：

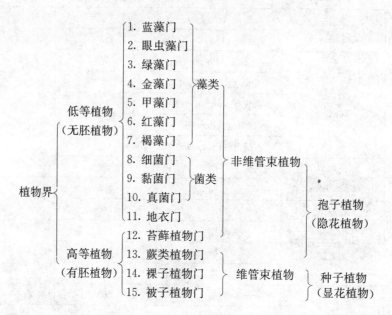

一、低等植物

低等植物常生活于水中或阴湿的地方，植物体没有根、茎、叶的分化，是原植体植物（Thallophyte），生殖器官常是单细胞的，有性生殖的合子不形成胚而直接萌发成新的植物体。低等植物可分为藻类（Algae）、菌类（Fungi）与地衣（Lichenes）。现分别介绍如下：

1. 藻类植物（Algae） 现有的藻类植物约有 18 000 种。植物体都含有各种不同的色素，能进行光合作用。它们的生活方式是自养的（autotrophic），多生于水中。植物体的营养细胞都有吸收水分、无机盐的作用。

藻类这个名词并不是一个纯一的类群，只是为了方便所设。根据它们含有的色素、植物体细胞结构、贮藏的养料、生殖方式等不同，又可分为蓝藻门（Cyanophyta）、绿藻门（Chlorophyta）、眼虫藻门（Euglenophyta）、金藻门（Chrysophyta）、甲藻门（Pyrrophyta）、褐藻门（Phaeophyta）、红藻门（Rhodophyta）等七门。

一般认为藻类的起源是同源的。因此，眼虫藻门、绿藻门、金藻门、甲藻门、褐藻门似乎都起源于原始鞭毛类。蓝藻门则出现在原始鞭毛类以前。红藻门可能与蓝藻门有共同的远祖，而与其他门的关系不明。

2. 菌类植物（Fungi） 现有的菌类约有 90 000 种。植物多不含色素，不能进行光合作用，它们的生活是异养的。菌类这个名词同样不是一个纯一的类群，也是为着方便而设的。它们又可分为细菌门（Schizomycophyta）、黏菌门（Myxomycophyta）、真菌门（Eumycophyta）。

3. 地衣植物（Lichenes） 地衣是真菌和藻类的共生植物（symbiotic plant）。共生的真菌绝大多数属子囊菌，其中少数属担子菌，个别为藻状菌；共生的藻类是蓝藻和绿藻，主要是念珠藻（Nostoc）、共球藻（Trebouxia）和堇青藻（Treniepohlia）。藻类为整个植物体制造养分，而菌类则吸收水分与无机盐，为藻类制造养分提供原料，并围裹藻的细胞，以保持一定的湿度。

地衣依其形态可分为：①壳状，植物体紧贴基物，难以分开；②叶状，植物体有背腹性，以假根和脐固着于基物上，易于采下；③枝状，植物体直立或下垂如丝，多分枝。

地衣的有性繁殖是以其共生的真菌独立进行的。营养繁殖主要是植物体进行断裂。散布于植物体表面的小颗粒或粉状粉芽（sodridium）也可进行繁殖。粉芽是由菌丝缠绕的藻胞群所形成的团块，脱离母体后可成新植物。珊瑚芽（isidia）是植物体上局部突起的结构，是菌丝包裹着藻胞，脱离母体后也可形成新植物。此外，小裂片也是很重要的繁殖结构。

地衣能生长在裸露的岩石、土壤或树上。寒带积雪的地方也有生长。对于岩石风化、土壤形成可起促进作用，并且是其他植物的开路先锋。地衣有的可以作药用，《本草纲目》中记载有很多药用地衣，如松萝（Usnea subrobusta）、石蕊（Cladonia cristatella）等。有的地衣的酸具有抗菌作用，有的地衣可作饲料。地衣也可危害森林，尤其对茶树、柑橘之类危害较大，常以假根穿入寄主的皮层，以危害寄主。

二、高等植物

绝大多数的高等植物都是陆生。它们的植物体常有根、茎、叶的分化（苔藓植物可例外），雌性生殖器官是由多个细胞构成的。受精卵形成胚，再长成植物体。高等植物可分为四门，即苔藓植物门、蕨类植物门、裸子植物门、被子植物门，现分别介绍如下：

1. 苔藓植物（Bryophyta） 现有的苔藓植物约有 40 000 种，我国约有 2 100 种。这是一类结构比较简单的高等植物。一般生于阴湿的地方，生于水中者甚少，是植物从水生到陆生过渡形式的代表。比较低级的种类其植物体为扁平的叶状体；比较高级的种类其植物体有茎、叶的分化，可是都还没有真正的根。吸收水分、无机盐和固着植物体的功能，由一些表皮细胞的突起物形成的假根来完成。它们没有维管束那样的真正输导组织。配子体占优势，孢子体不能离开配子体独立生活。本门可分为苔纲（Hepaticae）和藓纲（Musci）。

2. 蕨类植物（Pteridphyta） 现有的蕨类植物约有 12 000 种，我国约有 2 600 种。一般为陆生。有根、茎、叶的分化。并有维管束系统，既是高等的孢子植物，又是原始的维管植物。配子体和孢子体皆能独立生活。而且以孢子体占优势，我们见到的蕨类植物，都是孢子体，并有明显的世代交替。配子体产生颈卵器和精子器；孢子体产生孢子囊。

蕨类植物共分为 5 个纲：石松纲（Lycopodinae）、水韭纲（Isoetinae）、松叶蕨纲（裸蕨纲，Psilotinae）、木贼纲（Equisetinae）和真蕨纲（Filicinae）。前 4 纲为小型叶蕨类，又称为拟蕨植物（Fern allies），是一些较原始而古老的蕨类植物，现存有的种类很少。真蕨纲为大叶型蕨，是进化的，也是现代极其繁茂的蕨类植物。

3. 裸子植物（Gymnospermae） 裸子植物的胚珠和种子是裸露的。种子的出现使胚受到保护及营养物质的供给，可使植物度过不利的环境。花粉管（pollen tube）的产生，可将精子送到卵。摆脱了水的限制，更适应陆地生活。裸子植物的孢子体发达，并占绝对优势，其配子体则十分简化，不能脱离孢子体而独立生活。绝大多数裸子植物为常绿树木，有形成层和次生结构。除买麻藤纲植物以外，木质部中只有管胞而无导管和纤维。韧皮部中有筛胞而无筛管和伴胞。大多数种类的雌配子体中尚有结构简化的颈卵器，少数种类如苏铁属

（*Cycas*）植物和银杏（*Ginkgo biloba*），仍有多数鞭毛的游动精子。证明裸子植物是一群介于蕨类植物与种子植物之间的维管植物。

种子植物和蕨类植物两者在生殖器官的形态结构上常用的两套对应的名词，在系统发育上有密切的关系。现分列于表 3-3：

表 3-3

种子植物	蕨类植物
花	孢子叶球
雄蕊	小孢子叶
心皮	大孢子叶
花粉囊	小孢子囊
花粉母细胞	小孢子母细胞
花粉粒（单细胞时期）	小孢子
花粉粒（二细胞以上时期）	初期雄配子体
花粉管	后期雄配子体
胚珠（严格讲只指其中的珠心）	大孢子囊
胚囊母细胞	大孢子母细胞
胚囊（单核期）	大孢子
胚囊（成熟期）	雌配子体
胚乳（裸子植物）	部分雌配子体
胚乳（被子植物，由受精的极核发育而成，为被子植物所特有）	

裸子植物出现于 3 亿年前的古生代，最盛时期是中生代，现存的裸子植物共有 13 科，70 属，约 700 种。我国有 12 科，39 属，近 300 种（栽培的有 31 种）。

裸子植物可分苏铁纲（Cycadinae）、松柏纲（Coniferae）、罗麻藤纲（Gnetinae）3个纲。

4. 被子植物（Angiospermae） 这是植物界最高级的一类植物。最主要的特征是其种子或胚珠包被在果实或心皮中。果实在成熟前，对种子起保护作用，种子成熟后，则以各种方式散布种子，或继续保护种子。它们的孢子体占绝对优势，而又高度分化。木质部中有了导管和纤维；韧皮部中有了筛管和伴胞。相反地，它们的雄雌配子体，则进一步分别简化为成熟的花粉粒和成熟的胚囊。这是对陆生生活的高度适应，是进化的表现。同时双受精作用和 3N 胚乳的出现，为被子植物所特有，就更有利于其种族的繁殖。因而被子植物的种类最多，占植物界的一半以上。它们的用途大而广，如绝大部分景观植物，以及全部农作物、果树、蔬菜等都是被子植物。许多轻工业、建筑、医药等原料，也取自被子植物。因此，被子植物就成了我们衣、食、住、行和建设不可缺少的植物资源。

被子植物和蕨类植物一样，也有世代交替，只是被子植物的配子体极为简化，不能脱离孢子体而生活。

通过植物界基本类群的介绍，我们可以初步知道，植物界进化的规律是：从水生到陆生，从简单到复杂，从低级到高级，从沿着孢子体逐渐占绝对优势，而配子体高度简化的方向发展的。

第四章　景观植物形态学基础

　　景观植物主要是高等植物，高等植物中又以种子植物为主，其次是蕨类与苔藓植物；在低等植物中，也常辅以地衣与菌类用以造景，如假山岩石表面的地衣、盆栽灵芝等。本章重点介绍种子植物分类的主要形态学基础知识。掌握植物分类学中有关形态学的基本知识，将有助于快速识别景观植物的主要科属及其种类。

　　植物在长期演化、适应环境的过程中，或经过长期的人工培育及选择，形态上出现了各种各样的性状，传统的分类方法主要是依据这些形态上的特征对其进行分类的，并把这些形态特征给以一定的名词术语。为此，在学习景观植物之植物学分类之前，我们必须熟悉这些名词术语及其基本知识。

第一节　景观植物的根

　　根是植物重要的营养器官，一般生长在土壤中，呈圆柱状，使植物固着于土壤中，并支持植物的地上部分；但也有例外，如气生根等。根的主要功能是吸收土壤中的水分和无机盐，并将它们向上运输。根还能合成氨基酸和某些植物激素等，从而促进植物的生长发育。有些植物的根能形成不定芽而具有繁殖作用，如泡桐、火炬树等；有些植物的根可贮藏大量养料，如大丽菊等。

一、根的发生与类型

　　1. 主根与侧根　种子萌发时，胚根首先突破种皮向下生长，形成主根。当主根生长到一定程度时，便在一定的部位产生分支，这些分支又会再分支，如此继续下去，形成各级大小分支，这些根的分支称为侧根。主根上产生的分支称一级侧根，一级侧根产生的分支称二级侧根，以此类推。

　　2. 定根与不定根　主根和侧根都从植物体固定的部位生长出来，有固定的发生位置，称为定根。有些植物可以从茎、叶、老根或胚轴等部位产生根，发生位置不固定，这些根称为不定根，如单子叶植物麦、竹、水仙的根，吊兰的气生根，以及某些植物茎段扦插后基部长出的根等。不定根也产生侧根。

二、根　　系

　　一株植物全部根的总和称为根系。根据起源和形态的不同，种子植物的根系可分为直根系和须根系两种类型（图4-1）。

　　1. 直根系　直根系由主根及各级侧根组成（图4-1：A、B，图4-2：A），主根发达粗壮、垂直向土壤中伸长；侧根较细小，与主根有明显区别。裸子植物和双子叶植物的根多属于这种类型，如松、柏、棉、大豆、菠菜等。

2. 须根系 须根系的主根生长缓慢或停止，主要由茎的基部或胚轴产生许多粗细相似的不定根，丛生呈须状，故又称须根（图4-2：B）。大多数单子叶植物的根属此类型，如竹、棕榈、葱、麦等。这些丛生的不定根也能产生大量侧根，形成庞大的根系。

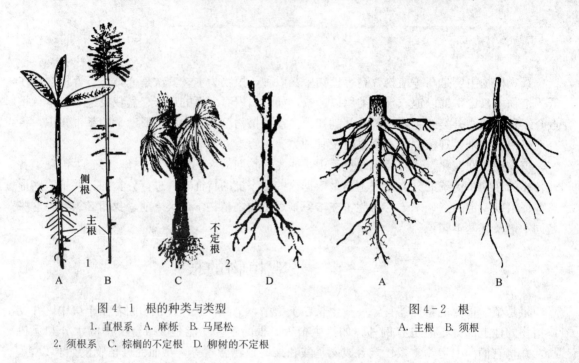

图4-1　根的种类与类型　　　　　　　　图4-2　根
1. 直根系　A. 麻栎　B. 马尾松　　　　A. 主根　B. 须根
2. 须根系　C. 棕榈的不定根　D. 柳树的不定根

根据根系在土壤中的分布状况，又可将根系分为两类。

（1）深根系　这类根系主根发达，垂直向下生长，深入土中可达3～5 m，甚至10 m以上。如马尾松、苹果、板栗、薄壳山核桃、骆驼刺等。

（2）浅根系　主根不发达，侧根或不定根向四面扩展，长度远远超过主根，根系多分布在距地表80～120 cm较浅的土层内，如刺槐、悬铃木、棕榈、葱兰等。

根系在土壤中分布的深度与广度除与植物种类有关外，还与植物的生长发育状况、土壤条件有关。一般来说，在土壤深厚肥沃、地下水位较低、土壤通气状况良好的情况下，根系分布较深；反之，则较浅。另外，耕作方式、灌溉方法、施肥、移栽、繁殖方法等人为措施也会影响根系的深浅。一般深耕、深灌、深施肥料、播种繁殖等措施可使根向纵深发展；反之，浅耕、浅灌、浅施肥料、移栽、扦插或压条繁殖等措施不利于根的深入，使根系分布较浅。

在栽培实践中和进行景观规划设计时，除了要考虑植物地上部分的相互关系外，还应充分考虑不同植物根系的生长特征。保水护坡林应选择侧根发达、固土能力强的树种；营造防风林带应选择深根性树种。深根与浅根植物相互搭配种植，不但可充分利用土壤中的水分和养料，还可进行有效的水土保持。如在草坪上种植某些深根性乔木，刺槐与杨树混植；果树与某些浅根性景观草本开花植物的间植或混植等都能取得良好的效果。

三、根瘤与菌根

土壤中的微生物与植物根系的生长有密切关系。有些微生物能侵入植物的组织，并从中获得它们生活所必需的营养物质，而植物也由于微生物的作用而获得它所需的物质。这种植物和微生物双方互利共生的关系，称为共生。景观植物的根与微生物的共生现象，常见的有根瘤与菌根。

1. 根瘤　一些植物的根上常有大小不等的瘤状物，称根瘤。豆科植物根瘤的产生是由于土壤中的根瘤细菌侵入到其根内而产生的。根瘤菌从根毛侵入根的皮层，并在皮层薄壁细胞内迅速繁殖。受侵染的皮层薄壁细胞受根瘤菌的侵入及其分泌物的刺激也迅速分裂产生新细胞，使皮层部分体积膨大，形成根瘤（图 4-3：A）。

根瘤菌从根的皮层细胞中吸取水分和养料，同时把空气中植物所不能利用的游离氮（N_2）转变为氨（NH_3），供自身和植物利用。根瘤菌也能分泌含氮化合物到土壤中，而且当根瘤脱落后在土壤中分解时，也可向土壤中释放含氮化合物到土壤中，

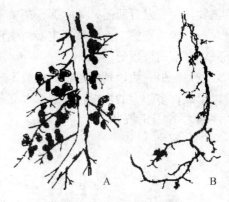

图 4-3　根瘤与菌根
A. 刺槐的根瘤　B. 马尾松的菌根

从而提高土壤肥力。因此，种植具有根瘤的植物，不仅可节约氮肥，而且还能改良土壤。在栽培实践中，人们广泛种植苜蓿、紫云英等豆科植物作绿肥。

豆科植物与根瘤菌的共生是有选择性的，一定的豆科植物只能与一定的根瘤菌建立共生关系。除豆科植物外，其他一些植物，如桦本、木麻黄、桤木、胡颓子、杨梅、苏铁、罗汉松等，也能与某些固氮菌共生形成根瘤。与非豆科植物共生的固氮菌为放线菌和蓝细菌。

2. 菌根　自然界中，不少高等植物的根尖与真菌共生，这种同真菌共生的根称菌根（图 4-3：B）。根据菌丝在根中存在的部位不同，菌根可分为 3 种类型。

（1）外生菌根　真菌的菌丝包被在植物根尖外面，呈套状，部分菌丝侵入表皮、皮层细胞间隙中，但不侵入细胞内部。菌丝代替了根毛的作用，扩大了根的吸收面积。这种菌根的根尖略变粗或二叉分支，无根毛。马尾松、油松、冷杉、云杉、桉树、毛白杨、栓皮栎等常有这种外生菌根。

（2）内生菌根　真菌的菌丝侵入到皮层细胞内和细胞间隙中。根尖仍具根毛，外形增大肥厚呈瘤状。内生菌根能促进根内物质的运输，加强根的吸收机能。核桃、桑、葡萄、银杏、五角枫、侧柏、圆柏、杜鹃、鸢尾和某些兰科植物等都有内生菌根。

（3）内外生菌根　菌丝不仅包围根尖，也侵入皮层细胞内及其间隙中，如桦木、草莓、苹果、银白杨、柽柳等。

菌根中的真菌能加强根的吸收能力，还能分泌多种水解酶类，促进根周围的有机物和根中贮藏物质的分解，增强根的呼吸作用，并能分泌维生素 B_1，促进根系生长发育。能形成菌根的植物如果缺乏形成菌根的条件，就会生长不良，如马尾松、麻栎等。因此，在生产实践中，常采用接种真菌的方法育苗，使景观植物与真菌建立起良好的共生关系，促进植物的生长和发育。

四、根的变态

正常的根生于土壤中，具有吸收水分、矿质营养与支持植物体地上部分的功能。在外形上，根无节与节间的区别，没有叶和腋芽，根据这些形态特征，以识别变态的根。常见的变态根有以下类型：

1. 贮藏根　贮藏根常见于2年生或多年生的草本植物，这些根中贮藏有大量营养，以供植物体生长发育所需，如木薯、胡萝卜、大丽菊等。这些来源又分两种类型：

（1）肉质直根　肉质直根主要由主根发育而成，所以一株上只有一个肉质直根，并包括下胚轴和节间极短的茎。

（2）块根　块根是由植物侧根或不定根膨大而成的，因此在外形上不很规则，一株植物可以形成许多膨大的块根，它的膨大部分完全由根所形成。番薯的肥大肉质直根就是最常见的块根之一（图4-4）。

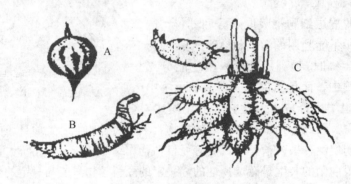

图4-4　植物的块根
A. 番薯　B. 葛　C. 大丽花

2. 支柱根　当植物的根系不能支持地上部分时，常会产生支持作用的不定根称为支柱根（图4-5：A）。例如，红树、玉蜀黍近茎基部的节常发生不定根深入土中以加固植株。生长在南方的榕树，常在侧枝上产生下垂的不定根，进入土壤，形成"独木成林"的特有景观。这种不定根也具有支持作用。很多热带树木的基部均匀地生长，形成板壁状凸起的部分称为板根。板根能增强树木的稳定性，支持着巨大的树冠，是支柱根的又一种形式。例如，我国生长的人面子，有宽2～3 m的板根。

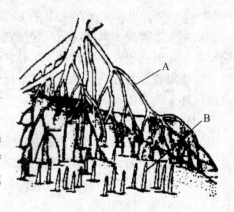

图4-5　红树的根系
A. 支柱根　B. 呼吸根

3. 呼吸根　伸出地面或浮出水面用来呼吸的根，生长在海岸腐泥中的红树和河岸、池边的水松，都有许多支根，从腐泥中向上生长，挺立在泥外空气中，称为呼吸根（图4-5：B）。呼吸根外有呼吸孔，内有发达的通气组织，有利于通气和贮存气体，以适应在缺氧条件下维持植物的正常生长。

4. 气根　生长在热带的兰科植物能自茎部产生不定根，悬垂在空气中称为气根。气根在构造上缺乏根毛和表皮，而由死细胞构成的根被所代替，根被具有吸水功能。

5. 攀缘根　常春藤、络石、凌霄等的茎细长、柔软，不能直立，茎上产生不定根，以固着在其他树干、石山或墙壁等表面而攀缘上升，称为攀缘根（图4-6）。

6. 寄生根　有些寄生植物的根，插入寄主组织内，用来吸收水分和养分，如桑寄生属，槲寄生属、菟丝子属的植物，它们的叶片退化成小鳞片，不能进行光合作用，而是借助于茎上形成的不定根（或称为吸器），深入寄主体内吸收水分和营养物质，这种根称为寄生根（图4-7）。

图4-6　常春藤的攀缘根

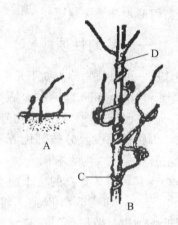

图4-7　菟丝子的寄生根
A 菟丝子幼苗　B. 菟丝子寄生在柳枝上　C、D. 寄生根

第二节　景观植物的茎

植物的茎（stem）在形态、质地、习性等方面是多种多样的。我们通常所见到的茎是植物体地上部分的枝干，将带有叶和芽的称为枝条。最早的茎和叶由种子的胚芽形成。

茎是植物体三大营养器官之一，具有支持枝叶及运输养料的功能。枝条使叶充分接受阳光以加强光合作用，并且将根吸收的物质传送到叶，又将叶所制造的养料运送到根、花、果及种子中利用或贮藏，把植物体的生理活动连成一个整体。此外，有些植物的茎还能形成不定根，具有繁殖作用。景观植物常利用这一特性进行扦插繁殖。

茎通常具有主干和多次分枝，在枝条上生长叶子，枝条上着生叶的部位称为节，相邻两节之间称节间。叶片与枝条之间所形成的夹角处称叶腋，叶腋处生长腋芽（图4-8）。

在枝条上，叶脱落后留下的疤痕称叶痕。叶痕中的突起是茎与叶间维管束断离后的痕迹，称叶迹（维管束痕）。在木本植物的枝条上还有皮孔，它是茎内组织与外界进行气体交换的通道。皮孔最后由于枝条的不断加粗而胀裂，所以在老茎上通常看不见皮孔。

落叶树木的枝条在春季顶芽发芽时，芽鳞脱落，留下许多密集的痕迹，环绕在枝条基部的周围，称为芽鳞痕。因此，可以根据芽鳞痕的位置判别枝条的年龄。有些树种的芽鳞宿存于枝条上而不脱落，如粗榧、杉木、核桃等。

有些树种具有节间特别缩短的枝条，称短枝；而节间较长的正常枝条称为长枝。如银杏、落叶松的短枝着生在长枝上，由于节间缩短，成为具有多数环纹的螺钉状短枝，它们的叶簇生于短枝顶端。雪松也有长枝与短枝的区别，它的叶在短枝顶端簇生，在长枝上互生。松属的短枝极度缩短，针叶成束着生于短枝顶端。苹果、梨等果树上也有长、短两种枝条，长枝上通常只发育叶芽，而短枝上有花芽的分化。修剪时必须注意保留短枝。

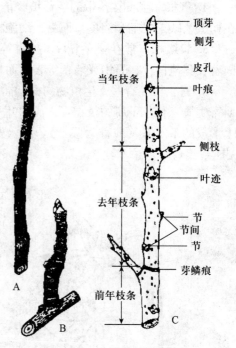

图 4-8　枝条的形态
A. 苹果的长枝　B. 苹果的短枝　C. 核桃枝条的外形

一、茎的性质

根据茎的性质，可将植物分为如下几类。

1. 木本植物（woody plant）　木本植物的茎含有大量的木质，一般比较坚硬，这类植物寿命较长，一般为多年生，因植株高度及分枝部位等不同，可分为乔木、灌木与亚灌木（半灌木）。

乔木（tree）：具有明显直立的主干而上部有分权的树枝，高大直立，通常 5 m 以上。如松、杉、枫杨、樟、苦楝、杨树、桉树等。有常绿乔木和落叶乔木之分。

灌木（shrub）：不具主干或主干不明显，有时虽具主干但高度不超过 5 m，比较矮小，分枝靠近茎的基部，如茶、月季、木槿、紫荆、荆条等。有常绿灌木及落叶灌木之分。

亚灌木（半灌木，subshrub）：半灌木植物多年生，但仅茎的基部木质化，而上部为草质、冬季枯萎，如牡丹等。

2. 草本植物（herb）　草本植物的茎不加粗，含有的木质很少，但富有弹性，形成草质。具有草质茎的植物叫草本植物。草本植物一般较矮小，茎、枝柔软。这类植物又可分为：一年生、二年生与多年生。一年生、二年生的草本植物多数在生长季节结束时，植株死亡，如半枝莲、三色堇等。多年生草本植物的地上部分常每年死去，而地下部分的根、根状茎及鳞茎等能生活多年，如天竺葵等。

一年生草本（annual herb）生活周期在本年内完成，并结束其生命，如凤仙花、鸡冠花、百叶草、半枝莲等。

二年生草本（biennual herb）生活周期在两个年份内完成，第一年生长，第二年才开花，结实后枯死。如需苞石竹、紫罗兰、桂竹香、羽衣甘蓝等。

多年生草本（perenniall herb）植物的地下部分生活多年，每年继续发芽生长。因地下部分的形态有变化，又可分为两类。

宿根草本：地下部分的形态正常，不发生变态。如萱草、芍药、玉簪等。

球根草本：地下部分变态肥大，如水仙、唐菖蒲、美人蕉、大丽花等。

环境常可改变植物的习性，如半枝莲等在北方为一年生植物，在华南则可为多年生植物。

3. 藤本植物（liana） 茎细长，缠绕或攀援它物而延伸的植物。藤本又可分木质藤本、草质藤本、缠绕藤本、攀缘藤本等。

木质藤本（woody liana）：茎柔软，只能倚附在其他物体上，茎木质化的称木质藤本。常用于景观设计的木质藤本有：木香、木通、忍冬、紫藤、凌霄、葡萄、爬山虎、常春藤等。

草质藤本（herbaceous liana）：茎长而细小，柔软，茎草质的称为草质藤本。如何首乌、栝楼、百部、葎草等。

缠绕藤本（twining liana）：以主枝缠绕他物，如紫藤、葛藤等。

攀缘藤本（climbing liana）：以卷须、不定根、吸盘等攀附器官攀援于它物，如爬山虎、葡萄等。

二、茎的生长习性

根据茎的生长习性，可将茎分为以下几种（图4-9）。

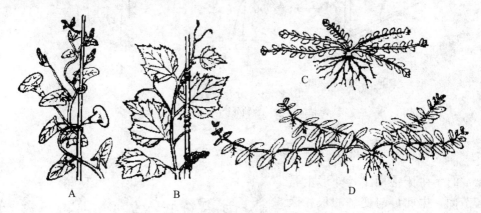

图4-9 茎的种类

A. 缠绕茎 B. 攀缘茎 C. 平卧茎 D. 匍匐茎

1. 直立茎（erect stem） 茎垂直地面，如悬铃木、棕榈等。

2. 平卧茎（prostrate stem） 茎平卧地上，如蒺藜、地锦。

3. 匍匐茎（stolont stem） 茎平卧地面，节上生根，如狗牙根等。

4. 攀缘茎（climbing stemm） 用各种器官攀缘于它物之上，如爬山虎、葡萄等。

5. 缠绕茎（twining stem） 茎螺旋状缠绕于它物上，如牵牛等。

三、茎的分枝方式

分枝是植物生长的普遍现象，木本植物除棕榈科等植物外，其他植物都分枝。顶芽与腋芽发育情况不同，可以形成不同的分枝方式，概括起来可分三种类型。

1. 单轴分枝（总状分枝） 单轴分枝又称总状分枝。从幼苗开始，主干的顶芽生长始终占优势，形成通直的主干，主干上又可以有多次分枝，形成尖塔形、圆锥形树冠（图4-10：A）。如松、杉、杨等树种。

2. 合轴分枝 这是具有互生叶树木的分枝方式。主干的顶芽生长到一定时期变得缓慢，甚至停止生长，由靠近顶芽的侧芽所代替，新枝的顶芽发育到一定时期，又被侧芽所代替，这样形成了弯曲的主轴，称合轴分枝（图4-10：B）。这种树冠呈伞形张开，扩大了光合作用面积，同时可以多发育花芽，比单轴分枝进化。如榆、柳、枣、柞等树种。

3. 假二歧分枝 这是具有对生叶树木的分枝方式。主干生长到一定时期，顶芽不再发育或形成花芽，由顶芽下两个对生的腋芽发育成两个叉状的侧枝，称假二歧分枝（图4-10：C）。这种树冠也呈伞形，如丁香、槭树、梓树等。

裸子植物大多为单轴分枝，被子植物多为合轴分枝和假二歧分枝。有些植物在同一植株中并存几种分枝方式，如杜英、玉兰、女贞等。

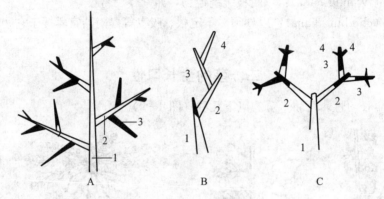

图4-10 分枝的类型
A. 单轴分枝　B. 合轴分枝　C. 假二歧分枝

四、茎的变态

正常的茎生于地面上，外形上具有节与节间，据此可与变态的根相区别（图4-11）。

1. 根状茎 生长于地下与根相似的茎称为根状茎（图4-11：A）。茎的变态如竹类、芦苇、鸢尾等植物的地下茎，其根状茎具有明显的节与节间。节部有退化的叶，在退化叶的叶腋内有腋芽，可发育为地上枝。顶端有顶芽，可以继续生长。根状茎上可以产生不定根，可成为具有繁殖作用的部位。竹类就是用根状茎——竹鞭来繁殖的。

2. 茎卷须 攀缘植物的部分枝条变成卷须，以适应攀缘功能，如葡萄的卷须称茎卷须（图4-11：I）。茎卷须的位置与花着生的位置相当（如葡萄），或生于叶腋（如黄瓜、南瓜），

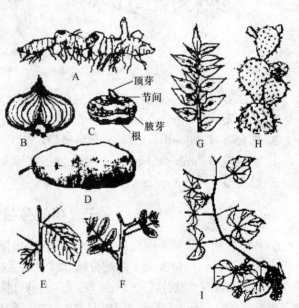

图4-11 茎的变态
A. 黄精的根状茎　B. 洋葱的鳞茎（横切）　C. 荸荠的球茎
D. 马铃薯的块茎　E. 山楂的茎刺　F. 皂荚的茎刺
G. 假叶树的叶状茎　H. 仙人掌的肉质茎　I. 葡萄的茎卷须

而与叶卷须不同。

3. 贮藏茎　生长在地下具有贮藏养料功能的茎，称贮藏茎。如马铃薯地下的茎的节不明显而呈块状称为块茎（图4-11：D）；洋葱、百合等具有鳞片状叶的称鳞茎（图4-11：B）；荸荠、慈姑等具有明显节与节间的称球茎（图4-11：C）。这些都是具有贮藏作用的地下茎。地下茎具有繁殖作用，很多景观植物都用地下茎繁殖。

4. 叶状茎　叶状茎也称叶状枝，其叶已退化，茎变态成叶片状代行叶的生理功能称为叶状茎（图4-11：G）。如假叶树、竹节蓼等。

5. 茎刺　茎转变为具有保护功能的刺，称茎刺或枝刺（图4-11：E、F）。如山楂、酸橙的单刺、皂荚的分枝刺，以其位于叶腋的位置而区别于叶刺。月季茎上的皮刺是由表皮形成的，与维管束无联系，与茎刺有明显区别。

第三节　景观植物的芽

芽是枝条或花的原始体。一株树木的树冠就是由枝条上的芽逐年生长形成的。植物的芽以其生长的位置、性质、构造和生理状态可分多种类型（图4-12）。

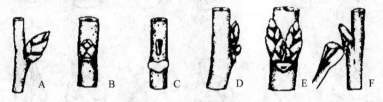

图4-12　芽的类型
A. 毛白杨的鳞芽　B. 丁香的鳞芽　C. 枫杨的裸芽
D. 紫穗槐的叠生副芽　E. 桃树的并生副芽　F. 悬铃木的柄下芽

一、依芽的位置分类

依芽的位置可分顶芽、腋芽和不定芽。着生在枝条顶端的叫顶芽，每个枝条只有一个顶芽。着生在枝条叶腋间的叫腋芽（或侧芽）。每个叶腋通常只有一个腋芽，但有些植物的叶腋内生长2～3个腋芽，如紫穗槐、黄杞、野茉莉等。2个芽成垂直方向上下重叠而生，称叠生芽，如悬铃木、刺槐、白蜡树等。顶芽和腋芽都有一定的位置。如果芽发生在根、叶或茎的其他部位而没有一定位置，称不定芽。如从秋海棠叶上长出的芽是不定芽。萌芽力强的树种，如榆、椴、柏、柞、泡桐等砍伐后的树桩和根上都能长出不定芽，利用植物的这一特性可进行营养繁殖。

二、依芽的性质分类

依芽的性质可分叶芽、花芽和混合芽。芽萌发后形成枝条的称叶芽；既长枝叶又开花的称混合芽。

三、依芽的构造分类

依芽的构造可分鳞芽和裸芽。生长在温带的多年生木本植物，秋季形成的芽需要越冬，芽外面包有幼叶变成的芽鳞，芽鳞上常具有绒毛、蜡层或油脂，以减少蒸发，防御寒冷，这种芽称为鳞芽（图4-12：A、B），如毛白杨。有些木本植物的芽外面没有芽鳞包被，称裸芽（图4-12：C），如枫杨、苦木。裸芽的幼叶裸露，但叶上通常也密被绒毛，以防寒。

四、依芽的生理状态分类

依芽的生理状态可分活动芽和休眠芽。树木在生长过程中，一般只有顶芽或距顶芽较近的腋芽开放形成枝条或花，这类芽叫活动芽；而距顶芽较远的腋芽呈休眠状态，称为休眠芽。有的芽可休眠多年，芽中轴可以随茎的增粗而伸长，但在适宜的条件下可萌发而长成新枝，人们常利用这种原理进行果树修剪和景观树木的整形。

景观植物的芽以其生长的位置、形状等在分类学上常用的术语如下（图4-13）。

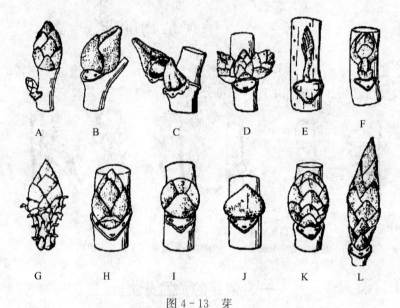

图4-13　芽

A. 顶芽　B. 假顶芽　C. 柄下芽　D. 并生芽　E. 裸芽　F. 叠生芽　G. 圆锥形
H. 卵形　I. 圆球形　J. 扁三角形　K. 椭圆形　L. 纺锤形

第四节　景观植物的叶

叶（leaf）着生在茎的节部，由茎尖的叶原基发育而来的器官，其主要生理功能是进行光合作用与蒸腾作用。光合作用制造植物生长发育所需要的有机物。蒸腾作用可促进植物对水分和无机盐的吸收与运输，并调节植物的体温。此外，叶还具有进行气体交换、吸收矿物质元素和贮藏有机物等功能，少数植物的叶还能繁殖新植株，如秋海棠、景天等景观植物可用扦插叶的方法进行繁殖。

一、叶的形态

1. 叶的组成部分　叶一般可分为叶片、叶柄和托叶三部分（图4-14：1、2、3）。三部分俱全的叶称完全叶，如桃、月季等景观植物的叶。缺少其中一或两部分的叶称不完全叶（图4-15），如一品红、丁香、泡桐、女贞的叶缺托叶；金银花的叶缺少叶柄；金丝桃、郁金香的叶缺少叶柄和托叶；台湾相思树缺少叶片和托叶，叶柄呈扁平状，代替叶片的功能。

图4-14 完全叶的构造

1. 叶片 2. 叶柄 3. 托叶 4. 叶先端 5. 叶缘
6. 中脉 7. 侧脉 8. 细脉 9. 叶基 10. 腋芽

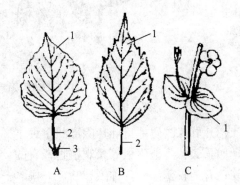

图4-15 完全叶与不完全叶

A. 白杨的完全叶 B. 茶条槭的不完全叶
C. 海绿属植物的不完全叶 1. 叶片 2. 叶柄 3. 托叶

叶片是进行光合作用的主要部分。叶柄是叶片与茎的连接部分，一般呈细长的半圆柱形，主要起输导和支持叶片伸展的作用。有些景观植物的叶柄扩展成片状，将茎包围，称为叶鞘，如兰科、莎草科和禾本科植物。叶鞘包裹茎秆，有保护茎的居间生长，加强茎的支持作用和保护叶腋内幼芽的作用。禾本科植物的叶鞘与叶片之间的内侧有一片向上竖起的膜状结构，叫叶舌。有些禾本科植物的叶鞘与叶片连接处的边缘向外形成一对突起，叫叶耳。叶舌和叶耳的有无、形状、大小常作为鉴定禾本科植物种或品种的依据。

托叶一般呈细小的叶状，常成对着生在叶柄基部的叶及叶鞘与茎的连接处，有保护幼叶和腋芽的作用，常早落。

2. 叶的大小、形态和质地

（1）叶的大小 不同植物叶的大小相差很大，长度可由不足1 mm到几米。如多枝柽柳的叶只有0.5～2 mm长，一些柏树的鳞叶只有小米粒般大小，而椰子、香蕉的叶子可达几米长；王莲的巨大漂浮叶，直径可达2 m，可承载一个小孩。

（2）叶的形态 叶的形态多种多样，但每一种植物都具有一定形状的叶。因此，常将之作为植物分类的重要依据。有些植物，同一植株上生长着不同形状的叶，这种现象称为异形叶性（图4-16）。例如，水毛茛生在水中的叶细裂如丝，而生长在空气中的叶是平的。慈菇有3种不同形状的叶，沉在水中的叶呈带状，浮在水面的叶先端呈椭圆形，生长在空中的叶呈箭形。上述异形叶性是由于环境因素的影响而产生的，称为生态异形叶性。有的植物如桧柏，发育年龄小的枝条上的叶为刺形，发育年龄老的枝条上的叶为鳞片状；蓝桉嫩枝上的叶为卵形无柄，老枝的叶为细长的披针形或镰形，这种由于发育年龄不同而产生的异形叶性称为系统发育异形叶性。

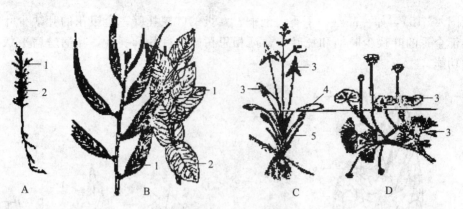

图 4 - 16　异形叶

A. 桧柏　B. 蓝桉　C. 慈姑　D. 水毛茛

1. 次生叶　2. 初生叶　3. 气生叶　4. 漂浮叶　5. 沉水叶

（3）叶片的质地　叶片除形状多种多样外，质地也有所不同。有的肥厚多汁，称为肉质叶，如景天、落地生根等景观植物；有的较厚而坚韧，略似皮革，称革质叶，如广玉兰、女贞等；有的较薄如纸，称纸质叶，如桃、一品红等景观植物。

在描述植物的叶时，常常从叶序、叶形、叶尖、叶基、叶缘、叶脉、托叶等方面进行介绍，现分述如下：

二、叶　序

叶在茎或枝条上排列的方式叫叶序（phyllotaxy）。常见的有（图 4 - 17）：

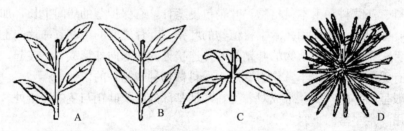

图 4 - 17　叶　序

A. 互生　B. 对生　C. 轮生　D. 簇生

1. 叶互生（alternate）　每节上只着生 1 片叶，如杨、柳、桃等景观植物。

2. 叶对生（opposite）　每节上相对着生两片叶，如女贞、桂花、茉莉、泡桐、薄荷等景观植物。

3. 叶轮生（whorl）　3 个或 3 个以上的叶，着生在一个节上，如夹竹桃、茜草、刺柏等景观植物。

4. 叶簇生（fascicled）　2 个或 2 个以上的叶着生于极度缩短的短枝上，如银杏、金钱柏、落叶松等景观植物。

三、叶　形

叶形（leaf shape）通常是指叶片的形状，是识别植物的重要依据之一。有关叶形的术语，同样也适用于托叶、萼片、花瓣等扁平器官。现介绍其常见者如下（图4-18）。

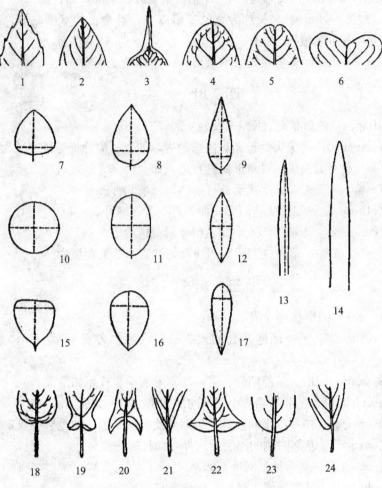

图4-18 叶形、叶尖、叶基的基本类型图解

叶尖的形状：1. 渐尖 2. 锐尖 3. 尾尖 4. 钝形 5. 尖凹 6. 倒心形。

叶形：7. 阔卵形（苎麻） 8. 卵形（女贞） 9. 披针形（桃） 10. 圆形（莲）

11. 阔椭圆形（橙） 12. 长椭圆形（芒果） 13. 条形（水稻） 14. 剑形（菠萝）

15. 倒阔卵形（玉兰） 16. 倒卵形（紫云英） 17. 倒披针形（小蘖）

叶基的形状：18. 心形 19. 垂耳形 20. 箭形 21. 楔形 22. 截形 23. 圆形 24. 偏形

1. 卵形（ovate） 形如鸡卵，长约为宽的2倍或较少，中部以下最宽，向上渐狭，如女贞等景观植物。

2. 倒卵形（obovate） 是卵形的颠倒，如紫云英、泽漆。

3. 阔卵形（broad ovate） 长宽约等或长稍大于宽，最宽处近叶的基部，如苎麻。

4. 倒阔卵形（broad obovate） 是阔卵形的颠倒，如玉兰等景观植物。

5. 披针形（lanceolate） 长为宽的3～4倍，中部以上最宽，渐上则渐狭，如桃等景观植物。

6. 倒披针形（oblanceolate） 是披针形的颠倒，如小蘖。

7. 圆形（orbicular） 长宽相等，形如圆盘，如莲。

8. 阔椭圆形（broad elliptic） 长为宽的 2 倍或较少，中部最宽，如橙。

9. 长椭圆形（oblong） 长为宽的 3～4 倍，最宽处在中部，如芒果。

10. 条形（线形）（linear） 长约为宽的 5 倍以上，且全长的宽度略等，两侧边缘近平行，如兰花、麦冬等景观植物。

11. 剑形（ensiform） 坚实较宽大的条形叶，如鸢尾、菠萝。

四、叶　　尖

叶尖（leaf apex）的形状有（图 4 - 18）：

1. 渐尖（acuminate） 尖头延长而有内弯的边，如杏、榆叶梅等景观植物。

2. 锐尖（acute） 尖头成一锐角形而有直边，如金樱子等景观植物。

3. 尾尖（caudate） 先端成尾状延长，如郁李、东北杏。

4. 钝形（obtuse） 先端钝或狭圆形，如冬青卫矛、厚朴。

5. 尖凹（concave） 先端稍凹入，如黄檀等景观植物。

6. 倒心形（obcordate） 先端宽圆而凹缺，如酢浆草等景观植物。

五、叶　　基

叶基（leaf base）的形状有（图 4 - 18）：

1. 心形（cordate） 于叶柄连接处凹入成缺口，两侧各有一圆裂片，如牵牛等景观植物。

2. 垂耳形（auriculate） 基部两侧各有一耳垂形的小裂片，如油菜。

3. 箭形（sagittate） 基部两侧的小裂片向后并略向内，如慈姑。

4. 楔形（cuneate） 中部以下向基部两边渐变狭状如楔子，如垂柳等景观植物。

5. 戟形（hastate） 基部两侧的小裂片向外，如打碗花。

6. 圆形（rounded） 基部呈半圆形，如苹果。

7. 偏形（oblique） 基部两侧不对称，如秋海棠等景观植物。

六、叶　　缘

叶片边缘叫叶缘（leaf margin）。常见的有以下几种（图 4 - 19）：

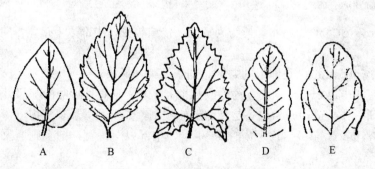

图 4 - 19　叶缘的基本类型
A. 全缘　B. 锯齿　C. 牙齿　D. 钝齿　E. 波状

1. 全缘（entire）　叶缘不具锯齿或缺刻，如大豆、小麦。

2. 锯齿（serrate）　边缘具尖锐的锯齿，齿端向前，如大麻。

3. 牙齿（dentate）　边缘具尖锐齿，齿端向外，如糯米椴。

4. 钝齿（obtusely serrate）　边缘具钝头的齿，如冬青卫矛（大叶黄杨）。

5. 波状（undulate）　边缘起伏如微波，如茄。

七、叶裂形状

1. 浅裂（lobad）　叶片分裂不到半个叶片宽度的一半，如油菜（图4-20）。

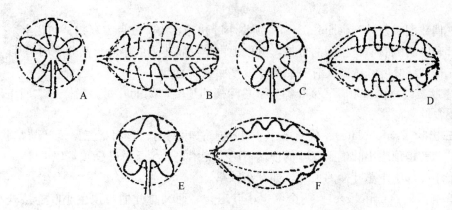

图4-20　叶裂形状图解

全裂：A. 木薯　B. 马铃薯；深裂：C. 蓖麻　D. 蒲公英；浅裂：E. 棉花　F. 油菜

2. 深裂（parted）　叶片分裂深于半个叶片宽度的一半以上，如葎草。

3. 全裂（divided）　叶片分裂达中脉或基部，如大麻。

叶的分裂，又有羽状裂叶和掌状裂叶之分。

八、脉　　序

脉序（venation）是叶脉排列的方式。脉序有以下几种（图4-21）：

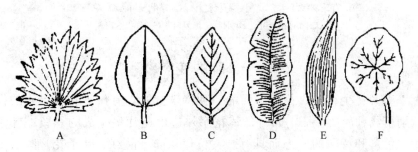

图4-21　脉序的种类

A. 掌状脉　B. 掌状三出脉　C. 羽状脉　D、E. 平行脉　F. 射出脉

1. 羽状脉（pinnate veins）　侧脉由中脉分出排列成羽毛状，如苹果。

2. 掌状脉（palmate veins）　几条近等粗的脉由叶柄顶部射出，如棉花。

叶脉数回分枝而有小脉互相联结成网的叫网状脉，网状脉又有羽状网脉和掌状网脉之分。

3. 平行脉（parallel veins） 侧脉与中脉平行达叶顶，或自中脉分出走向叶缘，如芭蕉。

4. 射出脉（radiate veins） 盾状叶的脉都由叶柄顶端射向四周，如莲等景观植物。

九、复叶的类型

有 2 个至多个叶片生在一个总叶柄或总叶轴上的叶叫复叶（图 4 - 22）。复叶可分为：

1. 羽状复叶（pinnate） 小叶排列在总叶柄的两侧呈羽毛状，又可分为：

（1）奇数羽状复叶（odd - pinnate） 顶生小叶存在，小叶数目为单数，如槐树等景观植物。

（2）偶数羽状复叶（paripinnate） 顶生小叶缺乏，小叶数目为双数，如花生。

总叶轴的两侧有羽状排列的分枝，分枝上再生羽状排列的小叶，其分支叫羽片，这样的叶子叫二回羽状复叶。依此又有三回羽状或多回羽状复叶。

2. 掌状复叶（palmate） 小叶都生于总叶柄的顶端，如七叶树。同样有二回三出复叶、三回三出复叶。

3. 三出叶（trifoliolate） 仅有 3 个小叶生于总叶柄上。有羽状三出复叶与掌状三出复叶之分，前者是顶生小叶生于总叶柄顶端，两个侧生小叶生于总叶柄顶端以下，如大豆；后者是三个小叶都生于总叶柄的顶端，如红车轴草。

4. 单身复叶（unifoliate） 两个侧生小叶退化，而其总叶柄与顶生小叶连接处有关节，如柑桔。

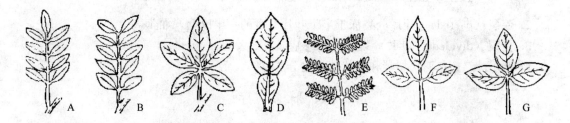

图 4 - 22　复叶的种类
A. 奇数羽状复叶　B. 偶数羽状复叶　C. 掌状复叶　D. 单身复叶
E. 二回羽状复叶　F. 羽状三出复叶　G. 掌状三出复叶

十、叶的变态

1. 苞片　苞片是生在花或花序下面的一种特殊的叶，有保护花和果实的作用。有的还可作为区别植物种属的特征，如向日葵花序外边由苞片集生成的总苞。有些植物的苞片具有鲜艳的色彩和特殊的形态而具有观赏价值，如一品红、叶子花、鸽子树等景观植物的苞片。

2. 芽鳞　芽鳞是包在芽外的鳞片，有时外被有毛，用于防御严寒侵袭及减少蒸腾，树木的冬芽大都具有芽鳞。

3. 叶刺　叶的一部分或全部变为刺，如小檗。叶刺发生在叶柄两侧，由托叶演变而成的，则为托叶刺，如刺槐。仙人掌科植物的刺也是叶的变态。

4. 叶卷须　纤细柔软的植物常产生卷须用于攀缘。叶卷须常由复叶的叶轴、叶柄或托叶转变而成，如豌豆的卷须（图4-23）。叶卷须与茎卷须的区别在于叶卷须与枝条之腋间具有芽，而茎卷须的腋内无芽。

图4-23　叶的变态

A. 叶卷须　B. 叶状柄　C. 托叶刺

5. 叶状柄　我国南方的台湾相思树在幼苗时叶子为羽状复叶，以后长出的叶子其叶柄扁平，小叶片逐渐退化，只剩下叶片状的叶柄代替叶的功能，称为叶状柄。

6. 捕虫叶　植物具有能捕食小虫的叶，称为捕虫叶。捕虫叶有的呈瓶状，有的为囊状，有的呈盘状。在捕虫叶上有分泌黏液和消化液的腺毛，当捕捉昆虫后，由腺毛分泌消化液，把昆虫消化吸收（图4-24）。

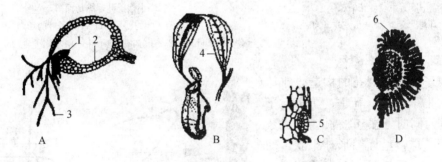

图4-24　捕虫叶

A. 强藻（捕虫囊切面）　B. 猪笼草捕虫叶的捕虫瓶外观

C. 猪笼草捕虫瓶壁的部分放大　D. 茅膏菜的捕虫囊外观

1. 活瓣　2. 腺　3. 硬毛　4. 叶　5. 分泌腺　6. 触毛

第五节　景观植物的花

一、裸子植物花的构造

裸子植物在地球上的出现先于被子植物，比被子植物原始。裸子植物的营养生长到达一定程度之后便转入生殖生长，它没有真正的花，不形成花而产生孢子叶球（图4-25），其雌、雄生殖器官分别称为雌球花（大孢子叶球）和雄球花（小孢子叶球）。在孢子叶球中形成生殖细胞，经传粉、受精，最后形成种子。裸子植物的有性生殖过程与被子植物有极大的相似性，同样经过传粉、受精、产生种子。其胚珠裸露，只形成种子，不形成果实，这也是其名称的由来。

1. 裸子植物雄球花的构造 雄球花也称小孢子叶球。春季，松树新萌发枝条的基部形成许多长椭圆形、黄褐色的小孢子叶球。每一小孢子叶球由多数膜质的小孢子叶组成。小孢子叶成螺旋状排列在一个长轴上。小孢子叶的下面形成两个并列的长椭圆形的小孢子囊（花粉囊）。发育成熟时在小孢子囊（花粉囊）中有许多小孢子（花粉粒）（图4-26）。花粉粒具有两个气囊，以便于随风传播。

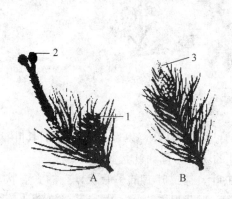

图4-25　裸子植物的生殖器官

A. 着生雌球花的枝条

B. 着生雄球花的枝条

1. 雌球果　2. 雌球花　3. 雄球花

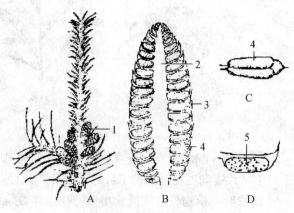

图4-26　松属小孢子叶球的构造

A. 簇生于当年生新枝基部的小孢子叶球

B. 小孢子叶球纵切面图

C. 小孢子叶的外形　D. 小孢子叶的切面

1. 小孢子叶球　2. 轴　3. 小孢子叶　4. 小孢子囊　5. 小孢子

2. 裸子植物雌球花的构造 雌球花也称大孢子叶球。春季，在小孢子叶球形成的同时，在新枝顶端形成数个大孢子叶球，呈椭圆形球果状，幼时浅红色，以后变绿。大孢子叶球由木质鳞片状的大孢叶（珠鳞）和不育的膜质苞片成对螺旋状排列在一长轴上组成（图4-27）。每一珠鳞的上表面靠近基部形成并列的两个大孢子囊，或称胚珠。胚珠由珠被和珠心两部分组成。珠被包在珠心组织的外面，在珠心顶端处的珠被留下一小孔，叫珠孔。珠心由一团幼嫩的细胞组成。在珠心深处形成大孢子母细胞。大孢子母细胞进行减数分裂，形成4个大孢子（松油中有时形成3个），在珠心组织内排成直行，其中仅远离珠孔的一个成为可育的大孢子。大孢子为单倍体的细胞。

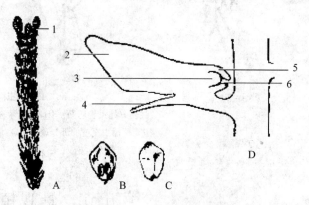

图4-27　松属大孢子叶球的构造

A. 顶端着生大孢子叶球的小枝

B. 珠鳞的表面观其上着生两个胚珠

C. 珠鳞的背面　D. 大孢子叶球一部分图解

1. 大孢子叶球　2. 珠鳞　3. 胚珠　4. 苞片　5. 珠被　6. 珠孔

二、被子植物花的构造

被子植物的最重要特征是在繁殖过程中产生了特有的生殖器官——花。胚珠包在花的子房内，经过传粉、受精，胚珠发育为种子，子房发育为果实，种子包在果实内。被子植物即因此而得名。花的形态和构造，为传粉和受精创造了有利的条件。下面重点讲述被子植物生殖器官花的基本形态。

花是由花芽发育而来的。当植物由营养生长阶段转入生殖生长阶段时，部分芽发生质的变化，形成花芽。花芽在形态上一般比叶芽肥大，如在桃的并生芽中，两侧肥大的为花芽，中间较小的为叶芽。有些植物的花芽只分化成一朵花，如油茶、梅、玉兰等景观植物；有些植物的花芽在分化过程中产生分枝，分化成许多花而形成花序，如杨、柳、泡桐、紫藤等景观植物。

花由花柄、花托、花萼、花冠、雄蕊和雌蕊几部分组成（图4-28）。花萼和花冠合称花被。花被保护着雄蕊和雌蕊，并有助于传粉。雄蕊和雌蕊完成花的有性生殖过程，是花的重要组成部分。

在一朵花中，花萼、花冠、雄蕊和雌蕊都具有的花称完全花，如桃、梅、茶等。缺少其中一部分或几部分的称不完全花。不完全花有多种类型：缺少花萼与花冠的称无被花，缺少花萼或缺少花冠的称单被花，缺少雄蕊或缺少雌蕊的称单性花，雌蕊和雄蕊都缺少的称无性花。在单性花中，仅有雄蕊的称雄花，仅有雌蕊的称雌花。雌

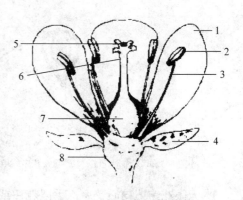

图4-28　被子植物花的构造模式图
1. 花瓣　2. 花药　3. 花丝　4. 萼片　5. 柱头
6. 花柱　7. 子房　8. 花托

雄花着生在同一植株上的称雌雄同株，如核桃、乌桕、油桐及桦木科、葫芦科、山毛榉科等景观植物。雌雄花分别着生在两个不同植株上的称雌雄异株，如杨、柳、桑、棕榈等景观植物。有些树木，在同一植株上既有两性花，也有单性花，称杂性，如朴树、漆树、荔枝、无患子等。

1. 花柄　花柄或称花梗，是花与茎连接的部分，起到支撑和输导作用。花柄的长短随植物类型而不同。

2. 花托　花托是花梗的顶端部分。花的花萼、花冠、雄蕊、雌蕊各部分，依次由外至内成轮状排列着生于花托上。花托通常膨大或成为各种形状。例如，桃、李的花托中部凹入而呈杯状；梨的花托凹入呈壶状，与子房壁愈合生长；悬钩子的花托膨大呈圆锥形并肉质化；莲的花托呈漏斗状，组织松软，子房埋在松软的漏斗状花托中。

3. 花被　花被包括花萼和花冠。花萼由萼片组成，通常绿色，位于花各部分的最外轮。萼片完全分离的称离萼；萼片合生的称合萼。合萼大都上部分离成萼片，基部连合成萼筒。有些花具有两轮花萼，其中外轮花萼称副萼，如锦葵、棉花等。花萼通常花后脱落，但也有果实成熟后仍然存在的，称宿萼，如柿、茄等。

在描述植物的花（flower）时，常从花序、花萼、花冠、雄蕊、雌蕊等方面进行描述。现分别介绍如下。

三、花　序

花序（inflorescens）是指花在花轴上排列的情况，一朵花单生时叫花单生。花序可分为无限花序和有限花序两大类（图 4－29）。

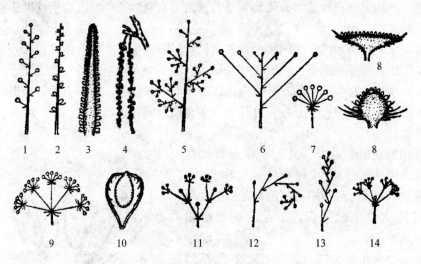

图 4－29　花序的类型
1. 总状花序　2. 穗状花序　3. 肉穗花序　4. 葇荑花序　5. 圆锥花序　6. 伞房花序　7. 伞形花序
8. 头状花序　9. 复伞形花序　10. 隐头花序　11. 二歧聚伞花序　12、13. 单歧聚伞花序　14. 多歧聚伞花序

1. 无限花序或向心花序　无限花序或向心花序也叫总状类花序，其开花的顺序是花轴下部的花先开，渐及上部，或由边缘开向中心。其中有：

（1）总状花序（raceme）　花有梗，排列在一部分枝且较长的花轴上，花轴能继续增长，如二月兰等。

（2）穗状花序（spike）　与总状花序相似，只是花无梗，如车前、大麦。穗状花序轴如膨大，叫肉穗花序，基部常为若干苞片组成的总苞所包围，如玉米的雌花序。

（3）葇荑花序（catkin or ament）　单性花排列于一细长的花轴上，通常下垂，花后整个花序或连果一起脱落，如桑、杨、柳等。

（4）圆锥花序（panicle）　花序轴上生有多个总状或穗状花序，形似圆锥，即复生的总状或穗状花序，如玉米的雄花序。

（5）伞房花序（corymb）　花有梗，排列在花轴的近顶部，下边的花梗较长，向上渐短，花位于一近似平面上，如麻叶绣球、山楂等。如几个伞房花序排列在花序总轴的近顶部者叫复伞房花序，如华北绣线菊。

（6）伞形花序（umbel）　花梗近等长或不等长，均生于花轴的顶端，状如张开的伞，如五加、山茱萸等。如几个伞形花序生于花序轴的顶端者叫复伞形花序，如胡萝卜。

（7）头状花序（capitate）　花无梗，集生于一平坦或隆起的总花托（花序托）上，而成一头状体，如菊科植物。

（8）隐头花序（hypanthodium）　花集生于肉质中空的总花托（花序托）的内壁上，并被总花托所包围，如无花果、榕树。

2. 有限花序或离心花序　有限花序或离心花序也叫聚伞类花序，花序中最顶点或最中心的花先开，渐及下边或周围，如茄、番茄、马铃薯等即是聚伞花序。其中又有二歧聚伞花序，如冬青卫矛；多歧聚伞花序，如泽漆；单歧聚伞花序，如萱草、附地菜等。

在自然界中，花序的类型比较复杂，有些植物是有限花序和无限花序混生的。如葱是伞形花序，但中间的花先开，又有聚伞花序的特点；水稻是圆锥花序，但开花的顺序也具有聚伞类花序的特点。

四、花冠的类型及其在花芽中排列的方式

花冠位于花萼的内侧，由花瓣组成，对花蕊有保护作用。花瓣细胞内常含有花青素或有色体，因而具有各种美丽的色彩。有些还具有分泌组织，能分泌挥发油类，放出特殊香气，用以引诱昆虫传播花粉。

花瓣分离的花称离瓣花，如桃、莲、槐等；花瓣合生的称合瓣花，如牵牛、柿、忍冬等。合瓣花通常基部连合而先端裂成多瓣，裂片数即花瓣的数目。

花冠的形状是多种多样的（图 4－30），其中各花瓣大小相似的称整齐花（辐射对称），如蔷薇形、十字形、漏斗形、钟状、筒状等；各花瓣大小不等的，称不整齐花（两侧对称），如蝶形、唇形、舌状花冠等。花冠的形状是被子植物分类的重要依据之一。

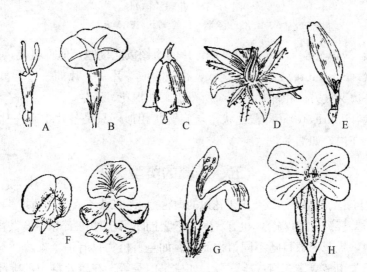

图 4－30　花冠类型
A. 筒状　B. 漏斗状　C. 钟状　D. 轮状　E. 舌状　F. 蝶形　G. 唇形　H. 十字形

由于花瓣的离合，花冠筒的长短，花冠裂片的形状和深浅等不同，形成各种类型的花冠，常见有下列几种（图 4－27）：

1. 筒状（tubular）　花冠大部分合成一管状或圆筒状，花冠裂片向上伸展，如向日葵花序的盘花。

2. 漏斗状（funnel－shapped）　花冠下部呈筒状，并由基部逐渐向上扩大成漏斗状，如甘薯、蕹菜。

3. 钟状（campanulate）　花冠筒宽而短，上部扩大成一钟形，如南瓜、桔梗等。

4. 轮状（rotate）　花冠筒短，裂片由基部向四周扩展，状如车轮，如茄、番茄。

5. 唇形（labiate）　花冠略呈二唇形，如芝麻。

6. 舌状（ligulate）　花冠基部成一短筒，上面向一边张开成扁平舌状，如向日葵花序的边花。

7. 蝶形（papilionaceous）　花瓣 5 片，排列成蝶形，最上一瓣叫旗瓣；两侧的两瓣叫翼瓣，为旗瓣所覆盖，且常较旗瓣小；最下两瓣位于翼瓣之间，其下缘常稍合生，叫龙骨瓣，如花生、豌豆。

8. 十字形（cruciform）　由 4 个分离的花瓣排列成十字形，如油菜、萝卜等。

筒状、漏斗状、钟状、轮状及十字形花冠，各花瓣的形状、大小基本一致，常为辐射对称。唇形、舌状和蝶形花冠，各花瓣的形状、大小不一致，常呈两侧对称，也有些植物的花是不对称的，如美人蕉。

花瓣与萼片或其裂片在花芽中的排列方式：花瓣与萼片或其裂片在花芽中的排列方式，也因植物种类的不同而有所不同。常见的有下列几种（图 4 - 31）：

图 4 - 31　花瓣的排列

A、B、C. 锯合状　D. 旋转状　E. 复瓦状

（1）**锯合状**（valvate）　指花瓣或萼片各片的边缘彼此接触，但不覆盖，如茄、番茄。

（2）**旋转状**（convolute）　又称回旋状，指花瓣或萼片每一片的一边既覆盖着相邻一片的边缘，而另一边又被另一相邻片的边缘所覆盖，如棉花、牵牛。

（3）**复瓦状**（imbricate）　即覆瓦状，与旋转状相似，只是各片中有一片或两片完全在外，另一片完全在内，如油菜。

五、雄蕊的类型

雄蕊由花丝与花药两部分组成，位于花冠的内轮。花丝的先端着生花药，基部通常着生于花托上或插生于花冠基部与花冠愈合，也有着生于花盘上的。花盘由变态的雄蕊发育而成。

在一朵花中，雄蕊的数目随不同植物而异。如兰科植物只有一个雄蕊，木犀科植物只有两个雄蕊；但通常由多数雄蕊组成雄蕊群，如桃、山茶等。在雄蕊群中，雄蕊常随植物的种类不同而不同，根据花丝与花药的分离或连合，以及花丝的长短分为不同类型。现选出其主要的类型介绍如下（图 4 - 32）：

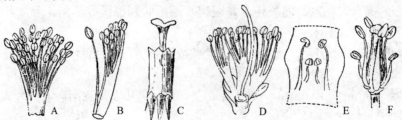

图 4 - 32　雄蕊的类型

A. 单体雄蕊　B. 二体雄蕊　C. 聚药雄蕊　D. 多体雄蕊　E. 二强雄蕊　F. 四强雄蕊

1. 单体雄蕊（monadelphous） 一朵花中雄蕊多数，花丝全部合生连合成一体成筒状，包围着雌蕊。如木槿、楝树、棉花。

2. 二体雄蕊（diadelphous） 一朵花中雄蕊 10 个，其中 9 个花丝连合，1 个单生，成二束，如紫藤、蚕豆。为蝶形花科植物所特有。

3. 多体雄蕊（polyadelphous） 一朵花中雄蕊多数，花丝基部连合为多组，上部分离。如金丝桃、蓖麻、椴树等。

4. 聚药雄蕊（syngenesious） 一朵花中雄蕊数个，花丝分离而花药连合（合生），花丝分离。如向日葵、凤仙花、菊科植物等。

5. 二强雄蕊（didynamous） 雄蕊 4 个，花丝分离，其中 2 个长，2 个短。如黄荆、凌霄、泡桐及唇形科植物。

6. 四强雄蕊（tetradynamous） 雄蕊 6 个，花丝分离，其中 4 个长，2 个短，如十字花科植物。为十字花科植物所特有。

六、花药着生的方式

花药是雄蕊的主要部分，通常由 4 个花粉囊组成。花药在花丝上着生的方式有以下几种（图 4-33）：

1. 基着药（basifixed） 花药仅基部着生于花丝的顶端，如望江南、郁金香、莎草、小蘗、唐菖蒲等。

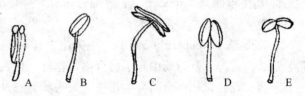

图 4-33 花药着生的方式

A. 基着药 B. 背着药 C. 丁字形着药
D. 个字形着药 E. 广歧药

2. 背着药（dorsifixed） 花药背部着生于花丝上，如木兰、莲花、桑、苹果、油菜等。

3. 丁字形着药（versatile） 花药背部的中央一点着生于花丝顶端，花药与花丝垂直，呈丁字形，如茶科、禾本科、百合等。

4. 广歧药（divaricate） 花药基部张开几成水平线，顶部着生于花丝顶端，如毛地黄、地黄。此外，花药张开成个字的叫个字形着药，如凌霄花、泡桐。

5. 贴着药（adnate） 花药全部着生于花丝上，如莲、玉兰等。

七、花药开裂的方式

花药成熟后花粉囊壁裂开，散出花粉。花粉囊开裂的方式很多，开裂方式有以下几种（图 4-34）：

1. 纵裂（longitudinal split） 两个花粉囊之间裂开，药室纵长开裂，是最常见的一种，如小麦、油菜等。

2. 孔裂（poricidal） 开一小孔，花粉由此散出，如茄、马铃薯、杜鹃等。在花药的顶端开裂，药室顶端。

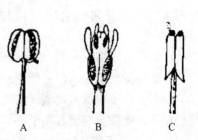

图 4-34 花药开裂的方式

A. 纵裂 B. 瓣裂 C. 孔裂

3. 瓣裂（valvate） 药室有 2 或 4 个活板状的盖，花粉囊外壁自下而上揭开，花粉由掀开的盖孔散出，如小蘗、樟树等。

八、雌蕊的类型

雌蕊位于花的中央部分，是花的最内轮，由柱头、花柱及子房 3 部分组成，柱头在雌蕊的先端，是传粉时接受花粉的部位。雌蕊的基部为子房，是雌蕊的主要部分。子房内孕育着胚珠；花柱连接着柱头和子房，是柱头通向子房的通道。雌蕊由变态的叶卷合而成，这种变态叶特称为心皮。心皮卷合成雌蕊时，心皮边缘联合的地方称腹缝线，它的背部（相当于叶的中脉部分）称背缝线。雌蕊心皮的数目，常作为分类的依据。根据心皮的离合与数目，雌蕊可分为以下几种类型（图 4－35）：

图 4－35　雌蕊的类型
A. 离心皮雌蕊　B、C. 复雌蕊

1. 单雌蕊（monogynous）　一朵花中只有一个心皮构成的雌蕊叫单雌蕊，如大豆、花生、桃等。

2. 离生单雌蕊（apocarpous gynaecium）　一朵花中有若干彼此分离的单雌蕊，如八角、木兰、毛茛、蔷薇、草莓等。

3. 复雌蕊（compound pistil）　一朵花中有一个由两个以上心皮合生构成的雌蕊，如油菜、茄、棉花等。复雌蕊中有子房合生，花柱、柱头分离；有子房、花柱合生，柱头分离；也有子房、花柱、柱头全部合生，柱头呈头状等三种类型。

一个复雌蕊的心皮数目，常与花柱、柱头、子房室、果室成正相关。可借此判断复雌蕊的心皮数目。

九、子房位置的类型

子房着生在花托上，根据子房与花托连生的情况及花其他各部生长的位置不同可分为以下几种类型（图 4－36）：

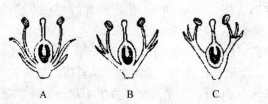

图 4－36　子房的位置
A. 下位花（上位子房）　B. 周位花（上位子房）
C. 周位花（半下位子房）　D. 上位花（下位子房）

1. 上位子房（superior ovary）又叫子房上位，子房仅以底部和花托相连，花的其余部分均不与子房相连。其中又可分为以下两种情况：

（1）上位子房下位花（superior－hypogynous flower）　子房仅以底部和花托相连，萼片、花瓣、雄蕊着生的位置低于子房，如油菜、玉兰等。

（2）上位子房周位花（superior－perigynous flower）　子房仅以底部和杯状萼筒底部的花托相连，花被与雄蕊着生于杯状萼筒的边缘，即子房的周围，如桃、李等。

2. 半下位子房（half－inferior ovary）　又叫子房半下位或中位，子房的下半部陷生于花托中，并与花托愈合，子房上半部仍露在外，花的其余部分着生在子房周围花托的边缘，故也叫周位花，如菱、马齿苋等。

3. 下位子房（inferior ovary）　又叫子房下位，整个子房埋于下陷的花托中，并与花托愈合，花的其余部分着生在子房以上花托的边缘，故也叫上位花，如南瓜、苹果等。

十、胎座的类型

胚珠着生的地方叫胎座。由于不同植物心皮数目及连合情况不同，形成不同的胎座，常见的胎座有以下几种类型（图4-37）：

图4-37　胎座的类型

A、B. 边缘胎座　C. 侧膜胎座　D. 中轴胎座　E、F. 特立中央胎座　G. 基生胎座　H. 顶生胎座

1. 边缘胎座（marginal placentation）　单心皮，子房一室，胚珠生于腹缝线上，如豆类。

2. 侧膜胎座（parietal placentation）　两个以上的心皮所构成的一室子房或假数室子房，胚珠生于心皮的边缘，如葫芦科、兰科等。

3. 中轴胎座（axile placentation）　多心皮构成的多室子房。心皮边缘于子房中央形成中轴，胚珠生于中轴上，如棉花、柑橘等。

4. 特立中央胎座（free central placentation）　多心皮构成的一室子房，或不完全数室子房，子房腔的基部向上有一个中轴，但不到达子房顶，胚珠即生于此轴上，如樱草科、石竹科、马齿苋科等植物。

5. 基生胎座和顶生胎座（basal placentation and apical placentation）　胚珠生于子房室的基部或顶部，前者如菊科植物，后者如瑞香科植物。

十一、胚珠的类型

常见的胚珠有以下几种类型（图4-38）：

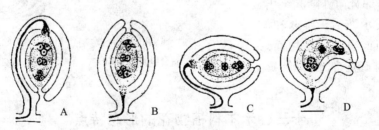

图4-38　胚珠的类型

A. 倒生胚珠　B. 直生胚珠　C. 横生胚珠　D. 弯生胚珠

1. 直生胚珠（atropous ovule）　珠柄、合点、珠孔三者在一条直线上，如荞麦、苎麻等。

2. 弯生胚珠（campylotropous ovule）　胚珠形成过程中，一边生长较快，使珠心弯曲，珠孔弯向下，合点与珠孔通过珠心连成弧线，如油菜、柑橘等。

3. 倒生胚珠（anatropous ovule） 胚珠的合点在上，珠孔朝向胎座，如稻、麦、瓜类等。此外，还有横生胚珠（amphitropous），如锦葵。

十二、花程式与花图式

花的形态结构用符号及数字列成公式来表明的叫花程式（flower formula）；用花横断面的简图表明的叫花图式（flower diagram）。现分别介绍如下：

1. 花程式 把花的各部分用一定的字母来代表，通常用 Ca 代表花萼（Calyx），用 Co 代表花冠（Corolla），用 A 代表雄蕊群（Androecium），用 G 代表雌蕊群（Gynoecium），用 P 代表花被（Perianth）。花各部分的数目可用数字来表示，如果该部分缺少时，就用"O"表示；数目很多，就用"∞"来表示，并把它们写于代表各部字母的右下角处。如果某部分在一轮以上时，就用"+"来表示；如果某一部分其个体相互连合，就用"（）"来表示。子房的位置可以在雌蕊的字母 G 下边加一道横线表示上位子房，即"$\underline{G}$"，在 G 上面加一道横线表示下位子房，即"$\overline{G}$"，上下各加一道横线表示半下位子房，即"$\overline{\underline{G}}$"。同时在心皮数目的后面用"："号隔开的数字表示子房室的数目。

辐射对称花用"＊"表示；两侧对称花用"↑"表示；♀表示雌花；♂表示雄花，☿表示两性花，书写在花程式的前边。现分别举例说明：

棉花　＊　$Ca_{(5)}$；Co_5；$A_{(\infty)}$；$\underline{G}_{(3-5:3-5)}$

花生　↑　$Ca_{(5)}$；Co_5；$A_{(9)+1}\underline{G}_{1:1}$

小麦　↑　Ca_0；Co_2；A_3；$\underline{G}_{(2:1)}$

百合　＊　P_{3+3}；A_{3+3}；$\underline{G}_{(3:3)}$

2. 花图式 把花的各部分用其横切面的简图表示其数目、离合、排列等（图 4-39）。用一黑圈表示花着生的花轴，用空心的弧线表示苞片，带有线条的弧线表示花萼。由于花萼的中脉明显，故弧线的中央部分向外隆起突出。实心的弧线表示花冠，雄蕊和雌蕊分别用花药或子房的横切面形状表示。并明确各部分的位置、分离或连合。

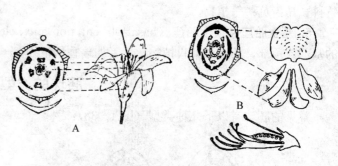

图 4-39　花图式和花图解
A. 百合科的花与花图式　B. 豆科的花与花图式

十三、禾本科植物花的形态特点

在被子植物中，有些植物的花构造比较特殊，这些花没有美丽的色彩与具有香气的花被，而是退化成为膜片状或鳞片状。例如，单子叶植物中的禾本科、莎草科、香蒲科等。禾本科植物在人类生活中有着很重要的经济价值，它的花及小穗的形态与构造是分类的依据。

禾本科植物为复穗状花序，或由复穗状花序组成的圆锥花序。穗状花序由多数小穗组成，小穗包含一至多朵小花，每一小穗的基部有一对颖片，颖片相当于花序外面的总苞片，下面的一片叫外颖，上面的一片叫内颖，颖片上方沿小穗轴着生小花。每一朵小花有内、外稃各一片，外稃较大，内稃较小。内、外稃相对紧嵌合成一花。外稃的先端常有芒或无芒，没有花被。每一小花通常有3或6枚雄蕊。雌蕊的基部有两枚膜质鳞片，称为浆片。开花时浆片吸水膨胀，将内、外稃撑开以便于受粉。禾本科植物的雌蕊由2～3个心皮构成，但只有一室，柱头常呈羽毛状。

第六节　景观植物的果实

花受精以后，花的各部分随着发生变化，如花瓣凋谢，花萼脱落或宿存，雄蕊、花柱、柱头都枯萎，只有子房发育增大，形成果实。果实包括由胚珠发育而成的种子和包在种子外面的果皮。果皮通常是由子房壁发育形成的。果皮部分变化很多，因而形成各种不同类型的果实。

在一般情况下，植物的果实纯由子房发育而成，这种果实称为真果，如桃、杏等。有的植物的果实，除子房外，还有花的其他部分参与发育，与子房一起形成果实，这种果实称为假果，如梨、苹果等（图4-40）。

果皮的构造可分为外果皮、中果皮和内果皮3层。外果皮一般很薄，只有1～2层细胞，通常具有角质层和气孔，有时还有蜡粉和毛。幼果的果皮细胞中含有许多的叶绿体，因此呈绿色。果实成熟时，果皮细胞中产生花青素和有色体，所以呈现出各种颜色。中果皮很厚，占整个果皮的大部分，在结构上各种植物差异很大，如桃、李、杏的中果皮肉质全部由薄壁细胞组成；刺槐、豌豆的中果皮成熟时为革质，由薄壁细胞和厚壁细胞组成。中果皮内有维管束分布，有的维管束非常发达，形成复杂的网状结构，如丝瓜络、橘络。内果皮变化也很大，有些植物在内果皮的细胞木化加厚，非常坚

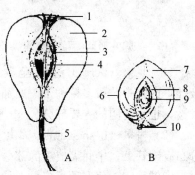

图4-40　果实的构造
A. 梨　B. 桃
1. 宿存花萼　2. 肉质花托
3. 与花筒愈合的子房壁　4. 种子
5. 果柄　6. 外果皮　7. 中果皮
8. 内果皮　9. 种子　10. 果柄

硬，如桃、李、核桃、椰子、油橄榄等；有的内果皮的表皮毛变成肉质化的汁囊，如柑橘的果实。人们食用的部分就是其内果皮的腺毛形成的。有些果实成熟时内果皮分离成单个的浆汁细胞，如葡萄、番茄。

在一般情况下，必须经过受精作用，子房才能发育为果实；但也有些植物不经过受精，子房也能长大为果实，称为单性结实。单性结实的果实，由于胚珠没有经过受精，所以无种子发育，称为无子果实。葡萄、柑橘、凤梨、柿子都有单性结实现象。产生单性结实的原因很多，有些子房不需任何刺激也能膨大形成果实。有些虽未受精，但由于花粉的刺激也能形成无子果实。例如，将苹果的花粉放在梨的柱头上可产生无子果实。用人工生长素刺激柱头也能产生无子果实。例如，用2,4-D、吲哚乙酸等生长素处理番茄的柱头可以得到无子果实，已应用于蔬菜栽培中。

果实可分为三大类，即单果、聚合果和复果。

一、单　果

单果（simple fruit）是一朵花中仅由一个雌蕊形成的。根据果皮及其附属部分成熟时的质地和结构，可分为肉质果与干果两类。

1. 肉质果　肉质果（fleshy fruit）的果实成熟后，肉质多汁。肉质果可分为（图 4 - 41）：

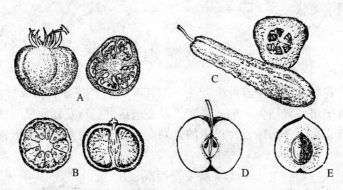

图 4 - 41　肉质果的主要类型（外形和切面）

A. 番茄的浆果　B. 温州蜜柑的柑果　C. 黄瓜的瓠果　D. 苹果的梨果　E. 桃的核果

（1）浆果（berry）　由一至数心皮组成，外果皮膜质，中果皮、内果皮均肉质化，充满液汁，内含一粒或多粒种子，如茄、番茄、葡萄、柿的果实。番茄、茄除果皮外，胎座非常发达，也为食用的主要部分。

（2）柑果（hesperidium）　由复雌蕊形成，外果皮呈革质，有精油腔；中果皮较疏松，分布有维管束；中间隔成瓣的部分是内果皮，向内生许多肉质多浆的汁囊，是食用的主要部分。中轴胎座，每室种子多数，如柑、柚、枳等。

（3）瓠果（pepo）　为瓜类所特有，是由下位子房发育而成的假果。花托与外果皮结合为坚硬的果壁，中果皮和内果皮肉质，胎座常很发达，如瓜类。

（4）梨果（pome）　由花筒和子房愈合一起发育而成的假果。花筒形成的果壁与外果皮及中果皮均肉质化，内果皮纸质或革质化，中轴胎座，如苹果、梨等。

（5）核果（drupe）　由一至多心皮组成，种子常1粒，内果皮坚硬，包于种子之外，构成果核。有的中果皮肉质，为主要使用部分，如桃、梅、李、杏。

2. 干果　干果（dry fruit）的果实成熟时果皮干燥，依开裂与否可分为裂果与闭果两类。

（1）裂果（dehiscent fruit）　成熟后果皮裂开。裂果因心皮数目及开裂方式不同，又分为下列几种（图 4 - 42）：

① 荚果（legume orpod）　是由单雌蕊发育而成的果实。成熟时，沿腹缝线与背缝线裂开，果皮裂成 2 片，像豆类的果实就是荚果，但落花生的荚果并不裂开。含羞草、田皂角等的荚果，呈分节状，也不裂开而成节荚。

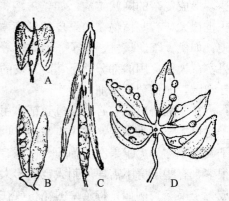

图 4 - 42　裂果的主要类型

A. 荠菜的短角果　B. 豌豆的荚果

C. 油菜的长角果　D. 梧桐的聚合蓇葖果

② 蓇葖果（follicle） 是由单雌蕊发育而成的果实，但成熟时，仅沿一个缝线裂开（腹缝线或背缝线），如飞燕草。

③ 角果 由2个心皮组成，具假隔膜，侧膜胎座，成熟后，果皮从两个腹缝线裂成两片而脱落，留在中间的为假隔膜。它的子房原是1室，没有隔膜，后来由心皮边缘合生的地方，也就是腹缝线所在的部位，生出薄膜，将子房隔成2室，像这样产生的隔膜叫假隔膜。十字花科植物的果实属这类果实，其中像白菜、油菜、萝卜等，角果细长，叫长角果（silique）；荠菜、独行菜等，角果很短，叫短角果（silicle）。角果也有不裂开的，如萝卜。

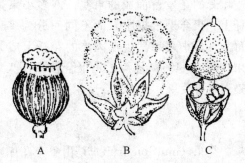

图4-43 几种蒴果
A. 虞美人的 B. 棉花的 C. 车前草的

④ 蒴果（capsule） 它是由复雌蕊构成的果实，成熟时有各种裂开的方式（图4-43）。

室背开裂，背裂（loculicidal）——沿背缝线裂开的叫背裂，如棉花、茶、乌桕、百合、鸢尾等。

室间开裂，腹裂（septicidal）——沿腹缝线或沿隔膜从中轴裂开的，如烟草、牵牛、芝麻等。

孔裂（poricidal）——从心皮顶端裂开一小孔，如罂粟、虞美人。

齿裂（teeth）——从果实顶端裂成齿状，如石竹科植物.

周裂（circumscissile）——果实横裂为二，上部呈盖状，如马齿苋、车前草等。

（2）闭果（indehiscent fruit） 果实成熟后，果皮不裂开。可分为以下几种（图4-44）：

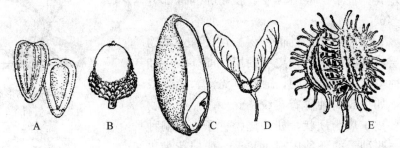

图4-44 闭果的主要类型
A. 向日葵的瘦果 B. 栎的坚果 C. 小麦的颖果 D. 槭的翅果 E. 胡萝卜的分果

① 瘦果（achene） 果实小，成熟时只含1粒种子，果皮与种皮分离，如向日葵由两心皮组成，白头翁由一心皮组成，荞麦由三心皮组成。

② 坚果（nut） 果皮坚硬，内含1粒种子，如板栗。

③ 颖果（cariopsis） 由2～3心皮组成，一室含1粒种子，但果皮与种皮愈合不易分开，这一点可以与瘦果区别开来，谷粒去壳后的糙米和麦粒与玉米籽粒都是颖果。

④ 翅果（samara） 果皮伸长成翅，如臭椿、榆属等植物的果实。

⑤ 分果（schizocarp） 由2个或2个以上的心皮组成，各室含1粒种子，成熟时，各心皮沿中轴分开，如胡萝卜、芹菜等伞形花科植物的果实。

二、聚合果

聚合果（aggregate fruit）是由一朵具有离心皮雌蕊的花发育而成的果实，许多小果聚生在花托上。聚合果根据小果的不同而分为多种，如草莓是许多小瘦果聚生在肉质的花托上成为聚合瘦果（图 4 - 45）；悬钩子是聚合核果；八角、芍药是聚合蓇葖果；莲为聚合坚果。

三、复　　果

复果（multiple fruit）是由整个花序发育成的果实。如桑椹是由一个柔荑花序上散生着多数单性花，每朵花有 4 萼片和 1 子房，子房成熟为小坚果，而萼片变为肉质多浆的结构，包围于小坚果

图 4 - 45　聚合果与复果
A. 草莓的聚合果　B. 凤梨的复果

之外。又如凤梨（图 4 - 45）为肉质花轴，连同其上的多数子房和其苞片所共同形成的一个多浆的肉质果实。无花果则为盂状的花轴与轴上的各花组成。

第七节　景观植物的种子

一、种子的形态构造

自然界各种植物的种子，形状、大小、颜色等方面有极大的差异。种子一般由种皮、胚和胚乳三部分组成（图 4 - 46）。

1. 种皮　种皮是种子最外面的保护层，有些植物的种皮仅一层，有些植物的种皮有两层，即外种皮和内种皮。外种皮的特点是厚硬，通常有光泽、花纹或其他附属物，如橡胶树种皮有花纹。此外，一些植物的种子的外种皮扩展为翅状，如马尾松种子、泡桐种子等；也有一些种子的外种皮附生长毛，如棉花种皮

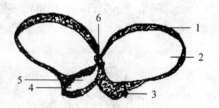

图 4 - 46　种子的形态构造
1. 种皮　2. 子叶　3. 种脐
4. 胚根　5. 胚轴　6. 胚芽

的纤维毛等；还有一些种子的外种皮被一层肉质被套包围着，这一层肉质的被套叫假种皮。原因是它的来源是由胚珠基部向外扩展而成的，不是由珠被发育而来。

一般而言，一粒种子的外部形态有种脐、种脊和种孔（图 4 - 47）。种脐是种柄（珠柄）脱落留下的痕迹，常为浅圆形凹陷。种脐部位有一细孔，是种子萌发时胚根伸出的孔道。种脐的一端有一隆起的脊叫种脊。有些植物的种子无种脊，但有种脐和种孔。

2. 胚　胚是种子的重要部分，是包被在种皮内的幼小植物体。因此，一粒种子是否能正常地萌发，关键是胚是否正常。一个胚由胚芽、胚轴、胚根和子叶 4 个部分构成（图 4 - 48）。胚芽将来发育成地上部分的主茎和叶，胚根发育成地下部分的初生根，而胚轴大多数将来成为根茎处的部分。子叶贮藏了丰富的养料，供给种子萌发时的幼苗生长，并且能暂时进行光合作用。一般子叶的寿命较短，20 天左右脱落。

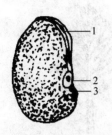

图 4-47 种子的外形

1. 种脊 2. 种脐 3. 种孔

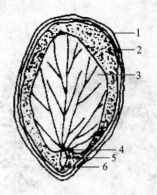

图 4-48 油桐种子纵切面

1. 种皮 2. 胚乳 3. 子叶 4. 胚芽 5. 胚轴 6. 胚根

子叶的数目是植物一个比较稳定的遗传性状。因此，根据子叶的数目，种子植物分为三大类：双子叶植物、单子叶植物和子叶不定数植物。前两者是被子植物，后者是裸子植物，裸子植物的子叶数目不确定。

3. 胚乳 有胚乳种子的胚乳位于胚和种皮之间，即胚可以看成是埋藏在胚乳中的幼小植物体。胚乳和子叶所占有的体积较大，贮藏了丰富的营养物质，供给种子萌发时利用。同时，许多植物种子的胚乳和子叶所贮藏的营养物质是人类食物和药物的主要来源，如大豆的子叶富含蛋白质；板栗种子的子叶与谷物种子的胚乳富含淀粉等。

二、种子的类型

1. 无胚乳种子 这类植物的种子只有种皮和胚两个部分，缺少胚乳，子叶肥厚，贮存了丰富的营养物质，代替了胚乳的功能。子叶在光照条件下变成了绿色，含有叶绿素，可以在短时间内进行光合作用，制造有机物，供给幼苗生长，如大豆、刺槐、梨、板栗、油茶等都是无胚乳植物。

2. 有胚乳种子 这类植物的种子由种皮、胚和胚乳三大部分组成。胚乳占有较大比例，主要为幼苗供应营养物质。大多数双子叶植物和所有的裸子植物的种子都是有胚乳种子。此外，单子叶植物的种子是有胚乳种子，如竹类、稻、麦、玉米等都是有胚乳种子。由于它们的种皮与果皮愈合，难以分开。因此，平常所称的种子实际上是含有种子的果实，这类果实叫颖果。

第八节 景观植物的基本树形

以上我们较详细地描述了景观植物的根、茎、叶、花、果实的基本形态特征，其中，有少量涉及植物解剖学等内容，其目的是让我们认识到景观植物的分类与识别除主要依赖于形态学外，还有现代生物技术之解剖学、分子遗传学等"工具"，使我们对景观植物的分类与识别有更深入、更广泛的认识。

景观植物的根、茎、叶、花、果实的基本形态是其各部分的特征，我们有必要了解景观植物地上部整体的形态特征。这里所说的"特征"并非人工修剪后的形态，而是其自然生长所形成的形态特征。景观植物地上部整体形态是多种多样的，我们以木本植物为例，可归纳为以下几种基本树形（图4-49），这也将有助于进行快速识别景观植物的主要种类。

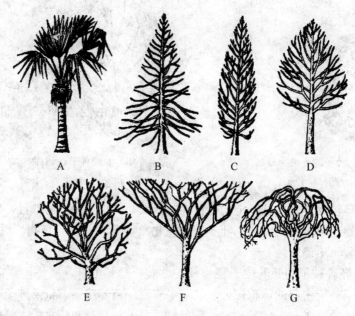

图4-49　木本景观植物的几种基本树形
A. 棕榈形　B. 尖塔形　C. 圆柱形　D. 卵形　E. 圆球形　F. 平顶形　G. 伞形

第五章 景观植物的分类与应用

景观植物的科属识别要点、形态学特征、分布与习性、繁殖与用途及其景观应用特点，是景观植物的科学合理组配及其种植设计所必须了解与掌握的基础知识。景观植物主要是种子植物，种子植物突出的特征是具有胚珠，由胚珠发育成种子，靠种子繁衍后代。种子植物又根据胚珠有无子房包被或种子有无果皮包被，分为裸子植物与被子植物两大类。

第一节 裸子植物

在景观植物中，被子植物其数量占比居一，裸子植物居二。裸子植物（Gymnospermae）系常绿稀落叶，乔木、灌木稀木质藤本。叶多为针形、鳞形、条形、钻形、刺形、披针形、稀扇形或宽阔。花单性，无花被，组成球花或单生，雌雄同株或异株；雄球花具多数雄蕊，每雄蕊具一至多数花药；雌球花由着生胚珠的多数珠鳞组成；胚珠裸露，不包于子房内。球果或种子核果状。种子有胚乳，胚直伸，子叶2～18枚。

裸子植物起源于古生代泥盆纪，距今3.45亿～3.95亿年，经石炭纪、二叠纪、三叠纪至白垩纪为兴盛时期，以后逐渐衰退。特别是经过第四纪冰川以后，许多古老的种类毁灭了。现存的裸子植物中除保留了第四纪以前的种类外，许多类群是后来新产生的。在第四纪冰川以前广泛分布的树种，因冰川原因在其他地区都灭绝了，仅在某些地区幸存了下来，成为孑遗植物（或活化石植物）。如我国的银杏、水杉、红豆杉、金钱松等。

全世界现有裸子植物4纲、9目、12科、71属，近800种。广布于世界各地，主要分布于北半球温带至寒带地区以及亚热带的高山地区。我国是裸子植物资源丰富、种类众多的国家，共计有4纲、8目、11科、41属，243种，包括自国外引种栽培的1科、8属、51种。

裸子植物有很多是重要的景观绿化观赏树种，有的还有特殊的经济用途。常能组成大面积森林，具有十分重要的生态意义。下面简述裸子植物中景观植物的主要种类。

一、苏铁科（Cycadaceae）

常绿木本，树干圆柱形，粗壮，不分枝或很少分枝。叶螺旋状排列，有鳞叶及营养叶，相互成环着生，鳞叶小，营养叶大，羽状深裂，稀叉状二回羽状深裂，集生于茎端。球花单性，雌雄异株；花序球形，通常单生于干顶；雄球花直立，由扁平鳞片状或盾状小孢子叶组成，花药（小孢子囊）多数，生于小孢子叶背面，有游动精子；雌球花由大孢子叶组成，大孢子叶上部通常羽状分裂，胚珠2～10，生于大孢子叶两侧。种子核果状，具3层种皮，胚乳丰富，子叶2枚，发芽时不出土。

10 属，约 110 种，分布于南北两半球的热带和亚热带地区。中国有 1 属 10 种，分布于中国台湾及华南、西南各省、自治区。

● 苏铁（图 5-1）

学名：*Cycas revoluta* Thunb.

常绿乔木，茎高约 2 m，稀达 8 m 或更高，有明显螺旋状排列的菱形叶柄残痕。树冠棕榈状。叶羽状，从树干顶部生出，长达 0.5～2.4 m，厚革质，坚硬，羽裂片条形，长 9～18 cm，边缘显著反卷。雄球花圆柱形，长 30～70 cm，小孢子叶木质，密被黄褐色绒毛，背面着生多数药囊；雌球花略呈扁球形，大孢子叶宽卵形，长 14～22 cm，羽状分裂，裂片 12～18 对，下部柄状，两侧着生 2～6 个裸露的直生胚珠。种子倒卵形或近球形，微扁，长 2～4 cm，径 1.5～3 cm，熟时橙红色，密生灰黄色短绒毛，后渐脱落。花期 6～8 月；种子 10 月成熟。

分布：福建、台湾、广东。华南、西南各省、自治区多露地栽植于庭院，长江流域各地和北方多盆栽，须在温室越冬。

习性：喜光，喜温暖、湿润气候，不耐严寒。喜肥沃湿润的沙壤土，不耐积水。生长速度缓慢，寿命可达 200 余年。在华南，10 年生以上的树木几乎每年开花结籽，而长江流域及北方不开花或偶见开花。

繁殖：播种、分蘖、埋插繁殖。

用途：树形优美，是优美的观赏树，有反映热带风光的观赏效果。常布置于景观花坛中心，孤植或丛植景观草坪一角，对植于门口两侧。亦可作大型盆栽，装饰居室，布置会场。

叶、种子入药；茎髓含淀粉可供食用。羽叶是很好的插花材料。

● 华南苏铁（图 5-2）

学名：*Cycas rumphii* Miq.

常绿乔木，茎高 4～8 m，稀达 15 m，上部有残存的叶柄。羽状叶长 1～2 m，近直伸，叶轴下部常有短柄；羽裂片宽条形，长 15～30 cm，宽 1～1.5 cm，革质，绿色，有光泽，边缘平，稀为波状。雄球花椭圆状长圆形，长 12～25 cm；大孢子叶长 20～35 cm，羽状分裂，柄长，胚珠 1～3。种子扁球形或卵圆形，茎 3～4.5 cm。花期 5～6 月；种子 10 月成熟。

华南各地广为栽培，长江流域有盆栽。为优

图 5-1 苏 铁
1. 羽片叶的一段　2. 羽状裂片的横切面
3. 大孢子叶及种子
4、5. 小孢子叶的背、腹面　6. 花药

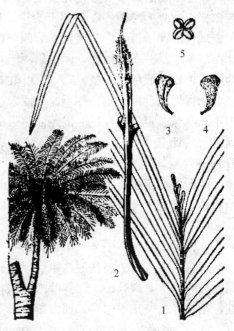

图 5-2 华南苏铁
1. 羽片叶的一段　2. 大孢子叶
3、4. 小孢子叶背、腹面　5. 花药

美的庭院观赏树种。

二、银杏科（Ginkgoaceae）

落叶乔木，树干端直。有长枝和短枝。叶扇形，叶脉二叉状，在长枝上螺旋状互生，在短枝上簇生。球花单性，雌雄异株，生于短枝顶部叶腋；雄球花呈荑荑花序状，具多数雄蕊，每雄蕊有两花药，雄精细胞有纤毛；雌球花有长柄，顶端常分为二叉，每叉先端具盘状珠座，其上各着生1枚直立胚珠，通常仅1枚发育成种子。种子核果状，外种皮肉质，中种皮骨质，内种皮膜质；胚乳丰富，子叶2枚，发芽时不出土。

仅1属1种，为我国特产，世界著名树种。本科植物在古生代很繁盛，而在新生代第四纪冰川期后为孑遗植物。

●**银杏**（图5-3）

学名：***Ginkgo biloba* L.**

乔木，高达40 m，胸径4 m；树皮灰褐色，深纵裂；树冠广卵形，青壮年期树冠圆锥形；大枝斜上伸展，近轮生，雌株的大枝常较雄株的开展或下垂。叶扇形，上缘宽5～8 cm，浅波状，在萌枝及幼树枝叶的中央浅裂或深裂为2，基部楔形，叶柄长5～8 cm。球花小而不显著，与叶同时开放。种子椭圆形、倒卵形或近球形，长2.5～3.5 cm，径约2 cm，外种皮成熟时淡黄色或橙黄色，有臭味，被白粉；中种皮白色，具2～3条纵脊；内种皮膜质，淡红褐色；胚乳肉质。花期3～4月；种子8～10月成熟。

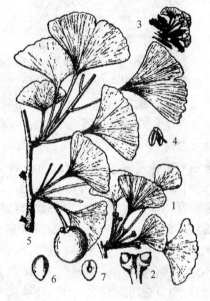

图5-3 银 杏
1. 雌球花枝　2. 雌球花上端
3. 雄球花枝　4. 雄蕊
5. 长短枝及种子　6. 去外种皮种子
7. 去外、中种皮种子的纵剖面

变种、变型及品种：观赏价值较高的有以下种类：

① 黄叶银杏（f. *aurea* Beiss.）：叶鲜黄色。

② 塔状银杏（f. *fastigiata* Rehd.）：大枝的开展度较小，树冠呈尖塔柱形。

③ 裂叶银杏（cv. *laciniata*）：叶形大而缺刻深。

④ 垂枝银杏（cv. *pendula*）：枝下垂。

⑤ 斑叶银杏（f. *variegata* Carr.）：叶有黄斑。

银杏是现存种子植物中最古老的种类，被称为"活化石"。

分布：原产我国，浙江西天目山有野生状态林木。现广泛栽培于辽宁、河北、山西、陕西、四川、云南、贵州、台湾，华南各省、自治区均有；垂直分布一般在海拔1 000 m以下，云南可达海拔2 000 m。

习性：喜光，深根性，耐干旱，对大气污染有一定抗性，不耐水涝。对土壤的适应性强，在酸性、中性或钙质土壤上均能生长，但以深厚湿润、肥沃、排水良好的中性或酸性沙质壤土最为适宜。耐寒性较强。具有一定的抗污染能力。寿命长可达千年以上。

繁殖：播种、分蘖、扦插和嫁接繁殖，以播种和嫁接繁殖最多。播前要进行混沙催芽处理。

用途：树姿挺拔雄伟、古朴有致；叶形奇特秀美，树冠浓荫如盖；春叶嫩绿，秋叶金黄，是著名的景观观赏树种。适于庭荫树、行道树，或对植、丛植、孤植及混植。

木材作雕刻、家具、建筑材料。叶及外种皮有杀虫之效；种仁食用或药用。银杏老根古干隆肿突起，如钟似乳，适于作桩景。国家二级重点保护树种。

三、红豆杉科（Taxaceae）

常绿乔木或灌木。叶条形或条状披针形。球花单性，雌雄异株，稀同株；雄球花单生于叶腋或排成穗状花序或头状花序，集生枝顶，雄蕊多数，每雄蕊有 3～9 个花药；雌球花单生或成对生于叶腋，顶部的苞片着生 1 枚直立胚珠。种子核果状或坚果状，当年或翌年成熟，全包或部分包被于杯状或瓶状的肉质假种皮中，有胚乳；子叶 2，发芽时出土（仅榧属留土）。

5 属约 23 种，多分布于北半球。中国 4 属 12 种 1 变种及 1 栽培种，南北各地均有栽培。

● 东北红豆杉（图 5-4）

学名：***Taxus cspidata* Sieb. Et. Zucc.**

常绿乔木，高达 20 m，胸径达 1 m；树皮红褐色，有浅裂纹；树冠阔卵形或倒卵形；枝平展或斜展，密生，无毛。叶条形，通常直，细微弯，长 1～2.5 cm，宽 2.5～3 mm，先端常突尖，上面深绿色，有光泽，下面有两条灰绿色气孔带，中脉带上无角质乳头状突起点；叶在主枝上呈螺旋状排列，在侧枝上呈不规则的羽状排列。雌雄异株，雄球花有雄蕊 9～14，集生成头状，各具 5～8 个花药；雌球花胚珠卵形。种子坚果状，卵圆形，长约 6 mm，上部具 3～4 钝脊，顶端有小钝尖头，紫红色，种脐三角形或四方形，假种皮紫红色，杯形。花期 5～6 月；种熟期 9～10 月。

分布：黑龙江、吉林和辽宁。

习性：阴性树种。喜生于肥沃、湿润、疏松、排水良好的棕色森林土上；在积水地、沼泽地、岩石裸露地生长不良。浅根性；耐寒性强，寿命长。

繁殖：播种或扦插繁殖。

图 5-4　东北红豆杉
1. 种子枝　2. 种子　3. 种子横剖面

用途：树形端正优美，枝叶茂密，浓绿如盖；景观中可孤植、群植或列植，也可修剪成各种整形绿篱。该树耐寒，又有极强的耐荫性，是高纬度地区景观绿化的良好材料。

用材：种子榨油；枝叶、树根、树皮可提取紫杉素入药；假种皮味甜可食。

● 红豆杉

学名：***Taxus chinensis*（Pilger）Rehd.**

常绿乔木，高达 30 m，胸径 1 m；树皮灰褐色、红褐色或暗褐色，裂成条片脱落。叶条形，稍弯或较直，长 1～3 cm，宽 2～4 mm，叶缘微反曲，先端常微急尖、稀急尖或渐尖，下面淡黄绿色，有两条气孔带，中脉带上有密生均匀而微小的圆形角质乳头状突起点，常与气孔带同色，稀色较浅，螺旋状排列，基部扭转成二列。雌雄异株，雄球花单生于叶腋，雌球花的胚珠单生于花轴上部侧生短轴的顶端，基部有圆盘状假种皮。种子坚果状，卵圆形稀倒卵形，长5～7 mm，径3.5～5 mm，上部渐狭，微扁或圆，上部常具2钝棱脊，种脐近圆形或宽椭圆形，稀三角状圆形；假种皮杯状，红色。

分布：甘肃、陕西、四川、云南、贵州、湖北、湖南、广西、安徽等地；常生于海拔1 000～1 200 m以上的高山上部。

习性：喜温湿气候。

繁殖：播种或扦插繁殖。

用途：可供景观绿化用。

●**南方红豆杉**

学名：***Taxus chinensis*（Pilger）Rehd. var. *mairei*（Lemee et. Levl.）Cheng et. L. K. Fu**

本变种与红豆杉的区别主要在于叶常较宽长，多呈弯镰状，通常长2～3.5 cm，宽3～4 mm，上部常渐窄，先端渐尖，下面中脉带上无角质乳头状突起点，或局部有成片或零星分布的角质乳头状突起点，或与气孔带相邻的中脉带两边有一至数条角质乳头状突起点，中脉带明晰可见，其色泽与气孔带相异，呈淡黄绿色或绿色，绿色边带亦较宽而明显；种子通常较大，微扁，多呈倒卵圆形，上部较宽，稀柱状矩圆形，长7～8 mm；径5 mm，种脐常呈椭圆形。

分布：长江流域以南各省。

习性：喜气候较温暖多雨地方。

繁殖：播种或扦插繁殖。

用途：景观，广场、庭院、盆景等。

●**榧树**（图5-5）

学名：***Torreya grandis* Fort**

常绿乔木，高达25 m，胸径1 m；树皮淡黄灰色，纵裂；树冠广卵形。叶条形，直伸，长1.1～2.5 cm，宽2～4 mm，先端有凸起的刺状短尖头，基部圆或微圆，叶面拱圆，有光泽，叶下面有两条黄白色气孔带，在枝上交互对生，基部扭转排成两列。雌雄异株，雄球花单生于叶腋，有短梗；雌球花成对生于叶腋，无梗，每雌球花具一枚胚珠，直生于漏斗状的珠托上。种子核果状，椭圆形、卵圆形、长椭圆形或倒卵形，长2～4.5 cm，径1.5～2.5 cm，全部包于肉质假种皮中，成熟时假种皮淡紫褐色，外被白粉。花期4月；种子翌年10月成熟。

分布：我国特有树种。分布于江苏、浙江、福建、江西、贵州、安徽及湖南等地。

习性：阴性树种。喜温暖、湿润、凉爽、多雾气候；不耐寒，宜深厚、肥沃、排水良好的酸性或微酸性土壤。在干旱瘠薄、排水不良、地下水位较高的地方生长不良。寿命长，抗烟尘。

图5-5　榧　树
1. 雄球花枝　2. 雌球花枝　3. 叶
4. 具假种皮之种子　5. 去假种皮之种子
6. 种仁　7. 种子横剖面

繁殖：播种、嫁接、扦插或压条繁殖。

用途：树冠圆整，枝叶繁密，在景观中适应孤植、列植，也可用作丛植或对植。对烟害的抗性强，病虫害较少，是造景与果实生产的优良树种之一。

四、罗汉松科（Podocarpaceae）

常绿乔木或灌木。叶条形、披针形、椭圆形、钻形、鳞形或退化成叶状枝，螺旋状散生、稀对生或近对生。球花单性，雌雄异株，稀同株；雄球花穗状，单生或簇生于叶腋，稀顶生，雄蕊多数，每雄蕊有两个花药；雌球花腋生或顶生，基部有数枚苞片，花梗上部或顶端的苞腋着生1枚倒生胚珠。种子核果状或坚果状，全部或部分为肉质或薄而干的假种皮所包，或苞片与轴愈合发育为肉质种托，有胚乳，子叶2，发芽时出土。

7属、130余种，分布于热带、亚热带及南温带地区，以南半球为分布中心。中国2属、14种、3变种，分布于中南、华南及西南地区。

●罗汉松（图5-6）

学名：**Podocarpus macrophllus**（Thunb.）**D. Don**

常绿乔木，高达 20 m，胸径达 60 cm；树皮灰色或灰褐色，浅纵裂，成薄片脱落；树冠广卵形；枝叶稠密。叶条状、披针形，螺旋状排列，长 7～12 cm，宽 7～10 mm，先端尖，基部楔形，两面中脉明显；上面暗绿色，有光泽；下面淡绿或粉绿色。雌雄异株，雄球花 3～5，簇生于叶腋，圆柱形；雌球花单生于叶腋，有梗。种子卵圆形，长约 1 cm，熟时紫色，被白粉，着生于膨大肉质的种托上，种托短柱状，红色或紫红色，有柄。花期4～5月；种子8～10月成熟。

变种有：

短叶罗汉松 ［var. *maki*（Sieb.）Endl］：小乔木或成灌木状，枝条向上斜展。叶短而密生，长 2.5～7 cm，宽 3～7 mm，先端钝或圆。

图5-6 罗汉松
1. 种子枝 2. 雄球花枝

狭叶罗汉松（var. *angustifolius* Bl.）：灌木或小乔木。叶较窄，长 5～9 cm，宽 3～6 mm，先端渐窄成长尖头，基部楔形。

分布：罗汉松分布于江苏、浙江、福建、安徽、江西、湖南、四川、云南、贵州、广西、广东等地。在长江以南各省、自治区均有栽培。

习性：半阴性树种，较耐阴；喜温暖湿润气候，耐寒性较差，喜肥沃湿润、排水良好的沙质壤土。萌芽力强，耐修剪，对有毒气体及病虫害均有较强的抗性。

繁殖：播种或扦插繁殖。

用途：树姿秀丽葱郁，可孤植于庭院或对植、列植于建筑物前，亦可作盆景观赏。适于工矿及海岸绿化。

●竹柏（图5-7）

学名：**Podocarpus nagi**（Thunb.）**Zoll. et. Mor. ex Zoll.**

常绿乔木，高 20 m，胸径 50 cm；树皮红褐色或暗紫红色，近于平滑或成小块薄片脱落；树冠广圆锥形。叶卵形至椭圆状披针形，长 3.5～9 cm，宽 1.5～2.5 cm，对生或近对生，排成二列，厚革质，具多数平行细脉，无主脉。雌雄异株，雄球花圆柱状，3～4 个腋生；雌球花单生于叶腋，稀成对腋生，基部有数枚苞片，花后苞片不变为肉质种托。种子球形，径 1.4 cm，熟时假种皮紫黑色，被白粉。花期 3～5 月；种子 9～10 月成熟。

图 5-7 竹 柏
1. 种子枝 2. 雄球花枝 3. 雄球花
4. 雄蕊 5. 雌球花枝

分布：浙江、江西、湖南、四川、台湾、福建、广东、广西等省、自治区。

习性：耐荫树种，喜温热、湿润气候；喜肥沃、疏松、深厚的酸性沙质土壤。在贫瘠干旱土壤上生长极差。

繁殖：播种或扦插繁殖。

用途：树冠浓郁，树形美观，枝叶青翠而有光泽，四季常青；是南方良好的庭荫树和景观中的行道树；亦是城乡"四旁"绿化的优秀树种。

用材：种子榨油供食用。

五、南洋杉科（Araucariaceae）

常绿乔木，大枝轮生。叶钻形、鳞形、宽卵形或披针形，螺旋状排列。球花单性，雌雄异株或同株；雄球花圆柱形，单生、簇生叶腋或枝顶，雄蕊多数，螺旋状排列，每雄蕊具 4～20 悬垂花药；雌球花椭圆形或近球形，单生枝顶，具多数苞鳞，珠鳞不发育或与苞鳞合生，仅先端分离，每珠鳞有一倒生胚珠。球果大，2～3 年成熟，熟时苞鳞脱落。种子扁平，与苞鳞离生或合生。

2 属约 30 余种，分布于南半球热带及亚热带地区。中国引入栽培 2 属 4 种。

●南洋杉（图 5-8）

学名：***Araucaria cunnighamii* Sweet**.

乔木，高达 60～70 m，胸径 1 m 以上；树皮灰褐色，粗糙，横裂；大枝平展，侧生小枝密集下垂；幼树树冠呈整齐的尖塔形，老则平顶状。叶二型；侧枝及幼枝上的叶多呈针状，质软，开展，排列疏松；老枝上的叶排列紧密，卵形、三角状卵形或三角形。雌雄异株。球果卵形或椭圆形，长 6～10 cm，径 4.5～7.5 cm；苞鳞先端有长尾状尖头向后反曲。种子椭圆形，两侧具膜质翅。

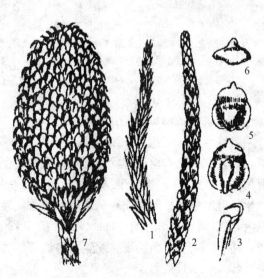

图 5-8 南洋杉
1、2. 枝叶 3～6. 苞鳞背腹面 7. 球果

分布：原产大洋洲东南沿海地区。我国上海、广州、厦门、福州、广西、云南、海

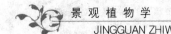

南等地有露地栽培；在其他城市常盆栽或温室栽培。适宜于温暖湿润的亚热带气候环境中生长。

习性：不耐干燥与严寒。喜肥沃土壤，较抗风。生长迅速，再生能力强。

繁殖：播种、扦插或压条繁殖。播前先将种皮破伤，以便促进发芽。

用途：树形高大优美，与雪松、日本金松、金钱松、巨杉合称为世界五大庭院树种。宜孤植为园景树或纪念树。北方常盆栽作室内装饰树种。

六、松科（Pinaceae）

常绿或落叶乔木，稀为灌木状；树皮鳞片状开裂或龟甲状开裂；枝仅有长枝，或长短枝均有。叶条形、四棱形或针形，在长枝上螺旋状散生，在短枝上簇生；针叶 2 针、3 针或 5 针一束，着生于极不发育的短枝顶端，基部包有叶鞘。球花单性，雌雄同株或异株；雄球花具多数螺旋状排列的雄蕊，每雄蕊具 2 花药；雌球花具多数螺旋状排列的珠鳞和苞鳞，每珠鳞的腹面基部具 2 倒生胚珠，珠鳞与苞鳞分离。球果直立或下垂，当年、第二年、稀第三年成熟；种鳞扁平，木质或革质，宿存或脱落，苞鳞与种鳞离生；发育种鳞腹面基部有 2 粒种子。种子上端具一膜质翅，稀无翅或近无翅；胚乳丰富；子叶 2～16 枚，发芽时出土或不出土。

10 属，约 230 种，多产于北半球。中国有 10 属、117 种、29 变种，其中引入栽培 24 种及 2 变种。

表 5-1　松科分属检索表

1. 叶针形，2、3 或 5 针一束，种鳞有鳞盾和鳞脐 ··· 松属 Pinus
1. 叶条形、四棱状条形或针形，均不成束。
　2. 枝有长短枝之分，叶在长枝上螺旋状着生，在短枝上簇生；球果当年或翌年成熟。
　　3. 常绿性，叶针形，坚硬；球果翌年成熟 ·· 雪松属 Cedrus
　　3. 落叶性，叶条形，柔软；球果当年成熟。
　　　4. 雄球花单生于短枝顶端；种鳞革质，宿存；叶较窄，宽达 1.8 mm ··········· 落叶松属 Larix
　　　4. 雄球花数个簇生于短枝顶端；种鳞木质，脱落；叶较宽，达 2～4 mm ······· 金钱松属 Pseudolarix
　2. 枝无长短之分，叶在枝上螺旋状着生；球果当年成熟。
　　5. 球果腋生，直立，成熟时种鳞自中轴脱落；枝上有圆形平伏或微凹的叶痕 ······· 冷杉属 Abies
　　5. 球果顶生，下垂或斜垂，种鳞宿存；枝上有显著隆起的木钉状叶枕 ··········· 云杉属 Picea

●红松（图 5-9）

学名：***Pinus koraiensis* Sieb et. Zucc.**

常绿乔木，高达 50 m，胸径 1.5 m；树皮灰褐色，纵裂成不规则长方形的鳞状块片脱落，内皮红褐色；树冠卵状圆锥形；大枝轮生，小枝密被黄褐色毛；冬芽圆形，赤褐色，略有树脂。叶针形，5 针一束，长 6～12 cm，粗硬而直，深绿色，缘有细锯齿；树脂道 3 个，中生；叶鞘早落。雌雄同株，雄球花多数，聚生于新枝下部；雌球花生于新枝近顶端处。球果大，圆锥状长卵形，长 9～14 cm，径 6～8 cm，成熟时黄褐色，不张开或微张开；种鳞木质，宿存，先端反曲，鳞脐顶生，不显著。种子大，三角状卵形，无翅。花期 5～6 月；球果翌年 9～10 月成熟。

分布：辽宁、吉林和黑龙江等地海拔 1 600 m 以下地带。

习性：中等喜光树种，适生于温凉湿润气候，耐寒力较强；喜深厚肥沃而排水良好的酸性土壤。

繁殖：播种繁殖，播前要进行浸种催芽处理。

用途：树形雄伟高大，适宜于作北方风景林树种或培植于庭院中。
木材供建筑，种子食用。

● 华山松（图5-10）

学名：*Pinus armandii* **Franch**.

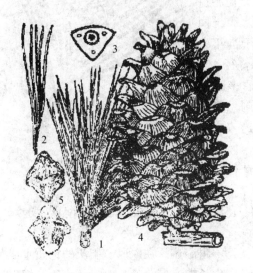

图5-9　红　松
1. 枝叶　2. 一束针叶　3. 叶横切面
4. 球果　5. 种鳞

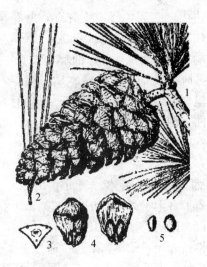

图5-10　华山松
1. 球果枝　2. 一束针叶　3. 叶横切面
4. 种鳞　5. 种子

常绿乔木，高达35 m，胸径1 m；幼树树皮灰绿色或淡灰色，光滑，老则呈灰色，裂成不规则的厚块片固着树干上，或脱落；树冠广圆锥形；大枝平展，小枝灰绿色，光滑无毛，常有白粉；冬芽圆柱形，栗褐色，微被树脂。叶针形，5针一束，长8～15 cm，叶缘有细锯齿，树脂道3，中生或背面2个边生，腹面1个中生，叶鞘早落。雌雄同株，雄球花生于嫩枝基部，雌球花多生于新梢顶部。球果圆锥状长卵形，长10～20 cm，径5～8 cm，熟时黄褐色或黄色，种鳞木质，宿存，张开，种子脱落；种鳞先端不反曲或微反曲，鳞脐小，位于鳞盾先端。种子倒卵形，长1～1.5 cm，无翅或两侧及顶端具棱脊。花期4～5月；球果翌年9～10月成熟。

分布：山西、陕西、甘肃、青海、河南、西藏、四川、湖北、云南、贵州、台湾等省、自治区。多生于海拔1 000～3 000 m的沟谷或山坡上，组成纯林及混交林。

习性：较喜光，喜温凉、湿润的气候和深厚、湿润、排水良好的酸性土壤，不耐水涝及盐碱。

繁殖：播种繁殖，播前要进行浸种催芽处理。

用途：树体高大挺拔，针叶苍翠，冠形优美，是优良的庭院绿化树种。可作园景树、庭荫树、行道树及林带树，也可用于丛植、群植及高山风景区作风景林树种。

木材供建筑、家具、枕木、细木工等用；种子食用，也可榨油。

●**白皮松**（图5-11）

学名：*Pinus bungeana* Zucc ex Endl.

常绿乔木，高达30 m，胸径达3 m；幼树树皮灰绿色，平滑，老树树皮灰褐色，呈不规则薄鳞片状脱落，内皮乳白色；树冠阔圆锥形、卵形或圆头形；小枝灰绿色，无毛；冬芽卵圆形，红褐色，无树脂。叶针形，3针一束，粗硬，长5～10 cm，边缘有细锯齿，树脂道4～7，边生，或边生与中生并存；叶鞘早落。雌雄同株，雄球花生于当年生枝条叶腋，雌球花生于当年生枝近顶端。球果圆锥状、卵圆形，长5～7 cm，径4～6 cm，熟时淡黄褐色；种鳞木质，宿存，鳞盾多为菱形，有横脊，鳞脐凸起，上有三角状的短尖刺，尖头向下反曲。种子阔卵圆形，长约1 cm，有短翅。花期4～5月；球果翌年9～11月成熟。

图5-11 白皮松
1. 球果枝 2. 种子 3. 种鳞

分布：我国特产树种，是东亚惟一的三针松。分布于陕西、山西、河南、河北、山东、四川、湖北、甘肃等省。多生于海拔500～1 800 m地带。在辽宁、北京、山东、江西、南京、上海、杭州、武汉、昆明等地均有栽培。

习性：喜光，幼年稍耐荫；适生于干冷气候，不耐湿热。在深厚、肥沃的钙质土或黄土上生长良好，不耐积水和盐土，耐干旱。深根性；生长慢，寿命长。对二氧化硫及烟尘抗性较强。

繁殖：播种或嫁接繁殖，播前应进行浸种催芽。

用途：树姿优美，苍翠挺拔；树皮斑驳奇特，碧叶白干，宛若银龙，独具奇观。我国自古以来即用于配植皇宫庭院、寺院及名园之中。可对植、孤植、列植或群植成林。

材用；种子可食或榨油，球果药用。

●**日本五针松**

学名：*Pinus parviflora* Sieh. et. Zucc.

常绿乔木，高达25 m，胸径0.6～1.5 m；树皮褐灰色，呈不规则鳞片状脱落；树冠圆锥形；小枝黄褐色，密生淡黄色柔毛；冬芽卵圆形，黄褐色，无树脂。叶针形，5针一束，微弯曲，较细，长3.5～5.5 cm，边缘有细锯齿，背面2个边生树脂道，腹面1个中生或无树脂道，叶鞘早落。球花单性，雌雄同株；球果卵圆形或卵状椭圆形，长4～7.5 cm，径3.5～4.5 cm，熟时淡褐色；种鳞木质、宿存，长方状倒卵形，先端圆，鳞脐凹下。种子为不规则的倒卵形，具黑色斑纹，长8～10 mm，有三角形的种翅。花期4～5月；球果翌年6月成熟。

分布：原产日本，我国长江流域部分城市及青岛等地园林中有栽培。其余各地常栽为盆景。

习性：喜光，但也能耐荫，以深厚、排水良好、适当湿润的微酸性土壤最适宜，不耐低湿及高温。生长速度缓慢。

繁殖：播种、嫁接或扦插繁殖，常以嫁接繁殖为主。

用途：珍贵的园林观赏树种之一，宜与山石培植形成优美的园景。对植于门庭建筑物两侧，也适宜作盆景、桩景等用。

●马尾松（图 5-12）

学名：**Pinus massonialla Lamb**.

常绿乔木，高达 45 m，胸径 1 m 余；树皮上部红褐色，下部灰褐色，呈不规则裂片；树冠在壮年期呈狭圆锥形，老树冠呈伞形；小枝淡黄褐色、无毛及白粉；冬芽圆柱形，褐色。叶针形，2 针一束，稀 3 针一束，细软，长 10～20 cm，叶缘有细锯齿，树脂道 4～7，边生；叶鞘宿存。雌雄同株。球果卵圆形，长 4～7 cm，径 2.5～4.0 cm，熟时栗褐色；种鳞木质，宿存，鳞盾菱形，平或微隆起，微具横脊，鳞脐微凹、常无刺。种子有长翅。花期 4～5 月；球果翌年 10～12 月成熟。

分布：马尾松是我国分布最广、数量最多的一种松树。北自河南、山东南部，东起沿海，西南至四川、贵州，遍布于华中、华南各地。

习性：极喜光，喜温暖湿润的气候，耐寒性差。对土壤要求不严，喜土层深厚、肥沃、酸性、微酸性的土壤。在钙质土、黏重土上生长不良。耐干旱瘠薄，不耐水涝及盐碱土。深根性。对氯气有较强的抗性。

繁殖：播种繁殖。

用途：树形高大雄伟，树冠如伞，姿态古奇。适于栽植在山涧、岩际、池畔及道旁，孤植或丛植在庭前、亭旁、假山之间。配以翠竹、红梅、牡丹、菊花、兰草，颇有诗情画意。若与枫树混植，松涛起伏，红叶粲然，尤饶幽趣。是江南及华南自然风景区习见绿化树种及造林的先锋树种。

木材供建筑、枕木、矿柱、电杆等用；为我国重要采脂树种。树干及根部可培养茯苓、蕈类，供中药及食用。

●油松（图 5-13）

学名：**Pinus tabulaefrmis Carr**.

常绿乔木，高达 30 m，胸径达 1.5 m；树皮灰褐色，呈不规则鳞片状开裂；树冠在壮年期呈塔形或广卵形，老年期呈平顶形；小枝褐黄色，无毛；冬芽圆柱形，红褐色。叶针形，2 针一束，粗硬，长 10～15 cm，树脂道 5～10，边生；叶鞘宿存。雌雄同株，雄

图 5-12　马尾松
1. 雄球花　2. 针叶　3. 叶横剖面
4. 芽鳞　5. 球果枝
6. 种鳞　7. 种子

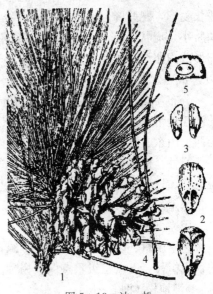

图 5-13　油松
1. 球果枝　2. 种鳞　3. 种子
4. 一束针叶　5. 叶横切面

球花橙黄色，雌球花绿紫色。球果卵圆形，长4～9 cm，径与长相近，熟时淡褐色；种鳞木质，宿存，鳞盾肥厚隆起，扁菱形，横脊显著，鳞脐凸起有刺。种子卵圆形或长卵圆形，有翅。花期4～5月；球果翌年9～10月成熟。

分布：我国特有的树种。分布于辽宁、吉林、内蒙古、河北、河南、山西、陕西、山东、甘肃、宁夏、青海、四川北部海拔1 200～1 800 m等地。

习性：喜光，适于干冷气候。喜深厚肥沃，排水良好的酸性、中性土壤。不耐低洼积水或土质黏重，不耐盐碱。深根性，耐干旱瘠薄，能生长在山岭陡崖上，只要有裂隙的岩石大都能生长，也能生长于沙地上。寿命长可达百年以上。

繁殖：播种繁殖。

用途：树干挺拔苍劲，四季常青，不畏风雪严寒，被誉为有坚贞不屈、不畏强暴的气魄，象征着革命英雄气概。在景观绿化培植中，宜作行道树、孤植、丛植、群植、混植。

木材供建筑、枕木、家具、电线杆等用；可采割树脂，提炼松节油、松香；种子榨油。

●樟子松（图5-14）

学名：*Pinus sylvestris* L. var. *mongolica* Litv.

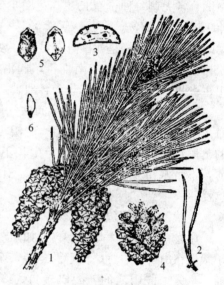

图5-14　樟子松
1. 球果枝　2. 一束针叶　3. 叶横切面
4. 球果　5. 种鳞　6. 种子

常绿乔木，高达30 m，胸径1 m；树皮下部黑褐色，中上部褐黄或淡黄色，鳞块状开裂；树冠阔卵形；小枝淡黄褐色，无毛；冬芽椭圆状卵圆形，淡褐黄色至赤褐色，有树脂。叶针形，2针一束，粗硬，常扭曲，短而宽，长4～9 cm，叶缘有细锯齿，树脂道6～11，边生；叶鞘宿存。雌雄花同株而异枝，雄球花聚生于新梢基部；雌球花淡紫红色，有柄，授粉后向下弯曲。球果长卵形，长3～6 cm，径2～3 cm，黄绿色，果柄下弯；种鳞木质，宿存，鳞盾长菱形，肥厚隆起，向后反曲，纵脊及横脊显著，鳞脐小，疣状凸起，有短刺尖，易脱落。种子扁倒卵形或扁卵形，具翅。花期5～6月；球果翌年9～10月成熟。

分布：黑龙江的大兴安岭、海拉尔以西和以南的沙丘地带。内蒙古也有分布。现东北各地、河北、山西、山东、陕西、甘肃均有栽培。

习性：极喜光，适于严寒干旱的气候，为我国松属中最耐寒的树种。喜酸性土壤，在干燥瘠薄、岩石裸露、沙地、陡坡均可生长良好。深根性，抗风沙。

繁殖：播种繁殖。

用途：树干端直高大，枝条开展，枝叶四季常青，为优良的庭院观赏绿化树种。是东北地区速生用材、防护林和"四旁"绿化的理想树种之一，也是东北、西北城市中有发展前途的景观树种。国家三级重点保护树种。

●湿地松（图5-15）

学名：*Pinus elliottii* Engehn.

常绿乔木，在原产地高达40 m，胸径近1 m；树皮灰褐色，呈鳞片状剥落；树冠圆形；

小枝橙褐色；冬芽圆柱形，红褐色，无树脂。叶针形，2针和3针一束同时并存，粗硬，长18～30 cm，叶缘有细锯齿，树脂道2～9，多内生；叶鞘宿存。球果常2～4个聚生，圆锥状卵形，长6.5～13.0 cm，径3～5 cm，褐色，有光泽；种鳞木质，宿存，鳞盾肥厚，鳞脐瘤状，具短尖刺。种子卵圆形，有种翅，但易脱落。花期2～4月；球果翌年9～11月成熟。

分布：原产于美国东南部。我国30年代开始引栽，现在山东、河南、陕西，南至湖北、安徽、江苏直至福建、台湾、广东、广西和云南等省、自治区均有引栽。

习性：极喜光，适应性强。适生于中性以至强酸性土壤。耐水湿，可生长在低洼沼泽地、湖泊、河边，故名湿地松。深根性，抗风力强。

繁殖：播种或扦插繁殖。

用途：在景观中可孤植、丛植。是长江以南的园林和自然风景区中的重要树种。

图5-15 湿地松
1. 球果枝 2. 叶横剖面

●黄山松

学名：***Pinus taiwanensis* Hayata.**（***Pinus hwangshanensis* Hsia**）

常绿乔木，高达30 m，胸径80 cm；树皮深灰褐色，呈不规则鳞片状开裂；树冠伞形；小枝淡黄褐色或暗红褐色，无毛及白粉；冬芽卵圆形，深褐色。叶针形，2针一束，稍粗硬，长5～13 cm，树脂道3～9，中生；叶鞘宿存。球果卵圆形，长3～5 cm，径3～4 cm，熟时栗褐色；种鳞木质，宿存，鳞盾扁菱形，稍肥厚隆起，横脊显著，鳞脐有短刺。种子具翅。花期4～5月；球果翌年10月成熟。

分布：我国特有树种。分布于中国台湾、福建、浙江、安徽、江西、湖南、湖北、河南、贵州等省。

习性：极喜光，喜凉润的高山气候，在空气相对湿度较大、土层深厚、排水良好的酸性黄壤土上生长良好。深根性，抗风雪。

繁殖：播种繁殖。

用途：树姿雄伟，极为美观。适于自然风景区成片栽植。景观中可植于岩际、道旁，或聚或散，或与枫、栎混植。作树桩盆景。

●雪松（图5-16）

学名：***Cedrus deodara***（Roxb.）**G. Don.**

常绿乔木，高达75 m，胸径达4.5 m；树皮灰褐色，裂成不规则的鳞状块片；树冠塔形；大枝斜展或平展，小枝细长微下垂；一年生枝淡黄褐色，有毛，短枝灰色。叶针状，常三棱形，坚硬，灰绿色，长2.5～5.0 cm，各面有数条气孔线；在长枝上螺旋状排列，在短枝上簇生。雌雄异株稀同株；雌雄球花分别单生于短枝顶端。球果直立，椭圆状卵形，长7.0～12 cm，径5～9 cm，顶端圆钝，熟时红褐色；种鳞木质，宽扇状倒三角形，排列紧密，熟时与种子同时自中轴脱落；苞鳞小，不露出。种子近三角形，种翅宽大。花期10～11月；球果翌年9～10月成熟。

分布：原产喜马拉雅山西部及喀喇昆仑山海拔 1
200～3 300 m 地带，现长江流域各大城市以及青岛、
大连、西安、昆明、北京、郑州、上海、南京等地多
有栽植。

习性：喜光，喜温暖湿润气候，适宜于深厚、肥
沃、疏松、排水良好的微酸性土壤上生长；稍耐荫，
不耐水湿，抗寒，在盐碱土上生长不良。浅根性，抗
风性弱；不耐烟尘，对氯化氢、二氧化硫极为敏感，
受害后叶迅速枯萎脱落，严重时导致树木死亡。

繁殖：播种、扦插及嫁接繁殖。播前冷水浸种
1～2天，捞出阴干后播种。

用途：雪松树冠下部的大、小枝均应保留，使其
自然地接近地面才显整齐美观，切不可剪除下部枝
条，否则从园林观赏角度而言是弄巧成拙。作行道树
时因下枝过长，妨碍车辆行驶，可剪除下枝，但要保
持一定的枝下高。树体高大雄伟，树形优美，为世界
著名的观赏树。最宜孤植草坪、花坛中央、建筑前庭
中心、广场中心和丛植草坪边缘，对植于建筑物两侧
及园门入口处，列植于干道、甬道两侧极为壮观。

木材致密，有香气，供建筑等用。

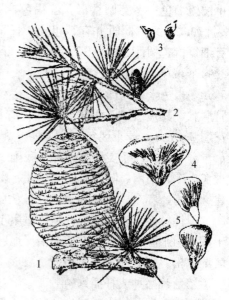

图 5-16 雪 松
1. 球果枝 2. 雄球花枝 3. 雄蕊
4. 种鳞 5. 种子

●华北落叶松（图 5-17）

学名：*Larix principis - rupprechtii* Mayr

落叶乔木，高达 30 m，胸径 1 m；树皮暗灰褐色，
不规则纵裂成小块片脱落；树冠圆锥形；大枝平展，小
枝不下垂或枝梢略下垂，一年生枝淡褐黄色或淡褐色，
幼时有毛，后脱落，有白粉。叶窄条形，柔软，长 2～
3 cm，宽约 1 mm，在长枝上螺旋状散生，在短枝上簇
生。雌雄同株，雌雄球花分别单生于短枝顶。球果长圆
状卵形或卵圆形，长 2～4 cm，径约 2 cm，熟时淡褐色
或淡灰褐色，有光泽；种鳞革质，宿存，中部种鳞近五
角状卵形，先端平截、圆或微凹，边缘有不规则锯齿；
苞鳞短，不露出。种子斜倒卵状椭圆形，灰白色，有褐
色斑纹，上端有膜质长翅。花期 4～5 月；球果 9～10 月
成熟。

图 5-17 华北落叶松
1. 球果枝 2. 球果 3. 种鳞 4. 种子

分布：我国华北地区特有树种，分布于河北和山西
海拔 1 400～2 800 m 的高山地带。在辽宁、内蒙古、山
东、陕西、甘肃、宁夏、新疆等省、自治区也有栽培。

习性：耐寒的强阳性树种。对土壤适应性强，喜深厚、湿润而排水良好的酸性或中性土
壤，但亦能略耐盐碱；也有一定的耐湿和耐旱能力。

繁殖：播种繁殖。播前可用 0.5% 硫酸铜溶液浸种 8 h，再用清水冲洗后即可备用。

用途：树冠整齐呈圆锥形，叶轻柔而潇洒，可形成美丽的景观。适合于较高海拔和较高纬度地区的培植应用。

● **日本落叶松**（图 5-18）

学名：*Larix kaempferi*（Lamb.）Carr.

落叶乔木，高达 30 m，胸径 1 m；树皮暗褐色，纵裂成鳞状块片脱落；树冠塔形；一年生枝淡红褐色，有白粉，幼时有毛。叶倒披针状条形，柔软，长 1.5~3.5 cm，宽 1~2 mm，在长枝上螺旋状排列，在短枝上簇生。球果广卵形或圆柱状卵形，长 2.0~3.5 cm，径 1.8~2.8 cm，熟时黄褐色；种鳞上部边缘显著向外反曲；苞鳞窄短不露出。种子倒卵圆形，上端有膜质翅。花期 4~5 月；球果 9~10 月成熟。

分布：原产日本。我国东北、华北、西北及安徽、江西、湖北、四川等地均有引栽，生长良好。

用途：适应性强，生长快，抗病力强，是景观绿化中有希望推广的树种。

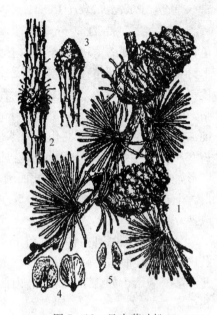

图 5-18　日本落叶松
1. 球果枝　2. 小枝　3. 顶芽　4. 种鳞　5. 种子

● **金钱松**（图 5-19）

学名：*Pseudolarix kaempferi*（Lindl.）Gord.

落叶乔木，高达 40 m，胸径 1 m；树皮赤褐色，呈狭长鳞片状剥离；树冠阔圆锥形；大枝平展，一年生长枝黄褐或赤褐色，无毛。冬芽卵形，锐尖，有树脂。叶条形，柔软，长 2.0~5.5 cm，宽 1.5~4.0 mm，在长枝上螺旋状排列，在短枝上 15~30 枚簇生，呈辐射状平展。雌雄同株，雄球花簇生于短枝顶端，雌球花单生于短枝顶端。球果卵形或倒卵形，长 6.0~7.5 cm，径 4~5 cm，有短柄；种鳞木质，卵状披针形，基部两侧耳状，熟时脱落；苞鳞小，不露出。种子卵圆形，白色，上部有宽大的种翅，种翅连同种子几乎与种鳞等长。花期 4~5 月；球果 10~11 月成熟。

分布：安徽、江苏、浙江、江西、福建、湖南、湖北、四川等地海拔 1 500 m 以下地带。北京、山东有栽培。

习性：喜光，喜温凉湿润气候及深厚、肥沃、排水良好的中性或酸性土壤，不耐干旱瘠薄，不适应于盐碱地和长期积水地。深根性，耐寒，抗风能力强。

繁殖：播种繁殖，亦可扦插和嫁接繁殖。

用途：树姿优美，新叶翠绿，秋叶金黄，挺拔雄伟，雅致悦目，为珍贵的观赏树。可孤

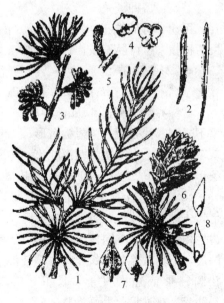

图 5-19　金钱松
1. 长短枝　2. 叶　3. 雄球花枝　4. 雄蕊
5. 雌球花枝　6. 球果枝　7. 种鳞　8. 种子

植、丛植和对植。

材用：树皮供药用，种子榨油。东亚子遗植物。国家二级保护植物。

●白扦（图5-20）

学名：*Pitcea meyeri* **Rehd. et. Wils.**

常绿乔木，高约30 m，胸径60 cm；树皮灰褐色，裂成不规则的薄块片脱落；树冠塔形；小枝上有木钉状叶枕，基部宿存芽鳞向外反曲；一年生枝黄褐色，有疏毛或无毛，无白粉；冬芽圆锥形，微有树脂。叶四棱状条形，长1.3～3.0 cm，微弯曲，先端钝尖或钝，四面有白色气孔线。球果矩圆状圆柱形，长6～9 cm，径2.5～3.5 cm，熟时褐黄色；种鳞倒卵形，先端圆或钝三角形，背面有条纹。种子倒卵形，上端有膜质长翅。花期4～5月；球果9～10月成熟。

分布：我国特有树种，分布于河北、山西、陕西及内蒙古等地海拔1 600～2 700 m的高山地带。我国北方多有栽培，如北京、沈阳、山西及江西庐山也有栽培。

习性：荫性树种，耐寒，喜湿润气候，适生于中性及微酸性土壤，也可生于微碱性土壤。

繁殖：播种繁殖。

用途：树形端正，枝叶茂密，下枝能长期存在，最适孤植，也可丛植或作行道树。

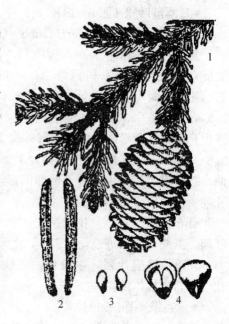

图5-20 白 扦
1. 球果枝 2. 叶
3. 种子 4. 种鳞

●冷杉（图5-21）

学名：*Abies fabri*（**Mast.**）**Craib**

常绿乔木，高达40 m，胸径1 m；树皮深灰色，呈不规则薄片开裂；树冠尖塔形；一年生枝淡褐色或灰黄色，其上有平伏的圆形叶痕；冬芽常有树脂。叶条形扁平，螺旋状排列或基部扭转成两列状，长1.5～3.0 cm，上面中脉凹下，下面有2条白色气孔带，先端微凹或钝，边缘反卷或微反卷，叶内有2个边生树脂道。雌雄同株，球花单生于叶腋；雄球花长圆形，下垂；雌球花长卵状短圆柱形，直立。球果卵状圆柱形或短圆柱形，长6～11 cm，径3.0～4.5 cm，熟时暗蓝黑色，略被白粉，种鳞木质，和苞鳞从中轴上托落。种子长椭圆形，与种翅近等长。花期5月；球果10月成熟。

分布：四川西部，海拔2 000～4 000 m的高山地带。组成大面积的纯林。

图5-21 冷 杉
1. 球果枝 2. 叶 3. 叶横切面
4. 苞鳞腹面及珠鳞、胚珠
5～7. 种鳞、苞鳞的背、腹面 8. 种子习性：喜温凉、湿润气候，耐荫性强；喜中性或微酸性土壤。

繁殖：播种繁殖。

用途：树姿古朴，树冠形状优美；丛植、群植，易形成庄重、肃静的气氛。在西南高山、高原及其他地区的亚高山、高山风景区、城市景观中可应用。

● **云杉**（图5-22）

学名：*Picea asperata* Mast.。

常绿乔木，高45 m，胸径约1 m；树皮淡灰褐色，裂成不规则的鳞片状剥落；树冠尖塔形；小枝上有显著隆起的木钉状叶枕，基部宿存芽鳞先端反曲；一年生枝粗壮，疏生至密生短柔毛和白粉，稀无毛，淡黄色至黄褐色；冬芽圆锥形，有树脂。叶四棱状条形，四面有气孔线，长1～2 cm，先端尖，稍弯曲，螺旋状排列。雌雄同株，雄球花单生于叶腋，雌球花单生于枝顶。球果圆柱状长圆形，长5～16 cm，径2.5～3.5 cm，下垂或斜垂，成熟时灰褐色或栗褐色；种鳞革质，宿存，倒卵形，先端全缘，苞鳞小。种子倒卵形，上部有膜质长翅。花期4～5月；球果9～10月成熟。

分布：我国四川、陕西、甘肃等地海拔1 600～3 600 m的高山地带。

习性：较喜光，稍耐荫，耐干燥及寒冷的环境条件；在气候凉润、土层深厚，排水良好的微酸性棕色森林土上生长良好。对风、烟抗力均弱。

繁殖：播种繁殖。

用途：树冠尖塔形，枝叶茂密，苍翠壮丽。下枝能长期存在，景观中常用作孤植、群植或作风景林，亦可列植、对植或在草坪中栽植。

图5-22 云杉
1. 球果枝 2. 叶枝 3. 叶横切面
4. 种鳞腹面及珠鳞、胚珠 5. 种子

● **红皮云杉**（图5-23）

学名：*Picea koraiensis* Nakai。

常绿乔木，高达35 m，胸径1 m；树皮灰褐色或淡红褐色，裂成不规则薄条片脱落，裂缝常为红褐色；树冠尖塔形；小枝上有明显的木钉状叶枕，基部宿存芽鳞，先端常反曲；一年生枝淡红褐色或淡黄褐色，无毛及白粉；冬芽常圆锥形，微有树脂。叶四棱状条形，长1.2～2.2 cm，先端尖，四面有气孔线。球果圆柱形，长5～8 cm，径2.5～3.5 cm，成熟时黄褐色至褐色；种鳞薄木质，三角状倒卵形，先端圆，露出部分光滑，苞鳞极小。种子倒卵形，上端有膜质长翅。花期5月；球果9月下旬成熟。

分布：东北大、小兴安岭、吉林山区、长白山区、辽宁、内蒙古等地海拔400～1 800 m地带。

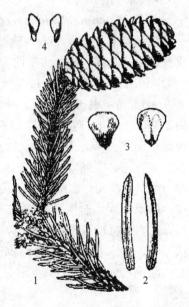

图5-23 红皮云杉
1. 球果枝 2. 叶 3. 种鳞 4. 种子

习性：耐荫性较强，较耐干旱，但不耐过度水湿。生长快，浅根性，易风倒。

繁殖：播种繁殖。

用途：树姿优美，可作为独赏树及行道树；是风景区及城市绿化的优良树种。

七、杉科（Taxodiaceae）

常绿或落叶乔木，树干端直，大枝轮生或近轮生；树皮长条状剥裂。叶鳞形、披针形、钻形或条形，同一树上的叶同型或异型，多螺旋状散生，稀交叉对生。球花单性，雌雄同株；雄球花单生、簇生或成圆锥花序状，具多数雄蕊，每雄蕊各具花药2～9；雌球花单生于枝顶或近枝顶，具多数珠鳞，珠鳞与苞鳞半合生或完全合生，或珠鳞甚小，或苞鳞退化，每珠鳞腹面具胚珠2～9。球果当年成熟，熟时种鳞张开，种鳞扁平或盾形，木质或革质，宿存或成熟后脱落；发育的种鳞内具种子2～9粒，种子周围或两侧有窄翅，或下部具长翅；子叶2～9，发芽时出土。

10属16种，主要分布于北温带。中国有5属7种，引入栽培4属7种。

表5-2　杉科分属检索表

1. 叶和种鳞均为螺旋状排列。
  2. 叶常绿，革质。
    3. 叶条状披针形，叶缘有锯齿；球果的苞鳞大，革质，宽而扁，有锯齿 ⋯⋯⋯⋯⋯⋯⋯ 杉木属 Cunninghamia
    3. 叶钻形，全缘；球果的种鳞大，木质，盾形，上部有3～7齿裂 ⋯⋯⋯⋯⋯⋯⋯ 柳杉属 Cryptomeria
  2. 落叶或半常绿，叶异型，着生条形叶的小枝冬季与叶同时脱落，着生鳞叶的小枝冬季宿存。
    4. 小枝绿色；种鳞扁平，种子椭圆形，下端有长翅 ⋯⋯⋯⋯⋯⋯⋯ 水松属 Glyptostrobus
    4. 小枝淡黄褐色；种鳞盾形，种子三棱形，棱脊上常有厚翅 ⋯⋯⋯⋯⋯⋯⋯ 落羽杉属 Taxodium
1. 叶和种鳞均交互对生；叶条形，排成2列，侧生无芽，小枝冬季和叶同时脱落；种鳞木质盾形 ⋯⋯⋯⋯ 水杉属 Metasequoia

●杉木（图5-24）

学名：**Cunninghamia lanceolata（Lamb.）Hoo。**

常绿乔木，高达30 m，胸径3 m；树皮褐色，裂成长条片状脱落；树冠幼年期为尖塔形，大树为广圆锥形；小枝对生或轮生。叶条状披针形，长2～6 cm，宽3～5 mm，扁平，革质，叶缘有细锯齿，先端锐尖，基部下延生长，两面中脉两侧均有白色气孔带，背面更明显。雄球花簇生于枝顶，每雄蕊具3个花药；雌球花单生或2～3个集生枝顶，苞鳞与珠鳞下部合生，苞鳞大，珠鳞小，顶端3裂，每珠鳞有3胚珠。球果卵圆形至圆球形，长2.5～5.0 cm，径2～4 cm，熟时苞鳞革质，棕黄色，苞鳞先端有坚硬的刺状尖头，边缘有不规则的细锯齿。种子长卵形，扁平，两侧有窄翅。花期3～4月；球果10～11月成熟。

分布：分布广，在长江流域秦岭以南的16个省、自治区均有分布。其中浙江、安徽、江西、福建、湖南、广东、广西是杉木的中心分布区。

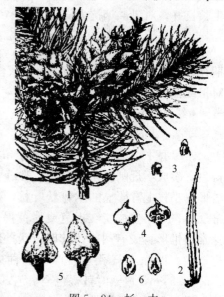

图5-24 杉　木
1. 球果枝　2. 叶　3. 雄蕊
4. 苞鳞及其腹面示珠鳞及胚珠
5. 苞鳞及种鳞　6. 种子

习性：喜光，喜温暖、湿润气候，怕风、怕旱、不耐寒，最适于生长在温暖多雨、静风多雾的环境。喜深厚肥沃、排水良好的酸性土壤，不耐盐碱。浅根性，生长快，萌芽、萌蘖力强。对毒气有一定的抗性。

繁殖：播种或扦插繁殖。

用途：树干端直，树冠参差，极为壮观。适于大面积群植，可作风景林，或在山谷、溪边、林缘与其他树类混植，也可列植于道旁。

我国南方重要的速生用材树种之一。

●柳杉（图5-25）

学名：***Cryptomeria fortunei*** Hooibrenk ex Otto et. Dietr.

常绿乔木。高达40 m，胸径2 m；树皮红褐色，纵裂成长条片脱落；树冠卵状圆锥形；大枝近轮生，小枝细长，常下垂。叶螺旋状排列，钻形，长1.0～1.5 cm，幼树及萌枝上的叶长达2.4 cm，两侧扁，先端尖而微向内弯曲，全缘，基部下延生长。雄球花单生于小枝顶端的叶腋，多数密集成穗状，每雄蕊具3～6个花药；雌球花单生于枝顶，珠鳞与苞鳞合生，仅先端分离，每珠鳞具2～5胚珠。球果近圆球形，径1.5～2.0 cm，种鳞木质，盾形，宿存，上部肥大，有3～7裂齿，背面中部以上具三角状分离的苞鳞尖头，发育种鳞具2粒种子。种子近椭圆形，褐色，周围有窄翅。花期4月；球果10月成熟。

分布：我国特有树种，分布于长江流域以南，江苏、浙江、安徽、河南、湖北、湖南、四川、云南、贵州、广东、广西、陕西、山西、山东等省、自治区。

习性：中等喜光，略耐荫；喜温暖湿润、空气湿度大、云雾弥漫、夏季较凉爽的气候。怕夏季酷热或干旱。在土层深厚、湿润而透水性好、结构疏松的酸性土壤上

图5-25 柳杉
1. 球果枝 2. 种鳞 3. 种子 4. 叶

生长良好。在积水处易烂根。浅根性，对二氧化硫、氯气、氟化氢均有一定抗性，是优良的防污染树种。

繁殖：播种或扦插繁殖。

用途：树形圆整而高大，树干粗壮，极为雄伟。适于孤植、对植、列植，也适于丛植或群植。自古以来常用作墓道和风景林树种。木材供建筑、家具、造船等用。枝叶、木材可制芳香油；树皮入药。

●日本柳杉

学名：***Cryptomeria japonica***（L. f.）D. Don.

与柳杉（***Cryptomeria fortunei*** Hooibrenk ex Otto et. Dietr.）主要不同点是叶直伸，通常先端不内曲，长0.4～2.0 cm。种鳞数多，为20～30枚，先端裂齿和苞鳞的尖头均较长，每种鳞具2～5种子。

分布：原产日本。我国山东、河南以至长江流域各地广泛栽培，北京卧佛寺有少量栽培。

园艺品种较多，如千头柳杉、矮丛柳杉、圆球柳杉等。

习性：耐干旱、喜光。

繁殖：播种繁殖。

用途：道路绿化。

●**水松**（图 5-26）

学名：*Glyptostrobus pensilis*（Staunt.）**Koch**

落叶乔木，高 8～16 m，径达 1.2 m；树皮褐色或淡灰褐色，裂成不规则的长条片；树干具扭纹，基部膨大成棱脊与沟槽，常有伸出地面或水面的呼吸根；树冠圆锥形。叶互生，有三种类型：鳞形叶较小，紧贴于一年生短枝及萌生枝上，冬季宿存；条形叶和条状钻形叶较长，柔软，在小枝上各排成 2～3 列，冬季和小枝同时脱落。球花单生于枝顶，雄球花圆球形；雌球花卵圆形。球果倒卵状球形，直立，长 2.0～2.5 cm，径 1.3～1.5 cm；种鳞木质，背部上缘具三角形尖齿 6～10，近中部有一反曲尖头；发育种鳞具 2 粒种子。种子椭圆形，微扁，下部具长翅。花期 1～2 月；球果 10～11 月成熟。

分布：我国特有树种，分布于广东、福建、广西、江西、四川、云南等地。长江流域各城市有栽培。

习性：极喜光，喜温暖湿润气候，不耐低温。最适于富含水分的冲积土，极耐水湿，不耐盐碱土。浅根性，根系发达，萌芽力强。

图 5-26 水 松
1. 球果枝 2. 种鳞 3. 种子 4、5. 叶枝
6. 雄球花枝 7. 雄蕊 8. 雌球花枝 9. 珠鳞及胚珠

繁殖：播种或扦插繁殖。

用途：树形美丽，最适河边、湖畔及低湿处栽植；若于湖中小岛群植数株，尤为雅致，也可做防风护堤树。鲜叶、果可入药。国家二级重点保护树种。

●**池杉**

学名：*Taxodium ascendens* **Brongn.**

落叶乔木，高达 25 m；树皮褐色，纵裂成长条片脱落；树冠窄、尖塔形；树干基部膨大，通常有屈膝状的呼吸根；当年生小枝绿色，细长，常略向下弯垂，二年生小枝呈褐红色。叶多钻形，长 4～10 mm，紧贴小枝上，仅上部稍分离。雄球花卵圆形，在枝端排成圆锥花序状；雌球花单生枝顶。球果圆球形或长圆状球形，长 2～4 cm，径 1.8～3.0 cm，熟时褐黄色；种鳞木质，盾形，苞鳞与种鳞仅先端分离，向外凸起呈三角状小尖头，发育种鳞具 2 粒种子。种子呈不规则三角形，略扁，边缘有锐脊。花期 3～4 月；球果 10～11 月成熟。

分布：原产北美东南部地区。我国江苏、浙江、湖北、河南、安徽、江西、湖南、广东、广西等地普遍引种栽培。

习性：极喜光，喜温暖、湿润的气候，耐寒性差；喜深厚肥沃、湿润的酸性或微酸性土壤；耐水湿，不耐盐碱土；抗风力强，生长快。

繁殖：播种或扦插繁殖。

用途：树形优美，枝叶秀丽婆娑，秋叶棕褐色，是观赏价值较高的景观树种。特别适于水滨湿地成片栽植，孤植或丛植。木材供建筑、枕木、电线杆、家具等用材。

●水杉（图 5-27）

学名：***Metasequoia glyptostrobo-ides* Hu. Et. Cheng.**

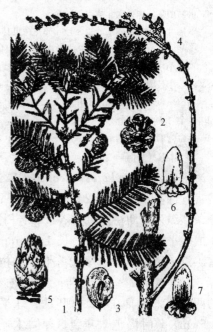

落叶乔木，高达 50 m，胸径 2.5 m，干基膨大；树皮灰色或灰褐色，浅裂成窄长条片脱落；幼树树冠尖塔形，老树树冠广圆头形；大枝近轮生，小枝对生。叶条形，扁平，柔软，长 0.8～3.5 cm，宽 1.0～2.5 mm，在枝上交互对生，基部扭转排成羽状，冬季与无芽小枝同时脱落。雌雄同株，雄球花单生于叶腋和枝顶，排成总状或圆锥花序状；雌球花单生于枝顶。球果近球形或短圆状球形，长 1.8～2.5 cm，径 1.6～2.5 cm，熟时深褐色，下垂；种鳞木质，盾形，顶部宽，中央有一条横槽，交互对生，发育种鳞内有种子 5～9 粒。种子扁平，倒卵形，周围有翅，先端有凹缺。花期 2～3 月；球果 10～11 月成熟。

图 5-27　水　杉

1. 球果枝　2. 球果　3. 种子　4. 雄球花枝
5. 雄球花　6、7. 雄蕊

分布：为我国特有的古老稀有的珍贵树种，天然分布于四川石柱县、湖北利川县及湖南的龙山县和桑植县等地。1949 年以后各地普遍引种栽培；北至辽宁，南至广州，东至江苏、浙江，西南至昆明、成都等地。现已成为长江中下游各地平原河网地带重要的"四旁"绿化树种之一。

习性：喜光，喜温暖湿润气候，对环境条件适应性较强。在深厚肥沃的酸性土壤上生长最好；喜湿又怕涝，浅根性，生长速度快。

繁殖：播种或扦插繁殖。

用途：树姿优美挺拔，叶色秀丽，秋叶专棕褐色。宜在景观中丛植、列植或孤植，也可成片林植。是城郊区、风景区绿化的重要树种。亦可作防护林。国家一级重点保护植物。

八、柏科（Cupressaceae）

常绿乔木或灌木；树皮长条状剥裂。叶鳞形或刺形，或同一树上二者兼有；鳞形叶交互对生，刺形叶 3 枚轮生。球化单性，雌雄同株或异株，单生于枝顶或叶腋；雄蕊和珠鳞交互对生或 3 枚轮生；雄球花具雄蕊 2～16，每雄蕊具 2～6 个花药；雌球花具珠鳞 3～16，珠鳞各具一至数个直生胚珠，苞鳞与珠鳞合生，仅尖头分离。球果当年或第二年成熟；种鳞扁平或盾形，木质，熟时张开，或肉质合生呈浆果状，发于种鳞具一至多粒种子；种子周围具窄翅或无翅或上端有一长一短的翅。

22 属约 150 种，分布于全世界。中国有 8 属 30 种 6 变种，引进栽培 1 属 15 种；分布几乎全国。

表 5-3　柏科分属检索表

1. 球果种鳞木质或近革质，熟时开裂；种子通常有翅，稀无翅。
 2. 种鳞扁平或鳞背隆起，不为盾形；球果当年成熟。
  3. 种鳞木质，厚，背部近顶端有一弯曲钩状尖头；种子无翅 ⋯⋯⋯⋯⋯⋯⋯ 侧柏属 *Platycladus*
  3. 种鳞近革质，薄，顶端有钩状突起，种子两侧有翅⋯⋯⋯⋯⋯⋯⋯⋯⋯⋯ 崖柏属 *Thuja*
 2. 种鳞盾形，球果次年或当年成熟。
  4. 鳞叶较大，两侧鳞叶长 3～6 mm；球果具 6～8 对种鳞；种子上部具 2 个大小不等的翅 ⋯⋯⋯ 福建柏属 *Fokienia*
  4. 鳞叶小，长 2 mm 以内；球果具 4～8 对种鳞；种子两侧具窄翅。
   5. 小枝扁平；球果当年成熟，发育的种鳞内各具 2～5（多 3）粒种子⋯⋯⋯⋯⋯⋯ 扁柏属 *Chamaecyparis*
   5. 小枝圆筒状或四方形，极少为扁平状；球果次年成熟，发育的种鳞各具 5 至多粒种子 ⋯⋯ 柏木属 *Cupressus*
1. 球果肉质，浆果状，熟时不开裂或仅顶端微开裂；种子无翅。
 6. 叶全为刺叶或鳞叶，或同一植株上二者兼有，刺形叶基部无关节，下延生长；球花单生于枝顶 ⋯⋯⋯⋯ 圆柏属 *Sabina*
 6. 叶全为刺形叶，基部有关节，不下延生长；球花单生叶腋⋯⋯⋯⋯⋯⋯⋯⋯⋯⋯⋯ 刺柏属 *Juniperus*

●侧柏（图 5-28）

学名：***Platycladus orientalis***（**L.**）**Franco**

图 5-28　侧　柏
1. 球果枝　2. 球果
3. 种子　4. 雄球花
5. 珠鳞及胚珠　6. 鳞叶枝

常绿乔木，高达 20 m，胸径 1 m；树皮淡灰褐色，细条状纵列，幼树树冠尖塔形，老树广圆形。叶枝扁平，排成一平面，鳞叶形小，长 1～3 mm，先端微钝，背面有腺点。雌雄同株，球花单生于小枝顶端；雄球花有雄蕊 6 对，各具 2～4 个花药；雌球花有 4 对株鳞，仅中间的两对株鳞各具 1～2 枚胚珠。球果卵圆形，长 1.5～2.5 cm，熟时褐色，开裂，种鳞木质，扁平，厚，背部近顶端有一反曲的钩状尖头，中部发育种鳞内有 1～2 粒种子。种子长卵圆形，无翅，少有棱脊。花期 3～4 月；球果 9～10 月成熟。

品种多，在国内外较多应用的有：

千头柏（子孙柏、扫帚柏）cv. *sieboldii*：丛生灌木，无明显主干，高 3～5 m，枝密生，直伸，树冠呈紧密的卵圆形或球形。叶绿色。

金塔柏（cv. *beverleyensis*）：小乔木，树冠窄塔形，叶金黄色。

洒金千头柏（cv. *aurea*）：矮生密丛，树冠圆形至卵形，高 1.5 m。叶淡黄绿色，入冬略转绿色。

金黄千头柏（cv. *semperaurescens*）：矮形紧密灌木，树冠近球形，高达 3 m。叶全年金黄色。

窄冠侧柏（cv. *zhaiguancebai*）：树冠窄，枝向上伸展或微向上伸展，叶光绿色，生长旺盛。

分布：内蒙古、河北、北京、山西、山东、河南、陕西、甘肃，南至福建、广东、广西、四川、贵州、云南等地，栽培几乎遍布全国。

习性：喜光，喜温暖湿润气候，也能耐旱和较耐寒。喜深厚肥沃、湿润、排水良好的钙质土壤，但在酸性、中性或微盐碱土上均能生长，抗盐性很强。对二氧化硫、氯化氢等有害气体有一定抗性。浅根性，侧根发达，萌芽性强，耐修剪；生长偏慢，寿命极长，可达2 000年以上。

繁殖：播种繁殖。

用途：我国广泛应用的景观树种之一，自古以来多栽于寺庙、陵墓地和庭院。在景观中须成片种植，以与圆柏、油松、黄栌、臭椿等混交为佳。在风景区和景观绿化中要求艺术效果较高时，可与圆柏混交，能形成较统一而有如纯林又优于纯林的效果，且有防止病虫蔓延之效。可用于道旁庇荫或作绿篱；亦可栽于工厂和"四旁"绿化。品种常用作花坛中心植株，装饰建筑、雕塑、假山石及对植入口两侧。

材用；种子榨油，根、枝、叶、树皮药用。

●北美香柏（图5-29）

学名：***Thujia occidentalis* L**.

常绿乔木，高20 m，胸径2 m；树皮红褐色或橙褐色，纵裂成条状块片脱落；树冠圆锥形；生鳞叶的小枝扁平，排成一平面。叶鳞形，长1.5～3 mm，两侧鳞叶先端尖，内弯，中间鳞叶明显隆起并有透明色的圆腺点。鳞叶揉碎时有香气。雌雄同株，球花单生于小枝顶端；雌球花有株鳞3～5对。球果长椭圆形，长8～13 mm，径6～10 mm，种鳞薄革质，扁平，常5对，下面2～3对发育，各具1～2种子。种子扁平两侧有翅。

分布：原产美国，生于含石灰质的湿润地区。我国上海、杭州、南京、郑州、武汉、江西庐山、安徽黄山、青岛、北京等地有栽培。

习性：喜光，有一定的耐荫能力、耐瘠薄、耐修剪，能生长在潮湿的碱性土壤上，抗烟尘和有毒气体能力强。

图5-29　北美香柏
1. 球果枝　2. 种子

繁殖：播种、扦插或嫁接繁殖。

用途：树冠整齐美观，可孤植和丛植于庭院、广场、草坪边缘，或点缀装饰花坛，还可作风景小品，尤以栽作绿篱最佳。

●福建柏（图5-30）

学名：***Fokienia hodginsii*（Dunn）Henry et. Thomas**

常绿乔木，高25 m，胸径80 cm；树皮紫褐色，浅纵裂；生鳞叶小枝扁平，排成一平面。鳞形叶，大，幼树及萌枝中央的鳞叶呈楔状倒披针形，长4～7 mm，宽1～1.2 mm；两侧的鳞叶近长椭圆形，先端急尖，较中央的叶为长，长5～10 mm；成龄树及果枝上的叶较小，上面绿色，下面被白粉。雌雄同株，球花单生于枝顶；雄球花具6～8对雄蕊，每雄蕊具2～4花药；雌球花具6～8对珠鳞，每珠鳞的基部具2胚珠。球果近圆形，径2～2.5 cm，熟时褐色，开裂；种鳞木质，盾形，顶部中央微凹，有一凸起的小尖头。种子卵形，种脐明显，上部有两个大小不等的薄翅。花期3～4月；球果翌年10～11月成熟。

图5-30　福建柏
1. 球果枝　2. 种子

分布：福建、浙江、江西、湖南、广东、广西、贵州、四川、云南等地。安徽、河南有引种栽培。

习性：喜光，稍耐荫；喜温暖湿润气候；在肥沃湿润的酸性或强酸性土壤上生长良好。较耐干旱瘠薄。浅根性，侧根发达。

繁殖：播种繁殖。

用途：树干挺拔雄伟，枝、叶优雅奇特。在景观中片植、列植、混植或孤植草坪中，亦可盆栽作桩景。国家二级重点保护植物。

用材：是产区湿润地带宜发展的造林树种。

●**日本花柏**（图5-31）

学名：***Chamaecyparis pisifera***（Sieb. et. Zucc.）Endl.

常绿乔木，在原产地高达50 m，胸径1 m；树皮红褐色，裂成薄片脱落；树冠尖塔形；生鳞叶的小枝扁平，排成一平面。鳞叶表面暗绿色，下面有白色线纹，先端锐尖，略展开，两侧叶较中间叶稍长。雌雄同株，球花单生于枝顶。球果圆球形，径约6 mm，种鳞木质，盾形，成熟裂开，发育种鳞有种子1～5粒。种子三角状卵形，两侧有宽翅。花期3月；球果11月成熟。栽培品种多，我国常见的有：

线柏（cv. *Filifera*）：常绿灌木或小乔木，树冠球形；小枝细长而下垂，鳞形叶小，先端锐尖。原产日本。我国庐山、南京、杭州等地引种栽培，生长良好。

绒柏（cv. *squarrosa*）：常绿灌木或小乔木，树冠塔形；大枝斜展，枝叶浓密；叶全为柔软的条形刺叶，先端尖，下面有两条白色气孔带。原产日本。我国庐山、南京、黄山、杭州、长沙等地有栽培。

凤尾柏（cv. *plumosa*）：常绿小乔木，高5 m；树冠圆锥形，枝叶紧密，小枝羽状，鳞叶较细长，开展，稍呈刺状，但质软，长3～4 mm，表面绿色，背面粉白色。

分布：原产日本。我国青岛、江西庐山、南京、上海、杭州等地有栽培。

习性：中性而略耐荫；喜温暖湿润气候，喜湿润土壤，不喜干燥土地。适应平原能力较强，较耐寒，耐修剪。

繁殖：播种或扦插繁殖。

用途：景观中用作孤植、丛植或作绿篱用。枝叶纤细，优美秀丽，特别是栽培品种具有独特的姿态，有较高的观赏价值。

图5-31　日本花柏
1. 球果枝　2. 鳞叶排列
3. 球果　4. 种子

●**日本扁柏**（图5-32）

学名：***Chamaecyparis obtusa***（Sieb. et. Zucc.）Endl.

常绿乔木，在原产地高达40 m，胸径1.5 m；树皮赤褐色，裂成薄片；树冠尖塔形。叶鳞形，肥厚，尖端较钝，紧贴小枝。雌雄同株，球花单生于枝顶；雄球花椭圆形，雄蕊6对，花药黄色；球果圆形，径0.8～1 cm，熟时红褐色；种鳞木质，常为4对，顶部五角形，平或中央稍凹，有小尖头。种子近圆形，两侧有窄翅。花期4月；球果10～11

月成熟。

变种及品种常见的有：

台湾扁柏〔var. *formosana*（Hayata）Rehd.〕：与原种的区别是鳞叶较薄，先端常钝尖，球果较大，径 10～11 mm，种鳞 4～5 对。台湾特产。

云片柏（cv. *Breviramea*）：常绿小乔木，高达 5 m；树冠窄塔形。生鳞叶的小枝呈云片状。原产日本。我国江西庐山、南京、上海、杭州等地引种观赏。

凤尾柏（cv. *Filicoides*）：丛生灌木，小枝短，末端鳞叶枝短，扁平，在主枝上排列紧密，外观像凤尾蕨状；鳞叶小而厚，顶端钝，背具脊，常有腺点。我国江西庐山、南京、杭州等地栽培观赏。生长缓慢。

孔雀柏（cv. *Tetragona*）：灌木或小乔木；枝近直展，生鳞叶的小枝辐射状排列，或微排成平面，短，末端鳞叶枝四棱形，鳞叶背部有纵脊，光绿色。

图 5 - 32 日本扁柏
1. 球果枝 2. 种子

分布：原产于日本。我国青岛、上海、河南、浙江、广东、广西、江西庐山、南京、杭州、台湾等地引种栽培观赏。生长较慢。

习性：中等喜光，略耐荫。喜温暖湿润气候，在肥沃湿润排水良好的中性或微酸性沙土上生长最佳。

繁殖：播种繁殖。品种扦插、压条或嫁接繁殖。

用途：树形及枝叶均美丽可观，许多品种具有独特的枝形或树形，常作庭院配植用。可作园景树、行道树、丛植、群植、列植或作绿篱用。

●柏木（图 5-33）

学名：*Cupressus funebris* **Endl**.

常绿乔木，高 35 m，胸径 2 m；树皮淡褐灰色，裂成窄长条片；树冠狭圆锥形；小枝细长下垂，生鳞叶的小枝扁平，排成一平面，两面均绿色。鳞叶长 1～1.5 mm，先端锐尖，叶背中部有纵腺点。雌雄同株，球花单生枝顶；雄球花具多数雄蕊，花药 2～6；雌球花由 4 对珠鳞组成，每珠鳞具 5～6 胚珠。球果近球形，径 0.8～1.2 cm，熟时开裂；种鳞木质，盾形，顶端为不规则五角状或方形，中央有短尖头，发育种鳞内具 5～6 种子。种子近圆形，有光泽，两侧有窄翅。花期 3～5 月；球果翌年 5～6 月成熟。

分布：浙江、江西、四川、湖北、贵州、湖南、福建、云南、广东、广西、甘肃南部、陕西南部等地。

图 5 - 33 柏 木

习性：喜光，稍耐荫；喜温暖湿润气候，不耐寒，最适于深厚肥沃的钙质土壤。耐干旱瘠薄，又略耐水湿。是亚热带地区石灰岩山地钙质土的指示树种。浅根性，萌芽力强，耐修剪，抗有毒气体能力强。寿命长。

繁殖：播种繁殖。

用途：树姿秀丽清雅，可孤植、丛植、群植，尤适于在风景区成片栽植。也可以对植、列植于园路两侧，庭院入口之侧。

用材：树干、根、叶、枝均药用。

● **圆柏**（图5-34）

学名：*Sabina chinensis*（L.）Ant.

常绿乔木，高达20 m，胸径3.5 m；树皮灰褐色，裂成长条片，有时呈扭转状；树冠尖塔形或圆锥形，老树则成广圆形、圆球形或钟形；叶二型，幼树全为刺形叶，三枚轮生，长6～12 mm，上面微凹，有两条白粉带，基部下延生长，无关节；老树多为鳞形叶，交叉对生；壮龄树则刺形与鳞形叶并存。雌雄异株，稀同株，球花均单生于枝顶；雄球花有5～7对雄蕊；雌球花有珠鳞4～8枚。球果肉质浆果状，近球形，径6～8 mm，熟时暗褐色，被白粉，不开裂。内有种子1～4粒，卵圆形，先端钝，有棱脊，无翅。花期4月；球果多为翌年10～11月成熟。

变种、变型及品种：

垂枝圆柏［f. *pendula*（Franch.）Cheng et. W. T. Wang］：野生变型，枝长，小枝下垂。

偃柏［var. *sargentii*（Henry）Cheng et. L. K. Fu］：野生变种，匍匐灌木，小枝上伸，成密丛状，树高0.6～0.8 m。老树多鳞形叶，幼树刺形叶，交叉对生，排列紧密。球果带蓝色，被白粉，内具种子3粒。

龙柏（cv. *kaizuca*）：树冠柱状塔形，侧枝短而环抱主干，端梢扭曲斜上展，形似龙"抱柱"；小枝密，全为鳞形叶，密生，幼叶淡黄绿，后呈翠绿色。球果蓝黑色，微被白粉。

金叶桧（cv. *aurea*）：圆锥状直立灌木，高3～5 m，枝上伸；有刺叶和鳞叶，鳞叶初为深金黄色，后渐变为绿色。

金球桧（cv. *aureolobosa*）：丛生灌木，树冠近球形，枝密生；叶多为鳞形叶，在绿叶丛中杂有金黄色枝叶。

球柏（cv. *globosa*）：丛生灌木，树冠近球形，枝密生；叶多为鳞形叶，间有刺叶。

匍地龙柏（cv. *Kaizuca procumbens*）：植株无直立主干，枝就地平展。

鹿角桧（cv. *Pfitzeriana*）：丛生灌木，干枝自地面向四周斜上伸展。

塔柏（cv. *Pyramidalis*）：树冠圆柱状或圆柱状尖塔形；枝密生，向上直展；叶多为刺形，稀间有鳞叶。

分布：圆柏原产于我国东北南部及华北等地，北至内蒙古及辽宁，南达华南北部，东起沿海，西至四川、云南、陕西、甘肃等地均有分布。

图5-34 圆柏
1. 雄球花枝　2. 球果枝　3. 鳞叶枝　4. 刺叶枝　5. 刺叶横剖面　6. 种子

习性：喜光，幼树耐庇荫，喜温凉气候，较耐寒。在酸性、中性及钙质土上均能生长，但以深厚、肥沃、湿润、排水良好的中性土壤生长最佳。耐干旱瘠薄，深根性，耐修剪，易整形，寿命长。对二氧化硫、氯气和氟化氢等多种有毒气体抗性强，阻尘和隔音效果良好。

繁殖：播种、扦插，也可嫁接繁殖。

用途：树形优美，青年期呈整齐的圆锥形，老年则干枝扭曲，奇姿古态，可独成一景。多配植于庙宇、陵墓作甬道树和纪念树。宜与宫殿式建筑相配合，能起到相互呼应的效果。可群植、丛植、作绿篱或用于工矿区绿化。应用时应注意勿在苹果及梨园附近栽植，以免锈病猖獗。品种、变种，根据树形，可对植、列植、中心植或作盆景、桩景等用。

用材：树干、枝、叶提取柏木油入药。

● **北美圆柏**

学名：*Sabina virginiana*（L.）Ant.

常绿乔木，原产地高达 30 m；树皮红褐色，裂成长条片脱落；树冠圆锥形；生鳞叶的小枝细，四棱形。刺形叶和鳞形叶并存，鳞叶先端急尖或渐尖，背面中下部或近中部有卵形或椭圆形下凹的腺体；刺形叶交互对生，见于幼树或成年树上，不等长，上面凹，顶端有角质尖头，被白粉。雌雄异株，雄球花通常有 6 对雄蕊。球果近圆形或卵圆形，径 5～6 mm，当年成熟，熟时蓝绿色，被白粉。种子 1～2 粒，卵圆形。花期 3 月；球果 10 月成熟。

分布：原产北美。现北京、山东、河南、江苏、浙江、福建、江西、广西、云南等地的一些城市有引种栽培。

习性：喜温暖，适应性强，能在酸性土及石灰岩山地生长。抗锈病能力强，对二氧化硫及其他有害气体有一定的抗性。

● **铺地柏**

学名：*Sabina procumbens*（Endl.）lwata et. Kusaka

常绿匍匐小灌木，高达 75 cm；枝条沿地面扩展，褐色，密生小枝，枝梢及小枝向上斜展。叶全为刺形，三枚轮生，先端渐尖或成角质锐尖头，上面凹，有两条上部汇合的白粉气孔带，下面蓝绿色，叶基下延生长，叶长 6～8 mm。球果近圆球形，径 8～9 mm，熟时黑色，外被白粉；种子 2～3，有棱脊。

分布：原产日本。北京、天津、山东、河南、上海、南京、江西庐山、杭州、昆明等地有引种栽培。

习性：喜光；喜海滨气候及肥沃的石灰质土壤，不耐低湿。耐寒，萌芽力强。

用途：姿态蜿蜒匍匐，色彩苍翠葱茏，是理想的地被植物。在景观中可配植在悬崖、假山石、斜坡、草坪角隅，群植、片植，创造大面积平面美。可盆栽，悬垂倒挂，古雅别致。

● **刺柏**

学名：*Juniperus formosana* Hayata

常绿乔木，高达 12 m；树皮褐色，纵裂成长条薄片脱落；树冠窄塔形或圆柱形；小枝下垂。叶全为刺形叶，三枚轮生，基部有关节，不下延生长，长 1.2～2.5 cm，宽 1.5～2 mm，先端渐尖，具锐尖头，上面微凹，中脉绿色，两侧各有一条白色气孔带。球花单生于叶腋；雄球花圆球形或椭圆形，具 5 对雄蕊；雌球花近圆球形，具 3 枚珠鳞，胚珠 3。球果肉质浆果状，近圆球形或宽卵圆形，径 6～10 mm，熟时淡红褐色，被白粉或白粉脱落，顶端有时微张开。种子通常 3 粒，半月形，无翅，具 3～4 棱脊，近基部有 3～4 树脂沟。花期 3 月；球果翌年 10 月成熟。

分布：东起台湾，西至西藏，西北至甘肃、青海、长江流域各地普遍分布。

习性：喜光，适应性广，耐干瘠，常出现于石灰岩上或石灰质土壤中。

繁殖：播种或嫁接繁殖。

用途：因其枝条斜展，小枝下垂，树冠塔形或圆柱形，姿态优美。适于庭院和公园中对植、列植、孤植、群植、也可作水土保持林树种。

第二节　被子植物

被子植物的拉丁名是 *Angiospermae*，来源于希腊文复合词，*Angio*—包被的与—*sperma* 种子两者接合而成。

被子植物的最重要特征是胚珠包被在子房中。地球上，被子植物是植物界进化最高级、种类最多、分布最广、适应性最强的类群。目前已知的被子植物共有 300～400 余科，1 万多个属，20 万～25 万种，超过植物界总种数一半以上。

被子植物大约出现于白垩纪，繁盛于第四纪。被子植物的出现与繁盛，为人类的出现创造了有利条件。许多被子植物与人类的衣、食、医药等有着密切的关系，如水稻、马铃薯、小麦、南瓜等是人类的主要食物来源。此外，被子植物也是景观植物中资源最丰富的类群。因此，学习被子植物的有关知识，是景观植物设计工作的基础。下面简述被子植物中景观植物的主要种类。

一、木兰科（Magnoliaceae）

常绿或落叶，乔木或灌木。小枝具托叶环痕。体内具芳香油，叶、花均有香气。单叶互生，全缘，稀分裂，羽状脉。花大，通常两性，单生枝顶或腋生；花被 6 或 9 片，每轮 3～4 片；雄蕊和雌蕊均多数，螺旋排列在伸长的花托上，雌蕊群在上部，雄蕊群在下部；聚合蓇葖果，稀聚合翅果；种子有胚乳。

15 属，约 335 种，分布于亚洲东部和南部，北美、中美和南美等地的热带、亚热带和温带。我国有 11 属165 种，主要分布在东南部至西南部。

●白兰（图 5-35）

学名：***Michelia alba*** DC.

乔木，高达 17 m，树冠锥形。叶长椭圆形或椭圆状披针形，无毛，长 10～27 cm，宽 4～9.5 cm；叶柄上的托叶痕常不及叶柄的 1/2。花单生叶腋，白色，极香，通常不结实，花期 4～9 月，夏季盛开。

分布：原产于印尼爪哇，华南各城市常栽培，长江流域各省盆栽，温室越冬。

习性：喜光，喜温暖多雨及肥沃疏松的酸性土壤，不耐寒和干旱，忌积水；对二氧化硫、氯气等有毒气体抗性差。生长快，寿命长。

图 5-35　白　兰
1. 雌蕊群　2. 雄蕊

繁殖：嫁接、高压繁殖。

用途：名贵香花树种。树形美观，终年翠绿，开花时节清香诱人。宜作庭荫树及行道树。

●含笑（图5-36）

学名：**Michelia figo**（Lour.）**Spreng**

灌木，高2～5 m。树冠圆形。小枝、芽、叶柄和花梗均密生黄褐色绒毛。叶较小，椭圆状倒卵形，长4～10 cm，宽1.8～4.5 cm，叶面有光泽，无毛，背面中脉常留有黄褐色平伏毛，余无毛；叶柄长2～4 cm，托叶痕长达叶柄顶端。花单生叶腋，半开，花被片淡乳黄色，边缘带紫晕，具香蕉香气。雌蕊群无毛，花梗较细长。花期3～6月；果期7～8月。

分布：产于华南地区，现广植于全国各地；在长江流域及以北各地需在温室越冬。

习性：耐荫，不耐寒。

繁殖：播种、扦插及高压繁殖。

用途：因花半开，似含笑状，故名。树形整齐，枝叶繁茂，四季常青；春季香花满树，清香宜人，为我国景观绿化的骨干树种，多用于庭院、草坪、小游园、街道绿地、树丛林缘配置。亦盆栽作室内装饰，花开时，幽香若兰，至为上品。

●黄兰（图5-37）

学名：**Michelia champaca** I.

乔木，高达30～40 m。外形与白兰相似，但叶背平伏长绢毛，叶柄上的托叶痕长达叶柄长的2/3以上。花单生叶腋，橙黄色，极香，可结实。自4～9月陆续开花；果期9～10月。

图5-36 含 笑

图5-37 黄 兰

分布：产于我国西藏东南部、云南南部和西南部，印度、缅甸和越南也有分布。

习性、栽培及用途也与白兰相同，还常用作白兰之砧木。

●荷花玉兰（图5-38）

学名：**Magnolia grandiflora** L.

常绿，高达30 m。树冠宽圆锥形。树皮灰色，平滑；小枝灰褐色，无毛，叶痕轮状，皮孔明显；芽鳞红褐色，有短毛。叶厚革质，长椭圆形或倒卵状长椭圆形，长 10～20 cm，表面亮绿色，背面有锈色绒毛；托叶与叶柄分离。花大而白色，单生枝顶；花被片 9～12，宛若荷花，芳香。聚合蓇葖果有锈色毛，成熟开裂，悬出有红色假种皮的种子。6～7 月开花；10 月果熟。

分布：原产美国东南部，现广为栽培。我国长江流域及以南各城市均有栽培。

习性：生长中等至慢，寿命长，喜光，亦耐荫，喜温湿气候，有一定的耐寒性，抗烟尘，对氯气、二氧化硫、氯化氢有较强的抗性。

繁殖：嫁接、空中压条或播种繁殖。

用途：树形古朴典雅，叶大浓郁，终年光泽亮绿，枝叶挺拔，花大清香，为优良的园景树、绿阴树。在景观中可孤植于草地中央作为主景，亦可列植于通道两旁，提供绿阴；对高大建筑物是很好的配景；置于铜像或雕塑之后，又是绝佳的衬景。南京、武汉长沙、成都等多用作行道树，效果良好。

图 5-38　荷花玉兰

●**夜合花**（图 5-39）

学名：***Magnolia coco***（Lour.）DC.

常绿，高达 2～4 m。叶椭圆形或狭椭圆形，长 7～14 cm，叶脉明显，具短柄。花单生枝顶，乳白色，花被 9 片，质厚倒卵形，易脱落；花梗长约 2 cm，向下弯垂。花期 5～7 月。

分布：原产我国东南部，现广植于亚洲东南部。

习性：耐荫，喜温暖、湿润气候及肥沃酸性土壤，不耐寒。

繁殖：播种、嫁接、扦插或压条法繁殖。

用途：名贵香花树种，宜作园景树。夜间香气更浓，故名夜合花。花期长，花大而洁白，花开时花被片不完全张开，形似下垂的圆球。

图 5-39　夜合花
1. 雄蕊群　2. 枝髓

●**白玉兰**（图 5-40）

学名：***Magnolia denudata*** Desr.

落叶，高达 15～20 m。幼枝及芽具柔毛。叶倒卵状椭圆形，长 8～18 cm，宽 6～10 cm，先端突尖，基部圆形或广楔形，幼时背面有毛；叶柄长 2～2.5 cm，托叶与叶柄贴生。花大，单生枝顶，花被 9 片，近等大，纯白色，厚而肉质，有香气。聚合蓇葖果发育不整齐。早春先叶开花；果期 9～10 月。

分布：原产我国长江流域海拔较高的山地。自唐代以来久经栽培。

习性：喜光，有一定的耐寒性，喜湿润凉爽气候及肥沃酸性土壤；较耐干旱，不耐积水；抗大气污染能力强，并能吸收有毒气体和灰尘。

繁殖：嫁接、播种或压条繁殖。

用途：树冠卵形，早春先叶开花，满树皆白，晶莹如玉，幽香似兰，故以玉兰名之，十分贴切。为我国驰名中外的珍贵庭院观花树种。在庭院中不论窗前、屋隅、路旁、岩际，均可孤植或丛植，作园景树，在大型景观中更可辟为玉兰专类景观，花开时节玉树成林，琼花无际，必然更为诱人。

●紫玉兰（图 5-41）

学名：**Magnolia liliflora Desr.**

图 5-40　白玉兰　　　　　　　　　　　　图 5-41　紫玉兰

落叶，高达 3~5 m，小枝褐紫色或绿紫色，无毛。叶椭圆形或倒卵状椭圆形，长 8~18 cm，先端急尖或渐尖，基部楔形并稍下延，背面无毛或沿中脉有柔毛，托叶痕达叶柄中部以上。花大，单生枝顶；花被 9 片；外轮 3 片黄绿色，长约为内轮花被片的 1/3，早落；内轮花被 6 片较长，外面紫色，里面近白色。早春先叶开花；果期 9~10 月。

分布：原产我国中部，现广为栽培。

习性：喜光，耐严寒，喜肥沃湿润的土壤，忌积水。

繁殖：分株或压条繁殖。

用途：花蕾形大如笔头，有"木笔"之称。花芽晒干后为著名的中药"辛夷"。栽培历史悠久，为我国传统花木之一。庭院观赏树，配植于庭院室前或丛植于草地边缘。本种可作为玉兰与二乔玉兰之砧木。

●鹅掌楸（图 5-42）

学名：**Liriodendron chinense（Hemsl.）Sarg.**

落叶乔木，高达 40 m。叶端常截形，两侧各具一凹裂，伞形如马褂，叶背密生白粉状凸起，无毛。花两性，单生枝顶，黄绿色，杯状，花被 9 片，近相等。聚合翅果由小坚果组成。花期 4~5 月；果期 10 月。

分布：产于我国长江以南各省、自治区。现华北地区有栽培，东北南部能引种成功。

习性：喜温暖、湿润气候及深厚肥沃的酸性土壤，喜光，在休眠期能耐—20 ℃低温，在沈阳地区避风向阳的小气候条件下能顽强生长，是速生长寿树种，在亚热带及温带阔叶林中常与檫木、香果树、灯台树、枪木等混生，有时形成小片纯林。

繁殖：播种、嫁接繁殖。

用途：树冠开展，叶形奇特，花大而美丽，为世界珍贵的庭院观赏树种之一。宜作庭荫树、行道树，但目前在人工景观中还很少见，可能与移植不易成活有关。应在发叶前带土坨移栽，并加强栽后管理。

● **北美鹅掌楸**（图5-43）

学名：*Liriodendron tulipifera* L.

图5-42　鹅掌楸
1. 果枝　2. 种子

图5-43　北美鹅掌楸

与鹅掌楸的主要区别是叶片两侧2~3浅裂，叶端常凹入，幼时背面有细毛，花较大而形似郁金香，花瓣淡黄绿色而内侧近基部橙红色。原产于美国东南部。我国青岛、江西庐山、南京、杭州、昆明等地有栽培。

习性、用途与鹅掌楸相似。

● **木莲**（图5-44）

学名：*Manglietia fordiana*（Hemsl.）Oliv.

常绿乔木，高达20 m。嫩枝及芽有红褐色短毛。叶革质，长椭圆状披针形，全缘，叶柄长1~3 cm，托叶痕半椭圆形，长3~4 cm。花单生枝顶，纯白色；花被通常9片。聚合蓇葖果卵形或阔卵形。种子暗红色。花期3~4月；10月果熟。

分布：长江流域以南各省。

习性：耐荫，喜温暖、湿润气候及肥沃酸性土壤。

繁殖：播种、扦插、嫁接繁殖。

用途：四季常绿，树姿雄伟，树冠浑圆，枝叶浓

图5-44　木　莲
1. 果　2. 花枝

密，花大而芳香，与玉兰之花极相似，状如莲花，故名。至秋季聚合蓇葖果成熟，由殷红色转为紫红色，红绿相映，十分娇美，可谓此时无花胜有花。在景观中孤植、列植、群植均可，或与其他木兰科树种栽植在一起。

● **毛桃木莲**（图5-45）

学名：*Manglietia moto* Dandy

乔木，高达21 m。树皮深褐色，具数个横列或连成小块的皮孔；新枝、芽、幼叶、花蕾、花梗密被锈褐色曲波绒毛。叶革质，倒卵状椭圆形或倒披针形，长12～25 cm，宽4～8 cm，先端短钝尖或渐尖，基部楔形或宽楔形，叶面无毛，叶背和叶柄被锈褐色绒毛，侧脉每边10～15条，直至离叶缘5～10 cm处开叉与上侧脉汇合；叶柄长2～4 cm，上面具狭沟，托叶痕狭三角形，长约为叶柄长的1/3。花单生枝顶，芳香；花被9片，乳白色。聚合蓇葖果卵形，果梗较长，达4～13 cm。聚合蓇葖果外面有瘤点，无毛。花期5～6月；8～9月果熟。

图5-45 毛桃木莲
1. 果 2. 雄蕊

分布：产于广东北部、中部及西部，湖南南部和广西西部、中部及北部。

习性：稍耐荫，喜温暖湿润环境。

繁殖：播种繁殖。

用途：树形美观，花大而芳香。可作观赏、绿化树种。

● **乳源木莲**

学名：*Manglietia yuyanensis* Law. sp. Ined.

乔木，高达8 m；枝黄褐色；全株各部分除芽鳞被金黄色平伏柔毛外，余无毛。叶薄革质，狭倒卵状椭圆形或狭椭圆形，长8～14 cm，宽2.5～4 cm，先端渐尖或稍弯的尾状渐尖，基部楔形或阔楔形，边缘稍背卷，叶面深绿色，中脉平或稍凹，叶背浅绿色，侧脉每边8～10条，纤细，弯拱向上环结；托叶痕顶端圆，长3～4 cm。花梗长1.5～2 cm，具一环苞片脱落痕；花被片9.3轮，外轮3片带绿色，中轮与内轮纯白色。果未见。花期5月；果期9～10月。

本种与木莲亲缘相近，但本种除芽鳞被金黄色柔毛外，余无毛；叶狭倒卵状椭圆形或狭椭圆形，花的各部分亦较小，易于区别。

产于广东北部、湖南南部及江西、浙江。

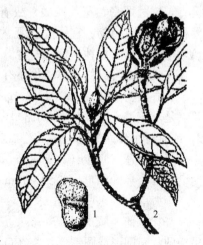

图5-46 乐东拟单性木兰
1. 种子 2. 果枝

● **乐东拟单性木兰**（图5-46）

学名：*Parakmeria lotungensis*（Chun. et. Tsoong）Law

常绿乔木，高达30 m；当年生枝绿色，节上托叶痕凸起而密，如竹节状，叶硬革质，狭倒卵状椭圆形、倒卵状椭圆形或狭椭圆形，长 6~11 cm，宽 2~3.5 cm，先端急尖而尖头钝，基部楔形；叶面深绿色，有光泽，边缘软骨质，边背卷；中脉两面凸起，侧脉每边 9~13 条，直至离边缘较远处弯拱与上侧脉连结；叶柄长 1~2 cm，无托叶痕。花单生枝顶；雄花的花托顶端尖；雌蕊群柄（果时）长 4~5 cm。聚合蓇葖果卵状长圆形或椭圆状卵形，很少卵形，长 3~6 cm。果期 8~9 月。

分布：产于广东北部、湖南南部与西南部、江西南部以海南；在海南尖峰岭、霸王岭多生于海拔 800~1 100 m 的山脊、山坡中上部及沟谷切割的两旁坡上，为热带山地雨林的主要树种。

习性：较喜光树种，林内天然更新不良。对土壤肥力要求不高。

繁殖：播种、嫁接繁殖。

用途：树干通直，树体高大，树冠整齐，枝叶繁茂，浓荫覆地，春夏时节开花，清香扑鼻。可作园景树和绿阴树。

●观光木（图 5-47）

学名：***Tsoongiodendron odorum* Chun**.

高达 10~20 m；小枝、芽、叶柄、叶背和花梗均被黄棕色糙伏毛。叶片纸质，倒卵状椭圆形，长 8~17 cm，宽 3.7~7 cm，托叶痕几达叶柄中部。花单生叶腋；花被 9 片，形状与含笑相似，但比含笑更香，并带有较深的紫色斑点。聚合果长椭圆形，垂悬于老枝上。花期 2~3 月；果期 9~10 月。

图 5-47 观光木
1. 果 2. 花

分布：产于广东、福建、江西和广西。

习性：幼树忌强光，成年树喜光，稍耐荫；喜温暖湿润气候和肥沃的酸性土壤。

繁殖：播种和嫁接繁殖。

用途：我国特有树种，国家二级重点保护植物。树干挺直，树冠稠密，花香四溢，故有"香花木"之称，是木兰科珍贵孑遗植物。宜作庭院观赏和行道树，因其根系发达，也是城市防护林的优选树种。

在景观中常见的本科植物还有：

二乔玉兰（*Magnolia soulangeana* Soul.-Bod.）：为玉兰与紫玉兰的杂交种。主要识别要点是其花被 6~9 片，外面略呈紫色，里面近白色，但外轮的 3 片其长约为内轮花被的 1/2，或有时小形而绿色。比玉兰和紫玉兰更耐寒、耐旱，但移植难。

海南木莲（*Manglietia hainanensis* Dandy）：叶倒卵形或狭倒卵形，长 10~20 cm，叶柄上托叶痕半椭圆形，长约 4 mm。花单生枝顶；外轮花被阔卵形，淡绿色。果顶端无喙。特产于海南，广东可栽培（图 5-48）。

红花木莲［*Manglietia insignis*(Wall.)Bl.］：叶顶端通常短尾尖状。花白色带粉红色。果椭圆状长圆形或圆锥形，紫红色。

乐昌含笑（景烈含笑）（*Michelia chapensis* Dandy）：嫩芽被灰色微毛，小枝无毛。叶倒卵形或长椭圆状倒卵形，边缘波状，叶柄上无托叶痕。产广东、广西、江西、湖南及越南北部（图5-49）。

图5-48 海南木莲
1. 果 2. 种子

图5-49 乐昌含笑

　　醉香含笑（*Michelia macclurei* Dandy）：芽鳞、嫩枝、叶柄、托叶及花梗均被锈色绢毛，叶倒卵状椭圆形，叶柄上无托叶痕。产广东、广西及越南北部（图5-50）。

　　石碌含笑（*Michelia shiluensis* Chun. et. Y. Wu.）：顶芽狭椭圆形，被橙黄色或灰色有光泽的柔毛；小枝、叶柄均无毛。叶革质，稍厚而坚硬，倒卵状楔形或倒卵状长圆形，叶面深绿色，背面粉绿色，叶柄无托叶痕。产于广东（图5-51）。

图5-50 醉香含笑

图5-51 石碌含笑

二、石竹科（Caryophyllaceae）

　　草本，节膨大，单叶，全缘，对生，叶基常连合，托叶有或无。花辐射对称，两性，萼片4～5，分离或连合成筒，具膜质边缘；花瓣4～5片，分离，常有爪；雄蕊为花瓣的2倍；雌蕊2～5心皮合成，子房上位，1室，很少为2～5室；中央胎座。蒴果，少为浆果；

种子一至多枚，种子有胚乳。

约 75（80）属，2 000 种，世界广泛分布，但主要在北半球的温带和暖温带，少数在非洲、大洋洲和南美洲。地中海地区为分布中心。我国有 30 属约 388 种，58 变种，8 变型，几遍布全国，以北部和西部为主要分布区。

●石竹（图 5-52）

学名：**Dianthus chinensis** L.

石竹属（*Dianthus* L.）多年生草本，作二年生栽培。茎簇生，直立，有分枝，高 30～50 cm。单叶对生，叶片线状披针形，基部抱茎。花单生或数朵成聚伞花序着生枝顶。苞片 4～6，花萼圆筒形；花瓣 5，呈红、粉红或白色，先端具浅齿。花期 4～5 月；蒴果矩圆形，果熟期 5～6 月。

变种：

羽瓣石竹（var. *laciniatus* Regel）：瓣片先端深裂，裂片深达瓣片长度的 1/3 以上，花大，单或重瓣。

锦团石竹（var. *heddewigii* Regel）：又名繁花石竹，花大，先端齿裂或羽裂，花色丰富且艳丽如锦，重瓣性强。

此外，还有矮石竹，以及花色自纯白至紫红，并有斑纹、复色等栽培类型。

习性：喜光、耐寒、耐旱，忌高温酷暑和多雨的气候；要求疏松、肥沃、排水良好的土壤，在轻度石灰质土上也能良好地生长。

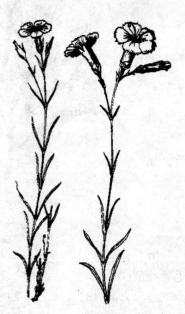

图 5-52 石 竹

分布：原产我国东北、华北、西北和长江流域一带，现国内外普遍栽培。

繁殖：播种或扦插。9 月中旬将种子播于露地苗床，保护床面湿润，发芽迅速，出苗整齐。优良类型常取嫩枝进行保护地扦插，生根成活后逐步通风，以适应大田环境，再移植或定植园地。

用途：植株整齐，花期一致，是布置春季和春末夏初花坛、花境的优良材料，矮生型宜点缀岩石或作花坛的镶边材料。也可盆栽或栽做切花。

石竹属的香石竹（*Dianthus caryophyllus* L.），别名康乃馨、麝香石竹。常绿亚灌木，作多年生栽培；花大色艳，芳香宜人，花期长，是当今世界著名的四大切花之一。

三、山茶科（Theaceae）

乔木或灌木，多为常绿。单叶互生；无托叶。花常为两性，多单生叶腋，稀形成花序，萼片 5～7，常宿存，花瓣 5，稀 4 或更多；雄蕊多数，有时基部合生成束；子房上位，2～10 室，每室胚珠 2 至多数，中轴胎座。蒴果、浆果或核果状。

约 30 属，500 种；我国 15 属，440 种。

●山茶（图 5-53）

学名：**Camellia japonica** L.

常绿灌木或小乔木，高达 10～15 m。叶互生，卵形、倒卵形至椭圆形，先端短钝渐尖，叶基楔形，边缘有细锯齿，叶表面光亮，下面较淡。花大红色，单生或 2～3 生于枝顶或叶腋，萼片密被绒毛，无梗、花瓣5～7或重瓣，先端微凹或缺口，花丝及子房均无毛。蒴果近球形，无宿存花萼。花期2～4月；果熟期11～12月。

习性：喜温暖、湿润气候，喜半荫的散射日照，需空气湿度大，不耐干燥。喜肥沃、疏松、微酸性、排水良好的壤土或腐殖土，土壤pH 4.5～6.5，以pH 5.5～6.5最佳。黏重土壤或排水不良会烂根致死。

分布：原产我国和日本。中国长江流域以南各省露地栽植，北方温室盆栽。

繁殖：以扦插为主，亦可播种、嫁接或压条繁殖。

用途：中国传统名花。叶色翠绿而有光泽，花大色艳，形色多变，花期长，四季常青。是冬末初春少花季节丰富园林景色和美化室内环境的好树种。花期长达5个多月，可孤植、群植于庭院、公园、建筑物前，亦可与假山石畔、牡丹

图5-53 山 茶

园、玉兰园等配植，使之花期交错，构成艳丽的春色景观，可盆栽或作切花。对二氧化硫有很强的抗性，可用于厂矿绿化。

●**云南山茶**（图5-54）

学名：*Camellia rticulata* Lindl.

常绿小乔木或灌木，高可达15 m。小枝灰色，无毛。叶椭圆状卵形至卵状披针形；叶上面深绿色，无光泽，网状脉显著，叶缘有细尖锯齿。花1～3朵，近枝顶腋生，形大，花色自淡红至紫红，通常多为重瓣；子房密被绒毛，蒴果扁圆球形，无宿存萼片，内有种子1～3粒。花期长，自12月至翌年4月，因品种而异。

习性：喜半阴半阳的温暖湿润环境，抗寒力差，最适宜的温度为18～24 ℃，对温度反应敏感，在5～6 ℃时即可能受冻害。宜在含腐殖质多的疏松酸性土壤中栽种。

图5-54 云南山茶

分布：原产中国云南省，在江苏、上海、浙江、广州、北京等地多为盆栽。

繁殖：种子繁殖，多用于培育新品种或培养砧木用。或用靠接法繁育。

用途：叶常绿不凋，花极美艳，且花型繁杂，有100多个栽培品种，在景观中最宜与庭荫树互相配植。

四、大戟科（Euphorbiaceae）

草本或木本，多具乳汁。单叶，稀三出复叶，常互生，稀对生；具托叶。花单性，通常小而整齐，成聚伞、伞房、总状或圆锥花序；常为单被花。雄蕊1至多数；子房上位，常由3心皮合成，多3室，每室胚珠1～2；中轴胎座。蒴果，少数为浆果或核果；种子具胚乳。

约300属，8 000余种；我国60余属，370余种。

●乌桕（图5-55）

学名：**Sapium sebiferum**（**L.**）**Roxb**.

落叶乔木，高达15 m，有乳汁。树冠近球形，小枝纤细，树皮暗灰色。叶纸质、互生，菱形至菱状卵形，长5～9 cm，先端尾尖，基部宽楔形，叶柄细长。花序穗状，长6～12 cm，花小，黄绿色。蒴果扁球形，熟时黑褐色，3裂，开裂时露出被白色蜡层的种子，宿存在果轴上经冬不落。花期5～7月；果熟期10～11月。

图5-55 乌 柏

习性：喜光，喜温暖气候及深厚肥沃而湿润的微酸性土壤。有一定的耐旱和抗风能力。在排水不良的低洼地和间断性水淹的江、河堤塘两岸都能良好生长。对土壤要求不严，在沙壤、黏壤、砾质壤土中均可生长，对酸性土、钙土及含盐在0.25%以上的盐碱均能适应。抗风力强；生长速度中等偏快，寿命较长。

分布：分布甚广，主产长江流域及珠江流域。浙江、湖北、四川等省栽培较集中。

繁殖：一般以播种法，优良品种也可用嫁接法。播前将种子浸入草木灰水中，搓洗脱蜡后洗净。

用途：树冠整齐，叶形秀美，秋日红艳，绚丽诱人。在景观中可孤植、散植于池畔、河边、草坪中央或边缘；列植于堤岸、路旁作护堤树、行道树；混生于风景林中，秋日红绿相间，尤为壮观。冬天柏籽挂满枝头，终冬不落，古人有"喜看柏树梢头白，疑是红梅水着花"的诗句。也是重要的工业用木本油料树种；根、皮和乳液可入药。

●一品红（图5-56）

Euphorbia pulcherrima Willd.

常绿直立灌木，茎光滑。幼枝绿色，老枝黄棕色。单叶互生，卵状椭圆形至宽披针形，全缘或有浅裂，下面有柔毛；生于茎上部的叶，称作顶叶，苞片状，披针形，开花时呈朱红色、黄色、粉红色等，鲜艳美丽。花序顶生，生于淡绿色总苞内。蒴果，椭圆形、褐色。

变种：

一品白（var. *alba*. Hort.）：开花时总苞片乳白色。

一品粉（var. *rosea*. Hort.）：开花时总苞片粉红色。

重瓣一品红（var. *plenissima*. Hort.）：除总苞片变色似花瓣外，小花也变成花瓣状叶片，直立向上，簇拥成团。

图5-56 一品红

习性：喜温暖气候，喜光照充足。要求排水、通气性好的疏松肥沃微酸性土壤。对水分要求严格，土壤湿度过大，常会引起根部发病，导致落叶；土壤湿度不足，植株生长不良，也要落叶。

分布：原产墨西哥及热带非洲，现各地广为栽培。我国华南可露地栽培，长江流域及其以北则需温室盆栽。

用途：花色鲜艳，花期长。是组建花坛及室内绿化的优良花木。最宜盆栽，也可用作切花。

●变叶木（图5-57）

学名：*Codiaeum variegatum*（L.）BL. var. *pictum* Muell. - Arg.

常绿灌木，植株有乳汁。单叶有柄，互生，叶片厚革质，形状和颜色变异很大，自线形、卵圆形至椭圆形，全缘或分裂，有时微皱扭曲，常具白色、黄色、红色和紫色斑纹。花单性，总状花序单生或2个合生在上部叶腋间。蒴果球形，白色。花期5～6月。

常见变型：

长叶变叶木（f. *ambiguum*）：叶片长披针形，长约20 cm，约有30个品种。

图5-57　变叶木

复叶变叶木（f. *appendiculatum*）：叶片细长，前端仅有一条主脉，主脉先端有汤匙状的小叶，有3个品种。

角叶变叶木（f. *cornutum*）：叶片细长，有规则地螺卷，叶片先端有一翘起的小角，有3个品种。

螺旋叶变叶木（f. *crispum*）：叶片波浪起伏，呈不规则的扭曲和旋卷，有6个品种。

戟叶变叶木（f. *lobatum*）：叶片宽大常具3裂片，似戟形，有8个品种。

宽叶变叶木（f. *platyphyllum*）：叶片卵形或倒卵形，有大、中、小型种，有30个品种。

细叶变叶木（f. *taeniosum*）：叶带状，宽仅及叶长的1/10，有15个品种。

习性：喜温暖湿润气候，不耐霜寒，在强光、高温、多湿条件下生长良好。喜黏重、肥沃而有保水性的土壤。

分布：原产马来半岛，我国海南、广东、福建、台湾等地可露地栽培，其他地区均需温室盆栽。

繁殖：以扦插为主，有些品种也可采用高压繁殖。

用途：叶色、叶形、叶斑变化最多，五彩缤纷，自然可爱，为著名观叶树种之一。华南一带于庭院中丛植，也常盆栽或作插花材料。

●山麻杆（图5-58）

学名：*Alchornea davidii* Franch.

落叶丛生灌木，高1～2 m。茎直而少分枝，常紫红色，幼枝有绒毛，老枝光滑。叶圆形至广卵形，上面绿色，有短毛疏生；下面带紫色，密生绒毛，叶缘有锯齿，三出脉；新生嫩叶及新枝均为紫红色。雌雄同株；雄花密生成短穗状花序，萼4裂，雄蕊8；雌花疏生成总状花序，位于雄花序下面。蒴果扁球形，密生短柔毛，花期4～6月；果期7～8月。

习性：喜光，稍耐荫，喜温暖湿润气候，抗寒力较弱，

图5-58　山麻杆

对土壤要求不严。在湿润、肥沃土壤中生长良好。萌蘖力强，易更新。

分布：原产我国，分布长江流域、西南及河南、陕西等地。

繁殖：一般采用分株繁殖，扦插或播种也可。分株在秋末落叶后或早春萌芽前进行。

用途：春季嫩叶浓染胭红，十分醒目美观，是景观中重要的春日观叶树种之一，可孤植、丛植于庭前、路边山石旁或庭院之一隅，也可盆栽观赏。山麻杆是观嫩叶树种，茎要定期更新。

●红背桂

学名：***Excoecaria cochinchinensis* Lour.**

常绿灌木，多分枝，光滑无毛。叶对生，矩圆形至倒披针矩圆形，先端锐尖，基部楔形，表面绿色，叶背紫红色，边缘有小锯齿。穗状花序腋生，单性异株；雌花序由 3～5 朵花组成，苞片卵形，比花梗短；雄花苞片比花梗长，两侧有腺体，花黄白色。花期 6～8 月。

习性：热带花木。喜温暖湿润气候，稍耐荫，不耐寒冷，不耐曝晒。喜肥沃沙质壤土。冬季室温保持 0 ℃以上即可安全越冬。

分布：原产我国广东、广西和越南。现各地广为盆栽观赏。

繁殖：常用扦插繁殖。成活容易。

用途：株形矮小，枝叶扶疏，叶片红绿相衬，秀丽雅气，且耐荫，是优良的室内盆栽观叶花卉，在南方也可植于庭院、屋隅、墙边及阶下等处。

●重阳木（图 5-59）

学名：***Bischofia polycarpa*（Levl.）Airy - shaw.**

落叶乔木，高达 15 m。树皮褐色，纵裂，树冠伞形。羽状三出复叶，小叶片卵形至椭圆状卵形，先端突尖或突渐尖，基部圆形或近心形，缘具细锯齿，两面光滑无色。花小，绿色，成总状花序，浆果球形，熟时红褐色至蓝黑色。花期 4～5 月；果期 8～11 月。

图 5-59　重阳木

习性：喜光，稍耐荫，喜温暖气候，耐寒力弱；对土壤要求不严，在河边、堤岸、湿润肥沃的沙质壤土上生长快。根系发达，抗风力强。

分布：产秦岭、淮河流域以南至两广北部，在长江中下游平原习见。山东、河南也有栽培。

繁殖：常用播种法繁殖。果熟后采收，用水浸泡后搓烂果皮，淘出种子，晾干后装袋于室内贮藏或拌沙贮藏。翌年早春 2～3 月条播。

用途：枝叶茂密，树姿优美，早春嫩叶鲜绿光亮，秋日叶色转红，颇为美观。宜作庭荫树和行道树，也可作堤岸绿化树种。在草坪、湖畔、溪边丛植点缀也很合适，也可用于厂矿街道绿化。

五、蔷薇科（Rosaceae）

木本或草本，有刺或无刺。单叶或复叶，互生，稀对生；常有托叶。花两性，整齐，单生或排成伞房。圆锥花序；萼片、花瓣通常 4～5，稀缺，花瓣离生，雄蕊多数，稀 5～10

或更少。心皮 1 至多数，离生或合生，子房上位或下位，每室胚珠 1 至多数。蓇葖果，瘦果、梨果、核果、稀蒴果。

本科有 4 亚科，约 124 属，3 300 余种；我国有 51 属，1 000 余种。

<h3 style="text-align:center">表 5-4　蔷薇科各亚科分属检索表</h3>

Ⅰ.绣线菊亚科 Spiraeoideae

　1. 果；种子无翅；花径不超过 2 cm

　　2. 单叶：

　　　3. 果不胀大，仅沿腹线开裂 ·· 1. 绣线菊属 Spiraea

　　　3. 果胀大，沿腹背两缝线开裂 ·· 2. 风箱果属 Physocarpus

　　2. 羽状复叶，有托叶 ··· 3. 珍珠梅属 Sorbaria

　1. 蒴果，种子有翅；花径约 4 cm；单叶，无托叶 ···································· 4. 白鹃梅眉 Exochorda

Ⅱ.梨亚科 Pomoideae

　1. 心皮成熟时为坚硬骨质，果具 1～5 小硬核：

　　2. 枝无刺；叶常全缘 ·· 5. 枸子属 Cotoneaster

　　2. 枝常有刺；叶常有齿或裂：

　　　3. 常绿灌木；叶具钝齿或全缘；心皮 5，各具成熟胚珠 2 ··················· 6. 火棘属 Pyracantha

　　　3. 落叶小乔木；叶具锯齿并常分裂；心皮 1～5，各具成熟胚珠 1 ·········· 7. 山楂属 Crataegus

　1. 心皮成熟时具革质或纸质壁，梨果 1～5 室：

　　4. 复伞房花序或圆锥花序：

　　　5. 心皮完全合生，圆锥花序；梨果内含 1 至少数大型种子，常绿 ······· 8. 枇杷属 Eriobotrya

　　　5. 心皮部分离生，伞房花序或伞房状圆锥花序：

　　　　6. 花梗及花序无瘤状物；落叶 ··· 9. 花楸属 Sorbus

　　　　6. 花梗及花序常具瘤状物；叶多常绿 ··································· 10. 石楠属 Photinia

　　4. 伞形或总形花序，有时花单生：

　　　7. 各心皮内含 4 至多数种子：

　　　　8. 花柱基部合生；叶有齿，枝条有刺 ··························· 11. 木瓜属 Chaenomeles

　　　　8. 花柱分离；叶全缘；枝条无刺 ··· 12. 榅桲属 Cydonia

　　　7. 各心皮内含 1～2 种子：

　　　　9. 叶凋落，伞房花序：

　　　　　10. 花柱基部合生；果无石细胞 ····································· 13. 苹果属 Malus

　　　　　10. 花柱基部离生；果有多数石细胞 ································· 14. 梨属 Pyrus

　　　　9. 叶常绿，总状花序或圆锥花序 ····················· （石斑木属）Rhaphiolepsis

Ⅲ.蔷薇亚科 Rosoideae

　1. 有刺灌木或藤本；羽状复叶；瘦果多数，生于坛状花托内 ····················· 15. 蔷薇属 Rosa

　1. 无刺落叶灌木；瘦果着生扁平或微凹花托基部：

　　2. 单叶，托叶不与叶柄连合：

　　　3. 叶互生；花黄色，5 基数，无副萼；心皮 5～8，各含 1 胚珠 ·········· 16. 棣棠花属 Kerria

　　　3. 叶对生；花白色，4 基数，有副萼；心皮 4，各含 2 胚珠 ··········· 17. 鸡麻属 Rhodotypos

　　2. 羽状复叶，托叶常与叶柄连合，瘦果着生于球形花托上 ················· 18. 金露梅属 Potentilla

Ⅳ.梅亚科 Prunoideae

　1. 乔木或灌木，无刺；枝条髓部坚实，花柱顶生，胚珠下垂 ················· 19. 梅属 Armeniaca

　　2. 灌木；常有刺；枝条髓部呈薄片状；花柱侧生，胚珠直立 ·············· 20. 扁核木属 Prinsepia

●玫瑰（图 5-60）

学名：*Rosa rugosa* Thunb

落叶直立丛生灌木，高达 2 m。茎枝灰褐色，密生刚毛和倒刺。小叶 5～9 枚，椭圆形

至椭圆状倒卵形，长 2～5 cm，缘有钝齿，质厚；表面亮
绿色，多皱，无毛，背面有绒毛及刺；托叶大部附着于叶
柄上。花单生或数朵聚生，常为紫红色，芳香，径 6～
8 cm；花柱离生，被绒毛，柱头稍突出，果扁球形，径
2～2.5 cm，砖红色，萼宿存。花期 5～6 月，7～8 月零星
开放；果 9～10 月成熟。

图 5-60 玫 瑰

变种：

紫玫瑰（var. *typica* Reg）：花玫瑰紫色。

红玫瑰（var. *rosea* Rehd）：花玫瑰红色。

白玫瑰（var. *alba* W. Robins）：花白色。

重瓣紫玫瑰（var. *plena* Reg）：花玫瑰紫色，重瓣，
香气馥郁，品质优良，多不结实或种子瘦小，各地栽培
最广。

重瓣白玫瑰（var. *albo - plena* Rehd）：花白色，重瓣。

习性：极喜光，耐寒，耐旱。在凉爽而通风、排水良好、肥沃的中性或微酸性土壤中生
长和开花最好。不耐积水，遇涝则下部叶黄落，甚至全株死亡，萌蘖性强。

分布：原产我国北部，现各地有栽培。以山东、江苏、浙江、广东为多。

繁殖：以分株、扦插繁殖为主，也可用嫁接和压条法繁殖。

用途：色艳花香，适应性强，是著名的观赏花木。在北方应用较多。在林中宜作绿篱、
花境、花坛及坡地栽植，亦可布置玫瑰园、蔷薇园。花蕾及根入药，花可提取芳香油，为世
界名贵香精。

●月季花（图 5-61）

学名：***Rose chinensis* Jacq**

常绿或半常绿直立灌木，通常具钩状皮刺。小叶
3～5，广卵至卵状椭圆形，长 2.5～6 cm，先端尖，缘有
锐锯齿，无毛；托叶大部分和叶柄合生，叶柄和叶轴散
生皮刺和短腺毛。花常数朵簇生，罕单生，径约 5 cm，
紫红、粉红色至近白色，重瓣，微香；萼片常羽裂，缘
有腺毛；花柱分裂。果卵形或梨形，径 1.2 cm，萼宿存。
花期 5～10 月。

图 5-61 月季花
1. 花枝　2. 果

常见变种、变型：

月月红（var. *semperflorens* Koehne）：名紫月季，
径枝纤细，常带紫红晕，叶较薄，花多单生，紫红至深
粉红，花枝细长而常下垂，花期长。

绿月季（var. *viridiflora* Dipp）：花淡绿色，花大。
花瓣变成绿叶状。

小月季（var. *minima* Voss）：植株矮小，一般不超过 25 cm，多分枝，花较小，玫瑰红
色，单瓣或重瓣。

变色月季（f. *mutabilis* Rehd）：幼枝紫色，幼叶古铜色。花单瓣，初为黄色，继变橙红

色，最后变暗红色。

习性：喜光，但过于强烈的阳光照射对花蕾发育不利，花瓣易焦枯。喜温暖气候，一般气温在22～25℃最为适宜，以春秋两季开花最好。对土壤要求不严，但以肥沃、排水良好的微酸性土壤最好。

分布：原产于湖北、四川、云南、湖南、江苏、广东等省、自治区，现国内外普遍栽培。

繁殖：多用扦插和嫁接繁殖，也可分株或播种。

用途：花色艳丽，花期长，是布置景观的好材料。易作花坛、花镜、花篱及基础栽植，在草坪、园路角隅、庭院、假山等处配置也很合适，又可作盆栽及切花用。

●香水月季（图5-62）

学名：**Rose odorata** Sweet

常绿或半常绿灌木。枝条长，具攀缘性，疏生钩状皮刺。小叶通常5～7，卵状椭圆，长3～7 cm，先端尖，基部近圆形，缘有锐锯齿，两面无毛；叶柄及叶轴均疏生钩刺和短腺毛。花单生或2～3朵聚生，白色、粉红、浅黄、橙黄色，极香；径5～8 cm或更大，重瓣，花柱伸出花托口外而分离；萼片全缘。果球形或扁球形，径2 cm，红色，萼宿存。花期3～5月；果熟期8～9月。

图5-62　香水月季

原产中国西南部，1810年传入欧洲后，经杂交培育了很多新品种。变种和变型：

淡黄香水月季（f.*ochroleuca* Rehd）：花重瓣，淡黄色。

橙黄香水月季（var.*pseudoindica* Rehd）：花重瓣，肉红黄色，外面带红晕，径7～10 cm。

大花香水月季（var.*gigantea* Rehd et. Wils.）：植株粗壮高大，枝长具蔓性，有时长达10 m。花乳白至淡黄色，有时水红，单瓣，径10～15 cm；花梗、花托均平滑无毛。产于云南，缅甸也有。

粉红香水月季（f.*erubescens* Rehd. et. Wils.）：花较小，淡红色，产于云南。

习性：比月季花娇弱，喜水肥，怕热，畏寒。气温在20℃以上即可陆续着蕾开花，不耐炎热，不耐寒。

繁殖：多用嫁接法繁殖。

用途：具有花蕾秀美、花形优雅、色香俱佳及连续开花等优良性状，在近代月季杂交育种中起到重大作用。由于它不耐寒成为发展的主要障碍，现已被杂种香水月季代替。在景观中的应用同月季花。

●桃（图5-63）

学名：**Amygdalus persica** L.

小乔木，高达10 m。树皮暗红色，小枝红褐色或褐绿色，无毛。冬芽常3枚并生，密被灰色绒毛。叶椭圆状披针形，长8～15 cm，缘具细锯齿，叶柄长1～1.5 cm，有腺体。花单生，先叶开放，粉红色，径约3 cm，萼片密被绒毛。果肉多汁，离核或黏核，核具深凹及条槽。花期3～4月；果熟期6～7月。

我国桃树栽培历史长达 3 000 年以上，约有 1 000 个品种，按用途分为食用桃和观赏桃两大类。

观赏桃中常见变型：

单瓣白桃（f. *alba* Schneid.）：花白色，单瓣。

千瓣碧桃（f. *olianthiflora* Dipp）：花淡红色，复瓣。

千瓣白桃（f. *albo - plena* Schneid.）：花大，白色，复瓣或重瓣。

碧桃（f. *duplex* Rend.）：花粉红色，重瓣。

红碧桃（f. *rubro - plena* Schneid.）：花红色，复瓣；萼片常为 20。

绛桃（f. *camelliae flora* Dipp.）：花深红色，复瓣。

花碧桃（f. *versicolor* Voss）：又名洒金碧桃，花复瓣

图 5 - 63　桃

或近重瓣，白色或粉红色，同一株上有红白相间的花朵，或同一朵花乃至同一花瓣上有粉、白两色。

绯桃（f. *magnifica* Schneid.）：花鲜红色，重瓣，花期略晚。

紫叶桃（f. *atropurpurea* Schneid.）：叶紫色，花单瓣或重瓣，粉红色。

垂枝碧桃（f. *pendula* Dipp.）：枝条下垂。

寿星桃（f. *densa* Mak.）：植株矮小，节间特短，花芽密集，单瓣或半重瓣，红色或白色，宜盆栽观赏。

塔形碧桃（f. *pyramiclalis* Pipp.）：树冠塔形或圆锥形。

习性：喜光，适应性强，除极冷极热地区外，均能生长。喜排水良好、地势平坦的沙壤土，在盐碱地及黏重土上均不适宜，不耐水湿，开花时节怕晚霜及大风。对二氧化硫、氯气有较强抗性。浅根性，根蘖性强，寿命短。

分布：原产我国北部和中部，现各地广为栽培，以山东、山西、河北、陕西、甘肃等地栽培较多。

繁殖：以嫁接和播种繁殖为主。

用途：春季桃花烂漫，妖媚诱人，盛开时节"桃之夭夭，灼灼其华"，加之品种多，着花繁密，栽培简易，为我国早春主要观花树种之一。可孤植、列植、丛植、群植于山坡、庭院、池畔、墙际、假山旁、草坪、林缘等处，或配置成专类园。我国景观惯以桃、柳间植水滨，形成一种"柔条映碧水，桃枝更娇艳"的春景特色。还可盆栽、制桩景及切花观赏。果可食，可制作罐头、桃脯等食品。

● 李（图 5 - 64）

学名：***Prunus salicina* Lindl.**

乔木，高达 12 m。树冠圆形，小枝褐色，无毛。叶长圆状倒卵形至倒披针形，长 5～10 cm，缘具重锯齿，叶背脉腋有簇毛；叶柄长 1～1.5 cm，近端顶处有 2～3 腺体。花常 3 朵簇生，先叶开放，白色，径 1.5～2 cm。萼筒钟状，无毛，裂片有细齿。果卵球形，径 4～7 cm，黄色至紫色，无毛，外被蜡粉。花期 3～4 月；果熟期 7 月。

习性：喜光，也能耐半荫。耐寒，能耐－35 ℃的低温。不耐干旱和贫薄，也不宜在长期积水处栽种。对土壤要求不严，在排水良好的黏壤土、壤土和沙壤土上均能生长良好。对

二氧化硫抗性差。萌芽力强，耐修剪。寿命长。

分布：东北、华北、华东、华中均有分布。全国各地有栽植。

繁殖：主要用于嫁接繁殖，也可分株、播种繁殖。

用途：花白而繁盛，宜植于庭院、窗前、崖旁、村旁或风景区。栽培历史悠久，现有很多优良的品种。根、叶、花、核仁、树胶均可药用。为朝鲜国花。

●红叶李（图5-65）

学名：**Prunus cerasifera Ehrh. cv. Atropurpurea Jacq.**

图5-64 李

图5-65 红叶李

落叶小乔木，高达8 m。小枝光滑紫红色。叶片、花柄、花萼、雄蕊都呈现紫红色。叶片卵形、倒卵形至椭圆形，长3～4.5 cm，缘具尖细重锯齿。花常单生，淡粉红色。

习性：喜光，喜温暖湿润气候，不耐寒。对土壤要求不严，但以肥沃、深厚、排水良好的黏质中性、酸性土壤生长良好。

分布：原产亚洲西南部，现各地广为栽培。

用途：整个生长季节叶都为紫红色，为重要的观叶树种。宜植于建筑物前、园路旁或草坪一角。须慎选背景的颜色，方可充分衬托出它的色彩美丽。可用桃、李、梅或山桃为砧木进行嫁接繁殖。

●梅（图5-66）

学名：**Prunus mume Sieb. et. zucc**

落叶小乔木，高达10 m。树冠圆形，常有枝刺，干多褐紫，小枝绿色，无毛。叶片卵形至阔卵形，长4～10 cm，先端长渐尖或尾尖，缘具细锐锯齿，下面沿脉有毛。花单生或两朵并生，多无梗或具短梗，白色、淡粉红色或红色芳香，在冬季或早春叶前开放。果球形，绿黄色，被细毛，径2～3 cm。果肉味酸，黏核，核面有蜂窝状小孔。花期12月至翌年3月；果熟期5～6月。

梅的变种、品种甚多，作果树栽培的通常叫果梅，以观赏为主的通常叫梅花。根据陈俊愉教授的研究，按进化和关键形状分：

1. 直脚梅类（var. *mume.*）：枝直立或斜出。

江梅型（f. *sinpliciflora* T. Y. Chen.）：花碟形，单瓣，呈纯白、水红、肉红、桃红等色，萼多绛紫色或在绿底上洒紫晕。

宫粉型〔f. *alphandii*（Carr）Rehd.〕：花呈碟形或碗形，复瓣或重瓣，粉红色，萼绛紫色。本型中有小宫粉、大羽、矫枝、桃红台阁等品种。

图 5-66　梅

绿萼型〔f. *viridicalyx*（Makino）T. Y. Chen.〕：花碟形，单瓣或复瓣，罕重瓣，花白色，萼绿色，小枝青绿而无紫晕。

玉碟型〔f. *albo-plena*（Beily）Rehd.〕：花碟形，白色，复瓣或重瓣，萼绛紫色或略现绿底。

朱砂型〔f. *purpurea*（Makino）T. Y. Chen.〕：单瓣、复瓣或重瓣，花紫红色，萼绛紫色，或在绛紫中略现绿底。枝内新生木质部淡暗紫红。

大红型（f. *rubriflora* T. Y. Chen.）：似宫粉型而花色大红，单瓣或重瓣。

洒金型（f. *versicolor* T. Y. Chen.）：单瓣或复瓣，同一株树上能开出粉红及白色的两种花朵及若干具斑点、条纹的二色花，萼绛紫色。

2. 照水梅类（var. *pendula* Sieb.）　枝条下垂，开花时花朵向下。

单粉照水型（f. *semplex* T. Y. Chen.）：花单瓣，白或粉红，萼绛紫色。

双粉照水型（f. *modersta* T. Y. Chen.）：花碟形，半重瓣或重瓣，粉红色。

残雪照水型（f. *albiflora* T. Y. Chen.）：花复瓣，白色，萼多绛紫色。

白碧照水型（f. *viridiflora* T. Y. Chen.）：单瓣、复瓣或重瓣，白色，萼绿色。

骨红照水型（f. *atropurpurea* T. Y. Chen.）：单瓣，深紫红色，萼绛紫色。枝内新生木质部暗紫红色。

五宝照水型（f. *mermorata* T. Y. Chen.）：同一树上开近白、粉红及红条或红斑的花。

3. 龙游梅类（f. *tortuosa* T. Y. Chen. et. H. H. Bu.）　枝自然扭曲，花碟形，复瓣，白色。

4. 杏梅类（var. *bungo* Makino.）　其枝叶花似杏，花多复瓣，水红色，花托肿大。有杏梅、洋梅、送春等品种。

习性：喜光，喜温暖湿润气候，在年平均 16～23 ℃ 的环境条件下生长良好，对土壤要求不严，在排水良好的黏土壤、壤土和沙壤土上均能生长良好。较耐贫瘠，不耐涝，在积水黏土上易烂根致死。对二氧化硫抗性差。萌芽率强，耐修剪，寿命长。

分布：原产我国西南山区海拔 1 300～2 500 m 及鄂西山区 300～1 000 m 等地山区沟谷中。栽培梅树在黄河以南地区可安全越冬，经杂交选育的梅花在北京可露地栽培。

繁殖：以嫁接繁殖为主，亦可扦插、压条、播种繁殖。

用途：我国传统名花之一。树姿、花色、花态、花香俱佳。加之适应性较强，栽培简单，花期又长，品种繁多。因此，广为庭院、草坪、低山，"四旁"及风景区栽植，可孤植、丛植、群植。传统的用法是以松、竹、梅为"岁寒三友"而配置成景色的。以梅为前景，松为背景，竹为客景。梅树可作盆景，或作切花。果可食，制蜜饯。花蕾、叶、根、核仁入药。为中国国花。

●榆叶梅（图5-67）

学名：*Prunus triloba* Lindl.

落叶灌木，高3～5 m。小枝无毛或微被毛。叶椭圆形至倒卵形，长3～5 cm，顶端渐尖，有时3浅裂，缘具粗重锯齿。花单生，或两朵并生，先叶开放，粉红色，径2～3 cm；萼筒钟状，萼片卵形，有齿。核果球形，径1～1.5 cm，红色，密被绒毛，有沟，果肉薄，花期4～5月；果熟期6～7月。

变种及变形：

弯枝〔var. *pstzoldii*(K. koch.)Baily.〕：萼片及花瓣各10，花粉红色，叶下无毛。

复瓣榆叶梅〔f. *multiples* Rehd.（var. *pleara*）〕：花复瓣，粉红色，萼片通常10，叶端多3浅裂。

重瓣榆叶梅（f. *plena* Dipp.）：花大，径达3 cm或更大，深粉红色，雌蕊1～3，萼片通常10，花瓣很多，花梗与花萼皆带红晕。花朵密集艳丽，观赏价值很高。

图5-67　榆叶梅

习性：喜光、耐寒、耐旱。对土壤要求不严，沙土、黏土、微酸性土及轻碱性土均能适应。不耐水湿，根系发达。

分布：原产中国北部，黑龙江、河北、山西、山东、江苏、浙江等地均有分布，华北、东北庭院多有栽培。

繁殖：繁殖用嫁接或播种法，砧木用山桃、杏或榆叶梅实生苗。

用途：北方重要的观花灌木，花感强烈，能反映春光明媚、花团锦簇、欣欣向荣的景象。宜于庭院绿地以苍松翠柏为背景丛植，与连翘、金钟花配植，红黄花朵竞相争艳。可盆植，做切花及催花材料。

●杏（图5-68）

学名：*Prunus armeniaca* Lam

落叶乔木，高达15 m，树冠圆整。小枝红褐色或褐色。叶广卵形或圆卵形，长5～10 cm，先端短锐尖，基部圆形或近心形，锯齿细钝，两面无毛或背面脉腋有簇毛；叶柄多带红色，长2～3 cm。花单生，先叶开放，白色至淡粉红色，径约2.5 cm；萼鲜绛红色。果球形，径2.5～3 cm，黄色而常一边带红晕，表面有细绒毛；核略扁平滑。花期3～4月；果熟期6月。

习性：喜光、耐寒、耐旱，喜土层深厚，排水良好的沙土壤，抗盐碱性较强，不耐涝，在黏重土壤上生长不良。寿命长。

图5-68　杏

分布：在东北、华北、西北、西南及长江中下游各省、自治区均有分布。

繁殖：播种、嫁接及根蘖繁殖。

用途：早春开花，繁茂美观，北方栽植尤多，故有"南梅、北杏"之称。可孤植于庭院，群植于山坡、水畔，或大面积荒山造林。果可食，可制作果脯、果酱等，种杏是重要的出口商品。

●樱桃（图5-69）

学名：*Prunus pseudocerasus* Lindl.

落叶小乔木，高达8m。叶卵形至卵状椭圆形，长7～12 cm，先端锐尖，基部圆形，缘有大小不等重锯齿，齿尖有腺，表面无毛或微有毛，背面疏生柔毛。花白色，径1.5～2.5 cm，萼筒有毛；3～6朵簇生成总状花序。果近球形，径1～1.5 cm，红色。花期4月，先叶开放；果熟期5～6月。

习性：喜光、喜温暖湿润气候及排水良好的沙质壤土，在黏土上生长不良。较抗寒，耐旱，耐瘠薄。萌蘖力强。

分布：河北、陕西、甘肃、山西、江苏、江西、贵州、广西等省、自治区均有分布。

繁殖：可用分株、扦插及压条法繁殖。

用途：早春新叶娇艳，花如彩霞，果若珊瑚，是观赏及果品兼用树种，可孤植、群植或配置成专类园。

图5-69 樱桃

●山樱花（图5-70）

学名：*Prunus serrulata* Lindl.

乔木，高15～25m。树皮暗紫褐色，光滑而有光泽，具横纹。冬芽在枝端数个丛生或单生。叶卵形至卵状椭圆形，长4～10 cm，先端尾尖，缘具尖锐重锯齿或单锯齿，叶两面无毛。叶柄长1.5～3 cm，常有2～4个腺体，3～5朵形成伞房花序或短总状花序，萼筒钟状无毛。果球形，黑色，径6～8 cm。花期4～5月；果熟期7～9月。

习性：喜光，较耐寒。要求土壤深厚肥沃，忌盐碱及积水。对烟尘、有害气体及海潮风的抵抗力均较弱。

分布：原产长江流域，华北地区亦有栽培。

繁殖：主要用嫁接法繁殖，砧木可用樱桃、东京樱花、尾叶樱及桃、杏等实生苗。也可分株繁殖。

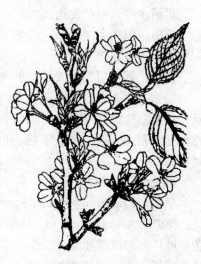

图5-70 山樱花

用途：春日繁花似锦，十分娇美。其重瓣品种则花朵较大，观赏价值更高。景观中常孤植、丛植或群植于山坡、庭院、路边、建筑物前，或配置以山石及其他花灌木，自成一景。亦可以常绿树为背景配置，对比鲜明，别具特色。花枝可供瓶插。

●日本樱花（图5-71）

学名：*Prunus yedoensis* Matsum

落叶乔木，树高达16m。树皮暗灰色，平滑，小枝幼时有毛。叶卵状椭圆形至倒卵形，长 5～12 cm，叶端急渐尖，缘具芒状单或重锯齿，叶背沿脉及叶柄被短柔毛，具 1～2 个腺体。花白色至淡粉红色，先叶开放，径 2～3 cm，常为单瓣，微香；萼筒管状，有毛；花梗长约 2 cm，有短柔毛；3～6 朵排成短总状花序。核果近球形，径约 1 cm，黑色。花期 4 月；果熟期 8～9 月。

习性：喜光，较耐寒，在北京可露地越冬。

分布：原产日本，华东及长江流域城市多栽培。

繁殖：主要用嫁接法繁殖，砧木可用樱桃、山樱花、尾叶樱及桃、杏等实生苗。

用途：著名观花树种，开花时满树灿烂，甚为壮观。宜植于山坡、庭院、建筑物前及园路旁，或以常绿树为背景丛植，可作堤岸树及风景林。日本国花。

图 5-71 日本樱花

● **白鹃梅**（图 5-72）

学名：***Exochorda racemosa***（Lindl.）Rechd.

灌木，树高 3～5 m，全株无毛。小枝微具棱。叶椭圆形至倒卵状椭圆形，长 3.5～6.5 cm，全缘或中部以上有浅钝疏齿，叶背面苍绿色。花白色，径约 4 cm，6～10 朵成总状花序；花瓣倒卵形，基部有短爪；雄蕊 15～20，3～4 枚一束，着生于花盘边缘，并于花瓣对生。蒴果倒卵形。花期 4～5 月；果熟期 9 月。

习性：性强健，喜光，耐热；喜肥沃、深厚土壤，耐寒性强，在北京可露地越冬。

分布：产于江苏、浙江、江西、湖南、湖北等省、自治区。

繁殖：常用播种及嫩枝扦插法繁殖。

用途：春日开花，满树雪白，是美丽的观赏树种。宜作基础栽植，丛植于草坪、林缘、路边及假山石旁。

图 5-72 白鹃梅
1.花枝 2.花纵剖面 3.果序

● **李叶绣线菊**（图 5-73）

学名：***Spiraea prunifolia*** Sieb. et. Zucc.

落叶灌木，高达 3 m。枝细长而有角棱，微生短柔毛或近于光滑。叶小，椭圆形至椭圆状长圆形，长 2.5～5.0 cm，先端尖，缘有小齿，叶背光滑或有细短柔毛；花序伞形，无总梗，具 3～6 朵花，基部具少数叶状苞；花白色，重瓣，径约 1 cm；花梗细长。花期 4～5 月。

习性：生长健壮，喜阳光和温暖湿润土壤，尚耐寒。

分布：产于台湾、山东、安徽、陕西、江苏、浙江、江西、湖北、湖南、四川、贵州、福建、广东等省、自治区。

图 5-73 李叶绣线菊
1.花枝 2.花

繁殖：春季可播种繁殖，夏季可进行软枝扦插，晚秋可进行分株或硬枝扦插繁殖。

用途：花洁白似雪，花姿圆润，花序密集，如笑颜初靥。可丛植于池畔、山坡、路旁、崖边。多作基础种植用，或在草坪角隅应用。

●珍珠梅（图5-74）

学名：***Sorbaria kirilowii***（Reqel）**Maxim**

灌木，高2～3 m，小叶13～21枚，卵状披针形，长4～7 cm，重锯齿，无毛。花小，白色，花序长15～20 cm，雄蕊20，与花瓣等长或稍短。花期6～8月；果期9～10月。

习性：喜光又耐荫，常生于河谷及杂木林中。耐寒，性强健，不择土壤。萌蘖性强，耐修剪，生长迅速。

分布：河北、山西、山东、河南、陕西、甘肃、内蒙古。

繁殖：可播种、扦插及分枝繁殖。

用途：花、叶清丽，花期极长，正值夏季少花时节，故景观中多喜应用。宜丛植于草地边缘、林缘、墙边、路边、水旁，也可作自然绿篱栽植，亦可配置于建筑物背荫处。

图5-74 珍珠梅

●花楸树（图5-75）

学名：***Sorbus pohuashanensis***（Hance）**Hedl.**

小乔木，高达8 m。小枝及芽均具绒毛，托叶大，近卵形，有齿缺；奇数羽状复叶，小叶11～15枚，长椭圆形至长椭圆状披针形，长3～8 cm，先端尖，中部以上有锯齿，背面灰绿色，常有柔毛。花序伞房状，花白色，径6～8 mm。花期5月；果熟期10月。

习性：较耐荫，耐寒。喜温润酸性或微酸性土壤。

分布：产于东北、华北至甘肃一带。生于海拔900～2 500 m山坡或杂林中。

繁殖：播种繁殖，种子采后层积贮藏，春天播种。

用途：初夏白花满树；入秋红果累累，为优美庭院树，适于园中假山、谷间及斜坡地栽培。果可酿酒、制果汁等，又可药用。

图5-75 花楸树

●平枝栒子（图5-76）

学名：***Cotoneaster horizontalis*** **Decne.**

叶或半常绿匍匐灌木，高不过0.5 m。枝水平开展或整齐2列状。叶近圆形至倒卵形，先端急尖，长0.5～1.5 cm，基部广楔形，表面暗绿色，叶片下面疏生平贴柔毛。花小，径5～7 mm，无梗，单生或两朵并生，粉红色。果径4～6 mm，鲜红色，常有3小核。花期5～6月；果熟期9～10月。

习性：喜光，耐半荫，耐寒，耐干旱瘠薄，在石灰质土壤上也能生长，不耐水涝。

分布：云南、贵州、四川、湖南、湖北、甘肃、陕西等省、自治区。多生于海拔2 000～

3 500 m的灌木丛中。

繁殖：多用播种、扦插繁殖，也可压条。

用途：树姿低矮，枝叶平展，花密集枝头，入秋叶色红亮，红果累累，经冬不凋，可孤植于斜坡及岩石园或散植于草坪中。

●山楂（图5-77）

学名：*Crataegus pinnatifida* **Bunge**.

图5-76　平枝栒子

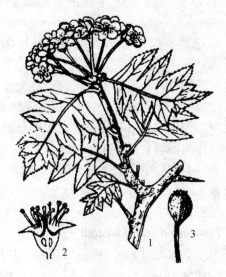

图5-77　山　楂

1. 花枝　2. 花纵剖面　3. 果

落叶小乔木，高达6 m。叶三角状卵形至菱状卵形，长5～12 cm，羽状5～9裂，裂缘有不规则的尖锐锯齿，两面沿脉疏生短柔毛，叶柄细，长2～6 cm。花白色，径约1.8 cm，雄蕊20，伞房花序有长柔毛。果近球形或梨形，径约1.5 cm，深红色，有白色皮孔。花期5～6月；果10月成熟。

变种：山里红（var. *major* N. E. Br）：枝无刺，叶形较大，质厚，羽裂较浅，果较大，径约2.5 cm，深红色，有光泽，白色皮孔点明显。

习性：树势强健，适应性强。喜光，稍耐荫，耐寒，喜干冷气候，耐干旱瘠薄土壤，但以肥沃、湿润而排水良好的沙质土壤生长最好。根系发达，根蘖性强。

分布：东北、华北、西北等地。生于海拔100～1 500 m的山坡林边或灌木丛中。

繁殖：可用播种、分株、嫁接、压条繁殖。

用途：树冠整齐，花枝繁茂，秋天满树红果，鲜艳可爱，是观花、观果和景观绿化的优良树种，可作庭荫树和园路树。可作绿篱、花篱或丛植。果实除生食外，可制果酱、果糕、糖葫芦等食品。干制后可入药。

●枇杷（图5-78）

学名：*Eriobotrya japonica*（**Thunb**.）**Lindl**.

常绿小乔木，高可达10 m。小枝、叶背及花序均密被锈色绒毛。叶大，革质，常为倒披针状椭圆形，长12～30 cm，先端尖，基部楔形，锯齿粗钝，侧脉11～21对，表面多皱而有光泽。花白色，芳香，10～12 月开花，翌年初夏果熟。果近球形或梨形，黄色或橙黄色，径 2～5 cm。

习性：喜光，稍耐荫，喜温暖气候及深厚、肥沃、排水良好的中性或微酸性土壤。不耐寒，深根性，生长慢，寿命长。

分布：原产四川、湖北，长江流域以南广为栽培，浙江圹栖、江苏洞庭山及福建莆田都是枇杷有名的产地。

繁殖：以播种、嫁接繁殖为主，亦可扦插、压条繁殖。

用途：树冠圆整，叶大荫浓，常绿而有光泽，冬日白花盛开，初夏黄果满枝头。景观中，常配植在亭、堂、院落之隅，期间点缀山石、花卉，亦可与其他果树组成树丛，或作为四季常青的基调树种。

图 5-78 枇杷

果大色美，甜酸适中，上市早。果除生食外，还可酿酒，作蜜饯、罐头；叶可制药；花为良好的蜜源。

● **石楠**（图 5-79）

学名：***Photinia serrulata* Lindl.**

常绿小乔木，高达 12 m。树冠圆球形，枝叶无毛。叶长椭圆形至倒卵状长椭圆形，长 8～22 cm，缘具带腺的细锯齿，革质有光泽，幼叶带红色，叶柄长 2～4 cm。复伞房花序多而密生，花白色，径 6～8 cm。果球形，径 5～6 cm，红色。花期 5～7 月。果熟期 10 月。

习性：喜光，稍耐荫，耐寒。喜温暖气候及排水良好的肥沃壤土，亦耐干旱贫薄，能生长于石缝中。不耐水湿。生长慢，萌芽力强，耐修剪。

分布：江淮流域以南，西至四川、云南、陕西南部等地。

繁殖：以播种为主，也可扦插或压条繁殖。

用途：树冠圆整，枝密叶浓，早春嫩叶鲜红，夏秋叶色浓绿光亮，秋冬红果累累，是美丽的观赏树种。在公园绿地、庭院、路边、花坛中心及建筑物门庭两侧均可孤植、丛植、列植或整形式配置，亦可作绿墙、绿屏或墓地绿化。

图 5-79 石楠
1. 花枝 2. 花 3. 雌蕊

● **木瓜**（图 5-80）

学名：***Chaenomeles sinensis*（Thouin）Koehne**

落叶小乔木，高达 10 m。树皮呈薄皮状剥落；枝无刺，但短小枝常成棘状；叶卵状椭圆形，长 5～10 cm，先端急尖，缘具芒状锯齿，革质；托叶小，卵状披针形，长约 7 mm，膜质。花单生叶腋，淡粉红色，径 2.5～3 cm。果椭圆形，长 10～15 cm，黄绿色，近木质，

芳香。花期4～5月；果熟期9～10月。

习性：喜光，喜温暖，但具一定耐寒性。要求土壤排水良好，不耐盐碱和低湿地。

分布：产于山东、陕西、安徽、江苏、浙江、江西、湖北、广东、广西等省、自治区。

繁殖：以播种繁殖为主，亦可嫁接和压条繁殖。

用途：树皮斑驳具美感，花美果香。适合孤植于庭前院后，或以常绿树为背景，丛植于景观绿地中，如在岩石假山间点缀一二，效果亦佳。果实味涩，供药用。

图5-80 木 瓜
1. 果 2. 种子
3. 叶缘（放大）

●**皱皮木瓜**

学名：*Chaenomeles speciosa*(Sweet)Nakai.

落叶灌木，高达2m。枝开展，有刺。叶卵形至椭圆形，长3～8cm，叶缘具芒状锯齿；托叶大，肾形或半圆形，长0.5～1cm，缘有重锯齿。花3～5朵簇生于2年生枝上，花叶同放，朱红、粉红或白色；萼筒钟状，萼片直立；花柱基部无毛或稍有毛；花梗粗短或近于无梗。果卵形至球形，径4～6cm，黄色，芳香。花期3～5月；果熟期9～10月。

习性：喜光而又耐荫，有一定耐寒能力，对土壤要求不严，耐贫薄，但喜排水良好的肥沃壤土，不宜在低洼积水处栽植。

分布：产于我国陕西、甘肃、四川、贵州、云南、广东等省、自治区。

繁殖：以分株繁殖为主，也可用扦插和压条。

用途：花簇生枝间，重瓣及半重瓣，鲜艳美丽，秋日果熟，黄色芳香。为良好的观花、观果灌木。宜于花坛、庭院、池畔、草坪、树丛边缘丛植或孤植，又可作花篱及基础种植材料，同时还是盆栽和切花的好材料。果可作蜜饯、药用、浸制木瓜酒等。

●**海棠花**（图5-81）

学名：*Malus spectabilis* Borkh

乔木，高达8m。嫩枝被绒毛，小枝红褐色。叶椭圆形至长椭圆形，长5～8cm，先端短锐尖，基部广楔形至圆形，细锯齿贴近叶缘，背面幼时有绒毛；叶柄长1.5～2cm。花序近伞形；花蕾红艳，开放后呈淡粉红色，径4～5cm，单瓣或重瓣；萼片较萼筒短或等长。果近球形，径约2cm，黄色。花期4～5月；果熟期8～9月，品种有重瓣粉海棠和重瓣白海棠。

习性：喜光，耐寒，耐干旱，抗盐碱，忌水湿，在北方干旱地区生长良好。

分布：产于华北、华东、东北南部等地。

繁殖：可播种、压条、分株和嫁接等方法繁殖。

用途：春天开花，美丽可爱，为我国著名的观赏花木。孤

图5-81 海棠花

植于路旁、庭院、草地或丛植于林缘、花廊周围。亦可作盆栽及切花材料。

● **垂丝海棠**（图 5-82）

学名：*Malus halliana*（Voss）**Koehne**

小乔木，高达 5 m。树冠开张疏散。小枝紫色。叶卵形至长卵形，长 3.5～8 cm，基部楔形，叶缘锯齿细钝；叶柄及中脉常带紫红色。花梗紫红色，细长，2～4 cm，下垂；花初开时鲜玫瑰红色，后呈粉红色，径 3～3.5 cm；萼紫红色，萼片三角状卵形，顶端钝，与萼筒等长或稍短；花柱 4～5。果倒卵形，径 6～8 cm，紫色。花期 3～4 月；果熟期 9～10 月。变种有重瓣垂丝海棠（var. *parkmanii* Rehd）和白花垂丝海棠（var. *spontanea* Rehd）等。

习性：喜温暖湿润气候，耐寒性不强。

分布：产于江苏、浙江、安徽、陕西、四川、云南等省，山东、河南、河北、辽宁南部引种栽培。

繁殖：多用湖北海棠为砧木进行嫁接，亦可分株繁殖。

图 5-82 垂丝海棠

用途：花繁色艳，朵朵下垂，是著名的庭院观赏花木。可丛植于草坪、林缘、池畔、坡地、窗前、墙边；列植园路旁；对植门庭入口；孤植于院隅。亦可作切花、树桩盆景。

● **苹果**（图 5-83）

学名：*Malus pumila* **Mill**

乔木，树高达 15 m。树冠多圆形或椭圆形。幼枝、幼叶、叶柄、花梗及花萼密被灰白色绒毛。叶卵形、椭圆形，长 4.5～10 cm。先端尖，缘有圆钝锯齿；叶柄长 1.2～3 cm。花序由 3～7 朵花组成；花白色带红晕，径 3～4 cm，雄蕊 20，花柱 5；花萼倒三角形。果扁球形，两端均凹陷，径 5 cm 以上，萼宿存。花期 4～5 月；7～11 月果熟。

习性：为温带果树，喜光，耐寒，要求比较干冷和干燥的气候，不耐湿热，喜肥沃、深厚、排水良好的土壤，不耐瘠薄。

图 5-83 苹 果

分布：原产欧洲中部，后引入我国，现华北、东北及陕西、甘肃等地普遍栽培。为我国北方重要果树，品种多达 900 多个，在生产中大量推广的有 20 多个品种，主要有"国光"、"青香蕉"、"金帅"、"元帅"、"红星"、"红富士"、"秦冠"等。

繁殖：一般嫁接繁殖。

用途：开花时期颇为壮观，果熟季节硕果累累，色泽艳丽。一般多作果树经营，也可与其他树木混栽于庭院之中，点缀园景。

● **火棘**（图 5-84）

学名：*Pyracantha fortuneana*（Maxim）**Li**.

常绿灌木，高约 3 m。枝拱形下垂，短侧枝常呈刺状，幼枝被锈色柔毛。叶常为倒卵状长椭圆形，长 1.5～6 cm，先端圆钝微凹，基部楔形，缘有钝锯齿。花白色，径约 1 cm，成复伞房花序。果近球形，红色，径约 0.5 cm。花期 5 月；果熟期 9～10 月。

习性：喜光，稍耐荫，不耐寒，耐旱力强，要求土壤排水良好，山地、平地都能生长。萌芽力强，耐修剪。

分布：华东、华中、西南等地区。

繁殖：一般用播种繁殖，秋季采种后即播，亦可在晚夏进行软枝扦插。

用途：枝叶茂密，初夏白花似锦，入秋满树红果累累，如火似珠，经久不凋，为优良的观果树种。宜作绿篱，或丛植于草坪、园角、路隅、岩坡、池畔。果枝还是瓶插的好材料。

图 5-84 火 棘

●白梨（图 5-85）

学名：**Pyrus bretschneideri Rehd**

乔木，高达 8 m。枝、叶、叶柄、花序梗、花梗幼时有绒毛，后渐脱落。叶卵形至卵状椭圆形，长 5～18 cm，基部宽楔形或近圆形，叶缘芒状锯齿，齿端微向内曲；叶柄长 2.5～7 cm。花序有花 7～10 朵，花径 2～3.5 cm；花梗长 1.5～7 cm，萼片三角形，内面密生绒毛；雄蕊 20，花柱 5 或 4。果倒卵形或近球形，黄色、黄白色。径 2 cm 以上，果肉软，萼脱落。花期 4 月；果熟期 8～9 月。

栽培历史悠久，有很多优良的品种，如河北鸭梨、雪花梨、山东莱阳的慈梨、安徽砀山的酥梨、兰州的冬果梨等。

习性：喜干燥冷凉，较抗寒，喜光。对土壤要求不严，以深厚、疏松、地下水位较低的肥沃沙质土壤为最好，开花期忌寒冷和阴雨。

图 5-85 白 梨

分布：产于中国北部，河北、河南、山东、陕西、山西、甘肃、青海等省皆有分布。栽培遍及华北、东北南部，西北及江苏北部、四川等地。

繁殖：多用杜梨作砧木进行嫁接繁殖。

用途：春天开花，满树雪白，树姿也美，是景观结合生产的好材料，各地多以专业果园经营。

六、杨柳科（Salicaceae）

落叶乔木或灌木。单叶互生，稀对生，有托叶。花单性，雌雄异株，葇荑花序，无花被，生于苞片腋部；每花下有苞片 1，基部有杯状花盘或腺体；雄蕊 2 至多数；雌花由 2 心皮合生，子房 1 室，胚珠多数。蒴果，2～4 瓣裂，种子多，细小，基部有白色丝状长毛。

本科 3 属、约 620 种，我国 3 属、约 320 种。由于种间易于杂交，故分类较为困难。

●小叶杨（图 5-86）

学名：**Populus simonii Cart.**

乔木，高 20 m。树冠广卵形，树干往往不直，树皮暗灰色，老时变粗糙，纵裂。小枝

光滑，长枝有显著角棱。冬芽瘦而尖，有黏胶。叶菱状倒
卵形，棱状卵圆形，或棱状椭圆形，长 5～10 cm，基部
楔形，先端短尖，缘具细钝齿，两面无毛，叶柄近圆形，
常带淡红色。花期 3～4 月；果熟期 4～5 月。

习性：适应性强，喜光，耐寒，亦耐热，耐干旱，又
耐水湿。喜肥沃湿润土壤，亦耐干瘠及轻盐碱土壤。根系
发达，抗风沙力强。根蘖能力强。

分布：产于中国及朝鲜。华东、华北、东北、西北及
四川、云南均有分布。垂直分布在海拔 1 000 m 以下，四
川在 2 300 m 以下。

繁殖：主要以扦插繁殖为主，亦可埋条和播种繁殖。

用途：适作行道树、防护林，也是防风固沙、保持水
土、护岸固堤的重要造林树种。

图 5 - 86　小叶杨

●**银白杨**（图 5 - 87）

学名：*Populus alba* **L**.

乔木，高达 35 m。树冠广卵形或圆球形，树皮灰白
色，光滑，仅下部粗糙，幼枝叶及芽密被白色绒毛。长枝及
萌芽枝上的叶常掌状 3～5 浅裂，短枝上的叶卵形或椭圆形，
缘具不规则波状钝齿，老叶上面绿色无毛，下面及叶柄密被
白色棉毛。叶柄上部微扁，无腺体。蒴果长圆锥形，2 裂。花
期 3～4 月，果熟期 4～5 月。

习性：喜光，不耐庇荫；耐干旱，不耐湿热，适于大陆
性气候；抗寒性强。在湿润肥沃的土壤或地下水较浅的河地
上生长良好，在黏重和过于瘠薄的土壤上生长不良。稍耐盐
碱。深根性，萌蘖力强。

分布：新疆额尔齐斯河一带有野生，东北南部，华北、
西北及河南、山东、江苏等地有栽培。

繁殖：可播种、分蘖、扦插繁殖。

图 5 - 87　银白杨

用途：银白色的叶片和灰白色的树干都与众不同，叶子
在微风中飘动有特殊的闪烁效果，高大的树形及卵圆形的树
冠颇为美观。在景观中用作庭荫树、行道树，或于草坪孤植、丛植均适宜，还可固沙保土、
护岸固堤及沙荒造林。

●**毛白杨**（图 5 - 88）

学名：*Populus tomentosa* **Carr**.

乔木，高达 30～40 m。树干通直，树冠卵圆锥形，幼时树皮灰白色，平滑，皮孔菱形，
老时树皮纵裂，呈现暗灰色。嫩枝灰绿色，密被绒毛，后脱落。叶片三角状卵形或卵形状，
长 7～15 cm，先端骤尖，基部心形或截行，缘具缺刻或锯齿，上面暗绿色无毛，下面幼时
密被灰白色柔毛，后渐脱落；叶柄上部扁，顶端常具 2 腺体。果序长达 14 cm，果圆锥形或
长卵形，2 裂。花期 2～3 月，先叶开放，果熟期 4～5 月。

习性：喜光，要求凉爽湿润气候，对土壤要求不严，适于排水良好的中性或微碱性土壤，在深厚、肥沃、湿润的壤土或沙壤土上生长快，在干旱瘠薄或低洼积水的盐碱地及沙荒地生长不良。抗烟尘和抗污染能力强。深根性，萌芽力强，寿命长。

分布：主要分布于黄河流域，北至辽宁南部，南达江苏、浙江，西至甘肃东部，西南至云南均有之。垂直分布一般在海拔200～1 200 m，最高可达1 800 m。

繁殖：可埋条、扦插、嫁接、根蘖繁殖，亦可播种。

用途：树形高大挺拔，姿态雄伟壮观，叶大荫浓。是城乡"四旁"绿化和营造农田防护林的重要树种之一。在景观配植上可孤植。适宜作庭荫树、行道树，植于建筑物周围，更能显示特有的雄伟壮观。

●钻天杨（图5-89）

学名：*Populus nigra* L. cv. *Italica*.

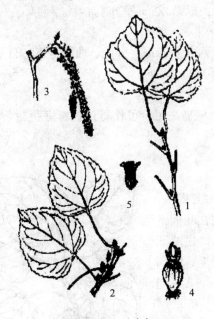

图5-88 毛白杨

1. 长枝叶 2. 短枝叶 3. 带花序的叶

4. 雌花（带花盘） 5. 果（已开裂）

图5-89 钻天杨

乔木，高达30 m。树冠圆柱形。树皮灰褐色，老时纵裂。枝贴近树干直立向上。1年生枝黄绿色或黄棕色；冬芽长卵形，贴枝，有黏胶。叶扁三角状卵形或菱状卵形，先端突尖，基部广楔形，缘具钝锯齿，无毛；叶柄扁而长，无腺体。花期4月；果熟期5月。

习性：喜光，喜湿润土壤，耐寒，耐空气干燥和轻盐碱，不适应南方湿热气候。抗病虫能力差。生长快，寿命较短。

分布：起源不明。广布于欧洲、亚洲及北美洲，我国东北哈尔滨以南，华北、西北至长江流域均有栽培。

繁殖：通常用扦插法繁殖。

用途：树形圆柱状，丛植于草地或列植于堤岸、路边，有高耸挺拔之感，在北方景观中常见。也常作行道树、防护林用。

●**青杨**（图5-90）

学名：***Populus cathayans* Rehd**

乔木，高达30 m。树冠卵形。树皮幼时灰绿色，光滑，老时灰白色，浅纵裂。小枝圆柱形，冬芽多黄黏胶。枝叶均无毛。叶卵形或卵状椭圆形，长5～10 cm，基部圆形或近心形，先端长尖，缘有细锯齿，背面绿白色；叶柄圆而较细长，无腺体。花期3月下旬；果熟期4～5月。

图5-90 青杨

习性：喜光，亦稍耐荫，喜温凉湿润，较耐寒，但在暖地生长不良；能耐干旱，但不耐水淹。对土壤要求不严，在河滩、石砾地、弱碱性土上均能生长，但以深厚、肥沃、湿润、排水良好的土壤上生长最好。根系发达，分布深而广，抗风能力较强。

分布：原产中国，分布于东北南部、华北、西北及四川、云南、西藏等省、自治区。垂直分布华北在1 500～2 200 m以下，四川则在4 000 m以下。

繁殖：以扦插繁殖为主，也可播种繁殖。

用途：展叶早，新叶嫩绿光亮，给人以春光早临之感。可作行道树、庭荫树、防护林、用材林及固岸护堤或河滩绿化等用。

●**加杨**（图5-91）

学名：***Populus canadensis* Moench**

乔木，高达30 m。树冠开展呈卵圆形。树皮灰褐色，粗糙纵裂。芽大，圆锥形，先端尖而反曲。小枝在叶柄下具3条棱脊。叶近正三角形，长宽均7～16 cm，先端渐尖，基部平截或圆楔形，边缘锯齿圆钝，两面无毛；叶柄扁平而长，有时顶端具1～2腺体。花期4月；果熟期5月。

起源于法国，系美洲黑杨与欧洲黑杨的杂交种。栽培类型很多，主要有晚花杨、健杨、意大利214杨、意大利72杨、意大利69杨、沙兰杨、新生杨等。

图5-91 加杨
1. 果枝 2. 果（已开裂）

习性：适应性强，喜光，耐寒，适应湿热气候。喜湿润肥沃、排水良好的冲击土壤，对水涝、盐碱和瘠薄土地均有一定耐性。对二氧化硫抗性强，并有吸收能力。生长快，萌芽力、萌蘖力均较强。寿命较短。

分布：广植于欧洲及美洲。19世纪中叶引入我国，现以华北、东北及长江流域最多。

繁殖：一般采用扦插繁殖。

用途：树体高大雄伟，树冠宽阔，叶大荫浓。宜作庭荫树、行道树及防护林。同时，也是工矿绿化及"四旁"绿化的好树种。由于适应性强，生长快，已成为华北、江淮平原地区常见的绿化树种及速生丰产林的重要树种。

●银芽柳（图5-92）

学名：**Salix leucopithecia** Kimura.

灌木，高2～3 m，分枝稀疏。枝条绿褐色，具红晕，幼时具绢毛，老时脱落。冬芽红紫色，有光泽。叶长椭圆形，长9～15 cm，先端尖，基部近圆形，缘具细浅齿，表面微皱，深绿色，背面密被白毛，半革质。雄花序椭圆状圆柱形，长3～6 cm，早春叶前开放，初开时芽鳞疏展，包被于花序基部，红色而有光泽，盛开时花序密被银白色绢毛，颇为美观。

习性：喜光，喜湿润土地，颇耐寒。

分布：原产于日本，中国上海、南京、杭州一带有栽培。

图5-92 银芽柳

繁殖：扦插繁殖。

用途：早春开放银白色花序，有时满树银花，基部又围以红色芽鳞，极为美观。可植于路旁、庭院角隅观赏，亦可催花，供春节前后室内切花或干花用。

●垂柳（图5-93）

学名：**Salix babylonica** L.

乔木，高达18 m。树冠倒卵形，小枝细长下垂。叶狭披针形至线状披针形，长8～16 cm，先端渐长尖，缘有细锯齿，表面绿色，背面蓝灰绿色，有白粉；叶柄长约1 cm，托叶阔镰形，早落。花序长2～5 cm，雄花具2个雄蕊，2个腺体；雌花仅腹面具1个腺体。花期3～4月；果熟期4～5月。

习性：喜光、喜温暖湿润气候及潮湿深厚的酸性或中性土壤。较耐寒，特耐水湿，喜生于河岸两边湿地，短期淹水不至死亡。土层深厚的高燥地及石灰质土壤亦能适应。并能吸收二氧化硫。发芽早，落叶迟，根系发达，生长快，寿命较短。

分布：主要分布在长江流域及其以南各省、自治区平原地区，华北、东北亦有栽培。垂直分布在海拔1 300 m以下，是平原水边常见树种。

图5-93 垂 柳

繁殖：以扦插繁殖为主，亦可用种子播种繁殖。

用途：枝条柔软下垂，随风飘舞，姿态优美潇洒。为河岸、湖边、池畔最理想树种。常沿岸边、池边、渠旁成行栽植。若与桃树间植，则桃红柳绿，婀娜多姿，实为江南春景特色。亦可孤植、丛植、列植于道旁、庭院、草地、建筑物旁。枝条供编织，枝、叶、花入药。

●旱柳（图5-94）

学名：**Salix matsudana** Koidz

乔木，高达18 m。树冠卵圆形，树皮灰黑色，纵裂。枝条直伸或斜展。叶披针形或线状披针形，长5～10 cm，先端长渐尖，基部圆形或楔形，缘具细锯齿，背面微被白粉；叶柄长2～4 mm，托叶披针形，早落。花序长1～2 cm，苞片卵圆形，雄蕊2，花丝分离，基部有毛，花药黄色，雌雄花均各有 2 个腺体。花期 3～4 月；果熟期 4～5 月。

常见变型：

馒头柳（f. *umbraculifera* Rehd.）：分枝密，端梢整齐，树冠半圆形，状如馒头。

绦柳（f. *pendula* Schneid.）：枝条细长下垂，小枝黄色，叶无毛，叶柄长 5～8 mm，雌花有 2 个腺体。

龙须柳（f. *tortuosa* Rehd.）：小乔木，枝条扭曲向上，生长势较弱，易衰老，寿命短。

习性：喜光，耐寒性较强，耐水湿，又耐干旱。对土壤要求不严，以肥沃、疏松潮湿土壤最为适宜，在黏重的土壤及重盐碱地生长不良。萌芽力强，耐修剪。深根性，抗风力强。

分布：产于华北、东北、西北及长江流域，以黄河流域为分布中心，是北方平原地区最常见的乡土树种之一。

图 5-94 旱柳

繁殖：以扦插繁殖为主，亦可播种繁殖。

用途：枝叶柔软嫩绿，树冠丰满，品种多姿，给人以亲切优美之感，历来为人们所喜爱，是北方景观常用的庭荫树、行道树。最宜沿河湖岸边、低湿处或草地上栽植，也可作防护林及沙荒造林。由于柳絮多，故以选雄株栽植为好。

七、壳斗科（Fagaceae）

常绿或落叶乔木，稀灌木。单叶互生，羽状脉，全缘或分裂，托叶早落。花单性，雌雄同株；花萼 4～6 裂，无花瓣；雄花多为葇黄花序、稀穗状花序或头状花序，雌花 1～3 朵生于总苞中，子房下位，3～6 室，每室具胚珠 2，仅 1 个发育成种子，花柱与子房同数，柱头成盘状、杯状或球状之"壳斗"，外有刺或鳞片。每总苞具 1～3 坚果，种子无胚乳，子叶肥大。

共 8 属约 900 种，我国有 7 属 300 余种。

表 5-5　壳斗科分属检索表

1. 雄花序为直立或斜伸之柔荑花序
 2. 落叶；枝无顶芽，总苞球状，密被针刺，内含 1～3 坚果 ················ 栗属 *Castanea*
 2. 常绿；小枝有顶芽。
  3. 总苞球状，稀杯状，内含 1～3 坚果；叶二列，全缘或有齿 ········ 栲属 *Castanopsis*
  3. 总苞盘状或杯状，稀球状，内含 1 坚果；叶不为二裂，通常全缘 ····· 石栎属 *Lithocarpus*
1. 雄柔荑花序下垂；总苞杯状或盘状
 4. 落叶，稀常绿；总苞鳞片分离，不结合成环状 ················ 栎属 *Quercus*
 4. 常绿；总苞之鳞片结合成多条环状 ············· 青冈栎属 *Cyclobalanopsis*

●苦槠（图 5-95）

学名：***Castanopsis sclerophylla*（Lindl）Schott**.

常绿乔木，高达 20 m。树冠球形，树皮纵裂，小枝有棱，无毛。叶厚革质，螺旋状排列，长椭圆形，长 7～18 cm，顶端渐尖或短尖，基部楔形或圆形，中、上部有稀锯齿；下面淡银灰色，有蜡层。雄花序穗状，直立。壳斗深杯状，幼时全包坚果，成熟时包坚果

3/5～4/5，苞片瘤状突起，密集排成 5～7 个同心环带；
果苞成串生于枝上。花期 4～5 月；果熟期 10 月。

习性：喜光，喜温暖湿润，幼年耐荫，在深厚湿润
而排水良好的中性和酸性土壤上生长良好，在干旱瘠薄
山坡亦能生长。深根性，主根发达，萌芽力极强，寿
命长。

分布：主产于长江以南各地，多生于海拔 1 000 m
以下的低山丘陵。

繁殖：用播种法繁殖。

用途：枝叶浓密，树冠浑圆，适于孤植、丛植草坪
或山麓坡地。常植于树丛或片林中作常绿基调树种，或
为花木丛的背景树，亦可作防火林带、厂矿绿化和防污
染树种。质优良，壳斗可提取栲胶，果实可制苦槠豆腐
食用。

图 5-95 苦 槠

● **板栗**（图 5-96）

学名：*Castanea mollissima* **Bl**.

乔木，高达 20 m。树皮深灰色，树冠扁球形。
小枝有短毛或散生长绒毛，无顶芽。叶卵状椭圆形
至椭圆状披针形，长 8～18 cm，先端渐尖，基部圆
形或广楔形，缘齿尖芒状，背面常有灰白色柔毛。
雄花序直立，雌花集于枝条上部雄花序基部。总苞
球形或扁球形，通常 2～3 个，直径 6～8 cm，密被
长针刺，内含 1～3 坚果。花期 5～6 月；果熟期
9～10 月。

习性：喜光，北方品种较耐寒耐旱，南方品种
则喜温暖而不怕炎热，但耐寒耐旱性较差。以阳坡、
肥沃湿润、排水良好的微酸性或中性沙壤或砾质壤
土上生长最为适宜，在过于黏重、排水不良或盐碱
土上生长不良。深根性，根系发达，寿命长，萌芽
力较强，耐修剪。

分布：产于辽宁以南各地，除新疆、青海以外，
其余各省、自治区均有栽培，以华北及长江流域栽
培最为集中。

繁殖：以嫁接繁殖为主，亦可播种繁殖。

图 5-96 板 栗

1. 花枝 2. 雄花 3. 雌花

4. 果枝 5. 壳斗及果 6. 果

用途：树冠大，枝叶稠密，为著名干果，在公园草坪及坡地孤植或群植均适宜，可辟专
园经营，亦可用于山区绿化，或点缀庭院。

● **青冈栎**（图 5-97）

学名：*Cyclobalanopsis glauca*（**Thunb**）**Oerst**

常绿乔木，高达 20 m。小枝无毛，树皮平滑不裂，枝叶密生，形成广卵圆形树形。叶

厚革质，长椭圆形或倒卵状长椭圆形，长 6～13 cm，宽 2.4～4.5 cm，先端渐尖，基部广楔形，边缘上半部有疏齿，中部以下全缘，叶表深绿色，有光泽，叶背灰绿色，有平伏毛。总苞单生或 2～3 个聚生，杯状，包围坚果 1/3～1/2，苞片合生成 5～8 条同心圆环，花期 4～5 月；果熟期 10～11 月。

习性：幼树稍耐荫，大树喜光。喜温暖多雨气候，喜钙质土，常生于石灰岩山地，在排水良好、腐殖质深厚的酸性土壤上亦生长较好。深根性，生长较慢，寿命长。

分布：长江流域及其以南各省、自治区，南达广东、广西，西南至云南、西藏，北至河南、陕西、青海、甘肃南部，是本属中分布范围最广且最北的一个树种。垂直分布一般在海拔 1 000～1 600 m 以下，云南可达 2 400 m。

图 5-97 青冈栎

繁殖：播种繁殖。

用途：枝叶茂密，树姿优美，终年常青。宜丛植、群植或与其他常绿树种混交成林。可作隔噪音林带和防火林带树种，亦可作厂矿绿化和防污染林。

● 石砾（图 5-98）

学名：***Lithocarpus glaber***（**Thunb**）**Makai**

常绿乔木，高达 20 m，树冠半球形。干皮青灰色，不裂，小枝密生灰黄色绒毛。叶厚革质，椭圆形或椭圆状卵形，长 6～12 cm，先端尾尖，基部楔形，全缘或近顶端有几个浅齿，表面深绿色，下面灰白色，有蜡层。壳斗浅碗状，包围坚果 1/4，苞片三角形，排列紧密，果椭圆状卵形或倒卵形，略有白粉，果脐下凹。花期 8～9 月；果熟期翌年 9～10 月。

习性：喜光，稍耐荫，喜温暖气候和湿润、深厚土壤，能耐干燥瘠薄及石砾坡地，萌芽力强。

分布：产于长江以南各地，常生于海拔 500 m 以下山区丘陵。

图 5-98 石砾

繁殖：种子播种繁殖。

用途：树冠浑圆，层次明显，枝叶浓密。适于在庭院、草坪孤植或丛植为背景树，入春新叶黄色，远望如黄云朵朵，幽然入画。对有毒气体抗性较强，枝叶浓密且燃点高，是厂矿绿化和隔音、防火林带的优良树种。

● 槲树（图 5-99）

学名：***Quercus dentata*** **Thunb**

落叶乔木，高达 25 m，树冠椭圆形。小枝粗壮，有沟棱，密生黄褐色绒毛。叶倒卵形至椭圆状倒卵形，长 10～30 cm，先端圆钝，基部耳形或楔形，缘具波状裂齿 4～10 对，背面灰绿色，有星状毛，叶柄极短，长 2～5 mm，密生棕色绒毛。总苞鳞片长披针形，棕红色，柔软反曲。坚果卵圆形或椭圆形。花期 4～5 月；果熟期 9～10 月。

习性：喜光，耐寒、耐干瘠，在酸性土、钙质土、轻度石灰性土壤上均能生长。深根性，萌芽力强。抗风、抗烟、抗病虫能力强。

分布：产于东北、华北、华东、华中、西南、西北各地。

繁殖：播种繁殖。

用途：树形奇雅，枝叶扶疏，入秋叶成紫红色，可于庭院中孤植或与其他针、阔叶树种混交，亦可用作厂矿绿化或荒山造林树种。

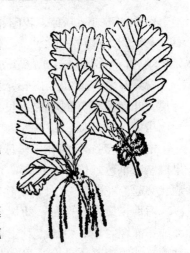

图 5-99 槲 树

● **栓皮栎**（图 5-100）

学名：*Quercus variabilis* **Bl**.

落叶乔木，高达 25 m，树冠广卵形。树皮灰褐色，深纵裂，木栓层厚而软。小枝淡褐黄色，无毛，冬芽圆锥形。叶长椭圆形或长椭圆状披针形，长 8～15 cm，边缘有芒状细锯齿，下面密生灰白色星状细绒毛。雄花序生于当年生枝下部，雌花单生或双生于当年生枝叶腋。总苞杯状，鳞片反卷，有毛。坚果卵球形或椭球形，果顶平圆。花期 3～5 月；果翌年 9～10 月成熟。

习性：喜光，常生于山地阳坡。适应性强，能耐 −20 ℃低温，亦耐干旱瘠薄，在 pH4～8 的酸性、中性及石灰性土壤中均能生长，但以深厚、肥沃、适当湿润而排水良好的壤土和沙质壤土最适宜，不耐积水。

分布：分布广，北至辽宁，西北至甘肃南部，南至广东、广西，西南到云南、贵州、四川等地都有分布，而以鄂西、秦岭、大别山区为其分布中心。

图 5-100 栓皮栎

1. 果枝 2. 雄花枝 3～5. 雌花
6. 叶之背面 7. 果及壳斗

繁殖：主要用播种法繁殖，劈蘖法亦可。

用途：树干通直，树冠雄伟，浓荫如盖，秋季叶转橙褐色，是良好的绿化观赏树种。孤植、丛植或与其他树混交成林，均甚适宜。亦可用于营造防风林、水源涵养林及防火林带。

八、桑科（Moraceae）

木本，稀草本，常有乳汁。单叶互生，稀对生，托叶早落。花小，单性，雌雄同株或异株，组成头状花序、柔荑花序或隐头状花序；萼片 4，无花瓣，雄蕊与萼片常同数对生；子房上位或下位，1～2 室，每室胚珠 1，柱头 1～2。聚花果或隐花果，单果为瘦果、核果或坚果，通常外面包有肥大增厚的肉质花萼。

约70属，1 800种，我国有17属160种，主要分布在长江以南各省、自治区。

●木波罗（图5-101）

学名：*Artocarpus heterophyllus* Lam.

常绿乔木，高10～15 m，有时具板状根。小枝有环状托叶痕。叶椭圆形至倒卵形，长7～15 cm，全缘，两面无毛，背面粗糙，厚革质。雄花序顶生或腋生，圆柱形，长5～8 cm，径约2.5 cm，雌花序椭球形，生于树干或大枝上。聚花果成熟时黄色，长25～60 cm，重可达20 kg，外皮有六角形瘤状突起。花期2～3月；果熟期7～8月。

图5-101　木波罗

习性：最喜光树种，幼树稍耐荫。不耐寒，适于在无霜冻或霜冻轻的地区生长。对土壤要求不严，在酸性至弱碱性黏壤、沙壤或砾质土上均可生长，但以土层深厚肥沃、排水良好的微酸性土壤为宜，不耐积水。

分布：原产印度、马来西亚。我国台湾、海南，福建南部、广东、广西及云南南部均有栽培。

繁殖：以播种繁殖为主，也可高压或嫁接。

用途：树姿端正，冠大荫浓，花有芳香，并有老茎开花结果的奇观，为庭院优美的观赏树。可栽作庭荫树或行道树，也是很好的"四旁"绿化树种。果肉香甜可口，种子富含淀粉，是热带地区水果。

●薜荔（图5-102）

学名：*Ficus pumila* L.

常绿藤本，借气根攀援，含乳汁。小枝有褐色绒毛。叶互生，椭圆形，长4～10 cm，全缘，基出三出脉，革质，表面光滑，背面网脉隆起并构成显著小凹眼，同株上常有异型小叶，柄短而基歪。隐花果梨形或倒卵形，径3～5 cm，熟时暗绿色。花期4～5月；果熟期9～10月。

习性：喜温暖湿润气候，喜荫而耐旱，耐寒性差。适生于含腐殖质的酸性土壤，中性土也能生长。

分布：产于长江流域及其以南广大区域，西南地区亦有分布。

繁殖：播种、扦插、压条繁殖。

图5-102　薜　荔

用途：叶革质，深绿发光，经冬不凋。可配植于岩坡、假山、墙垣上，或点缀于石矶、立峰、树干之上，郁郁葱葱，果可食用，果、根、枝均可入药。

●榕树（图5-103）

学名：*Ficus microcarpa* L.

常绿大乔木，高达30 m。树冠大而开展，枝叶稠密，有气生根悬垂，或垂及地面，入土生根而自成一干。叶革质，椭圆至倒卵形，长4～10 cm，先端钝尖，基部楔形或圆形，全缘或浅波状，羽状脉，侧脉 5～6 对，无毛。隐花果单生或成对腋生，无梗，初时乳白色、黄色或淡红色，熟时紫红色。花期 5～6 月；果熟期 9～10 月。

习性：喜温暖多雨气候，为热带雨林代表树种。对土壤要求不严，在酸性及钙质土上均可生长。生长快，寿命长，根系发达，地表处根部带明显隆起，对风害和煤烟有一定抗性。

分布：浙江南部、福建、台湾、江西南部、海南、广东、广西、贵州南部、云南东南部。

繁殖：以扦插繁殖为主，亦可播种。

用途：树体高大，冠大荫浓，气势雄伟，且较少病虫害。宜作庭荫树及行道树，在风景林区最宜群植成林，亦可用于河湖堤岸及村镇绿化。

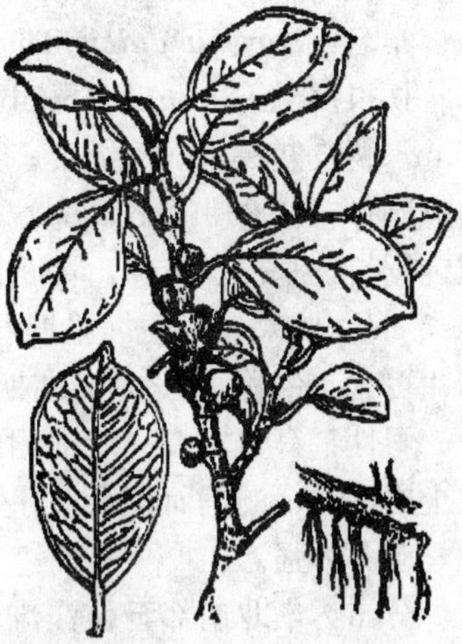

图 5-103　榕　树

●桑树（图 5-104）

学名：*Morus alba* L.

落叶乔木，高达 16 m。树冠倒广卵形，树皮灰黄色或黄褐色，根皮鲜黄色。叶卵形或卵圆形，长 6～15 cm，先端尖，基部圆形或心形，缘具粗钝齿，不裂或不规则分裂；基出三出脉，叶表无毛，有光泽，叶背沿脉有疏毛，脉腋有簇毛。花雌雄异株，腋生。聚花果长 1～2.5 cm，紫黑色、红色或白色，多汁味甜。花期 4 月；果熟期 5～7 月。

习性：喜光，喜温暖湿润气候，耐寒，耐干旱瘠薄，不耐积水。对土壤适应性强，在酸性土、中性土、钙质土和轻盐碱土上均能生长，以土层深厚、湿润肥沃的沙壤土最适宜。根系发达，抗风力强，萌芽力强，耐修剪，易更新。

分布：原产我国中部地区，现南北各地广泛栽培，尤以长江流域和黄河流域中下游各地栽培最多。

图 5-104　桑　树

繁殖：可播种、扦插、分根、嫁接繁殖。

用途：树冠广阔，枝叶茂密，秋季叶色变黄，颇为美观。能抗烟尘及有毒气体，适于城市、工矿及农村"四旁"绿化，或作防护林。其观赏品种，如垂枝桑和龙桑等更适于庭院栽培观赏。叶可饲蚕，果可生食或酿酒，幼果、枝、根皮、叶可入药。

九、鼠李科（Rhamnaceae）

乔木或灌木，稀藤本或草本；常有枝刺或托叶刺。单叶互生，稀对生；有托叶。花小，整齐，两性或杂性，成腋生聚伞、圆锥花序，或簇生；萼 4～5 裂，裂片镊合状排列；花瓣 4～5 或无；雄蕊 4～5，与花瓣对生，常为内卷之花瓣所包被；具内生花盘，子房上位或埋藏于花盘，2～4 室，每室 1 胚珠。核果、蒴果或翅状坚果。

本科约 58 属 900 余种，分布于温带至热带地区。我国产 14 属，133 种，32 变种，全国各地均有分布，主产西南、华南。

●枳椇（图5-105）

学名：***Hovenia dulcis*** **Thunb**.

枳椇属（*Hovenia* Thunb.）落叶乔木，高达15～25 m。树皮灰黑色，深纵裂；小枝红褐色。叶广卵形至卵状椭圆形，长8～16 cm，先端短渐尖，基部近圆形，缘有粗钝锯齿，基出三出脉，背面无毛或仅脉上有毛；叶柄长3～5 cm。核果，果梗（果期花序轴）肥大肉质，经霜后味甜可食（俗称鸡爪梨）。花期6月；熟果9～10月。

习性：喜光，有一定的耐寒能力；对土壤要求不严，在土层深厚、湿润而排水良好处生长快，能成大材。深根性，萌芽力强。

分布：华北南部至长江流域及其以南地区普遍分布，西至陕西、四川、云南；日本也产。多生于阳光充足的沟边、路旁或山谷中。

繁殖：主要用播种繁殖，也可扦插、分蘖繁殖。10月果熟后采收，除去果梗后晒干碾碎果壳，筛出种子，沙藏越冬，春天条播。条距20～25 cm，覆土厚约1 cm。每公顷播种量约1/3 kg。1年生苗高可达50～80 cm。用于城市绿化的苗木需要移栽培育3～4年方可出圃。

图5-105　枳　椇

用途：树态优美，叶大荫浓，生长快，适应性强，是良好的庭荫树、行道树及农村"四旁"绿化树种。

十、葡萄科（Vitaceae）

藤本，常具与叶对生的卷须，稀直立灌木或小乔木。单叶或复叶，互生；有托叶。花小，两性或杂性；成聚伞、伞房或圆锥花序，常与叶对生；花萼4～5浅裂；花瓣4～5，镊合状排列，分离或基部合生，有时顶端连接成帽状并早脱落；雄蕊与花瓣同数并对生；子房上位，2～6室，每室2胚珠。浆果。

本科约12属，700种，分布于热带和亚热带，少数种类分布于温带。我国产9属，150余种，广布于西南、华南至东北，多数产于长江以南。

●爬山虎（图5-106）

学名：***Parthenocissus tricuspidata***（Sieb. et. Zucc.）**Planch**.

爬山虎属（*Parthenocissus* Planch.）落叶灌木；卷须短而分枝。叶广卵形，长8～18 cm，通常3裂，基部心形，缘有粗齿，表面无毛，背面脉上常有柔毛；幼苗期叶常较小，多不分裂；下部枝的叶有分裂成3小叶者。聚伞花序通常生于短枝顶端两叶之间，花淡黄绿色。浆果球形，径6～8 mm，熟时蓝黑色，有白粉。花期6月；果10月成熟。

习性：喜荫，耐寒，对土壤及气候适应能力很强；生长快。对氯气抗性强。常攀附于岩壁、墙垣和树干上。

分布：中国分布很广，北起吉林，南到广东均有；日本也产。

繁殖：用播种或扦插、压条等法繁殖。秋季果熟时采收，堆放数日后搓去果肉，用水洗净种子阴干，秋播或沙藏越冬春播。条播行距 20 cm，覆土厚 1.5 cm，上盖草。幼苗出土后及时揭草。扦插在春、夏季均可进行，春季 3 月用硬枝插，夏季用半成熟枝插，成活率可达 90％以上。

用途：优美的攀援植物，能借助吸盘爬上墙壁或山石，枝繁叶茂，层层密布，入秋叶色变红，格外美观。常用作垂直绿化建筑物的墙壁、围墙、假山、老树干等，短期内能收到良好的绿化、美化效果。夏季对墙面的降温效果显著。

●**葡萄**（图 5-107）

学名：*Vitis vinifera* L.

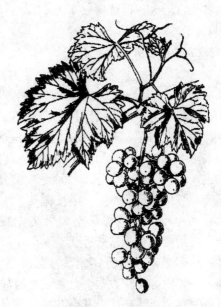

图 5-106 爬山虎　　　　　　　　图 5-107 葡　萄

葡萄属（*Vitis* L.）落叶藤木，长达 30 m。茎皮红褐色，老时条状剥落；小枝光滑，或幼时有柔毛；卷须间歇性与叶对生。叶互生，近圆形，长 7～15 cm，3～5 掌状裂，基部心形，缘具粗齿，两面无毛或背面有短柔毛；叶柄长 4～8 cm。花小，呈绿色；圆锥花序大而长。浆果椭球形或圆球形，熟时黄绿色或紫红色，有白粉。花期 5～6 月；果 8～9 月成熟。

习性：品种很多，对环境条件的要求和适应能力随品种而异。但总的来说，性喜光，喜干燥及夏季高温的大陆性气候；冬季需要一定低温，但严寒时又必须埋土防寒。以土层深厚、排水良好而温度适中的微酸性至微碱性沙质或砾壤土生长最好。耐干旱，怕涝，如降雨过多、空气潮湿，易患病害，且易引起徒长、授粉不良、落果或裂果等不良现象。深根性，主根可深入土层 2～3 m。生长快，结果早。一般栽后 2～3 年开始结果，4～5 年后进入盛果期。寿命较长。

分布：原产亚洲西部；中国在 2 000 多年前就自新疆引入内地栽培。现辽宁中部以南各地均有栽培，但以长江以北栽培较多。

繁殖：可用扦插、压条、嫁接或播种等法。扦插、压条都较易成活；嫁接在某些特选砧木上，往往可以增强抗病、抗寒能力及生长势。

用途：很好的公园棚架植物，既可观赏、遮荫，又可结合果实生长。庭院、公园、疗养院及居民区均可栽植，注意最好选用栽培管理较粗放的品种。

十一、芸香科（Rutaceae）

乔木或灌木，罕为草本，具挥发性芳香油。叶多互生，少对生，单叶或复叶，常有透明油腺点；无托叶。花两性，稀单性，常整齐，单生或成聚伞花序、圆锥花序；萼4～5裂，花瓣4～5；雄蕊常与花瓣同数或为其倍数，着生于花盘基部，花丝分离或基部合生；子房上位，心皮2～15，分离或合生。柑果、蒴果、蓇葖果、核果或翅果。

本科约150属1700种，产热带和亚热带，少数产温带。我国产28属，约150种，分布于全国各省、自治区，以黄河以南为主。

●**枸橼**（图5-108）

学名：***Citrus medica* L.**

柑橘属（*Citrus* L.）常绿小乔木或灌木；枝有短刺。叶长椭圆形，长8～15 cm，叶端钝或短尖，叶缘有钝齿，油点显著；叶柄短，无翼，柄端无关节。花5数，单生或成总状花序；花白色，外面淡紫色。子房无毛，8～15室。柑果近球形，长10～25 cm，顶端有一乳头状突起，柠檬黄色，果皮粗厚而有芳香。变种有佛手（var. *sarcodactylus* Swingle），叶长圆形，长约10 cm，叶端钝，叶面粗糙，油点极显著。果实先端裂如指状，或开展伸张或蜷曲如拳，富芳香。

图5-108 枸橼

习性：性喜光，喜温暖气候，喜肥沃湿润而排水良好的土壤。一年中可开花数次。盆栽观赏时如欲保证坐果，可在开花时保留花序中之花大而花心带绿色的花朵而将花序上其余花摘除；过冬时注意勿使落叶，则有利于次年坐果。

分布：产于中国长江以南地区；印度、缅甸至地中海地区也有分布。在中国南方于露地栽培，在北方则行温室盆栽。

繁殖：可用扦插或嫁接法。

用途：枸橼和佛手均为著名的观果树种。南方可在游园、绿地、室内栽培应用；北方多作室内观赏。

●**黄檗**（图5-109）

学名：***Phellodendron amurense* Rupr.**

黄檗属（*Phellodendron* Rupr.）乔木，高达22 m，树冠开阔，枝开展。树皮厚，浅灰色，木栓质发达，网状深纵裂，内皮鲜黄色。2年生小枝淡橘黄色或淡黄色，无毛。小叶5～13枚，卵状椭圆形至卵状披针形，长5～12 cm，叶端长尖，叶基稍不对称，叶缘有细钝锯齿，齿间有透明油点，叶表光滑，叶背中脉基部有毛。花小，黄绿色，各部均为5数。子房5室，各具一胚珠。核果浆果状，球形，黑色，具5核，径约1 cm，有特殊香气。花期5～6月；果10月成熟，果由绿变黄再变黑色，即成熟。

图5-109 黄檗

习性：性喜光，不耐荫，故树冠宽广而稀疏；耐寒，但5年生以下幼树之枝梢有时会有枯梢现象。喜适当湿润、排水良好的中性或微酸性壤土，在黏土及瘠薄土地上生长不良。据调查，在辽宁省新宾县生长19年的黄檗，生长在土层厚达60 cm以上、水分含量较好的山坡下部，平均树高达7.8 m、胸径约10.2 m，对水、肥较敏感。深根性，主根发达，抗风力强。萌生能力亦强，砍伐后易于萌芽更新，当年萌条可高达1～2 m。根部受伤后易受刺激而萌出多数根蘖。生长速度中等，寿命可达300年。

分布：自然分布区大抵在北纬52°～39°，在此区的北部其垂直分布可达海拔900 m，在南部可达海拔1 500 m。产于中国东北小兴安岭南坡、长白山区及河北省北部；朝鲜、前苏联、日本亦有分布。

繁殖：多用播种法繁殖。果实成熟后仍能存留于树上较长时间。采果后可浸于缸中时果肉腐烂，洗出种子，然后阴干贮藏至来年播种。亦可采后即播。春播前一个月应混湿沙层积，以促进发芽。种子发芽率约为85％。每千克种子约6.5万粒，每1/15公顷播种量4～5 kg。苗间保持5～6 cm的株距，每1/15公顷可产1.5万～2万株。除播种繁殖外，亦可利用跟蘖进行分株繁殖。

用途：树冠宽阔，秋季叶变黄色，美丽悦人，故可植为庭荫树或成片栽植。在自然风景区中与红松、兴安落叶松、花曲柳等混交。

●枸橘（图5-110）

学名：***Poncirus trifoliate*（L.）Raf.**

枳属（*Poncirus* Raf.）灌木或乔木，高达7 m。小枝绿色，稍扁而有棱角，枝刺粗长而基部略扁。小叶3枚，叶缘有波状浅齿，近革质；顶生小叶大，倒卵形，长2.5～6 cm，叶端钝或微凹，叶基楔形；侧生小叶较小，基稍歪斜；叶柄有箭叶。花部5，白色，径3.5～5 cm；雌蕊绿色，有毛，子房6～8室。果球形，径3～5 cm，黄绿色，有芳香。花期4月，叶前开放；柑果密被短柔毛，10月成熟。

习性：性喜光，喜温暖湿润气候，较耐寒，能耐－20～－28 ℃的低温，于北京在小气候良好处可露地栽培。喜微酸性土壤，不耐碱。生长速度中等。发枝力强，耐修剪。主根浅、须根多。

图5-110　枸　橘

分布：原产中国中部，在黄河流域以南地区多有栽培。

繁殖：用播种或扦插法繁殖。因种子干藏时易失去发芽力，故多连同果肉一起沙藏或埋藏，翌春播前再取出种子即刻播下。一般采用条播，当年苗高可达30 cm左右。扦插时，多在雨季用半成熟枝作插穗。

用途：枸橘枝条绿色而多刺，春季叶前开花，秋季黄果累累，十分美丽；在景观中多栽作绿篱或屏障树用，由于耐修剪，故可整形为各式篱垣及洞门形状，是良好的观赏树木之一。

●花椒（图5-111）

学名：***Zanthoxylum bungeanum* Maxim.**（*Z. simulans* Hance）

花椒属（*Zanthoxylum* L.）落叶灌木或小乔木，高3～8 m。枝具宽扁而尖锐皮刺。奇数羽状复叶，小叶5～9（11）枚，卵形至卵状椭圆形，长1.5～5 cm，先端尖，基部近圆形或广楔形，锯齿细钝，齿缝处有大透明油腺点，表面无刺毛，背面中脉基部两侧常簇生褐色长柔毛；叶轴具宽翅。聚伞状圆锥花序顶生；花单性，花被4～8片，1轮；子房上位、无柄，心皮1～5。蒴果球形，红色或紫红色，密生疣状油腺体。花期3～5月；果7～10月成熟。

图5-111　花　椒

习性：喜光，喜较温暖气候及肥沃温润而排水良好的壤土。不耐严寒，大树约在−25℃低温时冻死，小苗在−18℃时受冻害。对土壤要求不严，在酸性、中性及钙质土上均能生长，但在过分干旱瘠薄、冲刷严重处生长不良。生长较慢；萌蘖性强，树干也能萌发新枝。寿命颇长，生长良好者可达百年以上。隐芽寿命长，故耐强修剪。不耐涝，积水会引起死亡。

分布：原产我国北部及中部；今北起辽南，南达两广，西至云南、贵州、四川、甘肃均有栽培，尤以黄河中下游为主要产区。

繁殖：用播种、扦插和分株均可，以播种为主。在果开裂前采种，不宜曝晒，阴干脱粒后干藏，种子应于1个月前用温水浸种4～5天后层积处理。每1/15公顷播种量7～10 kg，播后10天左右出苗，发芽率约70%。一般3～5年开始结果，10年后进入盛果期。

用途：花椒为北方著名香料及油料树种。在景观上可植为绿篱用。

十二、无患子科（Sapindaceae）

乔木或灌木，稀为草质藤本。叶常互生，羽状复叶，稀掌状复叶或单叶；多不具托叶。花单性或杂性，整齐或不整齐，成圆锥、总状或伞房花序；萼4～5裂；花瓣4～5，有时无；雄蕊8～10，花丝常有毛；子房上位，多为3室，每室具1～2或更多胚珠；中轴胎座。蒴果、核果、坚果、浆果或翅果。

本科约150属，约2 000种，分布于全世界的热带和亚热带，温带很少。我国有25属53种2亚种3变种，多数分布在西南部至东南部，北部很少。

● **风船葛**（图5-112）

学名：***Cardiospermum halicacabum* Linn**.

风船葛属（*Cardiospermum* Linn.）1年生攀缘草本植物，茎高可达3 m，茎有纵棱，棱上被皱曲柔毛。叶为二回三出羽状复叶，轮廓为三角形，小叶近无柄，薄纸质；顶生小叶较大，斜披针形或近菱形，长3～8 cm，宽1.5～2.5 cm，顶端渐尖，侧生的稍小，卵形或长椭圆形，边缘有疏锯齿或羽状分裂。夏季，腋间抽出细长花梗，上着生几朵白色小花，呈少花圆锥花序，与叶近等长或稍长，最下一对花柄发育为螺旋状卷须。蒴果扁球形、陀螺状倒三角形或梨形，具三棱，肿胀呈囊状，高1.5～3 cm，宽2～4 cm，褐色，被短柔毛。三果瓣裂，形如灯笼。花期夏秋；果期秋季至初冬。

习性：喜光、温暖、湿润，要求肥沃而排水良好的土壤。幼苗期宜稍加遮荫。

分布：原产我国长江以南各地，南亚各国也有分布。

繁殖：播种繁殖。于春季播种，不作处理，种子发芽率达90％。

用途：风船葛的蒴果肿胀呈囊状，三果瓣裂，形如灯笼，加之藤蔓纤细，具飘洒俊逸之美。可进行棚架栽培、牵绳架栽培或盆栽立架，植于园角、墙边或作假山缠绕植物均适宜。

●龙眼（图5-113）

学名：*Dimocarpus longan* Lour.（*Euphoria longan* Stend.）

图5-112　风船葛

图5-113　龙　眼

1. 果枝　2. 花

龙眼属（*Dimocarpus* Lour.）常绿乔木，高达10 m以上。树皮粗糙，薄片状剥落；幼枝及花序被星状毛。偶数羽状复叶，小叶3～6对，长椭圆状披针形，长6～17 cm，全缘，互生，基部稍歪斜，表面侧脉明显。花小，花瓣5，黄色；圆锥花序顶生或腋生。核果球形、黄褐色，果皮革质或脆壳质，幼时具瘤状突起，老则近于不滑；种子具白色、肉质、半透明、多汁的假种皮。

习性：稍耐荫；喜暖热温润气候，稍比荔枝耐寒和耐旱。

分布：产于中国台湾、福建、广东、广西、四川等省、自治区；东南亚地区也有。

繁殖：播种、嫁接或高压繁殖。

用途：是华南地区的重要果树，栽培品种甚多。宜作行道树、风景林和防护林，可孤植、片植或与其他树种混植。也常于庭院种植。

●栾树（图5-114）

学名：*Koelreuteria paniculata* Laxm.

栾树属（*Koelreuteria* Laxm.）落叶乔木，高达15 m；树冠近圆球形。树皮灰褐色，细纵裂；小枝稍有棱，无芽顶，皮孔明显。奇数羽状复叶，有时部分小叶深裂而为不完全的二回羽状复叶，长达40 cm；小叶7～15枚，卵形或卵状椭圆形，缘有不规则粗齿，近基部常有深裂片，背面沿脉有毛。花小，金黄色；顶生圆锥花序宽而疏散。蒴果三角状卵形，长

4～5 cm，顶端尖，成熟时红褐色或橙红色，果皮膜质而膨大成膀胱形，成熟时 3 瓣开裂。花期 6～7 月；果 9～10 月成熟。

习性：喜光，耐半荫；耐寒，耐干旱、瘠薄，喜生于石灰质土壤，也能耐盐渍及短期水涝。深根性，萌蘖力强；生长速度中等，幼树生长较慢，以后渐快。有较强的抗烟尘能力。

分布：产中国北部及中部，北至东北南部，南到长江流域及福建，西到甘肃东南部及四川中部均有分布，以华北较为常见。多分布于海拔 1 500 m 以下的低山及平原，最高可达海拔 2 600 m。

繁殖：以播种为主，分蘖、根插也可。秋季果熟时采收果实，及时晾晒去壳浸种。因种皮坚硬不易透水，如不经处理第二年春播，常不发芽或发芽率很低。故最好当年秋季播种，经过一冬后第二年春天发芽整齐。也可湿沙层积埋藏越冬春播。一般采用垄播，垄距 60～70 cm。因种子出苗率低（约 20%），故用种量要大，一般每 10 m² 用种 0.5～1 kg。幼苗长到 5～10 cm 时要间苗，约每 10 m² 留苗 120 株。

图 5-114 栾树
1. 花 2. 雄蕊 3. 果枝

用途：树形端正，枝叶茂密而秀丽，春季嫩叶多为红色，入秋叶色变黄；春季开花，满树金黄，十分美丽，是理想的绿化、观赏树种。宜作庭荫树、行道树及园景树。也可用作防护林、水土保持及荒山绿化树种。

● **复羽叶栾树**（图 5-115）

学名：***Koelreuteria bipinnata* Franch**.

栾树属（*Koelreuteria* Laxm.）落叶乔木，高达 20 m 以上。二回羽状复叶，羽片 5～10 对，每羽片具小叶 5～15 枚，卵状披针形或椭圆形，长 4～8 cm，先端渐尖，基部圆形，缘有锯齿。花黄色，顶生圆锥花序，长 20～30 cm。蒴果卵形，果皮膜质膨大成膀胱形，成熟时 3 瓣开裂，长约 4 cm，红色。花期 7～9 月；果 9～10 月成熟。

习性：喜光，对土壤要求不严，在微酸性、中性土上均能生长，耐干旱、瘠薄。深根性。

分布：产中国中南及西南部，多生于海拔 300～1 900 m 的干旱山地疏林中，在云南高原常见。

图 5-115　复羽叶栾树

繁殖：与栾树同。

用途：夏日有黄花，秋日有红果，可作庭荫树、园景树及行道树栽培。

● **全缘叶栾树**（图 5-116）

学名：***Koelreuteria integrifolia* Merr**.（**K. bipinnata** var. *integrifolia* T. Chen）

栾树属（*Koelreuteria* Laxm.）落叶乔木，高达 17～20 m，胸径 1 m，树冠广卵形。树

皮暗灰色，片状剥落；小枝暗棕色，密生皮孔。二回羽状复叶，长 30～40 cm，小叶 7～11，长椭圆状卵形，长 4～10 cm，先端渐尖，基部圆形或广楔形，全缘，或偶有锯齿，两面无毛或背脉有毛。花黄色，成顶生圆锥花序。蒴果椭圆形，长 4～5 cm，顶端钝而有短尖，果皮膜质而膨大成膀胱形，成熟时 3 瓣开裂。花期 8～9 月；果 10～11 月成熟。

习性：喜光，幼年期耐荫；喜温暖湿润气候，耐寒性差；对土壤要求不严，微酸性、中性土上均能生长。深根性，不耐修剪。

分布：产于江苏南部、浙江、安徽、江西、湖南、广东、广西等省、自治区。多生于丘陵、山麓及谷地。

繁殖：以播种为主，分根育苗也可。播种方法同栾树。

用途：枝叶茂密，冠大荫浓，初秋开花，金黄夺目，不久就有淡红色灯笼似的果实挂满树梢，十分美丽。宜作

图 5-116　全缘叶栾树

庭荫树、行道树及园景树栽植，也可用于居民区、工厂区及农村"四旁"绿化。

●荔枝（图 5-117）

学名：*Litchi chinensis* **Sonn.**

荔枝属（*Litchi* Sonn.）常绿乔木，野生树高可达 30 m，胸径 1 m。树皮灰褐色；不裂。偶数羽状复叶互生，小叶 2～4 对，长椭圆状披针形，长 6～12 cm，全缘，表面侧脉不甚明显，中脉在叶面凹下，背面粉绿色。花小，无花瓣；成顶生圆锥花序。果球形或卵形，熟时红色，果皮有显著突起小瘤体；种子棕褐色，具白色、肉质、半透明、多汁之假种皮。花期 3～4 月；果 5～8 月成熟。

习性：喜光，喜暖热湿润气候及富含腐殖质的深厚、酸性土壤，怕霜冻。

分布：华南、福建、广东、广西及云南东南部均有分布，四川、台湾有栽培。

图 5-117　荔　枝

繁殖：可播种或高压、嫁接繁殖。

用途：是华南重要果树，品种很多。树冠广阔，枝叶茂密，初生叶紫红色或鲜红色。可配植于塘、池、渠边，绛果翠叶，垂映水中，甚佳。亦可在"四旁"及山坡成林栽植。也常于庭院种植。

●无患子（图 5-118）

学名：*Sapindus mukurossi* **Gaertn.**

无患子属（*Sapindus* L.）落叶或半常绿乔木，高达 20～25 m。枝开展，成广卵形或扁球形树冠。树皮灰白色，平滑不裂；小枝无毛，芽两个叠生。偶数羽状复叶互生，小叶 8～14，互生或近对生，卵状披针形或卵状椭圆形，长 7～15 cm，先端尖，基部不对称，全缘，薄革质，无毛。花黄白色或带淡紫色，形成顶生多花圆锥花序。核果近球形，径 1.5～2 cm，熟时黄色或橙黄色，果皮肉质；种子球形，无假种皮，黑色，坚硬。花期 5～6 月；

果 9～10 月成熟。

习性：喜光，稍耐阴；喜温暖湿润气候，耐寒性不强；对土壤要求不严，在酸性、中性、微碱性及钙质土上均能生长，而以土层深厚、肥沃而排水良好之地生长最好。深根性，抗风力强；萌芽力强，不耐修剪。生长尚快，寿命长。对二氧化硫抗性较强。

分布：产长江流域及其以南各省、自治区；越南、老挝、印度、日本亦产。为低山、丘陵及石灰岩山地常见树种，垂直分布在西南可达 2 000 m 左右。

繁殖：用播种法繁殖，秋季果熟时采收，水浸沤烂后搓去果肉，洗净种子后阴干，湿砂层积越冬，春天 3、4 月间播种。条播行距 25 cm，覆土厚约 2.5 cm。每 1/15 公顷播种量 50～60 kg，种子发芽率 65%～70%。

图 5 - 118　无患子

用途：树形高大，树冠广展，绿阴稠密，秋叶金黄，颇为美观。宜作庭荫树及行道树。孤植、丛植在草坪、路旁或建筑物附近都很合适。若与其他秋色叶树种及常绿树种配植，更可为景观秋景增色。

● 文冠果（图 5 - 119）

学名：***Xanthoceras sorbifolia* Bunge**

文冠果属（*Xanthoceras* Bunge）落叶小乔木或灌木，高达 8 m；常见多为 3～5 m，并丛生状。树皮灰褐色，粗糙条裂；小枝幼时紫褐色，有毛，后脱落。一回奇数羽状复叶，互生；小叶 7～19 枚，对生或近对生，长椭圆形至披针形，长 3～5 cm，先端尖，基部楔形，缘有锯齿，表面光滑，背面疏生星状柔毛。花杂性，整齐，径约 2 cm，萼片 5；花瓣 5，白色，基部有由黄变红之斑晕；花盘 5 裂，裂片背面各有一橙黄色角状附属物；雄蕊 8；子房 3 室，每室 7～8 胚珠。蒴果椭球形，径 4～6 cm，具木质厚壁，室背 3 瓣裂。种子球形，径约 1 cm，暗褐色。花期 4～5 月；果 8～9 月成熟。

习性：喜光，也耐半荫；耐严寒和干旱，不耐涝；对土壤要求不严，在沙荒、石砾地、黏土及轻盐碱土上均能生长，但以深厚、肥沃、温润而通气良好的土壤生长最好。深根性，主根发达，萌蘖力强。生长尚快，3～4 年生即可开花结果。

图 5 - 119　文冠果
1. 花　2. 果
3. 雄蕊　4. 子房与雄蕊

分布：原产中国北部，河北、山东、山西、陕西、河南、甘肃、辽宁及内蒙古等省、自治区均有分布；在黄土高原丘陵沟壑地区由低山至海拔 1 500 m 地带常可见到。

繁殖：主要用播种法繁殖，分株、压条和根插也可。一般在秋季果熟后采收，取出种子即播，也可用湿沙层积贮藏越冬，翌年早春播种。因幼苗怕水涝，一般采用高垄播，行距约 60 cm，覆土厚 2 cm，稍加镇压，然后灌一次透水。种子发芽率 80%～90%。幼苗期要稍加遮荫，雨季要注意排涝，防止倒伏。幼苗生长较慢，4～5 年生苗可出圃定植。文冠果根系愈伤能力较差，损伤后易造成烂根，影响成活。

用途：花序大而花朵密，春天白花满树，且有秀丽光洁的绿叶相衬，更显美观，花期可持续 20 余天，并有紫花品种。是优良的观赏兼重要木本油料树种。在景观中配置于草坪、路边、山坡、假山旁或建筑物前都很合适。也适于山地、水库周围风景区大面积绿化造林，能起到绿化、护坡固土作用。

十三、胡桃科（Juglandaceae）

落叶乔木，稀常绿，多具芳香树脂。叶互生，羽状复叶，无托叶。花单性，雌雄同株；雄花为下垂的柔荑花序，生于去年枝叶腋或新枝基部，花被 1～4 裂，与苞片合生，或无花被，雄蕊 3 至多数；雌花单生或数朵合生，组成直立或下垂的柔荑花序，生于枝顶，花被 4 裂，与苞片和子房合生；子房下位，1 室，胚珠 1，花柱短，2 裂。常为羽毛状。核果、坚果，或具翅坚果。种子无胚乳。

共 9 属约 63 种，我国 8 属 24 种 2 变种，引入 4 种。

●**薄壳山核桃**（图 5-120）

学名：***Carya illinoensis* K. Koch**.

落叶乔木，在原产地高达 45～55 m。树冠长圆形或广卵形，枝髓实心，芽、幼枝有淡灰色毛。小叶 11～17 枚，卵状披针形至倒卵状披针形，长 4.5～18 cm，基部不对称，常镰状弯曲，锯齿粗钝，叶背疏生毛或淡黄色腺鳞。果长圆形，长 3.5～5.7 cm，具 4 纵棱脊，黄绿色，外被淡黄色或灰黄色腺鳞，果核长卵形或长圆形，平滑，核壳较薄。花期 5 月；果熟期 10～11 月。

习性：喜光，喜温暖湿润气候，较耐寒；耐水湿。在平原、河谷湿润肥沃而深厚疏松的沙质壤土、冲积土上生长迅速。土壤 pH 4～8 均可，而以 pH 6 最宜。深根性，有菌根共生，寿命长。

图 5-120　薄壳山核桃

分布：原产美国东南部及墨西哥，20 世纪初引入我国，南至海南，西至四川，北至北京均有栽培，以福建、浙江和江苏南部一带栽培较为集中。

繁殖：可用播种、嫁接、分根、扦插等方法繁殖。

用途：树体高大雄伟，枝叶茂密，姿态优美，宜作行道树、庭荫树及成片造林。在景观绿地中孤植、丛植于坡地或草坪。因其根系发达，耐水湿，很适宜于河流沿岸、湖泊周围及平原地区绿化造林。果实味美，营养丰富，核仁含油量达 71%，比一般核桃高。

●**核桃**（图 5-121）

学名：***Juglans regia* L**.

落叶乔木，高达 30 m。树冠广卵形至扁球形。树皮灰白色，老时深纵裂。1 年生枝绿色，无毛或近无毛。复叶长 22～30 cm，小叶 5～9 枚，椭圆形至倒卵形，长 6～14 cm，全缘，幼树及萌芽枝叶具不整齐锯齿，下面脉腋簇生淡褐色毛。雄花序为柔荑花序，生于去年生枝侧，长 13～15 cm，花被 6 裂，雄蕊 20；雌花 1～3 朵成顶生穗状花序，花被 4 裂。核果球形，径 4～5 cm，果核近球形，先端钝，有不规则浅刻纹及 2 纵脊。花期 4～5 月；果 9～11 月成熟。

习性：喜光，喜温凉气候，耐干冷，不耐湿热。在深厚、疏松、肥沃、湿润的沙壤土和壤土上生长良好。深根性，主根发达，寿命长。

分布：原产新疆，久经栽培，分布很广，从东北南部到华北、西北、华中、华南及西南均有栽培，而以西北、华北最多。

繁殖：播种繁殖，优良品种多用嫁接繁殖。

用途：树冠宽大，枝叶茂盛，树干灰白洁净，是良好的庭荫树。孤植、丛植于草地或园中隙地都很合适。枝叶及花果具挥发性芳香物，可成片栽植于风景疗养区。果仁可食或榨油。属国家二级保护树种。

图 5-121　核　桃

● **核桃楸**（图 5-122）

学名：*Juglans mandshurica* Maxim.

乔木，高达 20 m。树冠广卵形，幼枝密被毛。小叶 9～17 枚，卵状矩圆形或矩圆形，长 6～16 cm，缘有细齿，叶背密被星状毛。雄花序长 10～27 cm，雌花序长 3～6.5 cm，有花 5～10 朵，密被腺毛，柱头面暗红色。果卵形或近球形，顶端尖，有腺毛；果核长卵形，具 8 条纵脊。花期 4～5 月；果熟期 8～9 月。

习性：强阳性，不耐庇荫，耐寒性强，能耐 −40 ℃ 严寒。喜湿润、深厚、肥沃而排水良好的土壤，不耐干旱和瘠薄。深根性，抗风、根蘖力和萌芽力强。

分布：主产东北东部山区海拔 300～800 m 地带，河北、山西、山东、河南、甘肃、新疆等地亦有栽培。

繁殖：播种繁殖。

图 5-122　核桃楸

用途：树干通直，树冠宽卵形，枝叶茂密，可作庭荫树栽植。孤植、丛植于草坪，或列植路边均合适。种仁可食或榨油。

● **枫杨**（图 5-123）

学名：*Pterocarya stenoptera* C. DC.

乔木，高达 30 m。树冠广卵形，树皮幼年赤褐色，平滑，老时灰褐色浅纵裂。裸芽，具柄，密被锈褐色腺鳞，下有叠生无柄潜芽。羽状复叶，叶轴具窄翅，小叶 10～28 枚，长圆形至长圆状披针形，长 4～11 cm，先端短尖或钝，缘有细锯齿。果序长达 40 cm，下垂，坚果近球形，具 2 斜上伸展之翅，形似元宝，成串悬于新枝顶端。花期 4～5 月；果熟期 8～9 月。

图 5-123　枫　杨

习性：喜光，稍耐荫，喜温暖湿润气候，较耐寒。对土壤要求不严，酸性及中性土壤均可生长，亦耐轻度盐碱。耐水湿，但不耐长期积水。深根性，根系发达，萌芽力强。

分布：华东、华中、华南、西南和华北各地，长江流域和淮河流域最为常见。

繁殖：播种繁殖。

用途：树冠广展，枝叶茂密，生长快速，适应性强，是江河、湖畔、洼地固堤护岸的优良树种。景观中可作行道树及庭荫树，片植、孤植均宜。耐烟尘，对有毒气体有一定抗性，适于厂矿、街道绿化。

十四、柿树科（Ebenaceae）

乔木或灌木。单叶互生，罕对生，全缘，无托叶。花单性异株或杂性，辐射对称，单生或排成聚伞花序，腋生；萼 3～7 裂，宿存；花冠 3～7 裂；雄花具退化雌蕊，雄蕊为花冠裂片的 2～4 倍，罕同数，生于花冠管的基部，花丝短，花药 2 室，药隔显著，纵裂；雌花有退化雄蕊 4～8；子房上位，2～16 室，花柱 2～8 枚，分离或基部合生，每室 1～2 胚珠。浆果多肉质；种子具硬质胚乳；子叶大，叶状，种脐小。

本科有 3 属，500 余种，主要分布于两半球热带地区，在亚洲的温带和美洲的北部种类少。我国有 1 属，约 57 种，黄河南北，北至辽宁，南至广东、广西和云南，各地都有，主要分布于西南部至东南部。

●君迁子（图 5-124）

学名：**Diospyros lotus** L.

柿树属（*Diospyros* L.）落叶乔木，高达 20 m；树皮灰色，呈方块状深裂；幼枝被灰色毛；冬芽先端尖。叶长椭圆形、长椭圆状卵形，叶表光滑，叶背灰绿色，有灰色毛。花淡橙色或绿白色。果球形或圆卵形，径 1.2～1.8 cm，幼时橙色，熟时变蓝黑色，外被白粉；宿存萼的先端钝圆形。花期 4～5 月；果 9～10 月成熟。

习性：性强健、喜光、耐半荫；耐寒及耐旱性比柿树强；很耐湿。喜肥沃深厚土壤，但对瘠薄土、中等碱土及石灰质土地也有一定的忍耐力。寿命长；根系发达，但较浅；生长较迅速。对二氧化硫的抗性强。

图 5-124　君迁子

分布：其分布范围与柿树同。

繁殖：用播种法繁殖。将成熟的果实晒干或堆放待腐烂后取出种子，可混砂贮藏或阴干后干藏；至次春播种；播前应浸种 1～2 天，待种子膨胀再播。当年较粗的苗即可作柿树的砧木进行芽接，或在次年的春季行枝接，在夏季行芽接。

用途：树干挺直，树冠圆整，适应性强，可供景观绿化用。

●柿树（图 5-125）

学名：**Diospyros kaki** Thunb.

柿树属（*Diospyros* L.）落叶乔木，高达 15 m；树冠呈自然半圆形；树皮暗灰色，呈长方形小块状裂纹。冬芽先端钝。小枝密生褐色或棕色柔毛，后渐脱落。叶椭圆形、阔椭圆形或倒卵形，长 6～18 cm，近革质；叶端渐尖，叶基阔楔形或近圆形，叶表深绿色有光泽，叶背淡绿色。雌雄异株或同株，花四基数，花冠钟状，黄白色，4 裂，有毛；雄花 3 朵排成小聚伞花序；雌花 4 裂，有毛；雌花 3 朵排成小聚伞花序；雌花单生叶腋；花萼 4 深裂，花后增大；雌花有退化雄蕊 8 枚，子房 8 室，花柱自基部分离，子房上位。浆果卵圆形或扁球形，直径 2.5～8 cm，橙黄色或鲜黄色，宿存萼卵圆形，先端钝圆。花期 5～6 月；果 9～10 月成熟。我国约有二三百个品种。

图 5-125 柿 树

习性：性强健，南自广东北、北至华北北部均有栽培，大抵北界在北纬 40°的长城以南地区。凡属年平均温度在 9 ℃，绝对低温在－20 ℃以上的地区均能生长，生长季节 4～11 月的平均气温在 17 ℃左右，成熟期平均温度在 18～19 ℃时则果实品质优良。柿喜温暖湿润气候，也耐干旱，生长期的年降雨量应在 500 mm 以上，如盛夏时久旱无雨则会引起落果，但在夏秋果实正在发育时期如果雨过多则会使枝叶徒长，有碍花芽形成，也不利果实生长。在幼果期如阴雨连绵，日照不足，则会引起生理落果。柿树为阳性树，虽也耐阴，但在阳光充足处果实多而品质好。柿为深根性树种，主根可深达 3～4 m，根系强，吸水、肥的能力强，故不择土壤，在土地、平原、微酸、微碱性的土壤上均能生长；也很能耐潮湿土壤，但以土层深厚肥沃、排水良好而富含腐殖质的中性壤土最为理想。柿树的花芽是混合芽，其潜伏芽寿命很长。柿树不但结果早，而且结果年限长，100 年生的大树仍能丰产，300 年生的老树仍可结果。柿树对氯化氢有较强的抗性。

分布：原产中国，分布极广，北自河北长城以南，西北至陕西、甘肃南部，南至东南沿海、两广及台湾，西南至四川、贵州、云南均有分布。其垂直分布，因纬度而异，在河北省即北纬 36°～40°可生长于海拔 100～850 m，在北京东北密云县则多生长在 200～250 m，在陕西沔县即北纬 33°～40°多生长在海拔 1 600 m 以下地区，而在四川安宁河流域即北纬 27°～28°，柿可分布到海拔 2 800 m 高。

繁殖：用嫁接法繁殖，砧木在北方及西南地区多用君迁子，在江南多用油柿、老鸦柿及野柿（*D. kaki* var. *silvestris* Mak.）。枝接时期应在树液刚开始流动时为好，北京地区以在清明后（4 月中旬）为宜，在广东则在 2 月初为宜。幼树一年中有两个生长周期，即第一个生长周期在 6 月中停止，第二个生长周期在 9 月中停止，在停止时其树液流动最缓，所以芽接适期就在 5 月下旬至 6 月上旬及在 8 月下旬至 9 月上旬。在河北省，群众的经验是开花期行芽接，成活率最高，整个芽接期是从枝上出现花蕾起直到果实长大胡桃大小的一段期间均可行芽接。方法以用方块芽接法较好。

用途：柿树为我国原产，栽培历史悠久。树形优美；叶大，呈浓绿色而有光泽，在秋季又变成红色，是良好的庭荫树。在 9 月中旬以后，果实渐变橙黄或橙红色，累累果实悬于绿阴丛中，极为美观，而因果实不易脱落，虽至 11 月落叶以后仍能悬于树上，故观赏期较长，观赏价值很高，是极好的景观结合生产树种，既适宜于城市景观，又适于山区自然风景点中配置应用。

十五、菊科（Compositae）

草本，木质藤本或小灌木，稀乔木。有些种植物体具乳汁，叶互生，对生或轮生；单叶、羽状或掌状分裂或复叶；无托叶。头状花序，花序外围以一至多层总苞片形成的总苞；有些种类的花序全部由舌状花或全部由管状花组成；有些边缘为舌状花，而中央为管状花。萼片常退化成冠毛状、鳞状片、刺芒状或无；花冠合瓣，4～5裂，合生成管状、舌状或漏斗状；雄蕊4～5，着生于花冠管上，聚药雄蕊；子房下位，心皮2个，1室，1胚珠。瘦果。

约1000属，2.5万～3万种，为种子植物最大的科，分布于全世界。我国约有230属，2 300多种，各地均有分布。大部供观赏，品种极多。

● 雏菊（图5-126）

学名：*Bellis perennie* L.

株高15～30 cm，基生叶丛生呈莲座状，叶匙形或倒卵形，先端钝圆，边缘有圆状钝锯齿，叶柄上有翼。花葶自叶丛中抽生，篮状花序单生，舌状花一至数轮，各色，筒状花黄色。瘦果。花期4～6月。

习性：性强健，喜冷凉气候，耐寒性强，一般可露地覆盖越冬。不耐炎热。喜充足光照，对土壤要求不严。

分布：原产西欧，我国各地均有栽培。

繁殖：播种繁殖。

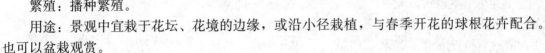

图5-126　雏菊

用途：景观中宜栽于花坛、花境的边缘，或沿小径栽植，与春季开花的球根花卉配合。也可以盆栽观赏。

● 金盏菊（图5-127）

学名：*Calendula officinalis* L.

一二年生草本，作二年生栽培。株高30～60 cm，全株具毛。叶互生，长圆至长圆状倒卵形，全缘或有不明显锯齿，基部稍抱茎。篮状花序单生，径4～5 cm，甚至10 cm，舌状花黄色、白色、橙色、橙红色等。总苞1～2轮，苞片线状披针形。瘦果弯曲。花期4～6月。

习性：性较耐寒，怕炎热，生长快，适应性强，对土壤及环境要求不严，以疏松肥沃土壤和光照充足之地生长最好。

分布：原产南欧，我国各地均有栽培。

繁殖：播种繁殖。

用途：常作春季花坛的重要材料，也可温室促成栽培，供应切花或盆栽，是"五一"常用布置材料。

图5-127　金盏菊

● 菊花（图5-128）

学名：*Chrydanthemum morifolium* Ramat

株高60～150 cm，直立，基部半木质化。分枝多，小枝绿色或带灰褐，被灰色柔毛。单叶互生，叶片变化大，叶表有腺毛，分泌一种菊叶香气。篮状花序单生或数个聚生茎顶，微香，花序直径2～30 cm，花序边缘为舌状花，色彩丰富，单性不孕；中间为筒状花，两性可结实。瘦果褐色而细小。

菊花经长期栽培，品种十分丰富。园艺上的习惯常按花期、花径大小和花型变化等分类。

按花期分，有早菊（9～10月）、秋菊（11月）和晚菊（12月）。

按花径大小分，有大菊（花径＞10 cm）、中菊（花径6～10 cm）、小菊（花径＜6 cm）。

按花型变化分，有平瓣类、匙瓣类、管瓣类、桂瓣类及畸瓣类。

习性：适应性强，喜冷凉，耐寒性强。喜阳光充足，但也稍耐荫、耐干，忌涝与积水。喜土层深厚、肥沃的微酸至中性土壤。菊为短日照植物，于短日照条件下形成花芽并开花。

分布：原产我国，至今有3 000年历史，现世界各地广泛栽培。

图5-128 菊 花

繁殖：秋冬切取离植株较远的苗壮根蘖，扦插于温室或塑料大棚内，可盆插。批量繁殖切花生产，可用组织培养法。

用途：我国的传统名花，主要用于盆栽观赏，也可做切花栽培，还可作地被植物及造型盆景。

●**非洲菊**（图5-129）

学名：***Gerbera jamesonii* Bolus**

多年生草本植物，全株具细毛，株高60 cm，叶基生，多数，具长柄，羽状浅裂或深裂，裂片边缘具疏齿，叶背具长毛。花梗自叶丛抽生，篮状花序单生，高出叶丛。舌状花一至数轮，与筒状花同色。花色丰富，有红、黄、白及各种深浅的中间色。四季开花，以5～6月和9～10月最盛。

习性：性喜温暖环境，不耐寒，怕高温，生长适温20～25 ℃，喜阳光充足，夏季需半荫栽培。喜疏松与排水良好的中性或微酸性土壤。要求空气干燥、通风环境良好。

分布：原产非洲，现世界各地均有栽培。

图5-129 非洲菊

繁殖：结合换盆进行分株繁殖；亦可春季播种繁殖。大批量生产性栽培，用组织培养法繁殖优良品种。

用途：主要作为切花，也可作盆栽观赏。

●**万寿菊**（图5-130）

学名：***Tagetes erecta* L.**

株高60～90 cm，全株具异味。茎光滑而粗壮，绿色。单叶对生，羽状全裂，裂片披针形，具油腺点。篮状花序顶生，具长总梗，中空；总苞钟状。舌状花有长爪；边缘常皱曲。花色丰富，有乳白、黄、橙至橙红乃至复色等深浅不一；花型变化大。果为瘦果。花期7～9月。

习性：喜温暖，亦稍耐早霜；要求阳光充足，在半荫处也可生长开花。抗性强，对土壤要求不严，耐移植；病虫害少。

图5-130 万寿菊

分布：原产墨西哥，我国广泛栽培。

繁殖：4～5月将种子播于露地苗床，略覆土，保持床面湿润，容易发芽出苗。生长期剪取嫩枝扦插，经庇荫、保湿，也易生根成苗。

用途：矮型品种最适作花坛布置或花丛、花境。高型品种作带状栽植，可作篱垣，又因其花梗长，也可做切花水养。

同属其他常见种有：

孔雀草（T. patula L.）：又名红黄草。高20～40 cm，茎多分枝而细长，叶对生或互生，有油腺，羽状全裂，小裂片线形至披针形，先端尖细状。篮状花序顶生，有长梗，花径2～6 cm。萼筒膨大，花橙黄色。花期6～11月。

●百日草（图5-131）

学名：**Zinnia elagans Jacq.**

一年生草本。株高50～90 cm，全株被短毛，茎秆较粗壮。叶对生，全缘，卵形至长椭圆形，基部抱茎。篮状花序单生枝端，径约10 cm。舌状花数轮，花色有白色、黄色、红色、紫色等。花期6～9月。

习性：性强健而喜光照，要求肥沃而排水良好的土壤。若土壤贫瘠过于干旱，花朵则显著减少，且花色不良而花径也小。略耐高温。

分布：原产墨西哥，我国广泛栽培。

繁殖：播种繁殖，能自播繁衍。

用途：为花坛、花境的习见草花，也可用于丛植和切花。

图5-131　百日草

同属其他常见种有：

小百日草（Z. angustifolia H.B.K.）：株高40 cm左右，茎分枝多，被毛，叶对生，全缘，无叶柄。篮状花序小而多，花黄色或橙黄。

十六、五味子科（Schisandraceae）

木质藤本。单叶互生，常绿有透明油点；无托叶。花单性同株或异株；花被通常3数，2至数轮，无明显萼冠之分，红色或黄色；雄蕊多数；雌蕊多数，离生。聚合浆果，生于花后伸长的花托上呈穗状，或密集于不伸长的花托上而成球形，均具梗而下垂；种子1～5颗，胚乳丰富，有油质；胚小。

2属，约50种，分布于亚洲东南部和北美东南部。我国有2属约30种，各地有分布。

●南五味子（图5-132）

学名：**Kadsura longipedunculata**　Finet et. Gagnep.

常绿藤本，茎长达4.5 m，全株无毛；小枝褐色或紫褐色。叶薄革质，长圆状披针形或卵状长圆形，长5～10 cm，宽2～6 cm，边缘有疏浅齿。花单生叶腋，单性异株，白色或淡黄色，芳香。聚合果球形，熟时红色。花期5～6月；果期8～9月。

分布：产于长江流域以南各地。

习性：喜温暖湿润气候和阴湿环境，稍耐寒，尚耐旱，对土壤要求不严。

繁殖：播种、扦插、压条繁殖。

用途：叶茂花香果红艳，为叶花果兼赏的优良藤本。可作垂直绿化或地被材料用于廊架、门廊、花格墙、山石、树干、篱垣、风景林配置。

●**五味子**（图5-133）

学名：***Schisandra chinensis***（**Turcz.**）**Baill.**

 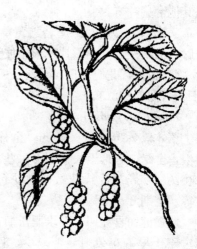

图5-132　南五味子　　　　　　　　　图5-133　五味子

落叶缠绕藤本，茎长6～15 m，枝褐色，稍有棱。叶膜质，宽椭圆形或倒卵形，长5～10 cm，缘疏生细齿。花单生异株，乳白色或带粉红色，芳香。浆果深红色。花期5～6月；果熟8～9月。

分布：产于东北、华北、华中、西南。

习性：喜冬季寒冷、夏季炎热的温带气候。较耐荫。喜肥沃、湿润、排水良好的土壤，亦耐瘠薄。

繁殖：播种、压条、扦插繁殖。

用途：春天新叶翠绿，入秋叶背红赤，硕果串串而红颜夺目，为优美的观赏藤本。可用于花架、岩石、假山等的攀缘植物，也可盆栽。种子为著名药材。

十七、樟科（Lauraceae）

乔木或灌木。树皮及叶片均有油细胞，常有樟脑味或桂油味，或有黏液细胞。单叶互生，全缘，稀3裂，三出脉或羽状脉，无托叶。花小，整齐，两性或单性，圆锥、总状花序或丛生花序；花被6片，2轮，雄蕊3～4轮，每轮3，第4轮雄蕊通常退化。子房上位，1室，具1胚珠。核果或浆果，种子无胚乳。

45属，2 000～2 500种，主产于东南亚和巴西。我国有24属，约430种，多产于长江流域以南温暖湿润地区。为我国南部常绿阔叶林的主要森林树种。

●**樟树**（图5-134）

学名：***Cinnamomum camphora***（**L.**）**Presl**

高达30 m，树皮纵裂；木材、枝、叶、果实均有樟脑气味。叶薄革质，卵形或卵状椭圆形，长6～12 cm，无毛，离基三出脉，脉腋有明显腺体。圆锥花序腋生。果球形，熟时紫黑色。花期 4～5 月；果期 10～11 月。

分布：长江流域以南及西南各省，越南、朝鲜、日本也有分布。亚热带地区广泛栽培。

习性：喜光，喜温暖湿润气候，抗风，抗大气污染，并有吸收灰尘和噪声的功能。不耐干旱、瘠薄，忌积水。生长快，寿命长，是我国常见的古树树种之一。

用途：树冠宽阔，浓荫蔽日，枝叶茂密翠绿，树姿雄伟，有挥发性樟脑香味，寿命长，为优良的绿化树种和行道树种。其幼叶及将落之叶常红色，益增色彩变化。因根深叶茂，可作防护林栽植。

● 阴香

学名：*Cinnamomum burmannii*(C. G. et. Th. Nees)Bl.

树皮灰褐色至黑褐色，平滑；枝叶揉碎有肉桂香味。叶革质至薄革质，卵形至长圆形或长椭圆状披针形，长 6～10 cm，先端渐尖，无毛离基三出脉，脉腋无腺体。圆锥花序长 2～6 cm。果卵形，长约 8 mm。

分布：云南、广东、海南、福建及东南亚其他地方亦有分布。

习性：喜光，喜温暖湿润气候，适应性强，耐寒，抗风，抗大气污染。喜土层深厚、排水良好的土壤。

繁殖：播种繁殖，嫩枝扦插或根蘖分栽亦可。

用途：树冠近圆形，树姿优美整齐，枝叶终年常绿，有肉桂之香味。为优良绿化树种，可作庭院风景树、绿阴树和行道树。

● 肉桂（图 5-135）

学名：*Cinnamomum cassia* Presl

树皮、枝、叶均有极浓的肉桂香气；幼枝、芽、叶柄、花序均被灰褐色短柔毛。叶厚革质，长圆形或长圆状披针形，长 8～20 cm，稀更长，先端和基部急尖，离基三出脉，脉腋无腺体，网脉近于平行，叶面被疏短柔毛。圆锥花序长 8～16 cm。果椭圆形，长 1 cm，熟时紫黑色。花期 6～7 月；果期 10～12 月。

分布：云南、广东、福建、海南有栽培。越南、老挝、印度和印度尼西亚等亚洲热带地区也有分布。

习性：幼树忌强光，成年树喜光，稍耐荫，喜温暖湿润气候和肥沃的酸性土壤，怕霜冻。生长较慢，深根性，抗风力强，萌芽性强，病虫害少。

繁殖：播种繁殖。

用途：树形整齐美观，为优良的景观观赏树种。树皮即食用香料和药材"桂皮"，是特种经济林树种。

图 5-134　樟　树
1. 雄蕊　2. 花丝茎部腺体
3. 果　4. 花

图 5-135　肉　桂

● **香叶树**（图 5 - 136）

学名：*Lindera communis* Hemsl.

高达 4～10 m。单叶互生，叶椭圆形，长 5～8 cm，宽 3～5 cm，先端渐尖或短尾尖，下面具疏柔毛，羽状脉，侧脉 6～8 对，弯曲上行，上面凹下，下面隆起。雌雄异株；花被筒不明显。果近球形，果托浅盘状。花期 3～4 月；果期 7～10 月。

分布：云南、四川、贵州、湖北、湖南、广东、浙江、福建、台湾；中南半岛亦有分布。常生于丘陵和山地下部的疏林中或灌丛中。

习性：喜温暖湿润气候，耐荫，适应性强，萌芽性强，耐修剪。生长中等至偏快。

繁殖：播种繁殖。

用途：绿叶红果，可作景观绿化和生态林树种。

图 5 - 136　香叶树
1. 果枝　2. 花枝

● **鼎湖钓樟**（图 5 - 137）

学名：*Lindera chunii* Merr.

灌木或小乔木，高达 3～6 m。小枝柔软，幼时有贴伏微柔毛。叶互生，纸质，椭圆形至长圆状披针形，长 5～10 cm，宽 1.5～4 cm，先端尾状渐尖，背面密被金黄色、铜黄色或近银色绢柔毛，有光泽；离基三出脉，两侧脉在距叶基 2 mm 处分出，直伸叶端；叶柄长 5～10 cm。雌雄异株。果椭圆形，果托浅盘状。花期 2～3 月；果期 8～11 月。

分布：广东、广西、海南。

习性：喜温暖湿润气候，耐荫。

繁殖：播种繁殖。

用途：树形整齐，小枝柔软，婀娜多姿，更有形状优美而背面金黄色之叶片，具较高的观赏价值。可作园景树或生态风景林树种。

图 5 - 137　鼎湖钓樟

● **木姜子**（图 5 - 138）

学名：*Litsea cubeba*（Lour.）Pers.

落叶小乔木，高 5～10 m，除幼嫩枝叶被绢毛外，其余无毛。全株有极浓的豆豉姜香气。叶披针形或长圆状披针形，长 6～11 cm，干后稍带黑色。果球形，直径 4～6 cm。花期 2～3 月；果期 6～8 月。

分布：长江以南各省、自治区，印度尼西亚、马来西亚、印度亦有分布。常生于阳光充足的林缘或荒地上。

习性：喜光，喜温暖湿润气候，生长快。

繁殖：播种繁殖。

图 5 - 138　木姜子
1. 雄蕊　2. 花丝基部腺体　3. 花

用途：早春开花，落叶前变黄，可作景观风景树。

●短序润楠

学名：*Machilus brevflora*（Benth.）Hemsl.

高约8m。叶革质，聚生枝顶，长4～5cm，顶端钝，基部渐窄。两面无毛，背面粉白，叶柄短。圆锥花序短，常呈复伞形花序状。果球形。

分布：广东、海南有分布。

习性：较耐荫，不耐寒。

繁殖：播种繁殖。

用途：树形美观，枝叶浓密，可作庭院树。

●红楠（图5-139）

学名：*Machilus thunbergii* Sieb. et. Zucc.

高达10～20m。叶倒卵形至倒卵状披针形，长4.5～13cm，上端较宽，先端短突尖或短渐尖，尖头钝，基部楔形，侧脉每边7～12条，叶柄纤细。圆锥花序腋生，3～4月开花。果扁球形，7月成熟，熟时蓝黑色，果梗红色。

分布：山东、江苏、浙江、安徽、台湾、福建、江西、湖南、广东，日本、朝鲜亦有分布。

习性：喜温暖、湿润气候，稍耐荫，有一定的耐寒能力，有较强的耐盐性和抗海潮风能力。生长快。

繁殖：播种或分株繁殖。

用途：因其果梗通常红色，故称为"红楠"。树形整齐，枝叶浓密，分枝呈层状伸展。初春淡黄色的花序布满树冠，一派生机勃勃的景象；初秋时果实累累。为优良的庭院树和生态林树种。

图5-139　红　楠

●闽楠（图5-140）

学名：*Phoebe bournei*（Hemsl.）Yang

高达30m。树干通直，分枝少。树皮灰白色。幼枝近无毛或被柔毛，叶革质，披针形或倒披针形，长7～13cm，腹面光亮，无毛，背面被短柔毛，脉上被伸展的长柔毛。果椭圆形，熟时紫黑色。花期4月；果期10月。

分布：江西、福建、浙江、湖南、贵州和广东。

习性：耐荫，深根性，喜温暖、湿润和土层深厚的环境，多见于山地沟谷阔叶林中。

繁殖：播种繁殖。

用途：稀有植物，国家二级重点保护树种。枝叶浓密，树形美观，为优良园景树。

图5-140　闽　楠

●紫楠（图5-141）

学名：*Phoebe sheareri*（Hemsi.）Gamble.

高达20m。幼枝密被黄褐色绒毛，老枝仍明显被毛，芽鳞外侧密被平伏毛。叶常集生于小枝顶端，椭圆状倒卵形或倒卵状披针形，长10～22cm，先端突尖或短渐尖，基部窄楔形，老叶表面亮绿色，仅沿中脉有毛，背面密被黄褐色长柔毛，中脉在叶面下凹。圆锥花序腋生。果卵状椭圆形，宿存的花被裂片有皱纹。花期5～6月；果熟10～11月。

分布：主要分布于我国江苏、浙江、安徽、江西、福建、湖南、湖北、重庆、四川、贵州、广东、广西、海南等地。现在杭州、南京等城市景观中有栽培。亦为分布地区的重要造林树种。

习性：耐荫，喜温凉、湿润的季风气候，是同属中较耐寒的种类，能耐－10℃的低温，要求深厚肥沃、排水良好的微酸性或中性土壤，常与麻栎、枫香、苦槠、樟、毛竹等混生。不耐空气污染。

繁殖：播种繁殖。

图5-141 紫 楠

用途：树形端正，叶密荫浓，易造成幽静深邃的森林气氛。宜在大型景观内丛植或林植，可作为景观建筑或雕塑的背景，并创造林深苔滑、幽静清雅的环境。孤植大树亦甚壮观。

● **桢楠（图5-142）**

学名：*Phoebe zhennan* S. Lee et. F. N. Wei

大乔木，高达30 m；当年生枝无毛。叶薄革质，椭圆形、稀披针形或倒披针形，长6～12 cm，宽2.5～4 cm，背面密被短柔毛，脉上被长柔毛，中脉在上面下凹，下面凸起，侧脉8～13对，上面不明显，下面明显，网脉不成明显的网格状；叶柄细，长1～2.2 cm，被毛。花序开展。果下宿存的花被无皱纹。花期4～5月；果期9～10月。

原产湖北西部、贵州西北部及四川；成都昔有不少参天大树，陆游《成都国宁观古楠记》云："国宁观古楠四，皆千岁木也，枝扰云汉，声挟风雨……阴之所庇，车且百辆，正昼夜不穿漏，夏五六月暑气不至，凛如九秋。"可见其景观效果。但近40多年来因环境恶化，古桢楠已荡然无存，实在可惜。

● **檫木（图5-143）**

学名：*Sassafras tzumu* Hemsl.

图5-142 桢 楠

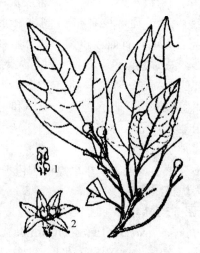

图5-143 檫 木
1. 雄蕊 2. 花

高在 25～35 m。叶集生于枝端，卵形、宽卵形、菱状卵形，并裂成 2～3 叉状，长 8～20 cm，羽状脉，近基部第二对侧脉特别粗长。短圆锥花序顶生；花细小，淡黄色，常先叶开放。果实近球形，熟时蓝黑色。花期 3～4 月；果期 8 月。

分布：浙江、江苏、安徽、江西、福建、湖南、湖北、广东、四川、云南和贵州。

习性：喜光，不耐荫，喜温暖、湿润气候和深厚而排水良好的酸性土壤。深根性，萌芽力强，生长快。

繁殖：播种或分株繁殖。

用途：树干通直，姿态雄伟，叶形奇特，开花时芳香馥郁，入秋后红叶照人，为秋色叶树，具有较高的观赏价值，可作园景树和风景林树种，也是我国特产的优良用材树种。

十八、蜡梅科（Calycamthaceae）

落叶或常绿灌木。单叶对生，全缘，羽状脉，无托叶。花两性，单生，花被片多数，无萼与花瓣之分，螺旋状排列，雄蕊 5～30，心皮离生多数，着生于杯状花托内，胚珠 1～2，花托发育为坛状果托，小瘦果着生其中。种子无胚乳，叶子旋卷。

共 4 属，11 种，产于东亚和北美。我国 2 属、7 种、2 变种。

● **夏蜡梅**（图 5-144）

学名：***Calycanthus sinensis* Cheng et. S. Y. Chang**

高 1～3 m。叶长 11～26 cm，略粗糙。花被片外方 12～14 片白色而有淡紫边，内方 9～12 片上端黄而下端白，无香味。花期 5 月。

原产浙江，现长江流域城市有栽培。

美国夏蜡梅（*Calycanthus floridus* Linn.）

花红褐色，有浓甜香。

南京、江西庐山、上海等地有引栽。

● **蜡梅**（图 5-145）

学名：***Chimonthus praecox*（L.）Link**.

图 5-144 夏蜡梅
1. 花枝 2. 夏蜡梅

图 5-145 蜡 梅

高达 3 m。小枝近方形。叶半革质，椭圆状卵形至卵状披针形，长 7～15 cm，叶端渐尖，叶基圆形或广楔形，叶表面有硬毛，粗糙。花单生，花被外轮蜡黄色，中轮有紫色条纹，有浓香，果托坛状。小瘦果种子状，栗褐色，有光泽。花期 12 月至翌年 3 月，远在叶前开放；果 8 月成熟。原产于湖北、陕西等省，现各地有栽培。

习性：喜弱光，略耐荫，较耐寒，耐干旱，忌湿水，宜在深厚肥沃排水良好的沙质壤土上生长。

繁殖：播种和扦插繁殖。

用途：我国传统珍贵花木，花开寒冬早春，色黄如蜡，清香四溢，形神俊逸。不少著名诗人，如唐代杜牧、宋代黄庭坚、苏东坡、陆游等都留有吟咏的佳句名篇。如黄庭坚诗云："金蓓饮春寒，恼人香未展，虽无桃李颜，风味极不浅。"蜡梅历来是中国园林特色的典型花木。一般以自然式孤植、对植、丛植、列植于花池、花台、入口两侧、厅前亭周、窗前屋后、墙隅、斜坡、草坪、水畔、路旁。传统上还与南天竹、松、竹、红梅配置，色、香、形相得益彰，极尽造化之妙。花经久不凋，插瓶可达半月之久，是冬季名贵切花。作盆栽、盆景也极相宜。

十九、苏木科（Caesalpiniaceae）

乔木或灌木，稀为草本。一回或二回羽状复叶，稀单叶或单小叶，具托叶或缺。花常大形美丽，两性，稀单性或杂性异株，略左右对称，稀近整齐，排成总状、穗状、圆锥花序，或簇生，稀为伞花序，萼片 5 或上面 2 枚合生，花瓣 5，或更少，或缺，上部（近轴）的一枚在最内面，余为覆瓦状排列，雄蕊通常 10，极稀为多数，分离或部分连合，花药 2 室，纵裂或顶孔开裂，子房上位，1 心皮 1 心室，边缘胎座。荚果开裂，或沿腹缝线具窄翅。种子有丰富胚乳，或无胚乳，胚大。

约 152 属，2 800 种，主产于热带与亚热带。我国约 18 属近百种，引入栽培 7～8 属，南北均有分布，以西南为多。

●**红花羊蹄甲**

学名：***Bauhinia blakeana*** Dunn

高达 5～10 m。叶革质，近圆形或阔心形，长 8～13 cm，顶端 2 裂至叶全长的 1/4～1/3，裂片顶端圆钝形有掌状脉 11～13 条。总状花序顶生或腋生，花冠紫红色，发育雄蕊 5 枚，其中 3 长、2 短，几乎全年均可开花，盛花期在春、秋两季。通常不结果。

分布：原产于香港，为羊蹄甲与紫荆羊蹄甲的杂交种。

习性：习性与洋紫荆相近。

繁殖：高压或嫁接繁殖。

用途：树冠平展如伞，枝条柔软稍垂，花序连串，花大色艳，花期长。可作公园、庭院、广场、水滨等处的主体花和行道树。是香港特别行政区的市花。

●**羊蹄甲**（图 5-146）

学名：***Bauhiniia purpurea*** L.

高 4～8 m。叶近革质，广卵形至圆形，长 5～12 cm，端 2 裂，裂片为全长的 1/3～1/2，裂片端钝或略尖，有掌状脉 9～11 条，两面无毛。伞房花序顶生，花玫瑰红色，有时白色，花萼裂为几乎相等的 2 裂片，花瓣倒披针形，发育雄蕊 3～4 枚。荚果扁条形，略弯曲。花期9～11月。

分布：福建、广东、广西、云南等省、自治区，马来半岛、南洋一带均有栽培。

习性：喜肥沃湿润的酸性土，耐水湿，但不耐干旱。

繁殖：播种及扦插繁殖。

用途：树冠开展，枝桠低垂，花大而美丽，秋冬开放，叶片形如牛、羊的蹄甲，是很有特色的树种。在广州及其他华南城市常作行道树及庭院风景树。

● 紫荆羊蹄甲（图5-147）

学名：***Bauhinia variegate* L.**

图5-146　羊蹄甲
1.花枝　2.果

图5-147　紫荆羊蹄甲

半落叶乔木，高达5～8 m。叶革质较厚，圆形至广卵形，宽大于长，长7～10 cm，叶基圆形至心形，叶端2裂，裂片为全长的1/4～1/3，裂片端浑圆，有掌状脉9～13条。花大而显著，约7朵，排成伞房状总状花序，花粉红色，有紫色条纹，芳香，花萼裂成佛焰苞，先端具5小齿，花瓣倒广披针形至倒卵形，发育雄蕊5枚。荚果扁条形。花期6月。

分布：福建、广东、广西、云南等省、自治区，越南、印度均有分布。

习性：喜光，喜温暖至高温湿润气候，适应性强，耐寒，耐干旱和瘠薄，抗大气污染，对土质不甚选择，但不抗风。

繁殖：播种繁殖。

用途：树冠开展，枝条低垂，叶形奇特，花色艳丽，观赏价值很高，为南方常见观赏树种，或孤植，或丛植，均能展现风姿。作为城市行道树，开花时华丽无比，叹为观止。盛花期叶较少。

● 云实（图5-148）

学名：***Caesalpinia decapetala*（Roth）Alston**

攀缘灌木，密生倒钩状刺。二回羽状复叶，羽片3～10对，小叶5～12对，长椭圆形，背面有白粉。花黄色，排成顶生总状花序，雄蕊略长于花冠。荚果长圆形，木质，长2.3～3 cm，顶端有短尖，沿腹缝线有窄翅，种子6～9粒。花期5月；果期8～9月。

分布：产于长江以南各省、自治区，见于平原、河旁及丘陵。

习性：喜光，喜温暖、湿润气候，稍耐荫，不耐干旱，对土质要求不严，萌生力强。

繁殖：播种繁殖。

用途：攀缘性强，树冠分枝繁茂，盛花期金花盈串。宜作花架和花廊的垂直绿化，也可丛植路边、林缘、旷地。

● 金凤花（图 5-149）

学名：*Caesalpinia pulcherrima*（L.）Sw.

图 5-148　云　实
　1. 花　2. 子房
　3. 雄蕊　4. 果

图 5-149　金凤花

高达 3 m；枝有疏刺。二回羽状复叶，羽片 4～8 对，小叶 7～11 对，近无柄，倒卵形至倒披针状长圆形，长 1～2 cm。花橙色或黄色，有长柄，顶生或腋生疏散的伞房花序；花瓣圆形，有皱纹，有柄；花丝、花柱均红色，长而突出。荚果扁平，无毛。花期 8 月。

分布：原产于印度半岛，现世界各热带地区多栽培。

习性：喜光，喜高温湿润气候，不抗风，不耐干旱，不耐荫，也不耐寒。

繁殖：播种繁殖。

用途：树姿轻盈婀娜，叶形美观，长期布满黄色花簇，为景观花境优美树种，也适于花架、篱垣攀缘绿化。

● 双荚槐

学名：*Cassia bicapsularis* L.

半落叶灌木，多分枝。偶数羽状复叶，小叶 3～4 对，倒卵形或卵状圆形，长 2.5～3.5 cm，常有黄色边缘，最基部一对小叶基有一枚腺体。伞房式总状花序顶生或腋生，花鲜黄色，全年均可开花，盛花期在秋季。荚果圆柱形。种子于冬季至来年初夏成熟。

分布：原产于美洲热带，世界热带地区普遍栽培。

习性：喜光，喜高温、湿润气候，不耐干旱，不耐寒，喜肥沃的沙质壤土。

繁殖：播种和扦插繁殖。

用途：分枝茂密，常成密丛，小叶翠绿，常具金边。花期长，花多而灿烂夺目。可孤植、丛植或列植成绿篱，也可作栅栏或矮墙的垂直绿化。

●腊肠树（图5-150）

学名：**Cassia fistula** L.

高达15 m。偶数羽状复叶，叶柄及总轴上无腺体，小叶4～8对，卵形至椭圆形，长6～15 cm。总状花序疏散，下垂，花淡黄色，径约4 cm。荚果圆柱形，黑褐色，有3槽纹，不开裂，种子间有横膈膜，状似腊肠，故名。花期6月。

分布：原产于印度、斯里兰卡及缅甸；华南有栽培。

习性：喜高温多湿气候。不耐干旱，不甚耐寒。喜光，忌耐荫。

繁殖：播种和扦插繁殖。

用途：树形整齐，叶色翠绿，初夏开花时，满树长串状金黄色花朵，极为美观。可供庭院观赏用，也可作行道树。

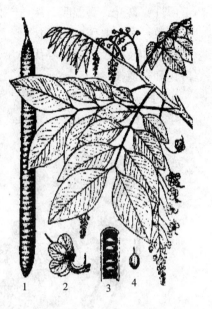

图5-150　腊肠树
1.果　2.花
3.果纵剖面　4.种子

●铁刀木（图5-151）

学名：**Cassia siamea** Lam.

偶数羽状复叶，叶柄和总轴无腺体，小叶6～10对，近革质，椭圆形至长圆形，先端具短尖头。伞房状的总状花序腋生，顶生者呈圆锥状花序，花序轴密生黄柔毛。荚果扁条形，微弯。花期7～12月；果期1～4月。

分布：原产于印度、马来西亚、缅甸、泰国、越南、菲律宾、斯里兰卡等地。我国云南、广东、广西、福建、海南、台湾等地均有栽培。

习性：喜暖热气候，不耐霜冻，要求年平均气温高于19.5℃，绝对最低温度0℃以上，才能正常生长。喜光，稍耐荫。喜湿润肥沃石灰性及中性冲积土，忌积水，耐干燥瘠薄。萌芽力强，速生。

繁殖：播种繁殖。

用途：树体高大，树冠开展，枝叶茂密，浓荫盖地。夏季开花之时，串串黄花挂于冠丛，鲜艳夺目，为优良的行道树种。抗风力强，又是重要的防护林树种。还可作紫胶虫寄主树。

图5-151　铁刀木

●黄槐（图5-152）

学名：**Cassia surattensis** Burm. f.

高达4～7 m。偶数羽状复叶，叶柄及叶轴基部2～3对小叶间有2～3枚棒状腺体；小叶7～9对，椭圆形至卵形，长2～5 cm，叶端有短毛；托叶线形，早落。花排成伞房状的总状花序，生于枝条上部的叶腋，花鲜黄色，雄蕊10，全发育。荚果条形，扁平，有柄。花期长，全年不绝。

分布：原产于印度、斯里兰卡、马来群岛及海湾地区，中国南部有栽培。

习性：喜光，喜温暖、湿润气候，适应性强，耐寒，耐半荫，但不抗风。

繁殖：播种繁殖。

用途：枝叶茂密，树姿优美，花期长，花色金黄灿烂，富热带特色，为美丽的观花树、庭院树和行道树。

●紫荆（图5-153）

学名：*Cercis chinensis* **Bunge**

图5-152 黄槐

图5-153 紫荆
1.果 2.种子 3.雄蕊
4.雄蕊群 5.花

高达15 m，在栽培条件下多呈灌木状。叶近圆形，长6～14 cm，叶端急尖，叶基心形，全缘，两面无毛。花紫红色，4～10朵簇生于老枝上。荚果沿腹缝线有窄翅。花期4月，叶前开放；果10月成熟。

分布：湖北、辽宁、河北、陕西、河南、甘肃、广东、云南、四川等省、自治区有分布。

习性：喜光，有一定的耐寒性，喜肥沃、排水良好的土壤，不耐淹。

繁殖：播种、分株、扦插、压条繁殖。

用途：干丛出、叶圆整、树形美观。早春先叶开花，满树嫣红，颇具风韵，为景观中常见花木。宜于庭院建筑前、门旁、窗外、墙角、亭际、山石后点缀1～2丛，也可丛植、片植于草坪边缘、林缘、建筑物周围。以常绿树为背景或植于浅色物体前，与黄色、粉红色花木配置，则金紫相映，色彩更鲜明。

●凤凰木（图5-154）

学名：**Delonix regia** Raf.

高达20 m。树冠开展如伞状。二回羽状复叶，羽片
10～24对，对生，小叶20～40对，对生，近矩圆形，长
5～8 cm，先端钝圆，基部歪斜，表面中脉凹下，侧脉不明
显，两面均有毛，托叶羽状。花腋生或顶生，排成伞房状
的总状花序；萼绿色，花冠鲜红色，上部的花瓣有黄色条
纹。荚果木质。花期5～8月；果期10月。

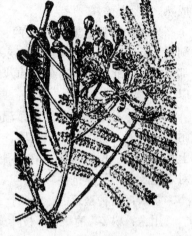

分布：原产于马达加斯加岛及非洲赤道地区，现广植
于热带各地。

习性：喜光，不耐寒，生长迅速，根系发达。耐烟
尘差。

繁殖：播种繁殖；移植易活。

图5-154　凤凰木

用途：树冠广展，浓荫如盖，树姿古雅，叶大秀美，
夏季盛花期花红似火，我国以凤凰名之，意义昭然。是热带地区的木本花卉。广植为风景
树、绿阴树和行道树。

●中国无忧花

学名：**Saraca dives** Pierre

高达5～20 m。偶数羽状复叶，小叶5～6对，近革质，长椭圆形或卵状披针形，长
15～35 cm，嫩时红色。总状花序腋生，花两性或单性，花萼管顶端有4枚裂片，裂片卵形，
橙黄色，花瓣退化。夏季为开花期。荚果带形。种子秋季成熟。

分布：原产于我国云南东南部、广东和广西南部，以及越南、老挝。我国南方有栽培。

习性：喜光，喜高温湿润气候，不耐寒，喜生于富含有机质、肥沃、排水良好的壤土。

繁殖：播种、扦插或高压繁殖。

用途：树冠椭圆状伞形，树姿雄伟，叶大翠绿，花序大型，花期长，盛花期花开满枝
头，红似火焰，有"火焰花"之称。为理想的园景树、绿阴树及行道树。

二十、蓝果树科（Nyssaceae）

落叶乔木，稀灌木。单叶互生，无托叶。花单性或杂性，头状、总状或伞形花序；花萼
极小或缺；花瓣5，有时更多或缺；雄蕊5～12，具花盘或缺；子房下位，1室或6～10室，
每室1胚珠。核果或坚果。

3属12种，产于亚洲和美洲。我国产3属8种，分布于长江以南各地至西南。

●喜树（图5-155）

学名：**Camptotheca acuminata** Decne.

落叶乔木，高达30 m；树冠广卵形，枝多向外平展；小枝常绿色，髓心片状分隔。单
叶互生，椭圆形至椭圆状卵形，长8～20 cm，先端突渐尖，基部广楔形，全缘或微呈波状，
羽状脉弧形而在表面下凹，表面亮绿色，背面淡绿色，疏生短柔毛，脉上尤密。叶柄长1.5～3
cm，常带红色。花单性同株，头状花序具长柄，雌花序顶生，雄花序腋生；花萼5裂，花

瓣 5，淡绿色；雄蕊 10，子房 1 室。坚果狭长圆形，有棱状窄翅 2～3 条，集生成球形。花期 5～7 月；果 10～11 月成熟。

图 5-155 喜 树

分布：四川、安徽、江西、河南、江苏、福建、湖北、湖南、云南、贵州、广西、广东等长江以南各省、自治区及部分长江以北地区均有分布和栽培；垂直分布在海拔 1 000 m 以下。

习性：喜光，稍耐荫，喜温暖、湿润气候，不耐寒，不耐干旱瘠薄。喜深厚肥沃土壤，在酸性、中性及弱碱性土壤上均能生长。稍耐水湿，在溪流边生长较旺盛，萌芽力强，对烟尘及有害气体抗性较弱。

繁殖：播种繁殖。

用途：树姿端直雄伟，枝叶茂密，花果清雅奇特，是优良的绿阴树、行道树和"四旁"绿化树种。亦可 3～5 株丛植池畔、湖滨作背景。在风景区可与栾树、榆树、臭椿、水杉等混植。

● 珙桐

学名：*Davidia involucrata* Baill.

落叶乔木，高 20 m；树皮深灰褐色，呈不规则薄片状脱落；树冠圆锥形。单叶互生，宽卵形至近心形，长 7～16 cm，先端突尖或渐尖，基部心形，缘有粗尖锯齿，羽状脉直达齿尖，背面密生绒毛；叶柄长 4～5 cm。花杂性同株，由多数雄花和 1 朵两性花组成顶生头状花序，花序下有 2 片大形白色苞片，苞片卵状椭圆形，长 8～15 cm，中上部有疏浅齿，常下垂，花后脱落。花瓣退化或无，雄蕊 1～7，子房 6～10 室。核果椭圆形，长 3～4 cm，果皮新鲜时绿色，密被锈色皮孔。花期 4～5 月；果 10 月成熟。

分布：湖北西部、四川中部及南部、贵州及云南北部。

习性：喜半荫和温凉湿润气候及深厚、肥沃、湿润而排水良好的酸性或中性土壤，在干燥、瘠薄、多风、日照直射处生长不良。深根性，根系发达。幼树喜荫湿，成年树趋于喜光，不耐寒。

繁殖：播种、扦插及压条繁殖。

用途：枝叶繁茂，白色的大苞片似鸽子展翅，盛开时犹如满树群鸽栖息，为世界著名观赏树种，被誉为"中国鸽子树"。最适孤植或丛植于庭院、宾馆、展览馆前作庭荫树，并有象征和平的含义。国家一级重点保护树种。

二十一、含羞草科（Mimosaceae）

多为木本，稀草本，有根瘤。二回羽状复叶，或复叶退化成叶状柄；叶轴常有腺体，小叶中脉常偏斜。头状、总状或穗状花序，花常两性，辐射对称，萼、瓣 3～6，镊合状排列，雄蕊多数，稀与花瓣同数或为倍数，雌蕊 1 心皮，子房上位。荚果。

约 56 属，2 500 种，主要分布在热带地区。我国引入栽培共 17 属，约 60 余种。

● 大叶相思（图 5-156）

学名：*Acacia auriculiformis* A. Cunn.

高达 15 m。树冠长卵球形。树皮灰褐色，老皮粗糙。幼苗为羽状复叶，后退化为叶状柄，叶状柄互生，上弦月形，上缘弯，下缘直，全缘，两面渐狭，纵向平行脉3～7条。穗状花序腋生，花金黄。荚果扭曲。花期7～8月至10～12月；果期长，12月至翌年5月。

分布：原产于澳大利亚、巴布亚新几内亚及印度尼西亚等地。我国自1960年开始引种，广植于广东、广西、海南、福建等省、自治区。

习性：喜温暖，适应性广，对立地条件要求不苛，耐旱瘠，在酸性沙土和砖红壤上生长良好，也适于透水性强、含盐量高的滨海沙滩。枝叶浓密，抗风性强，根系发达，具根瘤，对二氧化硫及机动车尾气具有较强的抗性。生长快，萌生力强。

繁殖：播种繁殖。

用途：为行道树、"四旁"和公路绿化的优良树种。

图5-156　大叶相思
1.种子　2.果　3.花

● 台湾相思（图5-157）

学名：*Acacia confusa* Merr.

高达6～15 m。树冠卵圆形。叶互生，幼苗为羽状复叶，后退化为叶状柄，叶状柄线状披针形，具纵平行脉3～5条，革质。头状花序腋生，圆球形，花黄色，微香。荚果扁平带状。花期3～8月；果期7～10月。

分布：原产于台湾，东南亚也有分布。福建至华南、云南等广为栽培。

习性：喜暖热气候，亦耐低温，喜光，亦耐半荫，耐旱瘠土壤，也耐短期水淹，喜酸性土。生长迅速，根深而枝叶坚韧，抗风性强。

繁殖：播种繁殖。

用途：树冠自然，形态柔美，微风过处，婆娑可人；

图5-157　台湾相思

值开花之际，金球满树，幽香阵阵，俗有"洋金花"之称，可谓色香姿兼备。宜作行道树、"四旁"和公路绿化，又是绿化荒山、水土保持、防风固沙和薪炭林的优良树种。

● 海红豆（图5-158）

学名：*Adenanthera pavonina* L. var. *microsperma*（Teiusnt et. Binnend.）Nielsen

落叶乔木，高达30 m。树皮黄褐色，大树呈红褐色。树冠伞状半圆形。二回羽状复叶，羽片2～4对，对生或近对生，每羽片有小叶8～18片，互生，矩圆形或卵形，长2～4 cm。总状花序，花小，白色至淡黄色，雄蕊10枚，与花冠近等长。荚果带状而扭曲。种子鲜红色，扁圆形，光亮。花期4～7月；果期7～10月。

分布：华南、西南及福建、台湾等地，东南亚至中南半岛亦有分布。

习性：喜温暖、湿润气候，喜光，稍耐荫，对土壤条件要求较严格，喜土层深厚、肥沃、排水良好的沙壤土。

繁殖：播种繁殖。

用途：树姿秀丽，叶色翠绿雅致，冬季凋零，初春吐绿，为热带、南亚热带优良的景观风景树。宜在庭院中孤植。其鲜红美丽的种子，可作装饰品。

●南洋楹

学名：*Albizia falcataria*（L.）**Fosberg**

常绿大乔木。树冠伞状半球形。二回偶数羽状复叶，叶柄中部有大腺体 1 枚，叶轴上有腺体 2～5 枚，小叶矩圆形，无柄，中脉偏上侧的 1/3，托叶锥形，早落。头状花序排成穗状，腋生，花淡白色。荚果条形。

图 5-158　海红豆

分布：原产于马六甲和印度尼西亚，现广植热带地区。我国华南和福建等地栽培。

用途：树干高耸，树冠绿阴如伞，蔚然壮观，为优良的庭院风景树和绿阴树。

●合欢（图 5-159）

学名：*Albizia julibrissin* **Durazz**

落叶乔木，高达 16 m。树皮平滑，褐灰色。树冠伞状扁圆形。二回羽状复叶，互生，羽片 4～15 对，小叶 20～40 对，昼展夜闭，小叶剑状长圆形，长 10 mm，中脉偏于上缘。头状花序排成伞房状，花绿白色，雄蕊多数，花丝粉红色，伸出花冠外，如绒缨状。荚果扁条状，长 9～17 cm。花期 6～7 月；果期 9～10 月。

分布：非洲的温带和热带地区。我国中部自黄河流域至南部珠江流域之广大地区均有栽培。

习性：喜温暖气候，有一定耐寒能力，喜光，耐旱瘠，忌水涝，对土壤要求不苛，在排水良好、肥沃土壤上生长迅速。

图 5-159　合　欢

繁殖：播种繁殖。

用途：姿态飘逸，枝繁叶茂，叶片对气温的反应敏感，晚上低温重露，小叶双合，早上日出温暖，两叶又自然张开，故名合欢。盛花期芳香四溢，大雄蕊集成一束，绿阴如伞，花叶雅致，色香俱佳。宜作庭荫树和行道树，于屋旁、草坪、池畔等处孤植。但因树冠开张，欠整齐且不耐修剪，故不宜作城市行道树。

●朱樱花

学名：*Calliandra haematocephala* **Hassk**.

灌木。二回羽状复叶，羽片 1 对，小叶 7～9 对，偏斜披针形，长 2～4 cm，中上部稍上，主脉偏上，下侧第一基生脉明显弯长伸出，叶轴及背面主脉被柔毛；托叶 1 对，卵状长三角形。头状花序，腋生，含花 40～50 朵，每花基生 1 苞片，花冠管 5 裂，淡紫红色，雄蕊基部连合，白色，上部花丝伸出，长 3 cm，红色，状如红绒球。荚果条形。花期秋冬；种子秋末成熟。

分布：原产于南美洲，现热带、亚热带地区广泛栽培。我国华南地区近10年用于景观中。

习性：喜温暖、高温湿润气候，喜光，稍耐荫蔽，对土壤要求不苛，但忌积水，对大气污染抗性较强。

繁殖：播种或扦插繁殖。

用途：枝叶扩展，花序呈红绒球状，在绿叶丛中夺目宜人。常修剪成圆球形，初春萌发淡红色嫩叶，美丽盎然，为优良的木本花卉植物。宜于园林中作添景孤植、丛植，又可作绿篱和道路分隔带栽培。

二十二、山茱萸科（Cornaceae）

本科为乔木或灌木，稀草本。单叶对生或互生，叶脉羽状，长弧形，稀掌状脉，无托叶。花两性，稀单性异株；花萼4～5裂，花瓣4～5枚，离生；花序常有总苞，总苞苞片花瓣状或鳞片状；雄蕊4～5枚，与花瓣互生，生于花盘基部；子房下位，胚珠下垂倒生。核果或浆果状核果，种子有胚乳。

该科15属约120种，主要分布于北温带及亚热带。我国9属约60种，各省、自治区有分布。

●香港四照花（图5-160）

学名：**Dendrobenthamia hongkongens is**（Hemsl.）Hutch.

常绿小乔木，高5～15 m，老枝灰黑色，具多数皮孔。叶革质，矩圆状椭圆形，先端短渐尖或短尾尖，基部宽圆楔形，成熟叶两面近无毛或仅叶背疏生褐色毛，侧脉3～4条，叶脉在上面不明显或微凹下，背面凸起；叶柄长0.6～1.3 cm，被褐色短毛。花序总苞片白色，先端短急尖。果熟时红色，果序梗近无毛。花期5～6月；果期10～11月。

图5-160 香港四照花

分布：江西、湖南、浙江、华南及西南。海拔250～1 000 m，常见于山坡中下部或沟谷阔叶林内。

习性：稍耐荫，适应润湿肥沃土壤。

繁殖：播种繁殖，10～11月采种，洗种，沙藏，翌年春播种。

用途：本科为常绿树种，花序总苞片花瓣状，果实红色。因此，可用于森林景观营造、水景旁、公园等景观建设中的树种配置。

●四照花（图5-161）

学名：**Dendrobenthamia japonica**（DC）Fang

落叶小乔木，高3～5 m，幼枝被贴生白色短毛，老枝灰黑色，无毛。叶纸质或厚纸质，长弧形，卵状椭圆形，长5～11 cm，宽3.5～6 cm，先端渐尖或尾状尖，基部宽楔形，叶全缘，上面疏被短伏毛，背面粉绿色，密被白色短柔毛；叶柄长0.5～1 cm，被白色短柔毛。头状花序球形，具白色花瓣状总苞，苞片卵状披针形，先端长渐尖，无毛；总花梗纤细，被贴生白色短毛。果熟时红色，有微毛。花期4～5月；果期9～11月。

分布：山西、河南、陕西、甘肃、江苏、浙江、福建、安徽、江西、湖南、湖北、四川等省、自治区。海拔600～1 500 m，生于混交林中。

习性：较耐寒，适应微酸性土壤，在稍有蔽荫的条件下生长更好。

繁殖：播种繁殖，10月采种，洗种，沙藏，翌年3月播种。

用途：景观观赏价值在于它的树冠广卵形，花瓣状的苞片和荔枝状的果实。因此，主要用于森林景观营造、公园、庭院等景观建设中的树种配置。

图5-161 四照花

二十三、忍冬科（Caprifoliaceae）

灌木，稀为小乔木或草本。单叶，很少羽状复叶，对生；通常无托叶。花两性，聚伞花序或再组成各式花序，也有数朵簇生或单花；花萼筒与子房合生，顶端4～5裂；花冠管状或轮状，4～5裂，有时二唇形；雄蕊与花冠裂片同数且与裂片互生；子房下位，1～5室，每室有胚珠1至多颗。浆果、核果或蒴果。

本科有13属约500种，主要分布于北温带和热带高海拔山地，东亚和北美东部种类最多，个别属分布在大洋洲和南美洲。中国有12属，200余种，大多分布于华中和西南各省、自治区。

● **糯米条**（图5-162）

学名：*Abelia chinensis* **R. Br.**

六道木属（*Abelia* R. Br.）灌木，高达2 m。枝开展，幼枝红褐色，被微毛，小枝皮撕裂。叶卵形至椭圆状卵形，长2～3.5 cm，端尖至短渐尖，基部宽钝至圆形，边缘具浅锯齿，背面叶脉基部密生白色柔毛。圆锥状聚伞花序顶生或腋生；花萼被短柔毛，裂片5，粉红色，倒卵状长圆形，边缘有睫毛；花冠白色至粉红色，芳香，漏斗状，裂片5，外有微毛，内有腺毛；雄蕊4，伸出花冠。瘦果状核果。花期7～9月。

习性：喜光，耐荫性强；喜温暖湿润气候，耐寒性较差，北京露地栽培，冬季枝梢受冻害；对土壤要求不严，酸性、中性土均能生长，有一定的耐旱、耐瘠薄能力。适应性强，生长强盛，根系发达，萌蘖力、萌芽力均强。

图5-162 糯米条

分布：在秦岭以南各地的低山湿润林缘及溪谷岸边多有生长。

繁殖：用播种或扦插繁殖均可。

用途：枝叶婉垂，树姿婆娑，花开枝梢，洁莹可爱，花谢后，粉色萼片相当长期宿存枝头，也颇可观，其花期正值少花季节，且花期特长，花香浓郁，是不可多得的秋花灌木，可丛植于草坪、角隅、路边、假山旁；于林缘、树下作下木配植也极适宜，又可作基础栽植、花篱、花径用。

●**猬实**（图 5-163）

学名：***Kolkwitzia amabilis* Graebn.**

猬实属（*Kolkwitzia* Graebn.）落叶灌木，高达3 m，中国特产种。干皮薄片状剥裂；小枝幼时疏生柔毛。叶卵形至卵状椭圆形，长 3～7 cm，端渐尖，基部圆形，缘疏生浅齿或近全缘，两面疏生柔毛。伞房状聚伞花序生侧枝顶端，花序中小花梗具 2 花，2 花的萼筒下部合生，萼筒外部生耸起长柔毛，在子房以上缢缩似颈，裂片 5；花冠钟状，粉红色至紫色，裂片 5，其中 2 片稍宽而短；雄蕊 4，2 长 2 短，内藏。果 2 个合生，有时其中 1 个不发育，外面有刺刚毛，冠以宿存的萼裂片。花期 5～6 月；果期 8～9 月。

图 5-163 猬 实
1. 果 2. 花 3. 子房

习性：喜充分日照；有一定耐寒力，北京能露地越冬；喜排水良好、肥沃土壤，也有一定耐干旱瘠薄能力。管理粗放，初春及天旱时及时灌水，花后酌量修剪，不令其结实，秋冬酌情施肥料，则次年开花更为繁茂，每三年可视情况重剪一次，以便控制株丛，使之较为紧密。

分布：产于中国中部及西北部。

繁殖：播种、扦插、分株繁殖均可。

用途：着花茂密，花色娇艳，是国内外著名观花灌木。宜丛植于草坪、角隅、路边、屋侧及假山旁，也可盆栽或做切花用。

●**金银花**（图 5-164）

学名：***Lonicera japonica* Thunb.**

忍冬属（*Lonicera* L.）半常绿缠绕藤木，长可达 9 m。枝细长中空，皮棕褐色，条状剥落，幼时密被短柔毛。叶卵形或椭圆状卵形，长 3～8 cm，端短渐尖至钝，基部圆形至近心形。全缘，幼时两面具柔毛，老后光滑。花成对腋生，苞片叶状；萼筒无毛；花冠二唇形，上唇 4 裂而直立，下唇反转，花冠筒与裂片等长，初开为白色略带紫晕，后转黄色，芳香。浆果球形，离生，黑色。花期 5～7 月；8～10 月果熟。

习性：喜光，也耐荫；耐寒、耐旱及水湿；对土壤要求不严，酸碱土壤均能生长。性强健，适应性强，根系发达，萌蘖力强，茎着地即能生根。

图 5-164 金银花

分布：中国南北各省均有分布，北起辽宁，西至陕西，南达湖南，西南至云南、贵州。

繁殖：播种、扦插、压条、分株均可。10 月果熟，采回堆放后熟，洗净阴干，层积贮藏，至翌春 4 月上旬播种，种子千粒重约为 3.1g，播前把种子放在 25 ℃温水中浸泡一昼夜，取出与湿沙混拌，置于室内，每天拌 1 次，待 30%～40% 的种子裂口时进行播种，保持湿润，10 天后可出苗。扦插，春、夏、秋三季都可进行，而以雨季最好，

2～3周后即可生根，第二年移植后就能开花。压条在6～10月。分株在春、秋两季进行。

用途：植株轻盈，藤蔓缭绕，冬叶微红，花先白后黄，富含清香，是色香俱备的藤本植物，可缠绕篱垣、花架、花廊等作垂直绿化；或附在山石上，植于沟边，爬于山坡，用作地被富有自然情趣；花期长，花芳香，又值盛夏酷暑开放，是庭院布置夏景的极好材料；又植株体轻，是美化屋顶花园的好树种；老桩作盆景，姿态古雅。花蕾、茎枝入药。是优良的蜜源植物。

● 金银忍冬（图5-165）

学名：*Lonicera maackii*（Rupr.）Maxin.

忍冬属（*Lonicera* L.）落叶灌木，高达5 m。小枝髓黑褐色，后变中空，幼时具微毛。叶卵状椭圆形至卵状披针形，长5～8 cm，端渐尖，基宽楔形或圆形，全缘，两面疏生柔毛。花成对腋生，总花梗短于叶柄，苞片线形；相邻两花的萼筒分离；花冠唇形，花先白后黄，芳香，花冠筒2～3倍短于唇瓣；雄蕊5，与花柱均短于花冠。浆果红色，合生。花期5月；果9月成熟。

习性：性强健，耐寒，耐旱，喜光也耐荫，喜湿润肥沃及深厚的壤土。管理粗放，病虫害少。

分布：产于东北，分布很广，华北、华东、华中及西北东部、西南北部均有。

繁殖：播种、扦插繁殖。

用途：树势旺盛，枝叶丰满，初夏开花有芳香，秋季红果坠枝头，是一种良好的观赏灌木。孤植或丛植于林缘、草坪、水边均很合适。

图5-165　金银忍冬
1.花枝　2.花

● 接骨木（图5-166）

学名：*Sambucus Williamsii* Hance

接骨木属（*Sambucus* L.）灌木至小乔木，高达6 m。老枝有皮孔，光滑无毛，髓心淡黄棕色。奇数羽状复叶，小叶5～7(11)枚，椭圆状披针形，长5～12 cm，端尖至渐尖，基部阔楔形，常不对称，缘具锯齿，两面光滑无毛，揉碎后有气味。圆锥状聚伞花序顶生，长达7 cm；萼筒杯状；花冠辐状，白色至淡黄色，裂片5；雄蕊5，约与花冠等长。浆果状核果，球形，黑紫色或红色；核2～3颗。花期4～5月；果6～7月成熟。

习性：性强健，喜光，耐寒，耐旱。根系发达，萌蘖性强。栽培容易，管理粗放。

分布：我国南北各地广泛分布，北起东北，南至南岭以北，西达甘肃南部和四川、云南东南部。

繁殖：通常用扦插、分株、播种繁殖。

图5-166　接骨木

用途：枝叶繁茂，春季白花满树，夏秋红果累累，是良好的观赏灌木，宜植于草坪、林缘或水边，也可用于城市、工厂的防护林。枝叶还可入药。

● 木本绣球（图 5-167）

学名：***Viburnum macrocephalum* Fort**.

图 5-167 木本绣球

荚蒾属（*Viburnum* L.）灌木，高达 4 m，枝条扩展，树冠呈球形。冬芽裸露，幼枝密被星状毛，老枝灰黑色。叶卵形或椭圆形，长 5~8 cm，端钝，基圆形，边缘有细齿。大型聚伞花序呈球形，几乎全由白色不孕花组成，直径约 20 cm；花萼筒无毛；花冠辐状，纯白。花期 4~6 月。变型有琼花（f. *keteleeri* Rehd.）：又名八仙花，实为原种，聚伞花序，直径 10~12 cm，中央为两性可育花，仅边缘为大型白色不孕花；核果椭圆形，先红后黑。果期 7~10 月。

习性：喜光，略耐荫；性强健，颇耐寒，华北南部可露地栽培；常生于山地林间的微酸性土壤，也能适应平原向阳而排水较好的中性土。萌芽力、萌蘖力均强。管理较为粗放，如能适量放肥、浇水，即可年年开花繁茂。

分布：主产长江流域，南北各地都有栽培。

繁殖：因全为不孕花，不结果实，故常用扦插、压条、分株繁殖。扦插一般于秋季和早春进行。压条在春季当芽萌动时将一年生枝压埋土中，翌年春与母株分离移植。其变型琼花可播种繁殖，10 月采种，堆放后熟，洗净后置于 1~3 ℃低温 30 天，露地播种，翌年 6 月发芽出土，搭棚遮荫，留床 1 年分栽，用于绿化需培育 4~5 年。

用途：树姿开展圆整，春日繁花聚簇，团团如球，犹似雪花压树，枝垂近地，尤饶幽趣，其变形琼花，花型扁圆，边缘着生洁白不孕花，宛如群蝶起舞，逗人喜爱。最宜孤植于草坪及空旷地，使其四面开展，体现其个体美；如群植一片，花开之时即有白云翻滚之效，十分壮观；栽于园路两侧，使其拱形枝条形成花廊，人们漫步于其花下，顿觉心旷神怡；配植于庭中堂前，墙下窗前，也极相宜。

● 天目琼花（图 5-168）

学名：***Viburnum sargentii* koehne**

图 5-168 天目琼花
1. 种子 2. 花 3. 雄蕊

荚蒾属（*Viburnum* L.）灌木，高 1~3 m。当年生枝具棱，被黄色长柔毛或无毛，具明显凸起的皮孔，二年生枝淡黄色或红褐色，近圆柱形，老枝暗灰色；树皮厚，木栓质，具浅条裂。叶柄粗壮，长 2~3.5 cm，被长柔毛或近无毛，先端具 2~4 个明显的长卵状腺体，基部具 2 个钻形托叶；叶片轮廓卵圆形、卵形或倒卵形，长 6~11 cm，宽 3~6.5 cm，通常 3 裂，裂片先端渐尖，侧生裂片略向外开展，基部圆形、平截或浅心形，表面无毛，背面被黄色柔毛，边缘具不整齐粗牙齿，具掌状三出脉；分枝上部叶较狭长而不分裂，叶片椭圆形、长圆状披针形，边缘疏具波状牙齿或 3 裂，裂片全缘或近全缘，中裂片伸长，侧裂片短。复伞形花序，直径 8～10 cm，花多数，具大型不孕花；总花梗粗壮，长 1～5 cm，被长柔毛或无毛，第一级辐射枝 6～8 条，花生于 2～3 级辐射枝上，花梗极短；花萼筒倒圆锥形，长约 1 mm，不等大，内面具长柔毛；雄蕊长于花冠，花药紫红色；柱头不分裂；不孕花白色，直径 2～3 cm，具长梗；檐部裂片宽倒卵形，先端圆形，不等大。果实近球形，直径 8～10 cm，红色；分核扁，近圆形，直径 6～7 mm，灰白色，稍粗糙。花期 5～6 月；果期 7～9 月。

习性：喜光又耐荫，耐寒；多生于夏凉湿润多雾的灌丛中；对土壤要求不严，微酸性及中性土都能生长；引种时对空气相对湿度、半荫条件要求明显，幼苗必须遮荫，成年苗植于林缘，生长发育正常。根系发达，移植容易成活。

分布：我国东北、华北及陕西、甘肃等地。生于海拔 1 000～2 100 m 间的杂林中或林缘。日本、朝鲜和前苏联远东地区也产。

繁殖：多用播种繁殖。

用途：姿态优美，清香，叶绿、花白、果红，是春季观花、秋季观果的优良树种。植于草地、林缘均适宜；其又耐荫，是种植于建筑物北面的好树种。嫩枝、叶、果可供药用。种子可榨油，制肥皂和润滑油。

●**锦带花**（图 5 - 169）

学名：*Weigela florida*（Bunge）A. DC.（*Diervilla florida* Sidb. et. Zucc.）

锦带花属（*Weigela* Thunb.）灌木，高达 3 m。枝条开展，小枝细弱，幼时具 2 列柔毛。叶椭圆形或卵状椭圆形，长 5～10 cm，端锐尖，基部圆形至楔形，缘有锯齿，表面脉上有毛，背面尤密。花 1～4 朵成聚伞花序；萼片 5 裂，披针形，下半部连合；花冠漏斗状钟形，玫瑰红色，裂片 5。蒴果柱形；种子无翅。花期 4～5 月。

习性：喜光；耐寒；对土壤要求不严，能耐瘠薄土壤，但以深厚、湿润而腐殖质丰富的壤土生长最好，怕水涝；对氯化氢抗性较强。萌芽力、萌蘖力强，生长迅速。

分布：原产华北、东北及华东北部。

繁殖：常用扦插、分株、压条法繁殖，为选育新品种可采用播种繁殖。休眠枝扦插在春季 2～3 月露地进行；半熟枝扦插于 6～7 月在荫棚地进行，成活率都很高。种子细小而不易采集，除

图 5 - 169 锦带花

选育新品种及大量育苗外，一般不常用播种法，10 月果熟后迅速采收，脱粒、取净后密藏，至翌春 4 月撒播。

用途：枝叶繁茂，花色艳丽，花期长达两个月之久，是华北地区春季主要花灌木之一。适于庭院角隅、湖畔群植；也可在树丛、林缘作花篱、花丛配植；点缀于假山、坡地也甚适宜。

二十四、金缕梅科（Hamamelidaceae）

乔木或灌木。单叶互生，稀对生；常有托叶；花较小，单性或两性，成头状、穗状或总状花序；萼片、花瓣、雄蕊通常均为 4～5，有时无花瓣；雌蕊由 2 心皮合成，子房通常下

位或半下位，2室，花柱2，分离，中轴胎座。蒴果木质，2'（4）裂。

本科有27属约140种，主要分布于亚洲东部，有21属100种。亚洲的分布主要集中于中国南部，计有17属75种16变种。

●蜡瓣花（图5-170）

学名：***Corylopsis sinensis* Hemsl**.

蜡瓣花属（*Corylopsis* Sieb. et. Zucc.）落叶灌木或小乔木，高2～5 m。小枝密被短柔毛。叶倒卵形至倒卵状椭圆形，长5～9 cm，先端短尖或稍钝，基部歪心形，缘具锐尖齿，背面有星状毛，侧脉7～9对。花黄色，芳香，10～18朵成下垂之总状花序，长3～5 cm。蒴果卵球形，有毛，熟时2或4裂，弹出光亮黑色种子。花期3月，叶前开放；果9～10月成熟。

习性：喜光，耐半荫，喜温暖湿润气候及肥沃、湿润而排水良好的酸性土壤，性颇强健，有一定耐寒能力，但忌干燥土壤。引种平原栽培，能正常生长发育。

图5-170　蜡瓣花

分布：产于长江流域及其以南各省、自治区山地；垂直分布一般在海拔1 200～1 800 m。多生于坡谷灌木丛中。

繁殖：可用播种、硬枝扦插、压条、分枝等方法。播种于9、10月间蒴果成熟时适当提前采收果实，因一旦开裂，种子会散失。采后加罩曝晒脱粒，净种后秋播，或密藏至翌年春播。春播前用温水浸种可避免隔年发芽现象。

用途：花期早而芳香，早春枝上黄花成串下垂，滑泽如涂蜡，甚为秀丽。丛植于草地、林缘、路边，或作基础种植，或点缀于假山、岩石间，均颇具雅趣。

●蚊母树（图5-171）

学名：***Distylium racemosum* Sieb. et. Zucc.**

蚊母树属（*Distylium* Sieb. et. Zucc.）常绿乔木，高可达25 m，栽培时常呈灌木状；树冠开展，呈球形。小枝略呈"之"字形曲折，嫩枝端具星状鳞毛；顶芽歪桃形，暗褐色。叶倒卵状长椭圆形，长3～7 cm，先端钝或稍圆，全缘，厚革质，光滑无毛，侧脉5～6对，在表面不显著，在背面略隆起。总状花序长约2 cm，花药红色。蒴果卵形，长约1 cm，密生星状毛，顶端有2宿存花柱。花期4月；果9月成熟。

习性：喜光，稍耐荫，喜温暖湿润气候，耐寒性不强，对土壤要求不严，酸性、中性土壤均能适应，而以排水良好而肥沃、湿润土壤为最好。萌芽、发枝力强，耐修剪。对烟尘及多种有毒气体抗性很强，能适应城市环境。蚊母树一般病虫害较少，但若种在潮湿阴暗和不透风处，易遭介壳虫危害。

图5-171　蚊母树

分布：产于中国广东、福建、台湾、浙江等省、自治区，多生于海拔100～300 m的丘陵地带；日本亦有分布。长江流域城市景观中常有栽培。

繁殖：可用播种和扦插法繁殖。播种在9月采收果实，日晒脱粒，净种后干藏，至翌年2～3月播种，发芽率70%～80%。扦插在3月用硬枝踵状插，也可在梅雨季用嫩枝踵状插。

用途：枝叶密集，树形整齐，树冠开展呈层状，春天嫩叶淡绿，夏季叶色浓绿，经冬不凋，春日开细小红花也颇美丽，加之抗性强、防尘及隔音效果好，是理想的城市及工矿区绿化及观赏树种。植于路旁、庭前草坪上及大树下都很合适；成丛、成片栽植作为分隔空间或作为其他花木之背景效果亦佳。若修剪成球形，宜于门旁对植或作基础种植材料。亦可作绿篱和防护林带。

● **马蹄荷**（图5-172）

学名：***Exbucklandia populnea***（R. Br.）R. W. Brown

马蹄荷属（*Exbucklandia* R. W. Brown）常绿乔木，高达20 m，胸径1 m。小枝被柔毛。叶革质，宽卵圆形，全缘或掌状3浅裂，长10～17 cm，先端尖，基部心形；掌状脉5～7；叶柄长3～6 cm，无毛，托叶椭圆形或倒卵形，长2～3 cm，革质，合生，宿存，包被冬芽。花小，杂性，花瓣长2～3 mm或无花瓣；头状花序腋生，花序单生或再组成圆锥状，花序梗被柔毛，蒴果椭卵圆形，长7～9 mm，径5～6 mm，上半部2裂，平滑。种子具翅。

习性：耐半荫，较喜光。喜温暖湿润气候，不耐寒，在野生状态下常与栲类、栎类混生。

图5-172 马蹄荷

分布：产于亚洲南部，我国西南部有分布。产于云南海拔1 000～2 600 m，贵州及广西西部海拔800～1 200 m；生于山地常绿林或混交林中。

繁殖：播种繁殖。

用途：常绿，树冠浓密，树形挺拔、美观，可植于道边、公园，亦是良好的庭荫树。

● **金缕梅**（图5-173）

学名：***Hamamelis mollis*** Oliv.

金缕梅属（*Hamamelis* L.）落叶灌木或小乔木，高可达9 m。幼枝密生星状绒毛；裸芽有柄。叶倒卵圆形，长8～15 cm，先端急尖，基部歪心形，缘有波状齿，表面略粗糙，背面密生绒毛。花瓣4片，狭长如带，长1.5～2 cm，淡黄色，基部带红色，芳香；萼背有锈色绒毛。蒴果卵球形，长约1.2 cm。2～3月叶前开花；果10月成熟。

习性：喜光，耐半荫，喜温暖、湿润气候，但畏炎热，有一定耐寒力；对土壤要求不严，在酸性、中性土，以及山坡、平原均能适应，而以排水良好之湿润而富含腐殖质的土壤最好。

图5-173 金缕梅

分布：产于安徽、浙江、江西、湖北、湖南、广西等地，多生于山地次生林中。

繁殖：主要用播种繁殖，也可用压条和嫁接法繁殖。在10月采种，曝晒脱粒，净种后随即播种，或干藏至翌年1月条播，但最迟不逾2月，若推迟至3月播种，往往隔年才能发芽。幼苗出土后要搭棚遮荫。压条在秋季进行，翌春即可割离母株。嫁接于2～4月进行，可用野生树之根作砧木进行根接；其优良品种可接在实生苗上。移栽应10～11月进行，这样不致影响早春开花。

用途：花形奇特，具有芳香，早春先叶开放，黄色细长花瓣宛如金缕，缀满枝头，十分惹人喜爱。国内外庭院常有栽培，并有一些好品种出现，是著名观赏花木之一。在庭院角隅、池边、溪畔、山石间及树丛外缘配植都很合适。此外，花枝可作切花瓶插材料。如欲催花，则于12月至翌年1月间将枝条剪下瓶插于20℃左右温室中，经10～20天即可开花。

●枫香（图5-174）

●学名：*Liquidamba formosana* Hance

枫香属（*Liquidambar* L.）乔木，高可达40 m，胸径1.5 m；树冠广卵形或略扁平。树皮灰色，浅纵裂，老时不规则深裂。叶常为掌状3裂（萌芽枝的叶常为5～7裂），长6～12 cm，基部心形或截形，裂片先端尖，缘有锯齿；幼叶有毛，后渐脱落。果序较大，径3～4 cm，宿存花柱长达1.5 cm；刺状萼片宿存。花期3～4月；果10月成熟。

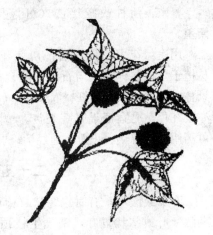

图5-174　枫　香

习性：喜光，幼树稍耐荫，喜温暖湿润气候及深厚湿润土壤，也能耐干旱瘠薄，但较不耐水湿。在自然界多生于山谷、山麓，常与山毛榉科、榆科及樟科树种混生。萌蘖性强，可天然更新。深根性，主根粗长，抗风力强。幼年生长较慢，入壮年后生长转快。对二氧化硫、氯气等有较强抗性。

分布：产于中国长江流域及其以南地区，西至四川、贵州，南至广东，东到中国台湾；日本亦有分布。垂直分布一般在海拔1 000～1 500 m以下之丘陵及平原。

繁殖：主要采用播种繁殖，扦插亦可。10月当果实变青褐色时即可采收，过晚种子易散落。果实采回后摊开曝晒，筛出种子干藏，至翌年春季2、3月间播种。播前用清水浸种，一般采用宽幅条播，行距25 cm，每公顷播种量15～22.5 kg。筛土覆盖，以不见种子为度。播后盖草，约3周后可出苗，发芽率约50%。幼苗怕烈日晒，应搭稀疏荫棚遮光。1年生苗木高30～40 cm。枫香直根较深，在育苗期间要多移栽几次，促生须根，移栽大苗时最好预先采用断根措施，否则不易成功。移栽时间在秋季落叶后或春季萌芽前。

用途：树高干直，树冠宽阔，气势雄伟，深秋叶色红艳，美丽壮观，是南方著名的秋色叶树种。在景观中栽作庭荫树，或于草地孤植、丛植，或于山坡、池畔与其他树木混植。倘与常绿树丛配合种植，秋季红绿相衬，会显得格外美丽。又因枫香具有较强的耐火性和对有毒气体的抗性，可用于厂矿区绿化。但因不耐修剪，大树移植又较困难，故一般不宜用作行道树。枫香之根、叶、果均可入药，有祛风除湿、通经活络之效，叶为止血良药；树脂可作苏合香之代用品，药用有解毒止痛、止血生肌之效，又可作香料之定香剂。

●檵木（图5-175）

学名：***Loropetalum chinense***（**R. Br.**）**Oliv.**

檵木属（*Loropetalum* R. Br.）常绿灌木或小乔木，高4～9（12）m。小枝、嫩叶及花萼均有锈色星状短柔毛。叶卵形或椭圆形，长2～5 cm，基部偏斜，先端锐尖，全缘，背面密生星状柔毛。花瓣带状线形，浅黄白色，长 1～2 cm，苞片线形；花 3～8 朵簇生于小枝端。蒴果褐色，近卵形，长约 1 cm，有星状毛。花期 5 月；果 8 月成熟。

习性：多生于山野及丘陵灌丛中。耐半荫，喜温暖气候及酸性土壤，适应性较强。

分布：产于长江中下游及其以南、北回归线以北地区；印度北部亦有分布。

繁殖：播种或嫁接法（可嫁接在金缕梅属植物上）繁殖。

用途：花繁密而显著，初夏开花如覆雪，颇为美丽。丛植于草地、林缘或与石山相配合都很合适，亦可用作风景林之下木。其变种红檵（vat. *Rubrum* Yieh）叶暗紫，花亦紫红色，更宜植于庭院观赏。檵木之根、叶、花、果均可药用，能解热、止血、通经活络。

图 5-175 檵 木

二十五、五加科（Araliaceae）

乔木或灌木，有时攀缘状，稀草本；枝髓较大，通常具刺。叶互生，稀对生，单叶、羽状复叶或掌状复叶，常集生枝顶；托叶常与叶柄基部和生成鞘状。花小，整齐，两性或杂性，稀单性异株，伞形花序、头状或总状花序再组成复花序，萼小，与子房合生；花瓣 5～10，常分离，有时合生成帽状体；雄蕊与花瓣同数或为其倍数，着生于花盘的边缘；子房下位，1～15 室，每室一胚珠。浆果或核果，形小，通常具纵脊；种子形扁，有胚乳。

80 属，900 余种，产于热带至温带。我国 20 属，130 余种，主产于西南各省、自治区。

● **刺五加**（图 5-176）

学名：***Acanthopanax senticosus***（**Rupr. et. Maxim.**）**Harms**

落叶灌木，高 1～6 m；茎枝密生细针刺。掌状复叶，互生，小叶常为 5，稀 3；纸质，椭圆状倒卵形或长圆形，长 6～12 cm，先端短渐尖或渐尖，基部宽楔形，边缘具尖锐重锯齿。伞形花序单生枝顶，或 2～6 簇生；萼 5 齿裂，花瓣 5，紫黄色，子房 5 室，花柱合生。浆果状核果，球形，紫黑色。花期 6～7 月；果期 8～10 月。

分布：东北、华北及陕西、四川等地。

习性：喜温暖、湿润环境。耐寒、耐荫。喜肥沃而排水良好的疏松壤土。

繁殖：播种或根插繁殖。也可结合移栽进行分株。

用途：树姿清秀，叶形美丽。可成丛或片配植于庭院，或栽于林缘。根皮可入药。

图 5-176 刺五加

●**八角金盘**（图 5-177）

学名：***Fatsia japonica***（Thunb）Decne. et. Planch.

常绿灌木，高 4～5 m；常成丛生状。单叶互生，掌状 5～9 裂，径 20～40 cm，基部心形或截形，裂片卵状长椭圆形，缘有锯齿，表面有光泽；叶柄长 10～30 cm。伞形花序再集成大圆锥花序，顶生；花小，白色，花部 5 数，花盘宽圆锥形。浆果近球形，径约 8 mm，紫黑色，被白粉。花期 10～11 月；翌年 5 月果熟。

分布：产于我国台湾及日本。长江以南城市可露地栽培，北方温室盆栽。

习性：喜荫湿温暖通风环境，不耐干旱，耐寒性差。不耐酷热和强光曝晒。在排水良好、肥沃的微酸性土壤上生长良好。萌蘖性强，抗二氧化硫。

繁殖：播种、扦插或分株繁殖。

用途：叶大光亮而常绿，托以长柄，状似金盘，婀娜

图 5-177　八角金盘

可爱，是重要的观叶树种之一。适配植于庭前、门旁、窗边、栏下、墙隅及建筑物背荫面，点缀于溪流、池畔，或成片丛植于草坪边缘，疏林之下。北方盆栽，供室内观赏。

●**洋常春藤**

学名：***Hedera helix*** L.

常绿藤本；借气生根攀缘。幼枝上柔毛星状。营养枝上的叶 3～5 浅裂；花果枝上的叶无裂而为卵状菱形。果球形，茎约 6 mm，熟时黑色。

原产欧洲至高加索。国内盆栽较普遍，并有斑叶金边、银边等观赏变种，是室内及窗台绿化的好材料。也可植于庭院作垂直绿化及荫处地被植物。

习性、繁殖等均与常春藤相似。

●**常春藤**

学名：***Hedera nepalensis*** K. Koch var. *sinensis*（Tobl.）Rehd.

常绿藤本，长可达 20～30 m。茎借气生根攀缘；嫩枝上柔毛鳞片状。单叶互生，无托叶，营养枝上的叶为三角状卵形，全缘或三裂；花果枝上的叶椭圆状卵形或卵状披针形，全缘，叶柄细长。花两性，伞形花序单生或 2～7 顶生；花萼半全缘，花瓣 5，三角状卵形，花淡绿白色，芳香；雄蕊 5；子房 5 室，花柱合生成短圆柱体。浆果状核果，球形，茎 0.8～1 cm，成熟时黄色或红色。花期 8～9 月；果实翌年 10 月成熟。

分布：华中、华南、西南及甘肃、陕西等省、自治区。

习性：性极耐荫，有一定的抗寒性；对土壤和水分要求不严，但以中性或酸性土壤为好。

繁殖：扦插或压条繁殖，极易生根。

用途：在庭院中可用以攀缘假山、岩石，或在建筑阴面作垂直绿化材料。盆栽供室内绿化观赏用。茎叶和果实可入药，能祛风活血，消肿，治关节酸痛和痈肿疮毒等。

●**刺楸**（图 5-178）

学名：***Kalopanax septemlobus***（Thunb.）Koidz.

落叶乔木，高达 30 m；树皮深纵裂；干及枝上均具宽扁区的皮刺。单叶，在长枝上互

生，在短枝上簇生，掌状5（7）裂，径10～25 cm 或更大，裂片三角状、卵状、长椭圆形，先端尖，缘有细锯齿；叶柄较叶片长。由伞形花序集成的顶生圆锥花序；花小而白色，萼5齿裂，花瓣5；雄蕊5，子房2室，花盘2室，花盘凸起，花柱2，合生成柱状。核果近球形，茎约5 mm，熟时蓝黑色，端有细长宿存花柱。花期7～8月；果期9～10月。

分布：我国南北各地均有分布，辽宁为分布北界。

习性：喜光，稍耐荫，对气候的适应性较强，耐寒，喜肥沃湿润土壤，不耐低洼积水。深根性，根茎萌芽性强。

繁殖：播种或分根繁殖。

用途：树形壮观，花、叶俱美，适作行道树和庭荫树。在公园、庭院、草坪等处孤植、散植或3～5株丛植。营造风景林及防火林带的重要树种。

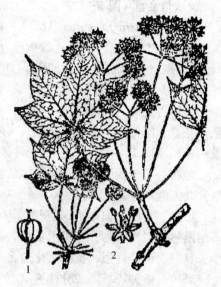

图5-178 刺楸
1. 果 2. 花

●**鹅掌柴**（图5-179）

学名：***Schefflera octophylla***（**Lour.**）**Harms.**

常绿乔木或灌木，高2～15 m。掌状复叶，互生，小叶6～9枚，革质，长椭圆形或椭圆形，长7～17 cm，宽3～6 cm，全缘，小叶柄不等长。由伞形花序聚生成大型圆锥花序，顶生，花白色，芳香；萼5～6裂，花瓣5枚，肉质；雄蕊5；子房下位，5～7室，花柱合生成粗短的柱状。果球形，径约5 mm。花期在冬季。

分布：台湾、广东、福建等地，在我国东南部地区常见生长。

习性：喜温热湿润气候，是华南常见植物。

繁殖：生长快，用种子繁殖。

用途：植株紧密，树冠整齐优美可供观赏用，或作景观中的掩蔽树种用。

图5-179 鹅掌柴
1. 雄蕊 2. 果 3. 果序

二十六、悬铃木科（Platanaceae）

落叶乔木，树皮片状剥落。幼枝和叶被星状毛。单叶互生，掌状分裂；掌状脉；顶芽缺，侧芽为栖下芽；有托叶，早落。花单性，雌雄同株，花密集成球形头状花序，下垂；雄花无苞片和花被，有3～8个雄蕊；雌花有苞片，花被细小，有3～8分离心皮，子房上位，1室。聚合果球形，由许多圆锥形小坚果组成，果基部周围有褐色长毛，花柱宿存。种子1。

仅1属10种，我国引入3种。

●**二球悬铃木**（图5-180）

学名：***Platanus acerifolia*** **Willd**

树高35 m，树冠圆形或卵圆形。树皮灰绿色，呈大薄片状剥落，内皮平滑，淡绿白色。

嫩枝叶密被褐黄色星状毛。叶片三角状宽卵形，宽12～25 cm，3～5掌状裂，缘有不规则大尖齿，中裂片三角形，长宽近相等，叶基心形或截形，叶柄长3～10 cm。球果通常为2球一串，亦偶有单球或3球的，果径约2.5 cm，宿存花柱刺状。花期4～5月；果熟期9～10月。本种为三球悬铃木 *P. orientalis.* L. 与一球悬铃木 *P. occidentalis* L. 的杂交种。

习性：喜光，喜温暖、湿润气候，有一定耐寒性，对土壤的适应能力强，既耐干旱、瘠薄，又耐水湿。喜微酸性或中性、深厚、肥沃、排水良好的土壤。抗烟性强，对臭氧、苯酚、硫化氢等有毒气体抗性较强，对二氧化硫、氟化氢抗性中等。生长迅速，寿命长，萌芽力强，很耐重剪。

分布：世界各国都有栽培，我国南自两广及东南沿海，西南至四川、云南等地，北至辽宁南部均有栽培。

图5-180 二球悬铃木

繁殖：以扦插繁殖为主，也可播种。

用途：树形雄伟端庄，叶大荫浓，树皮斑驳可爱。为世界著名的行道树和庭院树。有行道树之王之称。可列植于干道两侧，3～5株丛植、孤植于广场草坪或建筑物周围，均很壮观。适合街道、工矿区绿化。

二十七、蝶形花科 ［Papilionaceae（Fabaceae）］

草本、灌木或乔木，直立或攀缘状。奇数羽状复叶，稀单叶或单身复叶，具托叶，有时刺状。花常两性，左右对称，萼片5，多合生成管，花冠蝶形，花瓣5，覆瓦状排列，上部的一枚花瓣在外面，雄蕊常10，单体或两体，或全部分离，子房上位，心皮单生，1室，边缘胎座。荚果开裂或不开裂，或呈翅果状或肉质果状。

约480属12 000种，世界各地均有，主产于北温带。我国约110属1 100种。

●紫穗槐（图5-181）

学名：*Amorpha fruticosa* Linn.

常绿灌木，高1～3 m。奇数羽状复叶，小叶11～25，卵形至披针状椭圆形、椭圆形；托叶线形。顶生密总状花序；花小，蓝紫色，花药黄色。荚果不裂。花期5～6月；果期9～10月。

分布：原产北美。我国引入，北至东北长春，西北至陕西、甘肃，西南至四川，南至浙江、福建等地广泛栽培；以华北平原生长最好。

习性：喜光，耐寒、耐旱，耐瘠薄和轻度盐碱。根系发达，有根瘤。萌芽力强，耐修剪。抗烟尘。

图5-181 紫穗槐

繁殖：播种、扦插、分株繁殖。

用途：枝条密集丛生，根系发达，多用于营造防风沙林、堤岸、坡坎水土保持林。景观中可配置于陡坡、湖岸或作绿篱。

●**南岭黄檀**（图5-182）

学名：*Dalbergia balansae* **Prain**

高达15 m。小枝无毛。奇数羽状复叶，小叶13～15，矩圆形或倒卵状矩圆形，长1.8～4.5 cm，先端圆或微凹，基部圆形或宽楔形，两面被贴柔毛。圆锥花序腋生，花白色。果椭圆形，基部有子房柄，无毛，褐色，种子1，稀2～3。花期6～7月；果期11～12月。

分布：产于广东、广西、湖南、江西、浙江、四川、云南、贵州，以南岭山脉分布最广。

习性：喜温暖湿润气候，喜水，喜肥。浅根系，侧根发达。

繁殖：播种繁殖。

用途：为优良的庇荫树或风景树，又为紫胶虫寄生植物。

图5-182 南岭黄檀
1. 花枝 2. 果枝

●**降香黄檀**（图5-183）

学名：*Dalbergia odorifera* **T. Chen**

高达10～15 m；小枝被短柔毛。奇数羽状复叶，小叶9～13枚，稀7，卵形或椭圆形，长3.5～5.5 cm，先端急尖，基部宽楔形或圆形，两面被平贴柔毛，后渐脱落，背面苍白色。圆锥花序腋生，花冠黄色或乳白色，长约5 mm，雄蕊聚合，一个分离束。果矩圆形，种子，稀2。花期6月；果10～11月成熟。

分布：海南特产，在西部及西南部海拔400 m以下分布强，喜肥沃湿润土壤，忌水涝和严寒。

繁殖：播种繁殖。

用途：树形优美，枝繁叶茂。可作行道树或庭荫树。

图5-183 降香黄檀

●**龙牙花**（图5-184）

学名：*Erythrina corallodendron* **L.**

干和枝条散生皮刺。三出复叶，小叶菱状卵形，长4～10 cm，无毛，叶柄及叶轴被皮刺。总状花序腋生，花深红色，具短柄，2～3朵聚生，狭而近于闭合。荚果端有缘，种子间收缩，种子深红色，通常有黑斑。花期6～7月。

分布：原产于美洲热带。

习性：喜温暖、湿润气候。

繁殖：扦插繁殖。

用途：花大艳丽，供观赏，适于庭院孤植或丛植。

●刺桐

学名：*Erythrina variegata* L.

高达 20 m。干皮有圆锥形刺。三出复叶，小叶阔卵形至斜方状卵形，顶端 1 枚宽大于长，长 10～15 cm，小托叶变态为宿存的腺体。总状花序长约 15 cm，萼佛焰状，萼口偏斜，一边开裂至基部，花冠红色，翼瓣与龙骨瓣近相等，短于萼。荚果厚，念珠状。种子暗红色。花期 3 月。

分布：产于台湾、福建、广东和广西等省、自治区，马来西亚、印度尼西亚、柬埔寨、老挝、越南有分布。华南常栽培。

习性：喜光，喜温暖、湿润气候，耐干旱，生长较快，不耐寒。

繁殖：播种或扦插繁殖。

图 5 - 184 龙牙花

用途：树形似桐而干有刺，故名。叶形美观，早春先花后叶，红艳夺目。宜作主景植于草地，亦可与其他常绿植物搭配。在北方多盆栽供观赏。

●胡枝子（图 5 - 185）

学名：*Lespedeza bicolor* Turcz.

落叶灌木，高达 3 m。分枝细长而多，小枝有棱。三出复叶，小叶卵状椭圆形至宽椭圆形，先端圆钝或凹，两面疏被平伏毛。总状花序集生成顶生圆锥花序状；花紫色或玫红色。荚果斜卵形。花期 7～9 月；果期 9～11 月。

分布：产长江流域以北。

习性：喜光稍耐荫。耐寒、旱、湿、瘠薄。萌蘖性强，耐修剪。对烟尘及有毒气体抗性较强。

繁殖：播种、分株繁殖。

用途：枝条拱垂，叶色青绿，花卉淡雅秀丽。可植花篱或丛植草坪边缘、假山旁、坡地、水边、路缘，也是水土保持和改良土壤的优良树种。

图 5 - 185 胡枝子

●白花油麻藤（图 5 - 186）

学名：*Mucuna birdwoodiana* Tutch.

常绿大型木质藤本。三出复叶，小叶革质，卵状椭圆形，长 8～13 cm，侧生小叶偏斜。总状花序自老茎上长出，下垂，花冠白色，春末至夏初为开花期。荚果木质，长可达 40 cm。花期 4～6 月；果期 6～11 月。

分布：产于江西、福建、广东、广西、贵州和四川。广州及珠江三角洲的庭院中亦常见栽培。

习性：喜光，喜温暖、湿润气候，耐寒，耐半阴，不耐干旱和瘠薄，喜肥沃、富含有机质和湿润、排水良好的壤土。

繁殖：播种繁殖。

用途：分枝繁多，需攀于栅架及支柱上生长。盛花期花多于叶，大型总状花序从老茎上生出，作悬垂状，宛如一群群的小鸟在张望，故也称为"禾雀花"，十分别致有趣。宜在庭院作栅架或花廊种植。观花及垂直绿化的效果俱全。

● **红豆树**（图 5-187）

学名：***Ormosia hosiei*** Hemst et. Wils.

图 5-186　白花油麻藤
1. 果　2. 复叶

图 5-187　红豆树

常绿或落叶乔木，高 15～25 m，树皮幼时绿色。奇数羽状复叶，小叶 5～9 枚，椭圆状卵形，长 2～12 cm，无毛。圆锥花序生于上部叶腋，密被锈色毛。花白色有紫晕。荚果木质，含 12 枚鲜红色种子；种子长 1.5～2 cm，种脐长 8 mm。4 月开花；9～10 月果熟。

分布：主产我国江苏、浙江、福建、安徽、广西、湖北、陕西、重庆、四川、贵州等地。散生于常绿阔叶林中，为该属分布最北的一种，北至成都亦有生长。在江苏省江阴、常熟等县、市有人工栽培的数百年老树。

习性：耐荫，为热带、亚热带树种，喜温暖、湿润气候，对土壤要求不严，以深厚肥沃湿润之地最佳。

繁殖：播种繁殖。

用途：树形自然，叶大荫浓，花虽小而有香气，最喜其种子艳红，虽在果内不可得见，但采作赠物，足供赏玩。木材珍贵，自然生长者已所剩无几，应鼓励在庭院中栽作绿阴树及行道树，以保护种质资源。

● **海南红豆**（图 5-188）

学名：***Ormosia pinnata***（**Lour**.）**Merr**.

高达 3～15 m，小枝绿色。奇数羽状复叶，小叶 7～9 枚，薄革质，披针形，长 12～15 cm，亮绿色，叶面不平坦。圆锥花序顶生，花冠黄白色略带粉。荚果微呈念珠状，成熟时黄色。种子椭圆形，种皮红色。花期 7～8 月；果实冬季成熟。

分布：原产于我国广东西南部、海南、广西南部及越南和泰国，我国南方广泛栽培。

习性：喜光，喜高温、湿润气候，适应性颇强，耐寒，耐半荫，抗大气污染，抗风，不耐干旱。

繁殖：播种繁殖。

用途：枝叶繁茂，树冠圆伞形，树姿高雅，常见栽作行道树。

在景观中有应用前景的乡土树种还有软荚红豆 O. Semicastrata Hance，小枝疏生黄色柔毛。奇数羽状复叶，小叶 3～9 枚，革质，长椭圆形。圆锥花序腋生，总花梗、花梗、序轴均密生黄柔毛，花瓣白色。荚果小而呈圆形。种子 1 粒，鲜红色。分布于江西、福建、广西、广东等省、自治区。

●紫檀（图 5-189）

学名：*Pterocarpus indicus* Willd.

图 5-188　海南红豆

图 5-189　紫　檀

乔木，高 15～25 m。奇数羽状复叶，小叶 3～5 对，卵形，长 6～11 cm，先端渐尖，基部圆形，两面无毛，边缘常呈波状。圆锥花序顶生或腋生，被褐色短柔毛，花萼钟状，花冠黄色，花瓣有长柄，边缘皱波状，雄蕊 10，单体，最后分为 5＋5 的二体，子房具短柄，密被柔毛。荚果圆形，扁平，偏斜，宽约 5 cm。种子部分略被毛且有网纹，周围具宽翅，翅宽可达 2 cm。花期春季。

分布：产于台湾、广东和云南（南部）。生于坡地疏林中或栽培于庭院。印度、菲律宾、印度尼西亚和缅甸也有分布。

习性：喜温暖、湿润气候。

繁殖：播种繁殖。

用途：树体高大，树冠广展，浓荫覆地，枝叶婆娑，树姿婀娜，为优美的园景树及行道树。

●刺槐（图 5-190）

学名：*Robinia pseudoacacia* Linn.

乔木，高 20 m，枝有托叶刺。奇数羽状复叶互生，小叶 7～25 枚，长 1.5～4.5 cm，先端圆钝，微有凹缺，有小尖头。总状花序腋生，下垂；花白色，蝶形。荚果窄带状，长 4～

10 cm。花期4～5月；果熟期9～10月。

分布：原产北美洲北纬39°～43°地区，19世纪末引入我国青岛，后渐扩大栽培。广布于东北铁岭以南。辽宁南部、黄河以南、长江流域，西至四川、南至福建均有栽培或自生。红花刺槐（*Robinia hispida* Linn.）花粉红色，观赏价值高，东北及华北庭院有栽培。

习性：极喜光。温带树种，要求较干冷气候。耐干旱瘠薄。在酸性土、中性土、轻盐碱土及石灰性土壤中均能生长。浅根性，易风倒，萌蘖力强。

繁殖：播种及分株繁殖。

用途：树势健旺，生长迅速，春季白花满树，随风飘香。根蘖力强。我国各地农村普遍栽作薪炭树及用作"四旁"绿化，在城市有用于行道树。

●**槐树**（图5-191）

学名：***Sophora japonica*** L.

图5-190 刺槐
1. 花枝 2. 托叶刺 3. 果

图5-191 槐树

高达25 m。奇数羽状复叶，小叶7～17枚，卵形至卵状披针形，长2.5～5 cm，先端尖，基部圆形至广楔形，背面有白粉及柔毛。花浅黄绿色，排成圆锥花序。荚果串珠状，肉质，熟后不开裂，也不脱落叶。花期7～8月；果10月成熟。

分布：产于我国北部，北至辽宁，南至广东、台湾，东至山东，西至甘肃、四川、云南均有栽培。

习性：喜光，喜干冷气候，要求深厚而排水良好土壤。深根性，萌芽力强，耐修剪。耐烟尘，能适应城市环境。

繁殖：播种繁殖。

用途：树姿雄伟，枝叶茂密，花序硕大，果形奇特。我国自唐代即有槐树植于街道，称槐街。现北方地区仍普遍栽作行道树及绿阴树。为北京市树。

常见变型：

龙爪槐（f. *pendula* Hort.）：小枝弯曲下垂，树冠呈伞状，景观中多有栽植。

● **多花紫藤**（图 5-192）

学名：***Wisteria floribunda***（**Willd.**）**DC.**

藤本，茎枝较细为右旋性。奇数羽状复叶互生，小叶13～19 枚，卵形、卵状长椭圆形或披针形，叶端渐尖，叶基圆形，两面微有毛。花紫色，总状花序多发自去年生长枝的叶腋芽。荚果大而扁平，密生细毛。种子扁圆形。花期 5 月；果期 5～8 月。

分布：原产于日本。华北、华中有栽培。

习性：喜光，喜温暖、湿润气候，适应性强，耐寒，较耐干旱和瘠薄，耐半荫，抗大气污染。

繁殖：播种或扦插繁殖。

用途：枝蔓粗壮，攀缘力强，花序大，花多而密，色彩淡雅。宜作庭院之花廊、花架、围墙、栅栏和凉亭的垂直绿化及观赏花卉。

图 5-192 多花紫藤
1. 果 2. 花

● **紫藤**（图 5-193）

学名：***Wisteria sinensis***（**Sims**）**Sweet**

藤本，茎枝为左旋性。奇数羽状复叶互生，小叶7～13枚，卵状长圆形至相通针形，长 4.5～11 cm，叶基阔楔形，幼叶密生平贴白色细毛，后无毛。花蓝紫色。荚果表面密生黄色绒毛。种子扁圆形。花期 4 月；果期 5～8 月。

分布：原产于我国，辽宁、内蒙古、河南、江西、山东、江苏、浙江、湖北、湖南、陕西、甘肃、四川、广东等省、自治区均栽培，国外亦有栽培。

习性：喜光，略耐荫，较耐寒，喜深厚肥沃而排水良好的土壤。

繁殖：播种、分株、压条、扦插、嫁接繁殖。

用途：我国传统观花藤本，栽培历史在千年以上，国外引种后也视作景观珍品，如英国邱园有一株紫藤，1816 年自我国引入，1835 年已覆盖墙面约 1 800 m²，开花之时，蔚为壮观，被认为是观赏植物奇迹。

图 5-193 紫 藤
1. 花枝 2. 果

紫藤生长快、寿命长，枝叶茂密，藤蔓屈曲蜿蜒，尤其老藤盘曲扭绕，宛若蛟龙翻腾。春天先叶开花，穗大而美，有芳香，极是悦目。应用中，是优良的棚架、门廊、枯树及山面绿化植物，也可修剪成灌木状孤植、丛植草坪、湖滨、山石旁。可盆栽或制桩景，花枝可作插花材料。花瓣糖渍后制"藤萝糕"，为北京特产之一。

二十八、杨梅科（Myricaceae）

常绿或落叶，灌木或乔木。单叶互生，具油腺点，芳香；无托叶。花单性，雌雄同株或异株，柔荑花序，无花被；雄蕊 4～8 (2～16)；雌蕊由 2 心皮合成，子房上位，1 室，具一直伸胚珠，柱头 2。核果，外被蜡质瘤点及油腺点。子叶肥大，出土。

本科有 2 属约 50 余种，主要分布于两半球的热带、亚热带和温带地区。我国产杨梅属共 4 种 1 变种，分布于长江以南各省区。

●杨梅（图 5-194）

学名：***Myrica rubra*（Lour.）Sieb. et. Zucc.**

杨梅属（*Myrica* L.）常绿乔木，高达 12 m，胸径 60 cm。树冠整齐，近球形。树皮黄灰黑色，老时浅纵裂。幼枝及叶背有黄色小油腺点。叶倒披针形，长 4～12 cm，先端较钝，基部狭楔形，全缘或近端部有浅齿；叶柄长 0.5～1 cm。雌雄异株，雄花序紫红色。核果球形，径 1.5～2 cm，深红色，也有紫、白等色的，多汁。花期 3～4 月；果熟期 6～7 月。

图 5-194　杨　梅

习性：中性树，稍耐荫，不耐烈日直射；喜温暖湿润气候及酸性而排水良好的土壤，中性及微碱性土上也可生长。不耐寒，长江以北不宜栽培。深根性，萌芽性强。对二氧化硫、氯气等有毒气体抗性较强。

分布：产于长江以南各省、自治区，以浙江栽培最多；日本、朝鲜及菲律宾也有分布。

繁殖：播种、压条及嫁接等。播种于 7 月初采种，洗净果肉后随即播种，或把种子低温沙藏层积到翌年 3 月播种，每公顷播种量约 600 kg。幼苗要适当遮荫。压条在 3、4 月间进行，也可采用高压法。以生产果实为目的者需用嫁接法，砧木用 2～3 年生的实生苗，在 3 月下旬至 4 月上旬进行切接或皮下接。

用途：枝繁叶茂，树冠圆整，初夏又有红果累累，十分可爱，是景观绿化结合生产的优良树种。孤植、丛植于草坪、庭院，或列植于路边都很合适；若采用密植方式用来分隔空间或起遮蔽作用也很理想。

二十九、杜英科（Elaeocarpaceae）

常绿或半落叶，乔木或灌木。单叶互生或对生，托叶有或无。花两性或杂性，排成总状花序或圆锥花序；萼片 4～5，镊合状排列；花瓣 4～5 或缺，顶端通常撕裂或齿裂，稀全缘；雄蕊多数，分离，着生于花盘上或花盘外，花药线形，顶孔开裂；子房上位，2 至多室，每室 2 至多数胚珠，中轴胎座，花柱单一。果为核果或蒴果；种子椭圆形，具丰富胚乳。

约 12 属，400 种，分布于热带和亚热带地区。我国有 2 属，51 种，产于西南至东部。

●杜英（图 5-195）

学名：***Elaeocarpus decipiens* Hemsl**

常绿乔木，高 10～20 m；嫩枝及顶芽初时被微毛，不久变无毛。叶薄革质，披针形或倒披针形，长 7～12 cm，宽 1.6～3 cm，顶端渐尖，基部渐狭，边缘疏生浅锯齿；叶齿长 0.6～1.2 cm，初有微毛，以后变无毛。总状花序腋生或生于叶痕的腋部，长 3～5 cm；花白色，下垂；花萼 5 片，披针形，长约 3 mm，外面生微柔毛；花瓣 5，与萼片近等长，撕裂至中部，裂片丝形；雄蕊 25～30，顶端开裂；子房生短毛。核果椭圆形，长 2～2.5 cm，暗紫色。种子1，长1.5 cm。花期5～6月；果7～8月成熟。

习性：喜温暖湿润环境，稍耐荫，耐寒性不强，喜微酸性土壤。对有害气体二氧化硫有一定抗性。

分布：主产广西、广东、福建、台湾、浙江、安徽、江西、湖南、贵州、云南等省、自治区；越南、日本亦有分布。垂直分布于海拔 500 m 以下。

繁殖：播种或扦插。

用途：亦可作绿化观赏，丛植于草坪或路口，或列植成绿墙起遮挡和隔声作用。亦可作工矿区绿化树种。木材纹理直，结构甚细，可作器具、家具、建筑、胶合板等用，树皮及叶为提制栲胶原料，亦能制染料。种子油供制肥皂和做机器润滑油。

图 5－195　杜　英

●冬桃

学名：***Elaeocarpus duclouxii*** **Gagnep**

常绿乔木，高达 20 m。嫩枝披褐色绒毛，老枝暗褐色。单叶互生，革质，常集生枝顶，长圆形，长 6～15 cm，先端急尖，基部楔形，下面被褐色绒毛，边缘有小钝齿；叶柄长 1～1.5 cm，被褐色毛。花序常生于无叶的去年生枝上，长 4～7 cm，被褐色毛；花盘5裂，被毛。核果椭圆形，长 2.5～3 cm，无毛，内果皮坚骨质，种子1，长 1.4～1.8 cm。花期6～7月；果秋冬季成熟。

习性：喜温暖湿润环境，稍耐荫。喜排水良好的酸性壤土。

分布：产于西南、华南，北至南岭地区；垂直分布于海拔 600～1 000 m 的山地阔叶林中。

繁殖：播种繁殖。

用途：可作绿化观赏，丛植或列植。果可食，木材可制一般家具或培养香菇。

●日本杜英（图 5-196）

学名：***Elaeocarpus japonicus*** **Sieb. et. Zuce.**

常绿木本植物，高 4～8 m。嫩枝无毛；叶芽有发亮绢毛。单叶互生，革质，常为卵形，少有椭圆形或倒卵形，长 6～12 cm，先端锐尖，尖头钝，基部圆形或钝，下面有多数细小黑腺点，边缘有疏锯齿；叶柄长 2～6 cm。花序长 3～6 cm，着生于当年枝的叶腋内，花序轴有短柔毛；花梗长 3～4 mm，有微毛；花盘10裂，连合成环。核果椭圆形，长 1～1.3 cm，蓝绿色，1室；种子1，长8 mm。花期4～5月；果7～9月成熟。

习性：喜温暖、湿润环境，稍耐荫。喜排水良好的酸性土壤。

分布：产于长江流域以南各省、自治区，东起台湾，

图 5－196　日本杜英

西至四川及云南，南至海南；垂直分布于海拔 400～1 300 m 的常绿阔叶林中。越南、日本也有分布。

繁殖：播种繁殖。

用途：可作绿化观赏，丛植或列植。木材结构细密，纹理直，可作一般家具用材，也是培养香菇的理想材料。

● 山杜英（图 5-197）

学名：*Elaeocarpus sylvestris*（Lour.）Poir.

常绿乔木，高 10～20 m。树皮深褐色，平滑不裂；小枝纤细，无毛。叶纸质，倒卵形，长 4～12 cm，顶端渐尖或短渐尖，基部楔形，边缘在中部以上有不明显钝锯齿，无毛，侧脉每边 5～8 条，脉腋有时具腺体；叶柄长 5～12 mm。总状花序腋生或生于叶痕的腋部，长 2～6 cm；花白色；花梗长 2～5 mm；萼片披针形，长 3～4 mm，外面生短毛；花瓣长 4～5 mm，无毛，细裂如丝，雄蕊多数；子房有绒毛。核果椭圆形，长 1～1.6 cm，熟时暗紫色。花期 6～8 月；果 10～12 月成熟。

习性：稍耐荫，喜温暖湿润气候，耐寒性不强；适生于排水良好的酸性土壤。根系发达，萌芽能力强，耐修剪；生长速度中等偏快。对二氧化硫抗性强。

图 5-197 山杜英

分布：产于我国南部各省、自治区。浙江、江西、福建、台湾、湖南、广东、广西及贵州、安徽南部有分布；越南、老挝、泰国有分布。多生于海拔 300～2 000 m 之山地常绿阔叶林中。

繁殖：播种或扦插。秋季果成熟时采收，堆放待果肉软化后，搓揉淘洗得净种子，阴干后即可播种，或湿沙层积至翌年春播。

用途：枝叶茂密，树冠圆整，霜后部分叶变红色，红绿相间，颇为美丽，宜于坡地、草坪、庭前路口丛植，也可栽作其他花木的背景树，或列植成绿墙起遮蔽及隔声作用。还可选作工矿区绿化和防护林带树种。木材心边区别不明显，纹理直，结构细而匀，质轻而软，强度弱，少翘裂，耐腐性强，易加工，切削面光滑，可作家具，建筑、胶合板、火柴盒及文具等。果可食；树皮可提制栲胶；树皮纤维可造纸；根皮可入药，有散瘀消肿之功效。

● 猴欢喜（图 5-198）

学名：*Sloanea sinensis*（Hane）Hemsl

常绿乔木，高达 20 m。小枝褐色，无毛。单叶互生，薄革质，常聚生小枝上部，叶常为长圆形或狭倒卵形，长 5～12 cm，顶端渐尖，基部钝，边缘在中部以上有少数小齿或近全缘，无毛，侧脉 5～6 对，背面脉网明显；叶柄长 1～4 cm，顶端变粗。花数朵生于小枝顶端或小枝上部叶

图 5-198 猴欢喜
1. 花枝 2. 果

腋，绿白色，下垂；花梗长 2.5～5 cm，生微柔毛；萼片 4，卵形，长 5～8 mm，外面生短绒毛；花瓣比萼片稍短，上部浅裂；雄蕊多数，有微柔毛；子房密生短毛。蒴果木质，卵球形，长 2～3 cm，裂成 5～6 瓣，刺毛密，刺长 1～1.5 cm；种子椭圆形，长 1～1.3 cm，黑色，有光泽，假种皮黄色。花期 9～11 月；果翌年 6～7 月成熟。

习性：喜温暖湿润环境，耐荫，喜肥沃排水良好的酸性土壤。

分布：产于长江以南各省、自治区，浙江、安徽、江西、福建、广东、海南、湖南、广西、贵州及台湾均有分布。垂直分布常于海拔 500～1 200 m 的常绿阔叶林中。

繁殖：播种繁殖。

用途：可作绿化观赏，丛植或列植。木材细致，干时不裂，可作船板、车厢、板料及家具等用；亦可培养香菇；还是蜜源植物。树皮及果实可提制栲胶。

三十、桦木科（Betulaceae）

落叶乔木或灌木。单叶互生，常有锯齿，托叶早落。花单性，雌雄同株；雄花为下垂柔荑花序，1～3 朵生于苞腋，雄蕊 2～14；雌花为球果状、穗状或柔荑状，花被萼筒无毛，2～3 朵生于苞腋，雌蕊由 2 心皮合成，子房下位，2 室，每室有一倒生胚珠。坚果有翅或无翅，外具总苞，苞内有小坚果 2～3。

6 属，约 200 种，主产于北半球温带及较冷地区。6 属在中国均有分布，约 96 种。

表 5-6　桦木科分属检索表

1. 小坚果扁平，具翅，包藏于木质鳞片状果苞内，组成球果状或柔荑状果序，雄花萼片 4 深裂，雄蕊 2～4。
　2. 果苞薄，3 裂，脱落，冬芽无柄。 ………………………………………………………… 1. 桦木属 Betula
　2. 果苞厚，木质，5 裂，宿存，冬芽常有柄。 ……………………………………………… 2. 赤杨属 Alnus
1. 坚果卵形或球形，无翅，包藏于叶状或囊状草质总苞内，组成簇生或穗状果序，雄花无花被，雄蕊 3～14。
　3. 果实小而多数，集生成下垂之穗状，总苞叶状。 ……………………………………… 3. 鹅耳枥属 Carpinus
　3. 果实较大，簇生，外被叶状、囊状或刺状总苞。 ……………………………………… 4. 榛属 Corylus

●白桦（图 5-199）

学名：**Betula platyphylla Suk.**

落叶乔木，高达 27 m，树冠卵圆形。树皮白色，纸质分层剥落，皮孔黄色。小枝红褐色，无毛。叶三角状卵形或菱状卵形，长 3.5～6.5 cm，先端渐尖，基部宽楔形或截形，缘有不规则重锯齿，侧脉 5～8 对，背面疏生油腺点。果序单生，下垂，圆柱形，长 2.5～4.5 cm。坚果小而扁，两侧具宽翅。花期 5～6 月；8～10 月果熟。

习性：喜光，适应性强，耐严寒，耐瘠薄。喜酸性土（pH 5～6），在沼泽地、干燥阳坡及湿润之阴坡亦能生长。深根性，生长快，寿命较短，萌芽性强，天然更新良好。

图 5-199　白　桦

分布：东北、华北、西北及西南各地高山区。

繁殖：播种繁殖，亦可萌芽更新。

用途：树冠端正优美，干皮洁白雅致。在庭院中可孤植、群植、列植，或与其他树种混交，均很美观。在坡地成片栽植，为别具一格的风景林。树皮可提取栲胶，亦可入药。

●桤木（图5-200）

学名：**Alnus cremastogyne Burkill**.

落叶乔木，高达25 m。树皮幼时光滑，老时成块状开裂。芽鳞具油脂。叶倒卵形、倒卵状长圆形至椭圆形，长6～17 cm，先端钝尖，基部楔形，缘具疏细锯齿，侧脉8～13对，幼时背面有毛，后渐无毛或仅脉腋间有毛。雌雄花序均单生于叶腋。果序椭圆形，下垂；果序梗细长，长4～8 cm；果翅膜质，宽为果的1/2。花期3～4月；果熟期10～11月。

图5-200 桤 木

习性：喜光，喜温暖、湿润气候，喜水湿，多生于溪边及河滩低湿地，在干瘠荒山地也能生长。对酸性、中性和微碱土壤均能适应。抗尘能力较强。生长迅速，天然更新能力强。

分布：西南及陕西、甘肃等地，广东、湖南、湖北、江西、安徽、江苏等地也有栽培。

繁殖：播种繁殖。

用途：树干端直、圆满，适宜在风景区的湖塘及水库岸边丛植、片植，或作混交林的伴生树种。也是优良的护岸固堤、改良土壤的好树种。树皮、果实可提栲胶，叶可入药。

●华榛（图5-201）

学名：**Corylus chinensis Franch**

落叶大乔木，高达30～40 m，胸径2 m。树干端直，大枝横伸，树冠广卵形。幼枝密被毛及腺毛，叶广卵形至卵状椭圆形，长3～18 cm，先端渐尖，基部心形，略偏斜，缘有不规则钝齿，背面脉上密生淡黄色短柔毛。坚果常3枚聚生，总苞瓶状，上部深裂。

习性：喜温暖、湿润气候及深厚肥沃之中性或酸性土壤。萌蘖性强，大树常于根际萌生小干。

分布：产于云南、四川、湖北、甘肃等山地。

繁殖：用种子、压条或分株法繁殖。

用途：树干通直，高大雄伟，很受欧美人士重视。植于景观中的池畔、溪边及草坪、坡地都很合适。木材坚韧，坚果味美可食。

图5-201 华 榛

三十一、黄杨科（Buxaceae）

常绿灌木或小乔木。单叶，对生或互生，无托叶。花单性，雌雄同株，排成头状、穗状或总状花序，稀单生；萼片4～12或无；无花瓣；雄蕊4至多数，分离；子房上位，2～4室，每室1～2胚珠。蒴果或核果状浆果。

共6属100余种，我国3属40余种。

●**雀舌黄杨**（图5-202）

学名：*Buxus bodinieri* Lev

常绿小灌木，高通常不及1 m。分枝多而密集。叶较狭长，倒披针形或倒卵状长椭圆形，长2～4 cm，先端钝圆或微凹，革质，有光泽，两面中脉明显凸起，近无柄。花小，黄绿色，呈密集短穗状花序，其顶部生一雌花，其余为雄花。蒴果卵圆形，顶端具3宿存三角状花柱，熟时紫黄色。花期4月；果7月成熟。

习性：喜光，亦耐荫，喜温暖湿润气候，常生于湿润而腐殖质丰富的溪谷岩间，耐寒性不强。浅根性，萌蘖力强，生长极慢。

分布：产于长江流域至华南、西南地区。山东、河南、河北各地常有栽培。

图5-202 雀舌黄杨

繁殖：以扦插为主，也可压条和播种。

用途：植株低矮，枝叶茂密，且耐修剪，是优良的矮绿篱材料，最适宜布置模纹图案及花坛边缘。若任其自然生长，则适宜点缀草地、山石，或与落叶花木配置。亦可作盆景材料。

●**锦熟黄杨**（图5-203）

学名：*Buxus sempervirens* L.

常绿灌木或小乔叶，高达6 m。小枝密集，四棱形，具柔毛。叶椭圆形至卵状长椭圆形，长1.5～4 cm，先端钝或微凹，全缘，表面深绿色，有光泽，背面绿白色；叶柄很短，有毛。花簇生叶腋，淡绿色，花药黄色。蒴果三脚鼎状，熟时黄褐色。花期4月；果7月成熟。

有金边、斑叶、金尖、垂枝、长叶等栽培变种。

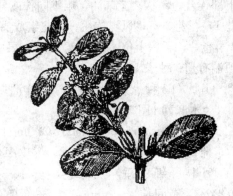

图5-203 锦熟黄杨

习性：较耐荫，阳光不宜过于强烈；能耐干旱，不耐水湿，较耐寒；喜温暖湿润的气候条件及深厚、肥沃、排水良好的土壤条件；生长很慢，耐修剪。

分布：原产南欧、北非及西亚，我国华北景观中有栽培。

繁殖：可用播种和扦插法繁殖。

用途：枝叶茂密而浓绿，经冬不凋，又耐修剪，观赏价值甚高。宜于庭院作绿篱及花坛边种植，也可在草坪孤植、丛植及路边列植，也可点缀山石，或作盆景材料。

●**黄杨**（图5-204）

学名：*Buxus sinica* Cheng.

常绿灌木或小乔木，高达7 m。树皮灰色，鳞叶状剥落；茎枝具四棱脊，小枝及冬芽外鳞均有短柔毛。叶阔椭圆形、阔倒卵形、卵状椭圆形至长椭圆形，长1.5～3.5 cm，先端圆或凹，表面深绿色，下面苍白色，中脉基部及叶柄有微细毛。花期3～4月；果熟期7～8月。变种：

小叶黄杨（珍珠黄杨）（var. *parvifolia* M. Cheng）：高达2.5m。分枝密，节间短，叶细小，椭圆形，长不及1cm，入秋渐变红色，可盆栽，点缀假山石。

习性：喜温暖、湿润气候，在阴湿环境生长得枝繁叶茂。喜肥沃的中性和微酸性土壤，耐酸碱性强，在石灰质土壤中也能生长。耐寒性不强。抗烟尘，对多种有害气体抗性强。生长极慢，萌芽力强，耐修剪。

分布：产于华东、华中地区，可在华北南部，长江流域及其以南地区栽种。

繁殖：播种或扦插繁殖。

用途：枝叶茂密，经久不落。宜在公园绿地、庭前入口处群植和列植，或作花坛、树坛的背景树，或用以点缀花坛、假山，也可用作绿篱材料、厂矿绿化材料及盆景材料。

图5-204 黄杨
1. 花 2. 子房纵切面

三十二、木麻黄科（casuarinaceae）

常绿乔木或灌木。小枝细长多节，具脊槽，绿色。叶退化为鳞片状，4～12枚轮生，中下部连合为鞘状。花单性，雌雄同株或异株，无花被；雄花为穗状柔荑花序，生于枝顶，雄蕊1，花药2室，风媒传粉。雌花组成头状花序，生于短枝顶端，雌蕊由2心皮合成，外被2小苞片，子房上位，1室，2胚珠。果序球形或近球形，苞片木质化，开裂；小坚果扁平，顶端有翅；种子1。

1属，65种。大部分原产于大洋洲；我国南部引入9种栽培。

●木麻黄（图5-205）

学名：***Casuarina equisetifolia* Forst**

常绿乔木，高达30～40m。树皮深褐色，纵裂。大枝红褐色，小枝纤细下垂，灰绿色，长10～27cm，粗径0.6～0.8mm，节间长4～9mm，具7～8条槽，每节有鳞叶7(6～8)。花单性，雌雄同株。果序椭圆球形，长1.5～2.5cm，小苞宽卵形，钝尖，无棱脊；小坚果连翅长4～7mm，宽2～3mm。花期4～6月，果7～8月成熟。

习性：喜光，喜暖热气候，不耐寒，耐干旱瘠薄，耐盐碱，耐潮湿，根系发达，抗风力强。生长快，广东栽培15年生树高达20m以上，寿命较短，30～50年即衰老。

分布：原产澳大利亚。我国浙江南部以南至华南、海南、台湾多有栽培。

繁殖：播种，也可用半成熟枝扦插。

图5-205 木麻黄

用途：有很强的固沙能力，是华南沿海沙地和海滨地区的优良造林树种，也可作行道树或绿篱栽植，现大面积种植为海岸防护林。木材坚重，经防腐处理后，可供建筑、造船、枕木等用；树皮含鞣质 11%～18%，可制栲胶；枝叶入药，具止泻、消炎之效。燃烧力强，是良好的薪炭材。

三十三、瑞香科（Thymelaeaceae）

灌木或乔木，稀草本。单叶对生或互生，全缘，叶柄短，无托叶。花两性，稀单性，整齐，成头状、伞形、穗状或总状花序；萼筒花冠状，4～5 裂；花瓣通常缺或被鳞片所代替；雄蕊 2～10，花丝短或无，花药着生于花被筒内壁；子房上位，1 室，稀 2 室，胚珠 1，柱头状或盘状。坚果或核果，稀浆果。

本科 50 属，500 种；我国 9 属，90 种。

● **瑞香**（图 5-206）

学名：**Daphne odora Thunb.**

图 5-206 瑞 香
1. 花枝 2. 花 3. 花纵剖面

常绿灌木，高 1.5～2 m。枝细长，光滑无毛。叶互生，长椭圆形至倒披针形，长 5～8 cm，先端钝或短尖，基部窄楔形，全缘，无毛，质较厚，表面深绿有光泽。头状花序，顶生，白色或带紫红色，甚芳香。核果肉质，圆球形，红色。花期 3～4 月；果熟期 7～8 月。

变种：

白花瑞香（var. *leucantha* Makino）：花纯白色。

金边瑞香（var. *marginata* Thunb.）：叶缘金黄色，花极香，为瑞香中珍品。

习性：性喜荫，忌日光暴晒，耐寒性差，北方盆栽冬季需在室内越冬。喜排水良好的酸性土壤，不耐积水。萌芽率强，耐修剪，易造型。

分布：原产我国长江流域，江西、湖北、浙江、湖南、四川等省均有分布。

繁殖：以扦插繁殖为主，亦可压条、嫁接或播种繁殖。

用途：枝干丛生，四季常绿，早春开花，香味浓郁，观赏价值较高。宜配置于建筑物、假山、岩石的荫面及树丛的前侧。可作盆景。根、叶可入药。

三十四、杜仲科（Eucommiaceae）

落叶乔木，树体各部均具胶质。单叶互生，羽状脉，有锯齿，无托叶。花单生，雌雄异株，无花被，先叶开放或与叶同时开放，簇生或单性。雄蕊 4～10，花药条形，花丝极短；雌蕊由 2 心皮合成，子房上位，1 室。翅果，含 1 种子。

仅 1 属 1 种，我国特产。

● **杜仲**（图 5-207）

学名：**Eucommia ulmoides Oliv.**

落叶乔木，高达 20 m，树冠圆球形。小枝光滑，无顶芽，具片状髓。叶椭圆形至椭圆状卵形，长 7～14 cm，先端渐尖，基部圆形或广楔形，缘有锯齿，老叶表面网脉下陷，皱纹状。翅果狭长椭圆形，扁平，长约 3.5 cm，顶端 2 裂。本种枝、叶、果及树皮断裂后均有白色弹性丝相连，为其识别要点。花期 4 月；果熟期 10～11 月。

习性：喜光，不耐庇荫，喜温暖、湿润气候，对土壤要求不严，在酸性、中性、微碱性及钙质土上均能生长。最适宜于在土层深厚疏松、肥沃湿润而排水良好的土壤上生长。深根性，侧根发达，萌芽力强。

分布：原产我国中部、西部，年平均气温 13～17 ℃，年降雨量 1 000 mm 左右的地区，四川、湖北、贵州为集中产区。垂直分布可达海拔 1 300～1 500 m。

繁殖：以播种繁殖为主，亦可扦插（包括根插）、压条、分株繁殖。

用途：树干端直，枝叶茂密，树形整齐优美，适宜作庭荫树及行道树，也可作一般造林绿化树种。树皮、果、叶均可提炼优质硬性橡胶，树皮为重要的中药材，是重要的特用经济树种，属国家二级重点保护树种。

图 5-207　杜　仲

三十五、金丝桃科（Hypericaceae）

草本、灌木或小乔木；单叶对生，全缘，常有腺点；无托叶。花两性或单性、整齐，单生或成聚伞花序；萼片和花瓣各 5；雄蕊多数，常合生成束，子房上位，花柱与子房同数，胚珠多数，蒴果或浆果；种子无胚乳。

约 10 属，300 多种；我国 3 属，60 种。

● 金丝桃（图 5-208）

学名：*Hypericum chinensis* L.

常绿、半常绿或落叶灌木，高达 1 m。全株光滑无毛，小枝对生，圆筒状，红褐色。叶无柄，长椭圆形，具透明腺点，先端钝尖，基部楔形。花金黄色，单生或 3～7 朵成聚伞花序，顶生；雄蕊花丝基部合生成 5 束，花丝长于花瓣；花柱细长连合，仅顶端 5 裂。蒴果卵圆形。花期 6～7 月；果期 8～9 月。

习性：喜光，略耐荫。适应性强，以肥沃的中性沙壤土最好。耐干旱，不耐积水。根系发达，萌芽力强，耐修剪。

分布：原产我国，分布黄河流域以南各地，现各地均有栽培。

繁殖：可播种、扦插、分株繁殖。

用途：树姿小巧，枝柔叶秀，花丝纤细，灿若金丝，是夏季良好的观花灌木。适于假山石旁、庭院角隅、门庭两侧、花坛、草坪中丛植或群植。亦可作花篱、盆栽和切花材料。

图 5-208　金丝桃

三十六、山龙眼科（Proteaceae）

乔木或灌木；稀草本。单叶互生，稀对生或轮生；常为革质，全缘或分裂；无托叶。花两性，稀单性；排成总状、头状、穗状或伞形花序；单被花；雄蕊 4，与萼片对生；子房 1 室。蒴果或坚果，稀核果；种子扁平常有翅。

共 20 属约 1 200 种；我国有 2 属 21 种。

● **银桦**（图 5-209）

学名：*Grevillea robusta* A. Cunn.

常绿乔化，高达 30～40 m，树冠圆锥形。小枝、芽及叶柄密被锈褐色绒毛。叶二回羽状深裂，裂片 5～12 对，近披针形，边缘反卷，叶上面深绿色，中脉下凹，下面密被银灰色绢毛。总状花序，花偏于一侧，无花瓣，萼片 4，花瓣状，橙黄色。果有细长宿存花柱；种子有膜质翅。花期 5 月；果期 7～8 月。

习性：喜光，不耐荫，喜温暖湿润和较凉爽气候；不耐寒。喜深厚肥沃而排水良好的偏酸性壤土，黏重土壤生长不良。不耐积水。根系发达，生长快，对烟尘和有毒气体抗性较强。

分布：原产大洋洲，现热带及亚热带地区多栽培。我国南部及西南部有栽培。

图 5-209 银 桦

繁殖：播种繁殖，种子成熟后采下即播，发芽率达 70% 以上，若到翌年春播，则发芽率降为 25%～30%。

● **红叶树**

学名：*Helicia cochincchinesis* Lour.

乔木或灌木，高达 15 m；全株无毛。叶互生，薄革质或纸质，长圆形、倒卵圆形或长椭圆形，先端渐尖，基部楔形，全缘或上部疏生浅齿，幼苗及萌条叶具尖锯齿。总状花序腋生；单被花，花被白色或淡黄色，腺体 4。坚果长圆形或近球形，蓝黑或黑色。花期 7～8 月；果期 12 月至翌年 3 月。

习性：喜湿润温暖环境，南方酸性红壤山地常见树种。

分布：长沙流域以南各地。

繁殖：播种法繁殖。

用途：可供庭院绿化用，也可作行道树。种子可榨油，供制肥皂及润滑油。

● **山龙眼**

学名：*Helicia formosana* Hemsl.

小乔木，高达 10 m；幼枝，叶密被褐色短绒毛。叶近革质，倒卵状长圆形至倒卵状披针形，先端渐尖，基部楔形，缘具疏锯齿，下面叶脉上被锈色短毛。总状花序腋生，各部均被褐色短绒毛；花两性，单被花，花被 4，黄白色；子房无毛，花柱细长；花盘 4 裂，裂片钝。坚果球形，黄褐色，顶具钝尖。花期 4～6 月；果期 11 月至翌年 2 月。

分布：产于广西西南部、海南和台湾。

繁殖：种子繁殖。

用途：作行道树或庭院绿化用。

三十七、椴树科（Tiliaceae）

乔木或灌木，稀草本，常具星状毛，树皮富含纤维。单叶互生，稀对生，全缘或具锯齿或分裂；托叶小，常早落。花两性，稀单性，整齐，聚伞或圆锥花序；萼片 5，稀 3 或 4；花瓣与萼片同数，基部常有腺体；雄蕊极多数，分离或成束；子房上位，2～10 室，每室胚珠1至多数,中轴胎座。浆果、核果、坚果或蒴果。

约60属450种,我国有13属94种,引入1属1种。

●扁担杆(图5-210)

学名:*Grewia biloba* G. Don.

落叶灌木或小乔木,高达3m,小枝有星状毛。叶狭菱状卵形,长4~10cm,先端尖,基出三出脉,广楔形至近圆形,缘有细重锯齿,表面几无毛,背面疏生星状毛。聚伞花序与叶对生,有花3~8朵;花淡黄绿色,径不足1cm;萼片外面密生灰色短毛,内面无毛;子房有毛。果橙黄至橙红色,径约1cm,无毛,2裂,每裂有2核。花期6~7月;果熟期9~10月。

习性:喜光,略耐荫,耐瘠薄。不择土壤,常自生于平原、丘陵或低山灌丛中。

分布:长江流域及其以南各地,秦岭北坡也有分布。

繁殖:用播种或分株法繁殖。

图5-210 扁担杆

用途:果实橙红鲜丽,且可宿存枝头达数月之久,为良好观果灌木。宜于丛植,作绿篱,或植于假山岩石之中,也可作为疏林下木。果枝可瓶插。果实可生食,亦可酿酒。茎皮可作麻类代用品。根及枝叶可入药。

●紫椴(图5-211)

学名:*Tilia amurensis* Rupr

落叶乔木,高达30m。树皮浅纵裂,呈片状脱落;小枝呈之字形曲折。叶宽卵形至卵圆形,长4.5~6cm,先端尾尖,基部心形,缘具细伞花序,有花3~20朵,花黄白色;苞片1/2处与花序梗联合。果近球形,长5~8mm,密被灰褐色星状毛。花期6~7月;果熟期8~9月。

习性:喜光,稍耐荫。喜冷凉湿润气候,较耐寒。喜土层深厚、肥沃、湿润的棕壤土,在干旱、沼泽、盐碱地和白浆土上生长不良。深根性,萌芽力强。抗烟性和有毒气体能力强。

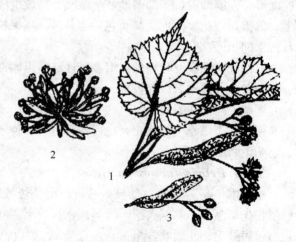

图5-211 紫椴
1. 花枝 2. 花 3. 果序及苞片

分布:东北及山东、河北、山西等地。

繁殖:播种繁殖,也可萌芽更新。

用途:树体高大,树姿优美,夏季黄花满树,秋季叶色变黄,花序梗上舌状苞片奇特美观。适宜作行道树和庭院绿阴树,也是厂矿区绿化的好树种。

●蒙椴(图5-212)

学名:*Tilia mongolica* Maxim

落叶小乔木,高达6~10m,树皮红褐色,小枝光滑无毛。叶广卵形至三角状卵形,长

3～6 cm，常三裂，缘具不整齐粗锯齿，先端突渐尖或近尾尖，基部截形或广楔形，有时心形，表面暗绿色，无毛，背面苍白色，脉腋有簇毛。花两性，6～12朵排成聚伞花序；苞片狭矩圆形，长2～5 cm，具柄；花黄色，雄蕊多数，有5枚退化雄蕊。坚果倒卵形，长5～7 mm，外被黄色绒毛。花期7月；果熟期9月。

习性：喜光，也相当耐荫，耐寒性强，喜冷凉湿润气候及深厚、肥沃而湿润之土壤，在酸性、中性和石灰性土壤上均生长良好，但在干瘠、盐渍化或沼泽土壤上生长不良。不耐烟尘，深根性，萌蘖性强。

分布：主产华北，东北及内蒙古也有分布。

繁殖：多用播种法繁殖，分株、压条也可。

用途：枝叶茂密，花黄色，树形较矮。适宜在公园、庭院及风景区栽植，不宜作行道树。

图5-212　蒙椴

三十八、仙人掌科（Cactaceae）

茎粗大或肥厚，块状、球状、柱状或叶片状，多浆肉质，绿色且代替叶行使光合作用，茎上常有棘刺或毛丝。叶一般退化或短期存在。因其原产地环境的不同，可分为沙漠型和附生型两种类型。沙漠型又称为沙漠地生型，原产于干旱、光照强的地区，耐强光与炎热。附生型又称为雨林附生型，原产于南美、中美洲温暖湿润的热带雨林中。它们多数附生于树皮上，吸取养料与水分而生活。还有一些根生于土壤中，茎较细而长，以气生根攀缘于树上而生活。

本科有140余属，2 000种以上。原产南、北美热带、亚热带大陆及附近一些岛屿；部分生长在森林中。

●仙人球（图5-213）

学名：**Echinopsis tubiflor Zucc.**

茎多浆，单生或成丛，幼株球形，老株长成圆筒状。顶部凹入；棱规则而呈波状。刺锥状，黑色，长1～1.5 cm。花着生于球体侧方，大型喇叭状，白色稍具芳香，傍晚后开放，次晨即凋谢。果肉质，种子小。花期夏季。

习性：性强健，生长较快。喜阳光充足，喜温暖。不耐寒，越冬温度要保持5℃左右。耐旱，不耐水湿，要求中等肥沃并排水良好的土壤。易孳生仔球。

分布：原产阿根廷、巴西南部，现世界各地广为栽培。

繁殖：多用仔球扦插，也可播种。

用途：盆栽观赏，也可作嫁接其他仙人掌类植物中球形品种的砧木。

图5-213　仙人球

●昙花（图5-214）

学名：**Epiphyllum oxypetalum（DC.）Haw.**

多年生灌水。无叶，主茎圆筒状，木质，分枝扁平叶状，边缘具波状圆齿。刺座生于圆齿缺刻处，幼枝有毛状刺，老枝无刺。花大型，生于叶状枝边缘，花萼筒状、红色，花重瓣、纯白色，瓣片披针形；花期夏季，晚 8～9 时开放，约 7 h 凋谢。果红色，有浅棱脊，成熟时开裂。种子黑色。

习性：为附生仙人掌类。喜湿暖、湿润、半荫环境。冬季能耐 5 ℃以上的低温，生长最适温度为 13～20 ℃。喜排水良好的肥沃壤土。

分布：原产墨西哥及中、南美热带地区。

繁殖：在生长季节剪取生长健壮的变态茎进行扦插。

用途：盆栽观赏。可入药，花清热润燥，治肺热咳嗽及心慌；变态茎清热消炎，外敷治跌打损伤、疮肿等。

图 5-214 昙 花

● 仙人掌（图 5-215）

学名：*Opuntia dillenii*（ker - Gawl）Haw.

茎多浆，丛生或灌木状，茎节扁平，多分枝，其上密生刺窝，刺窝处着数根褐色针刺。叶退化为针状，早落。花鲜黄色，着生于茎节上部。花期 4～6 月。果红色，种子黑色。

习性：喜阳光充足，喜温暖，不耐寒，越冬要求温度在 5～8 ℃以上，耐干旱，忌水涝。要求排水良好的沙砾土。

分布：原产美洲，现世界各地广泛栽植。

繁殖：扦插繁殖。

用途：盆栽观赏，或作绿篱。果可食。

● 蟹爪兰（图 5-216）

学名：*Zygocactus truncactus* K. Schum

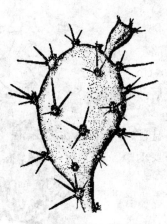

图 5-215 仙人掌

图 5-216 蟹爪兰

多年生肉质植物。茎扁平而多分枝，常铺散下垂。茎节短小，截形，先端平截，两缘有尖齿，连续生长的节似螃蟹爪子。花着生于先端之茎处，紫红色；萼片基部连成短筒，顶端分裂；花瓣数轮，越向内则管越长，上部向外反卷；雄蕊 2 轮，花柱长于众雄蕊。花期 12 月至翌年 3 月。

习性：属附生类型，短日照仙人掌类植物。喜温暖、湿润、半荫环境，冬季阳光要充足，夏季应有遮荫。盆栽要求排水、透气良好的肥沃壤土。

分布：原产巴西，现世界各地有栽培。

繁殖：扦插或嫁接。

用途：为理想的冬季室内盆栽观赏花卉。亦可入药，治疮疖肿毒。

三十九、冬青科（Aquifoliaceae）

乔木或灌木，多为常绿。单叶，通常互生；托叶小而早落，或无托叶。花小，整齐，无花盘，单性或杂性异株，成腋生聚伞、伞花序，或簇生，稀单生。萼3～6裂，常宿存；花瓣4～5，雄蕊与花瓣同数且互生；子房上位，3至多室，每室具1～2胚珠。核果，具3～18核。

本科广义上含4属，400～500种，其中绝大部分种为冬青属（Ilex L.），分布中心为热带美洲和热带至温带亚洲，仅有3种到达欧洲。我国产1属约204种，分布于秦岭南坡、长江流域及其以南地区，以西南地区最盛。

●**冬青**（图5-217）

学名：*Ilex chinensis* **Sims**（Ipurpurea Hassk）

冬青属（Ilex L.）常绿乔木，高达13 m；枝叶密生，无短枝，树形整齐。树皮灰青色，平滑。叶薄革质，长椭圆形至披针形，长5～11 cm，先端渐尖，基部楔形，缘疏生浅齿，表面深绿而有光泽，叶柄常为淡紫红色；叶干后呈红褐色。雌雄异株，聚伞花序着生于当年生嫩枝叶腋；花瓣紫红色或淡紫色。果实深红色，椭球形，长8～12 mm，具4～5分核。花期5～6月；果9～10(11)月成熟。

习性：喜光，稍耐荫；喜温暖湿润气候及肥沃的酸性土壤，较耐潮湿，不耐寒。萌芽力强，耐修剪；生长较慢。深根性，抗风力强；对二氧化硫及烟尘有一定抗性。

图5-217　冬　青
1.果枝　2.花枝　3.花
4.果　5.分核

分布：产长江流域及其以南各省、自治区，常生于山坡杂木林中；日本亦有分布。

繁殖：常用播种法繁殖，但种子有隔年发芽习性，且不易打破休眠。为节省用地，可低温湿沙层积1年后再播。扦插繁殖也可，但生根较慢。

用途：枝叶茂密，四季常青，入秋又有累累红果，经冬不落，十分美观。宜作园景树及绿篱植物栽培，也可盆栽或制作盆景观赏。

●**枸骨**（图5-218）

学名：*Ilex cornuta* **Lindl**.

冬青属（Ilex L.）常绿灌木或小乔木，高3～4 m，最高可达10 m以上。树皮灰白色，平滑不裂；枝开展而密生，无短枝。叶硬革质，矩圆形，长4～8 cm，宽2～4 cm，顶端扩大并有3枚大尖硬刺齿，中央1枚向背面弯，基部两侧各有1～2枚大刺齿，表面深绿而有光泽，背面淡绿色；叶有时全缘，基部圆形，这样的叶往往长在大树的树冠上部。花小，黄绿色，簇生2年生枝叶腋。核果球形，鲜红色，径8～10 mm，具4核。花期4～5月；果9～10(11)月成熟。

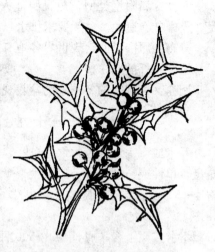

习性：喜光，稍耐荫；喜温暖气候，肥沃、湿润而排水良好之微酸性土壤，耐寒性不强；颇能适应城市环境，对有害气体有较强抗性。生长缓慢；萌蘖力强，耐修剪。

分布：产我国长江中下游各省，多生于山坡谷地灌木丛中；现各地庭院常有栽培。朝鲜亦有分布。

繁殖：可用播种和扦插等方法。秋季（10～11月）果熟后采收，堆放后熟，待果肉软化后捣烂，淘出种子阴干。因枸骨种子有隔年发芽习性，故生产上常采用低温湿沙层积至第二年秋后条播，第三年春幼苗出

图5-218　枸　骨

土。扦插一般多在梅雨季用软枝带踵插。移栽可在春秋两季进行，而以春季较好。

用途：枝叶稠密，叶形奇特，深绿光亮，入秋红果累累，经冬不凋，鲜艳美丽，是良好的观叶、观果树种。宜作基础种植材料，也可孤植于花坛中心、对植于前庭、路口，或丛植于草坪边缘。同时又是很好的绿篱（兼有果篱、刺篱的效果）及盆栽材料，选其老桩制作盆景亦饶有风趣。果枝可供瓶插，经久不凋。

●**铁冬青**（图5-219）

学名：*Ilex rotunda* Thunb

冬青属（*Ilex* L.）常绿乔木，高达20 m，胸径1 m；树皮淡灰色；各部无毛。叶卵形或倒卵状椭圆形，长4～12 cm，宽1.8～4.5 cm，先端短渐尖或圆，基部楔形，全缘，中脉在上面稍凹下，侧脉6～9对，不明显；叶柄长1～2 cm。聚伞花序或伞形状；雄花10余朵，黄白色，花梗长4～5 mm，萼蝶形，裂片三角形；雌花3～7朵，花梗长4～8 mm，花白色，芳香。果椭圆形，红色，长6～8 mm；分核5～7，长6 mm，背具3条纹及2沟，近木质。花期3～4月；果期翌年2～3月。

习性：耐荫，不耐寒；在微酸性、中性及湿润、肥沃土壤中生长良好。

图5-219　铁冬青

分布：产于长江以南至台湾；日本、朝鲜、越南也有分布。

繁殖：播种繁殖。

用途：树形高伟，绿叶红果，是美丽的庭院观赏树种，作行道树或孤植于园地均可。

●**落霜红**（图5-220）

学名：*Ilex serrata* Thunk

冬青属（*Ilex* L.）落叶灌木，高达3 m。具长枝与短枝，1年生枝皮孔明显；小

枝、芽、叶及花均被毛。叶椭圆形、长椭圆形或倒卵状椭圆形，长 2～8 cm，宽 0.8～4 cm，先端渐尖或突尖，有凸尖头，基部楔形，密生尖锯齿，上面中脉平或微凹，侧脉 5～8 对；叶柄长 4～8 mm。花淡紫色，稀白色；雄花 2～3 回二歧伞形花序，总梗长 2～5 mm，二次分枝长 1～2 mm，花梗长 1～2.5 mm；雌花为聚伞花序，总梗和花梗长 1～3 mm。果球形，径 4～5 mm，红色，果梗长 2～3 mm，柱头盘状；分核 4～5(6)，平滑，革质。花期 6 月；果期 11 月。有黄果、白果等栽培变种。

习性：喜光，喜肥沃而湿度适中的土壤；萌芽力强，耐修剪。

分布：产于浙江、福建、江西、湖南、四川。日本也有分布。生于海拔 700～1 300 m 山顶、山坡灌丛中。

繁殖：播种繁殖。

图 5 - 220 落霜红

用途：鲜红的果实在落叶后的秋季和冬季十分引人注目，能把庭院点缀得分外美丽；也是盆景和瓶插的好材料。

四十、梧桐科（Sterculiaceae）

乔木、灌木或草本，体常被星状毛。叶掌状分裂，互生。花两性、单性或杂性、整齐，单生或成各种花序；花瓣 5 或缺；雄蕊多数，花丝常连合成管状，外轮常有退化雄蕊，子房上位，2～5 室，每室 2 至多数胚珠。蒴果或核果，种子球形，3～4 枚着生于果皮边缘。

约 68 属 1 100 种，我国 19 属 84 种 3 变种。

● 梧桐（图 5 - 221）

学名：*Firmiana simplex*（L.）W. F. Wight

落叶乔木，高 15～20 m，树冠卵圆形。树干端直，干枝翠绿色，平滑，侧枝每年阶状轮生。叶片掌状 3～5 中裂，径 15～30 cm，基部心形，裂片全缘，先端渐尖，表面光滑，背面有星状毛。叶柄约与叶片等长。花单性，无花瓣；花萼裂片条形，长约 1 cm，淡黄绿色，开展或反卷，外面密被淡黄色短柔毛。花后心皮分离成 5 膏葖大果，远在成熟前即开裂呈舟形；种子棕黄色，大如豌豆，表面皱缩，着生于果皮边缘。花期 6～7 月；果熟期 9～10 月。

习性：喜光，喜温暖、湿润气候，耐寒性不强，喜肥沃、湿润、深厚而排水良好的土壤，在酸性土、中性及钙质土上均能生长，但不宜在积水洼地或盐碱地上栽种，不耐草荒。深根性，萌芽力弱，不耐修剪。生长

图 5 - 221 梧 桐
1. 花枝 2. 果

快、寿命较长。春季萌芽较晚，而秋天落叶较早，故有"梧桐一叶落，天下尽知秋"之说。

分布：原产中国及日本，我国华东、华中、华南、西南及华北各地均有栽培。

繁殖：以播种繁殖为主，也可扦插和分根繁殖。

用途：树干端直，树皮光滑青翠。叶大而形美，绿阴浓密，洁净可爱，为优美的庭荫树和行道树。孤植或丛植于庭前、宅后、草坪或坡地很适宜。与棕榈、竹子、芭蕉等配值，或点缀假山石园景，协调古雅，具有我国民族风格。对有毒气体抗性较强，可作厂矿区绿化树种。

四十一、紫茉莉科（Nyctaginaceae）

草本或木本。单叶对生或互生，全缘；无托叶。花序聚伞状，或簇生；花两性，稀单性；苞片显著，呈萼状；花单被，常花瓣状，钟形、管形或高脚碟形；雄蕊3～30；子房1室，1胚珠。瘦果；种子有胚乳。

本科约30属300种，分布于热带和亚热带地区，主产热带美洲。我国有7属11种1变种，主要分布于华南和西南。

●光叶子花

学名：**Bougainvillea glabra Choisy**

叶子花属（*Bougainvillea* Comm. ex. Juss.）常绿攀缘灌木；枝有利刺。枝条常拱形下垂，无毛或稍有柔毛。单叶互生，卵形或卵状椭圆形，长5～10 cm，先端渐尖，基部圆形至广楔形，全缘，表面无毛，背面幼时疏生短柔毛；叶柄长1～2.5 cm。花顶生，常3朵簇生，各具1枚叶状大苞片，紫红色，椭圆形，长3～3.5 cm；花被管长1.5～2 cm，淡绿色，疏生柔毛，顶端5裂。瘦果有5棱。

习性：喜光，喜温暖气候，不耐寒；不择土壤，干湿都可以，但适当干些可以加深花色。生长健壮。

分布：原产巴西；我国各地有栽培。

繁殖：采用扦插进行繁殖容易成活。

用途：华南及西南暖地多植于庭院、宅旁，常设立栅架或让其攀缘山石、院墙、廊柱而上；花期很长（冬春间开花），极为美丽。长江流域及其以北地区多盆栽观赏，温室越冬，花期在6～12月。

图5-222 紫茉莉

●紫茉莉（图5-222）

学名：**Mirabilis jalapa L.**

紫茉莉属（*Mirabilis* L.）多年生草本，作一年生栽培。茎直立，多分枝；高1 m；茎节膨大。单叶对生，叶片三角状卵形，全缘。花数朵聚生枝顶；总苞萼状边缘5裂，内生1花；花萼花瓣状，喇叭形，呈粉红、紫红、白、黄、红黄相间等色，还有条纹、斑点等色彩，具微香。瘦果球形有棱，黑色，状如地雷。花、果期6～10月。

习性：喜光、喜温暖湿润气候，耐炎热，不耐寒；对土壤要求不严，适应性强。能自播。

分布：原产美洲热带；我国各地普遍栽培。

繁殖：播种繁殖。一般春季将种子直播园地，间苗，按株距 50 cm 定苗。也可春播育苗，再将幼苗定植。

用途：植株不择土壤、栽培容易，花朵下午约 4 时开放，芳香，翌日上午凋谢，开放时间虽短，开花时整个植株却繁花似锦，一茬凋谢，另一茬又起，天天不断，香气袭人，是夏季布置花坛、花境的良好材料，也宜作庭院、林缘的美化材料。适宜点缀游园及纳凉场所。

四十二、杜鹃花科（Ericaceae）

杜鹃花科植物为灌木或亚灌木，稀有乔木，子叶 2 枚。单叶互生，无托叶；花两性，花冠辐射状对称，基部或下部合生，上部 4～8 裂，花萼宿存；花药顶孔开裂，子房上位，胚珠生于中轴胎座上；蒴果或浆果。

该科约 103 属，3 350 种，世界性分布，但主要分布于南、北半球的温带地区。我国有 15 属，约 757 种，主产于西南部山区。

● 满山红（图 5 - 223）

学名：***Rhododendron mariesii*** Hemsl. et. Wils.

落叶灌木，高 1～5 m；枝轮生，幼时被淡棕色柔毛，后变无毛；幼枝淡红褐色，老枝灰黑色。叶纸质或厚纸质，常叶片 3 枚聚生枝顶，卵状披针形，长 4～7.5 cm，宽 2～4 cm，先端具短尖头，基部宽圆形，上面淡绿色，背面淡白色，幼时两面均被淡黄色长柔毛，后近无毛，中脉上面凹陷，背面凸起，叶缘具细锯齿；叶柄长 5～10 mm，近无毛；花芽被绢质毛，通常一芽一花，花梗长 0.7～1.2 cm，密被黄褐色柔毛；花冠漏斗状，花冠长 2.5～3.6 cm，口径 3～4.5 cm，初淡紫色，后粉红色，花冠 5 裂，上方裂片具紫红色斑点，两面无毛；花萼 5 裂，被黄褐色柔毛；雄蕊 8～10 枚，不等长，花丝无毛；子房卵球形，被黄褐色长柔毛；蒴果。花期 3～4 月旬，果熟期 9～11 月。

图 5 - 223 满山红

分布：陕西、河北、江苏、安徽、浙江、福建、江西、湖南、广东、广西、四川、贵州、河南、湖北、台湾等地，海拔 300～1 000 m。

习性：喜光，稍耐干旱，常生于稀疏灌丛中。

繁殖：扦插，但对于野生杜鹃植物的扦插成活率难以掌握，因此需要特殊的处理，如使用吲哚乙酸、萘乙酸、生根粉等处理。此外，还可以播种繁殖，播种的要求是：①播种基质可选用腐殖土、火土灰和锯木屑的混合型基质，三者的比例是 5：2：1，但是锯木屑必须要经过蒸煮、漂洗、消毒等处理才能使用。②播种时要碎细基质，做播种床（也可用容器播种）时要先润湿基质，稍压紧，然后播种，再盖苔藓草，苔藓草的制作是把苔藓切成长 0.5～1 cm，加 20％腐殖土捣碎拌匀。盖草厚 0.5～1 cm，然后喷雾，使盖草与基质得到充分湿润。

用途：适用于盆景制作，花带，广场植物配置，插花，乔灌垂直配置等。

●映山红（图 5-224）

学名：*Rhododendron Simsii* **Planch**.

半常绿灌木，高 1～6 m，幼枝密被红棕色糙伏毛，老枝近无毛，灰褐色。叶纸质，春发叶较长，长 3～6 cm，宽 2～3 cm；夏发叶较短，长 1.3～3 cm，宽 0.8～1.2 cm，叶两面密被暗红色糙伏毛，但叶面的毛逐渐脱落。叶片椭圆状卵形，先端渐尖或急尖，基部楔形。叶柄长 0.3～1 cm，密被糙伏毛。花 2～10 朵聚生枝顶，花冠鲜红色，喇叭状，长 4～6 cm，口径 5～7 cm，花冠筒狭管状，无毛，花冠裂片内部具紫黑色斑点。花萼 5 裂，裂片长 0.3～1.2 cm，被绢质糙伏毛。花梗长 0.7～1.2 cm，密被棕褐色糙伏毛。雄蕊 10 枚，花丝红色，花丝中部具白色微毛，花柱无毛，花药黑色。子房卵球形，密被棕褐色毛。蒴果长约 1 cm，花期 3～5 月；果熟期 10～11 月。

图 5-224　映山红

分布：云南、四川、贵州、广东、广西、湖南、湖北、台湾、福建、江西、浙江、安徽、江苏等地，海拔 200～1 800 m，常见于路边、荒坡或灌丛中。

习性：适应酸性土壤，是酸性土壤的指示植物；喜光，耐干旱。

繁殖：①扦插：地插可选用黄心土做插床，铺一层过筛的黄心土 10 cm 厚左右。5 月中旬至 6 月中旬，剪取当年生近木质化的粗壮顶梢为插穗，用 250×10^{-6} 吲哚乙酸浸 6～8 h，然后插入插床。插后喷润插床基质，并拱塑棚，提高地温和保温，但需经常观察，防止温度过高和干燥。②播种：10～12 月采种，此时蒴果转褐棕色，置果实于阴凉通风处干燥裂开，收集种子，并将种子放入清水中（自来水必须静 6 h 后使用），取沉水种为良种，摊开在通风处晾干，忌晒。播种可采用盆播法，即选用干净并有底孔的瓦盆，装 2/3 容积的基质。基质用腐殖土、火土灰、消毒锯木屑以 5∶2∶1 的比例混合，铺平，稍掀压，播入种子，覆盖 1 cm 厚的苔藓草。然后将播种盆慢慢浸入盛满清水的木盆等容器中，让水分慢慢渗透到基质中，直到盆面覆土湿润为止。播种盆要放在润湿和稍有遮荫的床架上。

用途：花量多、花红色，是树桩盆景的理想材料；另外，可用于花坛、广场、公园等配置。

四十三、榆科（Ulmaceae）

落叶乔木或灌木。小枝细，单叶互生，常呈两列，有锯齿，稀全缘，叶基常斜形，托叶早落。聚伞花序，腋生；花小，单性、两性或杂性；无花瓣；花被萼片状，4～5 片；雄蕊 4～5 或 8～10 枚，在蕾中直立；子房上位，心皮 2 枚合生，花柱 2，子房 1～2 室，胚珠 1 枚。翅果、坚果或核果。

16 属，230 种，分布于世界热带、亚热带及温带地区。我国 8 属，58 种，南北均有分布。

表 5-7　榆科分属检索表

1. 叶羽状脉，侧脉 7 对以上，冬芽先端不贴近小枝

  2. 花两性；翅果，叶缘常为重锯齿 ··· 榆属 *Ulmus*

2. 花单性；坚果，无翅；叶缘具桃形单锯齿 ·· 榉树属 *Zelkova*

1. 叶三出脉，侧脉 6 对以下；冬芽先端贴近小枝

　　3. 坚果周围有翅；叶侧脉不伸至锯齿先端 ································· 青檀属 *Pteroceltis*

　　3. 核果近球形

　　　4. 叶下半部全缘，常歪斜，侧脉不伸入齿端 ························· 朴树属 *Celtis*

　　　4. 叶下半部全缘，不歪斜，侧脉直达齿端 ················· 糙叶树属 *Aphananthe*

●糙叶树（图 5-225）

学名：*Aphananthe aspera*（**Thunb.**）**Planch**

落叶乔木，高 22 m，胸径 1 m。树皮灰棕色，老时浅纵裂，小枝细而密生有平伏毛，后脱落。叶卵形或椭圆状卵形，长 5～14 cm，宽 2～6 cm，顶端渐尖，基部近圆形或宽楔形，对称或偏斜，边缘基部以上有尖细单锯齿，两面均粗糙，均有粗伏毛；叶柄长约 1 cm；托叶条状，宿存。花单性，雌雄同株；雄花成聚伞状花序，着生新枝基部的叶腋；雌花单生于上部叶腋，有柄，花被 5～4 裂，宿存；雄蕊与花被片同数；子房有毛，1 室，花柱 2。核果近球形或卵球形，径约 8 mm，成熟时紫黑色，花柱宿存；果柄较叶柄短，稀近等长，被毛；种子球形，灰黑色，顶端褐白色，表面粗糙。花期 4～5 月；果 9～10 月成熟。

图 5-225　糙叶树

习性：喜光，稍耐荫，喜温暖湿润气候及肥沃、深厚而潮湿的酸性土壤。生长迅速，寿命长。

分布：水平分布于长江流域及以南地区，南至华南北部，西至四川、云南，东至台湾；日本、朝鲜、越南也有分布。垂直分布于海拔 1 000 m 以下。

繁殖：播种繁殖。

用途：树姿优美，枝叶茂密，可栽作庭荫树和行道树，因耐水湿，宜作护堤林树种。

木材纹理直，坚硬，不易开裂，可作器具、家具、秤杆、车轴、建筑等用。树皮纤维可作造纸和人造棉原料。叶面粗糙可擦亮金属器皿。果味甜可食用。

●珊瑚朴（图 5-226）

学名：*Celtis julianae* **Schneid**

落叶乔木，高达 30 m；小枝、叶背及叶柄密被黄褐色绒毛。树皮平滑，灰色。叶厚，宽卵形或卵状椭圆形，长 6～14 cm，先端短渐尖或短突长，基部偏楔形或近圆形，中部以上有钝锯齿，表面绿色，粗糙，有毛，背面黄绿色或黄色，脉纹明显突起，叶柄长 1～1.5 cm。花杂性，雌雄同株，与叶同时开放；雄花序聚伞状，生于新枝下部，花具短梗，有粗毛，花被 5，顶端有绒毛，表面有紫斑，雄蕊 5～6 枚；雌花单生于枝梢叶腋，花梗有绒毛，花被 5，子房卵形，平滑，柱头 2 裂。核果大，长 1～1.5 cm，卵球形，单生叶腋，果熟时橙红色，果柄长 1.5～2.5 cm，密被绒毛；果核顶部具 2 mm 的尖头，表面呈不明显的网纹及凹陷。花期 4 月；

图 5-226　珊瑚朴

果 10 月成熟。

习性：喜光，稍耐荫，喜温暖气候及肥沃、湿润的土壤，耐干旱和瘠薄，在微酸性、中性及石灰性土壤上都能生长。抗烟尘及有毒气体，少病虫害，深根性，生长速度中等偏快，寿命较长，可达 300 年以上。

分布：水平分布于陕西、甘肃、河南以南至广东，西至四川、云南等省、自治区；垂直分布于海拔 900～1 300 m 以下。

繁殖：播种繁殖，可秋播或将种子湿沙层积贮藏至翌年春播。

用途：树姿雄伟，树冠宽广，早春枝条上满生红褐色粗壮花序，状似珊瑚，秋季核果橙红色，颇为美观，可栽作庭荫树或观赏树，可孤植、丛植，亦可列植。也可作厂矿和城乡绿化树种。木材坚硬，可作家具、运动器材、建筑等用材。茎皮纤维可作造纸和人造棉原料。叶可作猪的饲料。

●朴树（图 5-227）

学名：*Celtis sinesis* Pers.

落叶乔木，高达 20 m；树皮褐灰色，粗糙不裂。小枝密被柔毛。叶卵状椭圆形，长 4～8 cm，先端短尖，基部不对称，中部以上有疏浅锯齿，下面叶脉及脉腋疏生毛，背脉隆起，叶柄长 5～10 mm。果近球形，径 4～6 mm，单生或 2～3 并生叶腋，果熟时橙红色；果柄与叶柄近等长，果核有凹点及棱脊。花期 4 月；果 9～10 月成熟。

习性：喜光，稍耐荫，喜温暖气候，喜生长于肥沃、深厚、湿润的中性黏质壤土中。深根性，抗风能力强，抗烟尘及有毒气体。生长较快，寿命较长。

分布：水平分布于陕西、河南以南至华南，东至台湾，西至四川、云南等省、自治区；日本、朝鲜、中南半岛也有分布。垂直分布于海拔 1 000 m 以下。

图 5-227 朴 树

繁殖：播种繁殖。9～10 月间采种后堆放后熟，搓洗去果肉后阴干。秋播或沙藏至翌年春播。

用途：树形美观，冠大荫浓，宜作庭荫树，也是城乡绿化的重要树种，亦可选作防风、护堤树种。可制作盆景。木材坚硬而质轻，可作家具、砧板、乐器、建筑、鞋楦等材料。枝皮纤维可作造纸及人造棉原料；果核榨油可制肥皂和机械润滑油；叶作家畜饲料；根皮入药，可消肿止血，去瘀散结。

●青檀（图 5-228）

学名：*Pteroceltis tatarinowii* Maxim

落叶乔木，高达 20 m；树皮淡灰色，薄长片状剥落，内皮淡灰绿色。叶卵形，椭圆状卵形或三角状卵形，长 3.5～13 cm，先端渐尖或长尖，基部广楔形或近圆形，上面无毛或有短硬毛，下部脉腋有簇毛。花单性同株，雄花簇生叶腋，花萼 5 裂，雄蕊 5，花药顶端有长毛，雌花单生叶腋，子房

图 5-228 青 檀

侧向压扁。小坚果周围具宽而薄的翅，先端有凹缺，无毛。花期4月；果8～10月成熟。

习性：喜光、喜钙，耐干旱瘠薄，稍耐荫，常生长于石灰岩的低山区及河流溪谷两岸。萌芽性强，根系发达，寿命长。

分布：主要分布在黄河及长江流域，南达两广及西南地区，为我国特产。

繁殖：播种繁殖。

用途：可选作为石灰岩山地绿化造林树种，亦可作庭荫树栽培。木材坚硬有弹性，结构细密，可作家具、农具、运动器材、车轴、建筑等用材；树皮纤维为制造著名的宣纸原料。

●榔榆（图5-229）

学名：*Ulmus parvifolia* Jacq

落叶或半常绿乔木，高达25 m，胸径1 m；树皮呈灰褐色，不规则斑块状剥落，露出红褐色或绿褐色内皮。叶长椭圆形至卵状椭圆形，小而质厚，长2～5 cm，宽1～3 cm，先端短尖或略钝，基部歪斜，缘具单锯齿，幼树及萌芽枝之叶常为重锯齿。花簇生于当年生枝叶腋。翅果长椭圆形或卵形，长0.8～1.2 cm，种子位于翅果中央，花期8～9月；果10～11月成熟。

习性：适应性强，喜光，稍耐荫，耐干旱瘠薄，喜肥沃、湿润土壤，但在酸性、中性和石灰性土壤的山坡、平原及溪沟边均能生长良好。深根性，萌芽能力强。对烟尘及二氧化硫等有毒气体具有较强的抗性。

图5-229 榔 榆

分布：水平分布于长江流域及其以南地区，北至山东、河南、山西、陕西等省。垂直分布一般在海拔500 m以下。朝鲜、日本也有分布。

繁殖：播种繁殖。种子可于10～11月间随采随播，亦可干藏至翌年春播。

用途：枝叶细密，树皮斑驳，树形优美，观赏价值高。可栽作行道树、庭荫树或制作成盆景。在庭院中与亭榭、山石配植或丛植、孤植都很合适，也是厂矿区绿化的优良树种。木材坚硬，经久耐用，可作农具、家具、车辆等。嫩叶作猪饲料。树皮、根均可药用，树皮入药，有利尿、祛痰之效；根能清热、消肿止痛。

●白榆（图5-230）

学名：*Ulmus pumila* Linn.

落叶乔木，高25 m，胸径1 m。树皮暗灰色，纵裂。小枝灰色，有毛。叶卵状长椭圆形或椭圆状披针形，长2～8 cm，先端尖，基部稍不对称，缘有不规则单锯齿，稀重锯齿。花两性，早春先叶开放，簇生于去年生枝上。翅果近圆形或倒卵形，径1～2 cm，种子位于翅果中部，翅果先端有缺刻。花期3～4月；果4～6月成熟。

习性：喜光，耐寒，耐干旱瘠薄，耐轻度盐碱，适应性强，平原、丘陵、沙荒地均可生长，但不耐水湿，在土壤肥沃、湿润而排水良好处生长快。主根深，侧根发达，

图5-230 白 榆

保土抗风能力强。萌芽能力强，耐修剪。对烟尘及氟化氢等有毒气体有较强的抗性。生长中速偏快，寿命可长达200年以上。

分布：产于东北、华北、西北等地区；长江中下游地区及西藏、四川北部均有栽培；朝鲜、日本、蒙古及前苏联亦有分布。

繁殖：以播种为主，也可采用分株。种子易丧失发芽力，宜采后即播。

用途：是栽作行道树、庭荫树、防护林以及"四旁"绿化的重要树种。在干瘠、严寒之地常呈灌木状，亦可栽作绿篱。野外掘取老茎残根可制作盆景。木材坚韧，可作车辆、建筑、家具及农具等用。树皮、叶、果均可入药；幼叶、嫩果可食用。此外还是重要蜜源树种之一。

●榉树（图5-231）

学名：*Zelkova schneideriana* Hand. - Mzt

落叶乔木，高达25 m；树皮深灰色，不裂，老时薄鳞片状剥落后仍光滑。小枝密被灰色柔毛。叶卵形或长椭圆状披针形，长2～10 cm，先端尖，基部广楔形或近圆形，单锯齿整齐近桃形，侧脉8～14对，伸至齿尖，表面粗糙，背面密被淡灰色柔毛。雄花簇生于新枝下部，雌花簇生或单生于新枝上部。坚果形小，径2.5～4 mm，无翅，有网肋。花期3～4月；果10～11月成熟。

习性：喜光，喜温暖气候，及肥沃湿润土壤，在酸性、中性及石灰性土壤上均能生长；不耐水湿，也不耐干旱瘠薄；耐烟尘，抗有毒气体，抗病虫害的能力较强；深根性，抗风力强。生长速度中等偏慢，但寿命较长。

图5-231 榉 树

分布：水平分布于淮河及秦岭以南，长江中下游至华南、西南各省、自治区。垂直分布多在海拔500 m以下，在云南可达海拔1 000 m。

繁殖：播种繁殖，秋末采果阴干贮藏，翌年早春播种。

用途：树冠开展，绿阴浓密，枝细叶美，观赏价值远较一般榆树高。在景观绿地中可孤植、丛植、列植。在江南园林中尤为习见，常三、五株点缀于亭台、池边。同时也是行道树、宅旁和厂矿区绿化和营造防风林的理想树种之一，还是制作盆景的好材料。木材光泽美丽，紫红色，强韧硬重，耐水湿，为造船、建筑、桥梁、室内装修及高级家具等用材。茎皮纤维强韧，可为人造棉及制绳索的原料。树皮、叶入药具消炎、利水、镇痛之效。

四十四、石榴科（Punicaceae）

灌木或小乔木，小枝先端呈刺状，芽小，具2芽鳞。叶单生，全缘，无托叶。花两性，整齐，1～5朵聚生枝顶或叶腋；萼筒钟状或管状，肉质而厚，5～7裂，宿存；花瓣5～7；雄蕊多数，花药2室；子房下位。浆果，外果皮革质；种子多数，外种皮肉质多汁，内种皮木质。

1属2种，产于地中海地区至亚洲中部，我国自古引入1种。

●石榴（图5-232）

学名：*Punica granatum* L.

落叶灌木或小乔木，高5～7 m。树冠常不整齐；小枝有角棱，无毛，端常成刺状。叶倒卵状长椭圆形，长2～8 cm，无毛而有光泽，在长枝上对生，在短枝上簇生。花朱红色，径越3 cm；花萼钟形，紫红色，质厚。浆果近球形，径6～8 cm，古铜黄色或古铜红色，花萼宿存；种子多数，外种皮肉质。花期5～6月；果熟期9～10月。

石榴经数千年栽培驯化，发展成为花石榴和果石榴两种；

（1）花石榴　观花兼观果。常见栽培变种有：

白石榴（cv. *Albescens*）：花白色，单瓣。

千瓣白石榴（cv. *Multiplex*）：花白色，重瓣，花红色者称千瓣红石榴。

黄石榴（cv. *Flavescens*）：花单瓣，黄色。花重瓣者称千瓣黄石榴。

黄石榴（cv. *legrellei*）：花大，重瓣，花瓣有红色、白色条纹或白花红色条纹。

千瓣月季石榴（cv. *Nana Plena.*）：矮生种类型。花红色，重瓣，花期长，气温在15℃以上时可常年开花。单瓣者称月季石榴。

墨石榴（cv. *Nigra*）：花红色，单瓣。果小，熟时果皮呈紫黑褐色。为矮生种类型。

（2）果石榴　以食用为主，兼有观赏价值。有70多个品种，花多单瓣。

习性：喜阳光充足和温暖气候，在－17～－18℃时即受冻害。对土壤要求不严，但喜肥沃湿润，排水良好的石灰质土壤。较耐瘠薄和干旱，不耐水涝。萌蘖力强。

分布：原产地中海地区，我国黄河流域及其以南地区均有栽培，京、津一带尚可地栽。

繁殖：播种、分株、压条、嫁接、扦插繁殖均可，但以扦插繁殖为主。

用途：树姿优美，枝繁叶茂。初春新叶红嫩，入夏花艳如火，仲秋硕果高挂，深冬铁干虬枝。

花果期长达4～5个月之久。果被喻为繁荣昌盛、和睦团结的吉庆佳兆。可丛植于阶前、庭中、窗前、亭台、山石、路廊之侧，又可大量配置于自然风景区。对有毒气体抗性较强，为有污染地区的重要观赏树种之一。也是作观果盆景的好材料。果可生食，又可入药。

图5-232　石　榴
1. 花枝　2. 果

四十五、槭科（Acereaceae）

乔木或灌木，落叶或常绿。对生叶，单叶或复叶，无托叶。花小，整齐，两性、杂性或单性，簇生或排成伞房、伞形、总状或圆锥花序；萼片、花瓣常4～5，稀无花瓣；雄蕊4～12，通常8；子房上位，2心皮，2室，每室胚珠2，花柱2。翅果，或翅果状坚果。

共2属200余种；我国产2属约140余种。

●三角枫（图5-233）

学名：*Acer buergerianum* Miq.

落叶乔木，树冠卵形；树皮暗褐色，薄条片状剥落。单叶，对生，叶常3浅裂或不裂，裂片全缘，或上部疏生浅齿。花杂性同株，黄绿色；子房密被柔毛，顶生伞房花序。双翅果，果核部分两面凸起，两果翅张开成锐角或近于平行。花期4月；果熟期8～9月。

习性：喜光，稍耐荫；喜温暖湿润气候及酸性、中性土壤，较耐水湿，有一定耐寒能力。根系发达，萌芽力强，耐修剪，寿命长。

分布：产长江流域各地，北至山东，南至广东、台湾均有分布。

繁殖：播种繁殖，幼苗出土后要适当遮荫。

用途：枝叶繁茂，夏季浓荫覆地，入秋叶色变为暗红色，颇为美观，宜作庭荫树或行道树及护岸树，也可丛植、列植于湖边、谷地、草坪；或点缀于亭、廊、山石间。其老桩常制成盆景。

图5-233　三角枫

● **樟叶槭**（图5-234）

学名：*Acer cinnamonifolium* Hayata

常绿乔木，高25 m，当年生枝条淡紫褐色，密被绒毛，后无毛。叶革质，长圆状椭圆形或长圆状披针形，先端钝圆，具短尖头，茎部圆形、钝形或宽楔形，全缘，表面无毛，下面被白粉和淡褐色绒毛。翅果张开成锐角或近直角，小坚果凸起，果梗被绒毛。

习性：耐荫，要求湿润肥沃土壤。

分布：产于华中、华东、贵州、华南西部。

繁殖：播种繁殖。

用途：可供景观区的观赏用。

图5-234　樟叶槭

● **青榨槭**（图5-235）

学名：*Acer davidii* Franch.

落叶乔木，高20 m。嫩枝紫绿色或绿褐色。叶纸质，长圆状卵形或近似于长圆形，先端尾尖，基部心形或圆形，边缘具钝齿，仅嫩叶下面沿叶脉被短柔毛，老时无毛。总状花序下垂，花黄绿色。翅果熟时黄褐色，翅展成钝角或近水平。花期4月；果期9月。

习性：喜湿润的阴坡及山谷。生长迅速。

分布：产于华北、华东、华中、华南、西南各省、自治区。

繁殖：以播种、扦插法繁殖。

用途：树冠整齐，叶形美丽，入秋叶呈黄紫色，可供景观绿化用。

图5-235　青榨槭

● **罗浮槭**（图5-236）

学名：*Acer fabri* Hlance

常绿乔木，当年生枝条紫绿色。叶革质，披针形或长圆状披针形，全缘，基部楔形或钝形，先端锐尖，两面无毛，或下面脉腋稀被丛毛，主脉两面凸。伞房花序，萼紫色，花白色。翅果嫩时紫色，熟时黄褐色，小坚果凸起，翅成钝角，无毛。花期3～4月；果期9月。

习性：喜暖湿。

分布：产于长江以南，南至华南北部，西至西南。

繁殖：播种繁殖。

用途：树冠浓绿，秋实紫红，可栽作庭院观赏树。

●**日本槭**（图5-237）

学名：*Acer japonicum* **Thunb**.

图5-236　罗浮槭　　　　　　　　　图5-237　日本槭

落叶小乔木；幼枝、叶柄、花梗及幼果均被灰白色柔毛。叶较大，掌状7～11深裂，基部心形，裂片长卵形，边缘有重锯齿。花较大，紫红色，萼片大而花瓣状，子房密生柔毛；雄花与两性花同株，成顶生下垂伞房花序。果核扁平或略突起，两果翅长而展开成钝角。花期4～5月，与叶同放，果熟期9～10月。

习性：弱阳性、耐半荫，但耐寒性不强，生长较慢。

分布：原产日本，中国华东一些城市有栽培。

繁殖：常用播种或扦插法繁殖。

用途：春天开花，花朵大而紫红色，花梗细长，累累下垂，颇为美观；树态也优美，入秋叶色又变为深红，是极优美的庭院观赏树种。除用于庭院布置外，特别适合作盆栽、盆景及与假山配植。

●**五角枫**（图5-238）

学名：*Acer mono* **Maxim**.

落叶乔木。树皮薄，小枝内常有乳汁。单叶对生，通常掌状5裂，基部常为心形，裂片卵状三角形，全

图5-238　五角枫
1.花枝　2.果枝　3.果

缘，两面无毛或仅下面脉腋有簇毛。花杂性，多朵成顶生伞房花序。果核扁平，果翅张开成钝角，翅长为果核的 2 倍。花期 4～5 月；果熟期 9～10 月。

习性：弱度喜光，稍耐荫；喜温凉湿润气候；对土壤要求不严，在中性、酸性及石灰性土上均能生长，深根性，很少病虫害。

分布：广布于东北、华北及长江流域各地。是我国槭树科中分布最广的一种。

繁殖：主要用播种法繁殖。

用途：树形优美，叶果秀丽，入秋叶色变为红色或黄色，为著名秋色叶树种。可作庭荫树、行道树，或与其他秋色叶树或常绿树配植作山地或庭院绿化，彼此衬托掩映，可增加秋景色彩之美。

●鸡爪槭（图 5-239）

学名：*Acer palmatum* Thunb.

落叶小乔木；树冠伞形或圆球形；小枝纤细，光滑，紫色或灰紫色。叶掌状 5～9 深裂，通常 7 深裂，裂片卵状长椭圆形至披针形，先端锐尖，缘具细重锯齿，下面仅脉腋有白簇毛。花杂性，伞房花序顶生，花紫红色。果球形，两果翅张开成直角至钝角，幼时紫红色，成熟后棕黄色。花期 5 月；果熟期 9～10 月。

变种和品种很多，常见的有：

红枫（cv. *Atropurpureum*）：又名紫红鸡爪槭。叶终年红色或紫色。

细叶鸡爪槭（cv. *Dissectum*）：俗称"羽毛枫"，叶掌状深裂达基部、裂片狭长又羽状裂，树冠开展，枝略下垂。

图 5-239 鸡爪槭

红细叶鸡爪槭（cv. *Dissectum Ornatum*）：株型、叶形与羽毛枫相同，惟叶终年红色或紫红色，俗称"红羽毛枫"。

线裂鸡爪槭（cv. *Linearilobum*）：叶掌状深裂几达基部，裂片线形，缘有疏齿或近全缘。此外还有金叶，花叶，白斑叶等园艺变种。

习性：弱阳性，耐半荫，喜温暖、湿润环境，耐寒性不强，夏季在阳光直射和潮风影响的地方生长不良，要求肥沃、湿润、排水良好的土壤，不耐水涝，较耐干旱。

分布：产中国、日本和朝鲜；中国分布长江流域各省，山东、河南、浙江也有栽培。

繁殖：一般原种用播种法繁殖，而园艺变种常用嫁接法繁殖。

用途：树姿婀娜，叶形美丽，园林品种甚多，叶色深浅各异，入秋变红，鲜艳夺目，为珍贵的观叶树种。宜植于庭院、草坪、花坛、树坛、建筑物前，可孤植、丛植、列植，或与假山、亭廊配植或点缀于山石间均十分得体。制作盆景或盆栽用于室内美化也极雅致。

●元宝枫（图 5-240）

学名：*Acer truncatum* Bunge.

落叶小乔木；树冠伞形或倒广卵形，树皮灰黄色，浅纵裂。单叶，对生，叶掌状五裂，裂片全缘；叶基通常截形，两面无毛。花杂性同株，黄绿色，成顶生伞房花序。双翅果，果核扁平，两果翅展开约成直角，翅较宽，其长度等于或略长于果核。花期 4～5 月；果熟期

9～10 月。

习性：稍耐荫。生于阴坡及山谷，对土壤要求不严，喜温凉气候及肥沃、湿润而排水良好的土壤。耐寒，耐干旱瘠薄，不耐涝。萌蘖性强，深根性，有抗风雪能力。能耐烟尘及有害气体。对城市环境适应性强。

分布：主产黄河中、下游各省、自治区，东北南部及江苏北部、安徽南部也有分布。

繁殖：主要用播种法繁殖。

用途：冠大荫浓，树姿优美，叶形秀丽，嫩叶红色，秋季叶又变成橙黄色或红色，是北方重要的秋色叶树种。可栽作庭荫树和行道树，也可在堤岸、湖边、草坪及建筑物附近配植。

图 5-240　元宝枫

四十六、千屈菜科（Lythraceae）

草本或木本。单叶对生，全缘，有托叶。花两性，整齐或两侧对称，成总状、圆锥或聚伞花序；萼 4～8(16) 裂，裂片间常有附属体，萼筒常有棱脊，宿存；花瓣与萼片同数或无；雄蕊 4 至多数，生于萼筒上，花丝在芽内内折；子房上位，2～6 室，中轴胎座。蒴果；种子多数，无胚乳。

本科约 25 属，550 种，广布于全世界，但主产热带，南美最多；我国包括栽培的在内有 11 属，约 47 种。

● 紫薇（图 5-241）

学名：*Lagerstroemia indica* L.

落叶灌木或小乔木，高可达 7 cm，树皮光滑，片状脱落，灰白色或灰褐色，小枝四棱，略成翅状。单叶互生或有时近对生，椭圆形至倒卵状椭圆形，长 3～7 cm，先端钝或钝圆，基部楔形或近圆形。圆锥花序顶生，萼外光滑，无纵棱；花瓣 6，鲜淡红色。蒴果近球形，6 瓣裂，基部有宿存花萼。花期 6～9 月；果10～11 月成熟。

变种：

银薇（cv. *Alba*）：花白色，叶色淡绿。

翠薇（cv. *Rubra*）：花淡紫色，叶暗绿色。

图 5-241　紫　薇

分布：产于我国长江流域、华东、华中和西南各省、自治区，多生于海拔 500～1 200 m 向阳湿润的溪边及缓坡林缘。各地普遍栽培。

习性：喜光，稍耐荫；在温暖湿润的气候条件下，生长于肥沃的中性壤土中最好，耐旱怕涝。萌芽力强，耐修剪，易整形，寿命较长，且具一定的抗污染能力。

繁殖：可用分蘖、扦插及播种繁殖。秋末采收种子，日晒脱粒，取净干藏，至翌年 2～3 月条播。

用途：树姿优美，花色艳丽，花期长，是夏季景观的优良花木。最适宜种在庭院及建筑物前，也可孤植、丛植于草坪、林缘，还可以盆栽观赏或制作桩景。

● **大花紫薇**

学名：*Lagerstroemia speciosa* Pers.

常绿乔木，高达20 cm。树皮灰色，平滑，小枝圆柱形。单叶，革质，具短柄，椭圆形至卵状椭圆形，长10～25 cm，先端钝或短渐尖。花大淡红色或紫色，径5 cm，花萼有棱12条，6裂；花瓣6，有短爪；圆锥花序顶生。蒴果球形，灰褐色。花期5～7月；果期10～11月。

分布：原产东南亚地区。我国华南有栽培。

习性：喜暖热气候，很不耐寒。

繁殖：以扦插为主。

用途：花大美丽，栽培供观赏，是一种美丽的庭院观赏树木。根含单宁，可作收敛剂。

四十七、胡颓子科（Elaeagnaceae）

木本，常被盾状鳞或星状毛。单叶互生，稀对生，全缘；无托叶。花两性或单性，单生或成总状、穗状花序；花萼4裂，稀2或6裂，无花瓣，雄蕊4或8，子房上位，1室1胚珠，基底胎座。坚果，外被肉质花被筒所包呈核果状。

本科3属80余种，分布于北半球温带、亚热带。我国产2属，约60种。遍布全国各省、自治区。

● **沙枣**（图5-242）

学名：*Elaeagnus angustifolia* L.

胡颓子属（*Elaeagnus* L.）落叶灌木或乔木，高5～10 m。幼枝银白色，老枝栗褐色，有时具刺。叶椭圆状披针形至狭披针形，长4～8 cm，先端尖或钝，基部广楔形，两面均有银白色鳞片，背面更密；叶柄长5～8 mm。花1～3朵生于小枝下部叶腋，花被筒钟状，外面银白色，里面黄色，芳香，花柄甚短。果椭圆形，径约1 cm，熟时黄色，果肉粉质。花期6月前后；果9～10月成熟。

习性：性喜光，耐寒性强、耐干旱也耐水湿又耐盐碱（在耐盐性方面主要能耐硫酸盐，而对氯化物盐土则抗性较差些）、耐瘠薄，能生长在荒漠、半沙漠和草原上。根系发达，以水平根系为主，根上具有固氮的根瘤菌，喜疏松的土壤，不喜透气不良的黏重土壤。生长迅速，5年生苗可高达6 m，10年生近10 m，10余年后生长渐缓。通常4年后开始结果。10年后可丰产；寿命可达60～80年。

图5-242 沙枣

分布：产于东北、华北及西北；地中海沿岸地区、前苏联、印度也有。

繁殖：播种繁殖。果实于10月成熟后采下晒干，经碾压脱去果肉后获得种子。可直接秋播或干藏至翌春播种。种子发芽保存年限长，新鲜者发芽率达90％以上，经过五六年干藏的仍可达60％以上。春播前应进行浸种催芽，亦可秋播，但不必催芽。每公顷播600 kg；

当年苗高可达30 cm以上。此外，沙枣亦可用扦插法繁殖。

用途：沙枣叶形似柳而色灰绿，叶背有银白色光泽，是个颇有特色的树种，由于具有多种抗性，最宜作盐碱和沙荒地区的绿化用，宜植为防护林。西北地区亦常用作行道树。

●**沙棘**（图5-243）

学名：***Hippophae rhamnoides* L.**

沙棘属（*Hippophae* L.）灌木或小乔木，高可达10 m；枝有刺。叶互生或近对生，线形或线状披针形，长2~6 cm，叶端尖或钝，叶基狭楔形，叶背密被银白色鳞片；叶柄极短。花小，淡黄色，先叶开放。果球形或卵形，长6~8 mm，熟时橙黄色或橙红色；种子1，骨质。花期3~4月；果9~10月成熟。

习性：喜光，能耐严寒，耐干旱和贫瘠土壤，耐酷热，耐盐碱。能在pH9.5和含盐量达1.1%的地方生长。喜透气性良好的土壤，在黏重土壤上生长不良，能在沙丘流沙上生长。根系发达但主根浅；根系主要分布在土下40 cm左右处，但可延伸很远；有根瘤菌共生，固氮能力大于豆科植物。萌蘗性极强，生长迅速。

图5-243 沙 棘

分布：产于欧洲西部和中部。中国的华北、西北及西南均有分布。其自然垂直分布，在华北可达海拔1 500 m，在西南如四川大渡河上游可达2 800 m。

繁殖：可用播种、扦插、压条及分蘗等法繁殖。播种方法一般是将果枝采下后，压破果实，用水淘净即可获得种子。春播前，先对种子进行催芽，待床土面下5 cm处温度达10 ℃时和种子有一半裂口时即可播种。每亩用种约5kg。扦插时多用硬枝插法，以2~3年生枝条较1年生枝易于生根，插穗长20 cm即可。成活率可达90%以上。

用途：沙棘枝叶繁茂而有刺，宜作刺篱、果篱等。又是极好的防风固沙，保持水土、改良土壤的树种，可作防护林带材料，是干旱风沙地区进行绿化的先锋树种。

四十八、花忍科（Polemoniaceae）

多年生或一年生草本，稀为木本。叶互生，有时对生，全缘或羽状分裂。花两性，整齐或微两性对称，顶生或腋生，成聚伞、伞房或头状花序；花萼5裂；花冠高脚碟状、辐状或筒状，裂片5，旋转状排列；雄蕊与花瓣互生，着生于花冠筒上，花药2室，纵裂；子房上位，心皮3，稀2或5，每心皮有胚珠1至多数，中轴胎座。蒴果。

全国各地均有分布。

●**福禄考**（图5-244）

学名：***Phlox drummondii* L.**

一年生草本，株高15~45 cm。茎直立，多分枝，有腺毛。基部叶对生，其他偶有互生，宽卵形、矩圆形至披针形。花径2~2.5 cm，聚伞花序顶生，花色丰富，有粉红、雪青、白色或

图5-244 福禄考

具条纹等多数变种与品种，花期 5～6 月，蒴果椭圆形或近圆形。

习性：性喜温和气候，耐寒性不很强。不耐旱，不喜酷热，喜阳光充足。喜肥沃、深厚、湿润、排水良好的土壤。

分布：原产北美南部，现各国广为栽培。

繁殖：播种繁殖。

用途：可布置花坛、花境，亦可作春季室内盆花。

● **宿根福禄考**（图 5-245）

学名：*Phlox paniculata* L.

花忍科福禄考属多年生草本，根茎呈半木质，多须根。茎单生，不分枝或少分枝，粗壮直立。单叶，对生，茎上部叶常呈 3 枚轮生，质薄，长椭圆状披针形至卵状披针形，长 7～12 cm，边缘具硬毛。圆锥花序，顶生，花冠粉紫色，呈高脚碟形，先端 5 裂。花期 6～9 月。

习性：生于湿草甸子。性耐寒，喜冷凉气候，忌夏季炎热多雨，要求阳光充足，喜肥沃、湿润、排水良好的土壤。

分布：原产北美洲。

繁殖：春季用嫩枝扦插繁殖，秋季可进行分株繁殖。保持湿润环境下生长最佳。播种繁殖多用于培育新品种。

用途：用于布置花坛、花境或与其他花卉间植。

图 5-245 宿根福禄考

四十九、董菜科（Violaceae）

草本或灌木和小乔木。单叶互生或基生，稀对生或轮生；有托叶。花两性，稀单性或杂性，两侧或辐射对称，单生或为圆锥花序；萼片 5，常宿存；花瓣 5 片，基部常为囊或距状；雄蕊 5，与花瓣互生，花药分离或合生，内向，纵裂；子房上位，1 室，花柱单生，稀分裂，柱头形状不一。果实为蒴果或浆果，蒴果通常 3 瓣裂；种子小，有翅或被绒毛，胚乳肉质，胚直生。

约 21 属，500 种，分布于温带和热带地区；我国有 4 属，125 种，南北均有分布。

● **香董**

学名：*Viola odorata* L.

宿根草本，株高 8～10 cm，根茎短而粗壮，有长匍匐茎。叶基生，心脏状卵形或肾形，有钝锯齿，叶齿长；托叶卵状披针形。花有深紫、浅、粉红或纯白色，芳香，花梗自基部伸出，花径约 2 cm。景观栽培中尚有单瓣、重瓣、四季开花等多数品种。花期 2～4 月。

习性：耐寒性强，抗热性差，喜肥沃、疏松富含腐殖质的壤土。喜半荫，在稍干燥的圃地上生长良好。

分布：原产欧洲、西亚及北非。现世界各地广为栽培。

繁殖：多分株，扦插匍匐茎或播种也可。

用途：多用于镶边，亦可盆栽观赏。有长花梗的品种可做切花。叶花含有芳香油，可提取香精。

●三色堇莱（图5-246）

学名：*Viola tricolor* L.

图5-246　三色堇莱

多年生草本，常作两年生栽培。地上茎高达30 cm，多分枝，全株光滑无毛，常倾卧状生长。叶互生，基生叶有长柄，叶片近圆心形；茎生叶矩圆状卵形或宽披针形，边缘浅波状；托叶大，宿存，基部有羽状深裂。花大，径有4～6 cm，下垂，腋生，花梗长，每梗一花；萼片5，绿色，矩圆状披针形，顶端尖，全缘，覆瓦状排列，下部一片常较大；花瓣5，近圆形，假面状、覆瓦状排列，距短而钝、直。花常有黄、白、紫三色或单色，还有乳白色，浓黄、粉紫、蓝青、古铜色等，或花朵中央具一对比色之"眼"。蒴果近圆形，3瓣裂。花期4～6月；果5～7月成熟。

习性：较耐寒，喜凉爽湿润环境，稍耐半荫，忌炎热干旱或积水，喜肥沃、湿润、疏松中性土壤。

分布：原产欧洲，我国各城市均有栽培。

繁殖：播种为主，亦可进行分株或扦插。

用途：用于花坛、花境、岩石园、野趣园及地被，也可盆栽或用作切花。全草入药可清热解毒、止咳、治咳嗽、瘰疬等。

五十、紫金牛科（Myrsinaceae）

该科为灌木、乔木或攀缘灌木或草本。单叶互生，稀对生或轮生，无托叶，常有腺点或腺纹。花两性或单性，花4～5数，花瓣合生，有腺点；雄蕊着生于花瓣上且与花瓣对生，子房上位，基生或特立中央胎座；核果或浆果。

本科约35属，1 000余种，主要分布于南、北半球热带和亚热带地区。我国有6属，129种10变种，主要分布于长江以南各省、自治区。

●骰砂根

学名：*Ardisia Crenata* Sim

灌木，高0.5～1.8 m，幼枝淡绿色，老枝灰褐色，无毛。叶片革质，椭圆状披针形，顶端渐尖，基部楔形，长7～15 cm，宽2～4 cm，边缘有波状锯齿，齿间具腺点，叶背有黑色腺点；叶柄长约1 cm。伞形花序或聚伞形序，花梗0.7～1 cm，花序梗长5～16 cm。花萼仅基部结合，裂片长1.5 mm，两面具腺点。花瓣白色，基部结合，具有腺点。雄蕊较花瓣短，花药三角状披针形，背面具腺点。子房卵珠形，无毛，具腺点。果球形，鲜红色，具腺点。花期5～6月；果期10月至翌年3月。

分布：湖北至海南岛各省区有分部。海拔100～1 800 m，常见于山谷或山坡中下部阔叶林内或林缘。

习性：耐荫，适应润湿气候和肥沃壤土。

繁殖：播种繁殖，10月至翌年4月采种，洗种，沙藏，翌年春播种。扦插和分株繁殖。

用途：由于该树种耐荫，果红色，果期长，常绿，因此具有极高的观赏价值。主要用于盆景、花坛及乔木下的配置。

●**虎舌红**（图 5-247）

学名：***Ardisia mamillata* Hance**

矮型半灌木，高 0.1～0.2 m，幼茎密披锈色卷曲长毛，以后无毛或近无毛。叶茎生，簇生于枝顶端，叶坚纸质，倒卵状长圆形，顶端急尖，基部楔形，长 7～12 cm，宽 3～4 cm，两面绿色或暗紫红色，密被红色糙毛，但在阳光较多的情况下常呈绿色或淡紫红色，毛基部隆起为瘤状，叶背具腺点；叶柄长 0.5～1.5 cm，被毛。伞形花序单一，总花序梗长 3～9 cm，有花 5～10 朵，花梗长 0.4～0.8 cm。花萼基部结合，两面披毛；花瓣粉红色，具腺点。果球形，直径 0.6 cm，鲜红色，有腺点。花期 6～7 月；果期 10 月至翌年 3 月。

图 5-247　虎舌红

分布：主要分布于四川、贵州、云南、湖南、广西、广东、江西、福建，海拔 300～1 500 m，常见于山坡中、下部阔叶林下的不积水、腐殖层较厚的地方。

习性：耐荫，不适宜较强的阳光环境和干旱条件。

繁殖：播种繁殖，种子沙藏；分株繁殖。

用途：植株较矮，叶密被红色糙毛，果鲜红色，果期长，耐荫，是理想的盆景植物，可用于室内装饰。

五十一、海桐花科（Pittosporaceae）

灌木或乔木。单叶互生或轮生，无托叶。花两性，整齐，萼片，花瓣、雄蕊均为 5；雌蕊由 2 或 3～5 心皮合生而成，子房上位，花柱单一。蒴果或浆果。种子通常多数，生于黏质的果肉中。

共 9 属约 360 种，我国有 1 属约 44 种。

●**海桐**（图 5-248）

学名：***Pittosporum tobira*（Thunb）Ait**.

常绿灌木或小乔木，高 2～6 m，树冠圆球形。叶革质，倒卵状椭圆形，长 5～12 cm，先端圆钝或微凹，基部楔形，边缘反卷，全缘或有波状齿缺，无毛，表面深绿而有光泽。顶生伞房花序，花白色或淡黄绿色，径约 1 cm，有芳香。蒴果卵球形，长 1～1.5 cm，有棱角，熟时 3 瓣裂。种子鲜红色，有黏液。花期 5 月；果熟期 10 月。

习性：喜光，略耐荫，喜温暖湿润气候。适应性强，对土壤要求不严，以偏酸性或中性肥沃湿润壤土生长良好。耐盐碱，抗风防海潮。萌芽力强，耐修剪。

分布：长江流域及其以南各地，东南沿海为主产区。

图 5-248　海　桐

繁殖：以播种繁殖为主，也可扦插繁殖。

用途：枝叶茂密，叶色浓绿色光亮，树冠球形，叶形反卷似匙，花洁白芳香，种子鲜红，颇为美观，是南方庭院常见的观叶树种。可于建筑物四周孤植，或丛植于草坪边缘、林缘、门旁，或列植于路边，或作绿篱。易修剪成型，配植于树坛、花坛、假山石旁。因有抗风、防风、防海潮及有毒气体的能力，又可作为海岸护堤防风林及厂矿绿化树种。

五十二、楝科（Meliaceae）

乔木或灌木，双子叶植物；叶互生，羽状复叶，稀单叶，无托叶。花两性，辐射对称，圆锥花序；花萼4～5裂，花瓣与花萼同数；雄蕊8～10枚，花丝合成管状，子房上位，4～5室，蒴果、浆果或核果。

该科约50属1 400余种，主要分布于热带和亚热带地区。我国15属59种，主要分布于长江以南各省、自治区。

●苦楝（图5-249）

学名：*Melia azedarach* L.

落叶乔木，高达20 m，树皮黑色，纵裂，木材带淡红色。幼枝密被短毛，老枝近无毛。二或三回单数羽状复叶，互生；小叶近对生，长3～6 cm，宽2～3 cm，被灰状短星毛，后变无毛；叶边缘具粗锯齿。圆锥花序腋生，花紫色或淡紫色，长约1 cm；花萼裂，裂披针形，具短毛；花瓣5，倒披针形，外被短毛；雄蕊10枚，花丝合生筒状。核果，熟时淡黄色，种子具5～6条棱，椭圆状。花期5～6月；果熟期10～12月。

图5-249 苦楝

分布：主要分布在河北、河南、山东、陕西、甘肃、云南、四川、贵州、湖南、江西、浙江、福建、广东和广西等省、自治区，多为栽培，海拔1 500 m以下。

习性：喜光，稍耐干旱，常见于路边、荒地。

繁殖：播种繁殖，10～12月采种，堆沤2～5天，软化后洗种，阴干，沙藏，翌年春播种。

用途：公路、铁路的绿化；家具、建筑等用材，具有防虫、抗菌效果；农药制造的原料。

五十三、漆树科（Anacardiaceae）

乔木或灌木；树皮常含有树脂。叶互生，多为羽状复叶，稀单叶；花小，单性、两性或杂性；圆锥花序或总状花序；萼片常与花瓣同数，稀无花瓣；雄蕊和花瓣同数或为其倍数；子房上位，通常1室，稀2～6室，每室1倒生胚珠。核果或坚果。

共60余属，600余种；我国16属，54种。

●南枣酸（图5-250）

学名：*Choerospondias axillaris*（Roxb）**Burtt et. Hill**

落叶乔木，高达30 m，树干端直，树皮灰褐色，浅纵裂。奇数羽状复叶，互生；小叶

7～15枚，卵状披针形，先端长尖，基部稍歪斜，全缘或幼时边缘有锯齿，背面脉腋有簇生毛。花杂性异株。核果成熟时黄色，花期4月；果期8～10月。

习性：喜光，稍耐荫，喜温暖湿润气候，不耐寒；喜土层深厚、排水良好的酸性及中性土壤，不耐水淹及盐碱。浅根性，萌芽力强，生长快。对二氧化硫、氯气抗性强。

分布：产华南及西南，浙江南部、江西、湖北、湖南、四川、云南、贵州、广西、广东等地均有分布，是丘陵及平原习见树种。

繁殖：通常用播种繁殖，果熟采收后堆沤，洗去果肉，晾干拌沙贮藏，播前需温水浸种催芽。

用途：树干端直，冠大荫浓，是良好的庭荫树及行道树种。孤植或丛植于草坪、坡地、水畔，或与其他树种混交成林都很合适。并可用于厂矿区绿化。

图5-250 南枣酸

● 黄栌（图5-251）

学名：**Cotinus coggygria** Scop.

落叶灌木或小乔木，树冠圆形；树皮暗灰褐色；小枝紫褐色。单叶互生，倒卵形至宽椭圆形，先端圆或微凹，全缘，无毛或仅背面脉上有短柔毛，叶柄细长。花小，杂性，黄绿色；成顶生圆锥花序。果序长5～20 cm，有多数不育花的紫绿色羽毛状细长花梗宿存。核果肾形。花期4～5月；果期6～7月。

变种：

毛黄栌（var. *pubescens* Engl.）：小枝有短柔毛，叶近圆形，两面脉上密生灰白色绢状短柔毛。

图5-251 黄 栌

垂枝黄栌（var. *pendula* Dipp.）：枝条下垂，树冠伞形。

紫叶黄栌（var. *Purpurens* Rehd.）：叶紫色，花序有暗紫色毛。

习性：喜光、稍耐半荫；耐寒，耐旱。在瘠薄土壤和轻碱地上均能生长，但不耐水湿。以深厚、肥沃而排水良好的沙质壤土生长最好。生长快，根系发达，萌蘖性强。

分布：我国西南、华北、西北及浙江、安徽。

繁殖：以播种为主，压条、插根或分株也可。栽培变种多用嫁接繁殖。

用途：重要的观赏树种，叶秋季变红，鲜艳夺目，著名的北京香山红叶即为本种。在景观中宜丛植、混植，也是营造大面积风景林及水土保持林的好树种。

● 芒果（图5-252）

学名：**Mangifera indica** L.

树高达20～25 m树干粗大挺拔，树冠浓密呈椭圆形或圆头形。叶薄革质，互生，常集生枝顶，披针形至长椭圆形，长10～30 cm，颜色多变，古铜色至紫红色直至绿色。先端渐尖，基部楔形或近圆形。花多密集，被灰黄色柔毛，花小，黄色或淡黄色；果大，浆果状核果，长卵形或肾形，熟时橙黄色。花期春季；果熟 5～8 月。

习性：热带树种。喜光、喜温和湿润环境。在深砂质壤土中，结果最佳。在黏质土中，应注意排水。

分布：原产于印度和我国南部。海南及台湾、福建、广东、广西、云南等地的南部均有栽培；四川、浙江有少量引种。

繁殖：可播种或嫁接、压条繁殖。

用途：植株高大，嫩叶具有各种美丽颜色，且果形奇特。是庭院和道路绿化的理想树种。芒果也是世界著名热带果树。

图 5 - 252 芒 果
1. 花枝 2. 果

●黄连木（图 5 - 253）

学名：*Pistacia chinensis* **Bunge**.

落叶乔木，高 30 m，树冠近圆球形，树皮薄片状翘裂。通常偶数羽状复叶，小叶 10～14 枚，披针形至卵状披针形，先端渐尖，基部偏斜。叶揉碎有香气。雌雄异株，圆锥花序，先花后叶，雄花序淡绿色，雌花序紫红色。核果倒卵状球形，略扁，熟时红色或蓝黑色，若红而不紫多为空粒。花期 3～4 月；果期 9～10 月。

习性：喜光，幼时稍耐荫；喜温暖，畏严寒。对土壤要求不严，在微酸性、中性和微碱性的沙质、黏质土壤上均能生长。耐干旱瘠薄，深根性，萌蘖力强。寿命长。对二氧化硫、氯化氢和煤烟的抗性较强。

分布：中国分布很广，南自台湾、海南、云南，北至河北、山西等各地均有分布。

繁殖：常用播种繁殖。

图 5 - 253 黄连木

用途：树姿雄伟，枝繁叶茂，春秋两季羽状叶均呈红色或橙黄色，红色的雌花序也极美观。适作庭荫树、行道树、风景林。可孤植、丛植或与枫香、槭树等混植成红叶林，蔚为壮观。对二氧化硫、氯化氢及烟尘抗性较强，可用于厂矿绿化。

●火炬树（图 5 - 254）

学名：*Rhus typhina* **L**.

落叶灌木或小乔木，小枝粗壮，密生灰褐色绒毛。羽状复叶，小叶 11～23 枚，长椭圆形至披针形，边缘具锯齿。叶轴无翅。雌雄异株，雌花序及果穗鲜红色，核果小，扁球形，深红色，密生绒毛，密集成火炬形。花期 5～7 月；果期 9 月。

习性：适应性强。喜光，喜湿，耐旱、抗寒，耐盐碱。喜生于河谷滩、堤岸及沼泽地边缘；也能在干旱、

图 5 - 254 火炬树

石砾山坡荒地生长。根系发达，萌蘖力特强。

分布：原产北美。我国华东、华北、西北等地引种栽培。

繁殖：可播种、分蘖和插根繁殖。

用途：雌花序及果穗鲜红紧密聚生呈火炬状，秋日叶色变红，十分壮观，是理想的观叶、观果树种，可栽作风景树，或孤植、丛植于庭院。近年，在华北、西北山地推广用作护坡、固堤及封滩固沙树种。

五十四、木犀科（Qleaceae）

灌木或乔木，稀藤本。叶对生，稀互生，单叶、三小叶或羽状复叶；无托叶。花两性，稀单性，辐射对称，组成圆锥、总状或聚伞花序，有时簇生或单生；花萼通常 4 裂，稀无萼；花冠合瓣，呈管状、漏斗状或高脚碟状，先端 4～6(9) 裂，稀分离或无花瓣；雄蕊通常 2 枚，着生于花冠筒；子房上位，2 心皮，2 室。果为核果、蒴果、浆果或翅果。

约 29 属 600 余种，广布温带、亚热带及热带地区。中国有 13 属 200 种左右，南北各省区都有分布。不少种类为观赏树，有些种具特用经济价值，也有些种是优质用材。

●白蜡树（图 5-255）

学名：*Fraxinus chinensis* Roxb.

落叶乔木，高 4～10 m，树冠卵圆形，树皮黄褐色。奇数羽状复叶，对生，小叶 5～9 枚，通常 7 枚，椭圆形或椭圆状卵形，长 3～7 cm，先端渐尖，基部楔形，缘有锯齿。圆锥花序大，生于当年生枝顶，单被花，花萼钟形。翅果倒披针形，长 3～4 cm。花期 3～5 月；果 8～9月成熟。

变种与品种：

大叶白蜡树（var.*rhynchophylla*）：小叶通常 5，宽卵形或倒卵形，先端小叶特宽大，基部较小，齿粗钝或波状，下面沿中脉和花轴节上有锈色柔毛。

图 5-255 白蜡树

分布：我国黄河流域、长江流域及东北地区，生于海拔800～1 600 m 的沟谷或溪边杂木林中。

习性：喜光，稍耐荫。喜温暖湿润气候，耐寒，耐干旱，对土壤适应性强，耐水湿。喜深厚肥沃土壤。萌芽力强，耐修剪；生长较快，寿命较长。

繁殖：播种或扦插繁殖。播种繁殖，翅果成熟，剪取果枝，晒干去枝即可秋播，或混干沙贮藏，翌春 3 月春播。

用途：白蜡树形体端正，树干通直，枝叶繁茂而鲜绿，秋叶橙黄，是优良的行道树和遮荫树；其又耐水湿，抗烟尘，是湖岸绿化和工矿区绿化的优良树种。在四川、贵州等用它来饲养白蜡虫，制取白蜡。

●雪柳（图 5-256）

学名：*Fontanesia fortunei* Carr.

落叶灌木，高可达 2～5 m，树皮灰黄色。小枝细长而直立，四棱形。单叶，对生，叶片纸质，披针形或卵状披针形，长 3～12 cm，全缘，叶柄短。花两性，圆锥花序顶生，花绿白色或带淡红色，微香。翅果宽椭圆形，扁平，周围有狭翅。花期 5～6 月；果期 9～10 月。

分布：原产于我国，分布于我国中部至东部，尤其江苏、浙江一带最为普遍，辽宁、广东也有栽培。生于海拔 100～600 m 的沟谷或溪边疏林下。

习性：喜光，而稍耐荫；喜温暖，也较耐寒；喜湿润肥沃、排水良好的土壤。萌芽力强，生长快。繁殖：以扦插为主，也可播种或压条。插穗如有 3 个节，则成活率高。

用途：繁花似雪，枝叶密生，枝条柔软易弯曲，耐修剪，是优良的绿篱树种。可丛植于庭院观赏；群植于森林公园，效果甚佳；散植于溪谷沟边，更显潇洒。茎皮可制人造棉。

图 5-256　雪　柳

●连翘（图 5-257）

学名：*Forsythia suspense*（Thunb.）Vahl.

落叶灌木，高 1～3 m。茎直立；枝条常下垂，灰褐色，稍四棱，中空。叶对生，单叶或有时三出复叶，叶片纸质，卵形、宽卵形或椭圆状卵形，边缘除基部外有锯齿。花先叶开放，常单生叶腋，花萼钟状，4 深裂达基部，裂片长圆形，长 5～7 mm，与花冠筒近等长，花冠黄色，4 深裂；雄蕊 2，着生花冠基部，与花冠筒近等长；雌蕊柱头 2 裂，子房上位。蒴果卵圆形，表面散生疣点。花期 4 月；果期 7～9 月。

变种：

垂枝连翘（var. *sieboldii* Zabel）：枝较细而下垂，通常可匍匐地面，而在枝梢生根；花冠裂片较宽，扁平，微开展。

图 5-257　连　翘

三叶连翘（var. *fortunei* Rehd）：叶通常为 3 小叶或 3 裂；花冠裂片窄，常扭曲。

分布：产我国北部、中部及东北各省；现各地有栽培。多生于海拔 400～2 000 m 的山坡溪谷的疏林或灌丛中。

习性：喜光，略耐荫；耐寒，对土壤适应性强，喜肥，耐瘠薄，耐干旱，忌积水。根系发达生长快，萌蘖性强，抗病害能力强。

繁殖：用扦插、压条、分株、播种繁殖，以扦插为主。

用途：枝条拱形展开，花色金黄，灿烂可爱，是北方早春观花树种。宜丛植于草坪、角隅、岩石、假山下。种子可入药。种子榨油工业用。

●金钟花（图 5-258）

学名：*Forsythia virdissima* Lindl.

丛生落叶灌木，小枝直立，黄绿色，四棱形，髓呈薄片状。单叶对生，椭圆形或椭圆状披针形，中部以上有粗锯齿。花先叶开放，1～3朵腋生，花金黄色，花萼钟状，4裂至中部，裂片卵形2～3 mm，为花冠筒之半，花冠4深裂，雄蕊2，着生花冠基部，与花冠筒近等长；雌蕊柱头2裂，子房上位。蒴果卵圆状，表面常散生棕色鳞秕或疣点。花期3～4月；果熟期7～8月。

分布：我国中部、西部，北方各地景观区广泛栽培，多生于海拔800 m以下的沟谷或溪边杂木林下或灌丛中。

习性：喜光，而耐荫，对土壤要求不严，根系发达。

繁殖：播种繁殖。

用途：枝条拱曲，金花满枝，为长江流域南北较大范围主要的早春观花木。

图5-258 金钟花

● 迎春花（图5-259）

学名：*Jasminum nudiflorun* Lindl.

落叶灌木，丛生，高0.4～4 m。枝绿色，细长直出或拱形，幼枝呈四棱形，绿色。叶对生，三出复叶，小叶卵状至长圆状卵形，全缘，叶缘有短睫毛。花较小，直径2～2.5 cm，单生叶腋，先叶开放，花萼5～6，花冠黄色，裂片6，单瓣，雄蕊2，内藏，子房上位；花期2～4月，栽培通常不结果。

分布：产于我国北部、西北、西南各地。现各地均有栽培。

习性：喜光，稍耐荫。抗旱御寒力强，不择土壤而以排水良好的中性沙质土最宜。浅根性，萌芽力强，生长较快，耐修剪，易整形。

繁殖：以扦插为主，也可压条和分株。

图5-259 迎春花

用途：花色金黄，开花早，与梅花、水仙、山茶同誉为"雪中四友"。在公园、庭院中常丛植于池畔、园路转角、林缘、草坪一角，配假山石、悬崖、石隙。花、叶、嫩枝均可入药。

● 女贞（图5-260）

学名：*Ligustrum lucidum* Ait

常绿乔木，高达10 m，树皮灰色，平滑不裂。单叶，叶革质而脆，卵形或卵状椭圆形，先端渐尖，基部宽楔形，对生，全缘。圆锥花序顶生，花冠白色，芳香。核果，熟时黑色或紫黑色，有白粉。花期6～7月；果期11～12月。

习性：喜光树种，喜温暖气候，稍耐荫，适应性强，在湿润肥沃的微酸性土壤中生长迅速。萌芽力强，耐修

图5-260 女贞

剪。喜湿润，不耐干旱；适生于微酸性至微碱性的湿润土壤。

分布：产于长江流域及以南各省区。甘肃南部及华南南部多有栽培。生于海拔 300～1 300 m 的山林中、村边或路旁。

繁殖：播种、扦插繁殖。果熟后采下，除去果皮，湿沙层积，早春条播。

用途：四季常青，枝叶繁密，夏日白花满树，耐修剪，可丛植为绿篱和行道树。也可孤植作庭荫树或作为工矿区的抗污染树种。果实可入药，种子油可供工业用。

●小蜡（图 5-261）

学名：*Ligustrum sinense* Lour.

半常绿灌木或小乔木，高 2～5 m；小枝密生短柔毛，灰色。单叶对生，叶薄革质，长椭圆状卵形，全缘，先端常微凹。圆锥花序顶生，长 4～10 cm，花白色，芳香。核近圆形，熟时紫黑色。花期 7 月；果期 9～10 月。

分布：长江以南各省区，生于海拔 500 m 以下的沟谷或溪边疏林下及灌丛中。

习性：喜光，稍耐荫；较耐寒。抗二氧化硫等多种有毒气体。耐修剪。

繁殖：播种、扦插繁殖。

用途：可作为绿篱或圆形树种栽培。果实可酿酒；种子可制肥皂。

图 5-261 小蜡

●桂花（图 5-262）

学名：*Qsmanthus fragrans* Lour.

常绿小乔木，高可达 5～10 m；全体无毛，侧芽多为 2～4 叠生。叶革质，单叶，对生，长椭圆形，长 5～12 cm，全缘或上半部有锯齿。花簇生叶腋或聚伞状；花小，淡黄色或橙黄色，浓香。核果椭圆形，熟时紫黑色。花期 8～10 月；果期翌年 4～5 月。

变种与品种：

金桂（var. *thunbergii* Markino）：花金黄色，香味最为浓郁，花期较早。

银桂（var. *latifolius* Markino）：花白色，香味宜人。丹桂（var. *aurantiacus* Markino）：花橙色，较香。四季桂（var. *sempeflorens* Hort）：花白色或淡黄色，一年内花开数次，香。

分布：原产我国西南部，现广泛栽培于长江流域各省、自治区，华北多盆栽。

图 5-262 桂花

习性：喜光，喜温暖，耐半荫，耐寒力较强；喜湿润与排水良好的砂质壤土，碱性土、重黏土或洼地都不宜种植。根系发达，萌芽力强，寿命长。

繁殖：有扦插、压条、嫁接和播种等。

用途：赏花闻香，树姿丰满，四季常青，是我国珍贵的传统香花树种。可孤植、丛植于庭院或公园的草坪、窗前、亭旁、水滨、花坛。庭前对植两株，即"两桂当庭"，是传统的配植手法，是机关、学校、居民住宅、"四旁"优良的绿化树种。花可作为高级的香料。

●紫丁香（图5-263）

学名：*Syringa oblata* Lindl.

落叶灌木或小乔木，高可达4 m，小枝粗状灰色，无毛。单叶，对生，叶广卵形，通常宽大于长，先端锐尖，基部心形或截形，全缘，两面无毛。圆锥花序顶生，长6~15 cm，花萼杯状，顶端4裂，裂片三角形；花冠紫色，芳香，漏斗形，顶端4裂，裂片椭圆形。蒴果长圆形，顶端尖。花期4~5月；果期9~10月。

变种与品种：

白丁香（var. *alba* Rehd.）：叶较小，下面稍有短柔毛。花白色、芳香、单瓣。

佛手丁香（var. *plena* Hort.）：花白色、重瓣。

紫萼丁香（var. *giraldii* Rehd.）：花萼、花瓣轴均为紫色。

图5-263 紫丁香

分布：吉林、辽宁、内蒙古、河北、山东、陕西、甘肃、四川等省、自治区。生于海拔300~2 500 m的山地或山沟。

习性：喜光，稍耐荫。耐寒性较强，耐干旱。喜湿润、肥沃、排水良好的土壤。对有害气体有一定的抗性。

繁殖：播种、扦插、嫁接、分株、压条繁殖。播种的种子须经层积，翌春播种。

用途：枝叶茂密，花美而香，是我国北方景观中常用的春季花木之一。广泛栽植于庭院、机关、厂矿、居民区等地。种子入药，嫩叶代茶。

五十五、落葵科（Basellaceae）

双子叶植物，4属，25种，分布于美洲、亚洲和非洲，我国有2属，产于东南至西南。

●落葵（图5-264）

学名：*Basella rubra* L.

落葵科1年生缠绕草本，全体光滑无毛。茎肉质，长达4 m，有分枝，绿色或紫红色。单叶互生，稍肉质，卵形或近圆形，基部心形或近心形，顶端急尖，全缘；叶柄常1~3 cm。穗状花序腋生，常5~20 cm；雄蕊5枚，生于萼口，与萼片对生；花柱3。果为浆果状核果，球形或卵形；红紫色至深紫色，多汁液，为宿存的肉质小苞片和萼片所包裹。花期4~10月份。

习性：喜温暖湿润环境，喜肥沃、疏松的壤土。

分布：原产美洲、非洲及亚洲的热带；我国南北各地均有栽培。

繁殖：播种繁殖。

用途：可作垂直绿化草本。叶肥厚而柔嫩，可作蔬

图5-264 落 葵

菜。全草入药，有清热、滑肠、凉血、解毒之效。

五十六、虎耳草科（Saxifragaceae）

草本、灌木或小乔木。叶对生或互生，单叶稀复叶，无托叶。花小，两性，稀单性，整齐稀不整齐；萼片4～5，花瓣4～5；雄蕊与花瓣同数并与其互生，或为其倍数；心皮2～5，合生或局部合生，稀离生；子房上位至下位，中轴胎座或侧膜胎座，1～2室，稀5室；胚珠多数。蒴果或浆果；种子小，具胚乳。

约80属，1 500种。分布于北温带至亚热带。我国产27属约400种。南北方均有分布。（近年多数学者把本科再分为虎耳草科、八仙花科和醋栗科，有人甚至又进一步从八仙花科中再分出一个山梅花科。）

● 溲疏（图5-265）

学名：***Deutzia scabra* Thunb**.

落叶灌木，高达2.5 m；树皮薄片状剥落；小枝红褐色，中空，幼时有星状毛。单叶对生，叶长卵状椭圆形，长3～8 cm，叶缘有不明显小刺尖状齿，羽状脉。叶两面有星状毛，粗糙。圆锥花序，直立，萼片、花瓣各为5，雄蕊10，花白色，或外面略带粉红色，花柱3，稀为5，萼裂片短于筒部。蒴果近球形，顶端截形。花期5～6月；果10～11月成熟。

图5-265　溲　疏

变种：

白花重瓣溲疏（cv. *candidissima*）：花重瓣，纯白色。

紫花重瓣溲疏（cv. *plena*）：花重瓣，外面带玫瑰紫色。

分布：浙江、江西、安徽、江苏、湖南、湖北、四川、贵州等省。

习性：喜光，稍耐荫；喜温暖气候，也有一定的耐寒力；喜富含腐殖质的微酸性和中性土壤。萌芽力强，耐修剪。

繁殖：播种、扦插、压条或分枝繁殖。扦插极易成活。

用途：夏季开白花，繁密而素静，其重瓣变种更加美丽。宜丛植于草坪、林缘及山坡，也可作花篱及岩石园种植材料。

● 八仙花（图5-266）

学名：***Hydrangea macrophylla***（Thunb.）

落叶灌木，高3～4 m；树冠球形，小枝粗壮，无毛，髓大，白色，皮孔明显。单叶对生，叶大而有光泽，倒卵形至椭圆形，长7～20 cm，缘有粗锯齿，两面无毛或仅背脉有毛。花大型，顶生伞房花序近球形，径可达20 cm，几乎全部为不孕花，扩大之萼片4，卵圆形，全缘，粉红色、蓝色或白色，极美丽。花期6～7月。

图5-266　八仙花

变种及品种：

蓝边绣球（var. *cerulea*）：花两性，深蓝色，边缘之花为蓝色或白色。

齿瓣绣球（var. *macrosepala*）：花白色，花瓣边缘具齿牙。

银边绣球（var. *maculata*）：叶较狭小，边缘白色。

紫茎绣球（var. *mandshurica*）：茎暗紫色或近于黑色。

紫阳花（cv. *otaksa*）：叶质较厚，花蓝色或淡红色。

分布：湖北、四川、浙江、江西、广东、云南等省。各地庭院习见栽培。

习性：喜荫，喜温暖湿润气候，耐寒性不强，长江以北地区只能盆栽于温室越冬。喜肥沃湿润而排水良好的酸性土壤。花色因土壤酸碱度的变化而变化，一般 pH4～6 时为蓝色，pH7 以上为红色。萌芽力强，对二氧化硫等多种有毒气体抗性较强，性强壮，少病虫害。

繁殖：扦插、压条及分株繁殖。

用途：花球大而美丽，且有许多园艺品种，为盆栽佳品。耐荫性强，可培植于池边、湖滨、疏林下、路缘、棚架边缘及建筑物背面，盆栽布置厅堂会场，是装饰窗台及家庭养花的好材料。

●山梅花（图5-267）

学名：*Philadelphus incanus* Koehne.

落叶灌木，高 3 m；树皮片状剥落；小枝幼时密生柔毛，后渐脱落，枝具白髓。单叶对生，卵形至卵状长椭圆形，长 3～10 cm，缘具细尖齿，叶上面疏生短毛，下面密生柔毛，基部 3～5 出脉，脉上毛尤多。花由 5～7 朵组成总状花序，顶生；萼片、花瓣各 4，萼外密生柔毛，花白色，直径 2.5～3 cm。蒴果倒卵形，4 瓣裂，萼片宿存。花期 5～7 月；果期 8～10 月。

图 5-267　山梅花

分布：湖北、四川、陕西、甘肃、青海、河南等地。

习性：喜光，稍耐荫，较耐寒，怕水湿，宜湿润肥沃而排水良好的土壤。不耐过于干燥瘠薄土壤。萌芽力强。

繁殖：播种、扦插及分株繁殖。

用途：枝叶稠密，花色洁白，花期长，宜丛植、片植于草地、山坡、林缘。花枝可作切花材料。

五十七、桃金娘科（Myrtaceae）

常绿乔木或灌木；具芳香油。单叶，对生或互生，全缘，具透明油腺点，无托叶。花两性、整齐，单生或集生成花序；萼 4～5 裂，花瓣 4～5；雄蕊多数，分离或成簇与花瓣对生，花丝细长；子房下位，1～10 室，每室 1 至多数胚珠，中轴胎座，花柱 1。浆果、蒴果、稀核果或坚果；种子多有棱，无胚乳。

本科约 100 属 300 种，浆果类主产热带美洲，蒴果类主产澳洲；中国 9 属约 120 种，引入约 6 属 50 余种。

● 柠檬桉（图5-268）

学名：*Eucalyptus citriodora* Hook. f.

常绿大乔木，高20 m，树干挺直。树皮灰白色，大片状剥落，光滑。单叶，互生，羽状侧脉在近叶缘处连成边脉，叶二型，幼态叶披针形，叶柄盾状着生；成长叶狭披针形，宽约1 cm，稍弯曲，两面有黑色腺点，揉之有浓厚的柠檬气味。花3～5朵成伞形花序后再排成圆锥花序，腋生，梗有2棱，萼片与花瓣连合成一帽状花盖，开花时花盖横裂脱落；蒴果壶形，果瓣深藏于萼筒内。花期8～12月，翌年11月果熟。

习性：极端阳性树，不耐庇荫。喜暖热湿润气候及深厚、肥沃、适当湿润土壤。不耐寒，易霜害。

分布：原产澳洲，我国福建、广东、广西、云南、四川等省、自治区均有栽培。多生于海拔400 m以下的地点。

繁殖：用播种或扦插法繁殖。

图5-268 柠檬桉

用途：树姿优美，树干洁净，呈灰白色，树叶芳香，是优秀的庭院观赏树和行道树。

● 蓝桉（图5-269）

学名：*Eucalyptus globulus* Labill

常绿乔木，树皮灰蓝色，片状剥落，具芳香油。单叶，全缘，羽状侧脉在近叶缘处连成边脉，叶异型：萌芽枝及幼苗的叶对生，卵形，基部心形，无柄，有白粉；大树之叶互生，镰状披针形，宽1～2 cm，两面有腺点。花单生叶腋，径达4 cm，近无柄，萼片与花瓣连合成一帽状花盖，开花时花盖横裂脱落；蒴果倒圆锥形，有4棱，宽2～2.5 cm，果缘平而宽，果瓣不突出。花期4～5月及10～11月；夏季至冬季果熟。

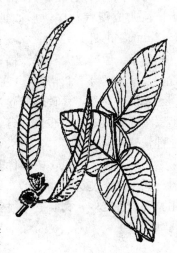

图5-269 蓝桉

分布：原产澳大利亚；我国西南及南部有栽培，主要见于云南、广东、广西及川西。

习性：喜光，喜温暖气候，不耐湿热，不适合低海拔及高温地区。喜肥沃湿润的酸性土，不耐钙质土壤。

繁殖：用播种法，于11～12月采种，翌年春播，也可在7～8月采种而当年播种。

用途：生长极快而受群众欢迎，是"四旁"绿化的良好树种。

● 大叶桉（图5-270）

学名：*Eucalyptus robusta* Smith

常绿乔木，高20 m，树干挺拔，小枝淡红色，略下垂。单叶，互生，叶革质，卵状披针形或卵形，长8～18 cm，

图5-270 大叶桉

先端渐尖，基部楔形或近圆，侧脉多而细，羽状侧脉在近叶缘处或连成边脉，花4～12朵，成伞形花序，白色，总梗粗而扁，萼片与花瓣连合成一帽状花盖，开花时花盖横裂脱落；蒴果碗状，径0.8～1 cm。花期8～9月；翌年9月果成熟。

分布：原产澳洲沿海地区；我国长江流域以南有引种栽培。

习性：强喜光，喜温暖而湿润气候，喜深厚湿润的土壤。极耐水湿，干燥贫瘠地生长不良。

繁殖：播种、扦插繁殖。

用途：树干挺直，枝叶芳香，具有杀菌、洁净空气之效，在适生地区常用作行道树或庭院树。叶及小枝可提取芳香油，作香精及防腐剂用。

●白千层（图5-271）

学名：*Melaleuca leucadendra* **L.**

常绿乔木，高达18 m，树皮灰白色，厚而松软，呈薄层状剥落。单叶，互生，披针形或狭长圆形，长5～10 cm，两端尖，有纵脉3～7条，花丝长而白色，密集于枝顶或成穗状花序，形如试管刷。蒴果近球形，径5～7 mm，花期1～2月。

分布：原产澳大利亚。福建、台湾、广东、广西等省、自治区南部有栽培。

习性：喜光，喜暖热气候，很不耐寒；喜生于水边土层肥厚潮湿之地，也能生于较干燥的沙地上。繁殖：播种繁殖。

用途：树皮白色，树形优美，常植为行道树及庭院树。又可选作造林及"四旁"绿化树种。树皮、叶供药用。有镇静之效；树叶含芳香油，供药用、制香水及防腐剂。

图5-271 白千层
1. 花枝 2. 花

五十八、茄科（Solanaceae）

多为草本或灌木；叶互生，全缘或各式分裂，无托叶。花两性或杂性，辐射对称，单生或排成聚伞花序；花萼5裂或平截，常宿存；花冠合生，裂片5枚。雄蕊5枚，稀4枚，着生于冠筒上。子房2室，稀3～6室，2心皮不位于中线上而偏斜，中轴胎座有多数胚珠。浆果或蒴果；种子圆盘状肾形，有肉质而丰富的胚乳，胚弯曲成钩状、环状或螺旋状曲卷，位于周边而埋藏于胚乳中或直立于中轴上。

该科分布于热带、亚热带和温带地区，不少是经济植物。全球约75属，2 000余种；我国约26属，110余种。

●珊瑚樱（图5-272）

学名：*Solanum pseudocpsicum* **L.**

直立半灌木，高0.5～1.5 m，全株无毛，枝杆深绿色。叶狭矩圆状披针形，先端钝，基部楔形并下延至叶柄上，叶缘波状。叶柄长0.2～0.5 cm。花单生于叶腋旁边或与叶对生；花梗长0.4 cm，花白色，长0.7～1 cm；花冠、花萼5裂；雄蕊5枚着生于花冠筒上。

浆果橙红色，直径 1～1.2 cm，果梗长 1 cm。种子盘状，扁平。果期 6～8 月。

本种与龙珠（*Tubocapsicum anomalum* Makin.）相似，但后者为 2～6 朵花簇生于叶腋或枝腋，花黄色，花萼皿状平截。

分布：原产南美洲；现于安徽、江西、广东、广西、云南、湖南等省、自治区为野生。海拔 800 m 以下，常见于疏林下或路边庇荫处。

习性：稍耐荫，需润湿、深厚、肥沃土壤。

繁殖：播种繁殖，果实采收后要洗种，阴干，沙藏种子。翌年春播种或随采随播。

用途：果橙红色，叶翠绿色，具有较高的观赏价值，可作盆花栽培，也可在花坛或作为耐荫植物配置。

图 5-272 珊瑚樱

五十九、卫矛科（Celastraceae）

乔木、灌木或藤木。单叶，对生或互生，羽状脉；托叶小而早落或无。花整齐，两性，有时单性，多为聚伞花序；花部通常 4～5 数；萼小，宿存；常具发达的花盘；雄蕊与花瓣同数互生；子房上位，2～5 室，每室 1～2 胚珠；花柱短或缺。常为蒴果，或浆果、核果、翅果；种子常具假种皮。

本科约有 60 属，850 种。主要分布于热带、亚热带及温暖地区，少数进入寒温带。我国有 12 属，201 种，全国均产。

●**南蛇藤**（图 5-273）

学名：***Celastrus orbiculatus* Thunb**.

南蛇藤属（*Celastrus* L.）落叶藤本，髓心充实白色，皮孔大而隆起。单叶互生，叶近圆形至倒卵状椭圆形，长 4～10 cm，先端短突尖，基部近圆形或广楔形。缘具钝锯齿，短总状花序腋生或在枝端与叶对生；花小，单性异株。蒴果近球形，3 瓣裂，橙黄色，种子具肉质红色假种皮。花期 5～6 月；果期 9～10 月。

习性：适应性强，喜光，亦耐半荫。抗寒、抗旱，但以温暖、湿润气候及肥沃、排水良好的土壤生长良好。

分布：东北、华中、西南、华北及西北均有分布。垂直分布可达海拔 1 500 m，常生于山地沟谷及林缘灌木丛中。

繁殖：可播种、扦插或压条繁殖。

图 5-273 南蛇藤

用途：秋季树叶经霜变红或黄，且有红色假种皮，景色艳丽宜人。宜作棚架、墙垣、岩壁垂直绿化材料，或植于溪流、池塘岸边颇具野趣。果枝瓶插，可装饰居室。

●**卫矛**（图 5-274）

学名：***Euonymus alatus*（Thunb.）Sieh**.

卫矛属（*Euonymus* L.）落叶灌木，高达 3 m。小枝具 2～4 条木栓质阔翅。叶对生，倒卵状长椭圆形，长 3～5 cm，先端尖，基部楔形，缘具细锯齿，两面无毛；叶柄极短。花黄绿色，径约 6 mm，常 3 朵成一具短梗的聚伞花序。蒴果 4 深裂，有时仅 1～3 心皮发育成分离的裂瓣，棕紫色；种子褐色，有橙红色假种皮。花期 5～6 月；果 9～10 月成熟。其变种有毛脉卫矛（var. *pubescens* Maxim.），叶多为倒卵形，背面脉上有短毛。

习性：喜光，也稍耐荫；对气候和土壤适应性强，能耐干旱、瘠薄和寒冷，在中性、酸性及石灰性土上均能生长。萌芽力强，耐修剪，对二氧化硫有较强抗性。

分布：长江中下游、华北各省及吉林均有分布；朝鲜、日本亦产。毛脉卫矛分布于华北及东北。

繁殖：以播种为主，扦插、分株也可。秋天采种后，日晒脱粒，用草木灰搓去假种皮，洗净阴干，再混沙层积贮藏。第二年春天条播，行距 20 cm，覆土约

图 5-274　卫　矛

1 cm，再盖草保湿。幼苗出土后要适当遮荫。当年苗高约 30 cm，第二年分栽后再培育 3～4 年即可出圃定植。扦插一般在 6、7 月间选半熟枝带踵扦插。

用途：枝翅奇特，早春初发嫩叶及秋叶均为紫红色，十分艳丽，在落叶后又有紫色小果悬垂枝间，颇为美观，是优良的观叶赏果树种。景观中孤植或丛植于草坪、斜坡、水边，或于山石间、亭、廊边配植均甚合适。同时，也是绿篱、盆栽及制作盆景的好材料。

●丝棉木（图 5-275）

学名：***Euonymus bungeanus* Maxim.**

卫矛属（*Euonymus* L.）落叶小乔木，高达 6～8 m；树冠圆形或卵圆形。小枝细长，绿色，无毛。叶对生，卵形至卵状椭圆形，长 5～10 cm，先端急长尖，基部近圆形，缘有细锯齿；叶柄细长 2～3.5 cm。花淡绿色，径约 7 mm，花部 4 数，3～7 朵成聚伞花序。蒴果粉红色，径约 lcm，4 深裂；种子具橙红色假种皮。花期 5 月；果 10 月成熟。

习性：喜光，稍耐荫；耐寒，对土壤要求不严，耐干旱，也耐水湿，而以肥沃、湿润而排水良好的土壤生长最好。根系深而发达，能抗风；根蘖萌发力强，生长速度中等偏慢。对二氧化硫的抗性中等。

图 5-275　丝棉木

分布：产于中国北部、中部及东部，辽宁、河北、河南、山东、山西、甘肃、安徽、江苏、浙江、福建、江西、湖北、四川均有分布。

繁殖：可用播种、分株及硬枝扦插等法。秋天果熟时采收，日晒待果皮开裂后收集种子并晾干，收藏至翌年 1 月初将种子用 30 ℃温水浸种 24 h，然后混沙堆置背阴处，上覆湿润草帘防干。3 月中土地解冻后将种子倒至背风向阳处，并适当补充水分催芽，4 月初即可播种。一般采用条播，覆土厚约 1 cm。当年苗高可达 1 m 以上。

用途：枝叶秀丽，粉红色蒴果悬挂枝上甚久，亦颇可观，是良好的景观绿化及观赏树种。宜植于林缘、草坪、路旁、湖边及溪畔，也可用作防护林及工厂绿化树种。

●**扶芳藤**（图 5-276）

学名：*Euonymus fortunei*（Turcz.）Hand.-Mazz.

卫矛属（*Euonymus* L.）常绿藤木，匍匐或攀缘，长可达 10 m。枝密生小瘤状突起，并能随处生多数细根。叶对生，革质，长卵形至椭圆状倒卵形，长 2～7 cm，缘有钝齿，基部广楔形，表面通常浓绿色，背面脉显著；叶柄长约 5 mm。聚伞花序分枝端有多数短梗花组成的球状小聚伞；花绿白色，径约 4 mm。蒴果近球形，径约 1 cm，黄红色，稍有 4 凹线；种子有橙红假种皮。花期 6～7 月；果 10 月成熟。

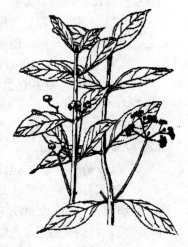

图 5-276　扶芳藤

习性：性耐荫，喜温暖，耐寒性不强，对土壤要求不严，能耐干旱、瘠薄。多生林缘和村庄附近，攀树、爬墙或匍匐石上。

分布：产于陕西、山西、河南、山东、安徽、江苏、浙江、江西、湖北、湖南、广西、云南等省、自治区；朝鲜、日本也有分布。

繁殖：用扦插繁殖极易成活，播种、压条也可进行。

用途：叶色油绿光亮，入秋红艳可爱，又有较强的攀缘能力，在景观中用以掩覆墙面、坛缘、山石或攀缘于老树、花格之上，均极优美。也可盆栽观赏，将其修剪成崖式、圆头形等，用作室内绿化颇为雅致。

●**大叶黄杨**

学名：*Euonymus japonicus* Thunb.

卫矛属（*Euonymus* L.）常绿灌木或乔木，高可达 8 m。小枝绿色，梢四棱形。叶对生，革质而有光泽，椭圆形至倒卵形，长 3～6 cm，先端尖或钝，基部广楔形，缘有细钝齿，两面无毛；叶柄长 6～12 mm。花绿白色，4 数，5～12 朵成密集聚伞花序，腋生枝条端部。蒴果近球形，径 8～10 mm，淡粉红色，熟时 4 瓣裂；假种皮橙红色。花期 5～6 月；果 9～10 月成熟。

常见变种有：金边大叶黄杨（cv. *Ovatus Aureus*）：叶缘金黄色。

金心大叶黄杨（cv. *Aureus*）：叶中脉附近金黄色，有时叶柄及枝端也变为黄色。

银边大叶黄杨（cv. *Albo-marginatus*）：叶缘有窄白条边。

银斑大叶黄杨（cv. *Latifolius Albo-marginatus*）：叶阔椭圆形，银边甚宽。

斑叶大叶黄杨（cv. *Duc d'Anjou*）：叶较大，深绿色，有灰色和黄色斑。

习性：喜光，但也能耐荫；喜温暖湿润的海洋气候及肥沃湿润土壤，也能耐干旱瘠薄，耐寒性不强，温度低达-17℃左右即受冻害，黄河以南地区可露地种植。极耐修剪整形；生长较慢，寿命长。对各种有毒气体及烟尘有很强的抗性。

分布：原产日本南部；中国南北各省均有栽培，长江流域各城市尤多。

繁殖：主要用扦插法，嫁接、压条和播种法也可。硬枝插在春、秋两季进行，软枝插在夏季进行。上海、南京一带常在梅雨季节用当年生枝带踵插，3～4 周后即可生根，成活率可达90%以上。园艺变种的繁殖，可用丝棉木作砧木于春季进行靠接。压条宜选用2年生或更老的枝条进行，1年后可与母株分离。播种法较少采用。

用途：枝叶茂密，四季常青，叶色亮绿，且有许多花叶、斑叶变种，是美丽的观叶树种。景观中常用作绿篱及背景种植材料，亦可丛植草地边缘或列植于园路两旁；若加以修剪成型，更适合用于规则式对称配植。将其修剪成圆球形或半球形，用于花坛中心或对植于门旁。同时，也是基础种植、街道绿化和工厂绿化的好材料。其花叶、斑叶变种更宜盆栽，用于室内绿化及会场装饰等。

● **胶东卫矛**（图5-277）

学名：***Euonymus kiautshovicus* Loes.**

卫矛属（*Euonymus* L.）直立或蔓性半常绿灌木，高3～8 m；基部枝条匍地并生根。叶对生，薄革质，椭圆形至倒卵形，长5～8 cm，先端渐尖或钝，基部楔形，缘有锯齿；叶柄长达1 cm。花浅绿色，径约1 cm，花梗较长，成疏散的二歧聚伞花序（多具13朵花）。蒴果扁球形，粉红色，径约1 cm，4纵裂，有浅沟。花期8～9月；果10月成熟。

图5-277　胶东卫矛

分布：产于山东、江苏、安徽、江西、湖北等省；常生于山谷林中岩石旁。

习性、繁殖及用途与扶芳藤相似。

六十、玄参科（Scrophulariaceae）

该科为草本、灌木或乔木，叶互生，对生或轮生，无托叶。花两性，常左右对称，花序各式；花萼4～5裂，宿存；花冠合生，4～5裂，裂片不等而呈唇状。雄蕊4，两长两短，有时2枚或5枚发育或第5枚退化。子房上位，不完全或完全的2室，每室胚珠多数，蒴果或浆果。

本科约200属，3 000余种，广泛分布于全球。我国约60属，634种，全国各地有分布，但以西南较多。

● **泡桐**（图5-278）

学名：***paulownia fortunei*（Seem.）Hemsl.**

落叶乔木，树皮灰褐色。幼枝、叶背、花萼及幼果均被土黄色星状毛。叶心状长卵圆形，长达20 cm，宽9～16 cm。叶全缘，先端渐尖，基部心形。聚伞圆锥花序顶生，总花梗与花梗近等长。花萼5裂，花冠白色，内有紫斑，外披星状毛，上唇2裂反卷，下卷3裂展开。蒴果大，长达8 cm，室背2裂。花期3月；果期10月。

图5-278　泡桐

分布：主要分布于长江以南各省区，海拔900 m以下。常见于疏林内。

习性：喜光，适应润湿深厚的土壤。

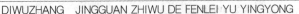

繁殖：播种繁殖，种子干藏，翌春播种。也可插根繁殖。

用途：公路绿化，荒山荒地绿化。

●**紫花泡桐**（图5-279）

学名：*paulownia tomentosa*（**Thunb.**）**Steud.**

落叶乔木，高达20 m；幼枝、幼果、叶柄密被黏质短腺毛。树皮暗灰色，具皮孔。叶草质，宽卵圆形，长15～40 cm，宽10～18 cm，先端急尖，基部心形，全缘或波状浅裂，上面疏被星状毛，下面密被黄色星状绒毛，叶柄长达20 cm。圆锥花序顶生，花梗、花轴均被土黄色星状绒毛。花萼钟形，被星状绒毛；花冠淡紫色，长5～8 cm，呈筒状；雄蕊4枚，2强。蒴果卵圆形，长3～4 cm，果皮木质。花期3～4月，果期10～11月。

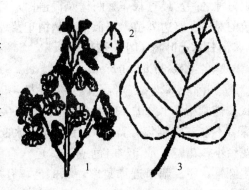

图5-279 紫花泡桐
1. 花序 2. 果 3. 叶片

分布：山东、河北、河南、江苏、安徽、江西等省、自治区，海拔700 m以下。常见于荒山、疏林或路边。

习性：喜光，耐干旱，耐盐碱土壤；生长快。

繁殖：播种繁殖，种子干藏；分株繁殖；插根繁殖。

用途：公路绿化，荒地绿化，防风固沙，森林景观营造。

六十一、七叶树科（Hippocastanaceae）

落叶乔木，稀灌木。掌状复叶对生；无托叶。圆锥花序或总状花序顶生，花杂性，两性花生于花序基部，雄花生于上部；萼4～5裂；花瓣4～5，大小不等，雄蕊5～9，着生花盘内部；花柱细长，具花盘，子房上位，3室，每室2胚珠。蒴果，3裂；种子通常1；种脐大，无胚乳。

2属，约30余种；我国1属，10多种。

●**七叶树**（图5-280）

学名：*Aesculus chinesis* **Bunge.**

落叶乔木，小枝光滑粗壮，栗褐色，树冠庞大圆球形。小叶5～7枚，长椭圆状披针形至矩圆形，长8～16 cm，先端渐尖，基部楔形，缘具细锯齿，下面仅脉上有疏生柔毛；小叶有柄。直立密集圆锥花序呈圆柱状，顶生。花小，白色，花瓣4。蒴果近球形，黄褐色，粗糙无刺。种子形如板栗。花期5月；果熟期9～10月。

习性：喜光，稍耐荫；喜温暖湿润气候，也能耐寒，畏干热。喜深厚、湿润、肥沃而排水良好的土壤。深根性，萌芽力不强；生长速度中等偏慢，寿命长。

分布：河北、江苏、浙江等地均有栽培。

繁殖：以播种为主，亦可扦插、高压繁殖。种子不宜久藏，

图5-280 七叶树

采后即播。

用途：树姿壮丽，叶大而形美，遮荫效果好，初夏有白花开放，蔚为可观，是世界著名观树种之一。最宜栽作庭荫树及行道树，可配植于公园，大型庭院，机关、学校周围，在建筑前对植、路边列植，或孤植、丛植于草坪、山坡也很合适。

● **日本七叶树**（图 5 - 281）

学名：***Aesculus turbinata* Bl**.

落叶乔木，小枝淡绿色。小叶无柄，5～7 枚，倒卵状长椭圆形，长 20～25 cm，先端短急尖，基部楔形，缘有不整齐重锯齿，背面略有白粉，脉腋有褐色簇毛。花径小，化瓣 4 或 5，白色或淡黄色，有红斑；直立顶生圆锥花序。蒴果近洋梨形，深棕色，有疣状突起。花期 5～6 月；果熟期 9 月。

习性：性强健，耐寒，喜光，不耐旱。

分布：原产日本；上海、青岛等地有引种栽培。

繁殖：播种繁殖。

用途：冠大荫浓，树姿雄伟，花序美丽，宜作行道树及庭荫树。

图 5 - 281　日本七叶树

六十二、唇形科（Labiatae）

草本或灌木，通常含有芳香油。茎四棱形。单叶，对生或轮生，无托叶。花两性，两侧对称，常为轮伞花序或聚伞花序再排列成总状、圆锥状花序；萼 5 裂，少 4 裂，宿存；花冠唇形，5 裂，少 4 裂；雄蕊 4，2 强，稀 2 个；子房上位，由 2 心皮构成，深裂为 4 室，每室有 1 胚珠；花柱 1。插生于分裂子房的基部；花盘明显。果为 4 个小坚果。

约 220 属，3 500 种，广布全世界。我国约 99 属，800 种，全国分布。

● **彩叶草**（图 5 - 282）

学名：***Coleus blumei* Benth**.

株高 50～80 cm，全株有毛，茎四棱，基部稍木质化。叶卵圆形，对生，先端尖，缘具锯齿，表面绿色有紫色斑纹，色彩斑斓。总状花序顶生，唇形花冠。

习性：性喜高温，不耐寒。喜光照充足，通风良好的环境，不耐强光直射。喜湿润肥沃土壤。

分布：原产印度尼西亚，现我国各地温室习见栽培。

繁殖：以播种为主。

用途：为常见的温室观叶植物，也可作花坛布置材料，尤适于毛毡花坛。

● **一串红**（图 5 - 283）

图 5 - 282　彩叶草

学名：***Salvia splendens* Ker. Gawl**.

多年生草本常作一年生栽培，株高 30～90 cm，基部多木质化，茎四棱，光滑，茎节常为紫红色。叶对生，卵形，有长柄，先端渐尖，缘有锯齿。总状花序顶生，花2～6朵轮生，花冠、花萼同色，花萼宿存；花冠伸出萼外，上唇长于下唇。小坚果卵形，浅褐色。花冠及花萼色彩艳丽，有鲜红、白、粉、紫等色及矮性变种。花期7～10月。

习性：喜温暖、湿润、阳光充足的环境，适应性强，不耐寒，于霜降后枯死。对土壤要求不严，喜疏松肥沃壤土。

分布：原产南美，我国景观区广泛栽培。

繁殖：播种法，也可剪枝扦插。

用途：常用作花丛式花坛、花境主体材料，在北方也可用作盆栽观赏，是重要的国庆用花材料。

同属其他常见种：

红花鼠尾草（S. coccinea）：又名朱唇，株高30～60 cm，全株具毛，叶为三角状卵形，缘有锯齿，花萼宿存，但花冠、花萼不同色，花萼紫褐色，花冠红色。唇形花冠，下唇长于上唇。花期7～10月。

图5-283　一串红

六十三、美人蕉科（Cannaceae）

多年生粗壮草本，茎生叶，叶片大，叶柄有鞘。花大、美丽，红色或黄色，不对称，花序穗状、总状或圆锥花序顶生。萼片小，3枚绿色；花瓣3，萼片状，绿色或其他颜色，基部合生成管状。退化雄蕊5，其中3或2枚扩成花瓣状，为花中最明显的部分，其中较狭窄的一枚外曲成唇瓣，其他一枚旋卷。子房下位，3室，蒴果，有小软刺。单子叶植物．

1属65余种，主要分布于温带地区。我国1种，引种栽培12种。

●美人蕉（图5-284）

学名：*Canna indica* L.

多年生直立草本，高1～3 m，全株无毛。具粗壮的根状茎。叶互生，质厚，矩圆状椭圆形，下部叶较大，长30～40 cm，全缘，顶端尖，基部阔楔形，中脉明显，侧脉羽状平行，叶柄有鞘。顶生总状花序有白粉，花红色，苞片长约1.2 cm。萼片3，苞片状，淡绿色，披针形，长2 cm；花瓣3，长4 cm。退化雄蕊5枚，花瓣状，鲜红色，倒披针形，其中2或3枚较大，1枚反卷成唇状，发育雄蕊仅一边有1枚发育的药室。蒴果球形，绿色，具软刺。

分布：南北各省、自治区有分布，普遍栽培。

习性：喜温暖、湿润气候，适应肥沃深厚土壤，在气温低于0℃时易受冻，喜光。

图5-284　美人蕉

繁殖：分切根状茎繁殖，分株繁殖或播种繁殖。播种繁殖时，种子不能晒，需沙藏，翌年春播种。

用途：由于美人蕉叶大，常绿，花色艳丽；因此可以室内盆栽，也可在花坛、花带、水景旁边种植。

六十四、龙舌兰科（Agavaceae）

叶常常聚生于茎基部，叶片狭窄而肥厚，呈肉质状，叶缘有刺或全缘。花两性或单性，辐射状对称，总状花序或圆锥花序，分枝托有苞片；花被筒管状，上部裂片不相等或相等。雄蕊6枚，着生于花冠筒上或裂片基部；花丝丝状或粗厚，分离，花药线性，背生。子房上位或下位，3室，浆果或蒴果；单子叶植物。

该科约20属，670种，主要分布于热带。我国约2属，8种，主产西南部地区；引入栽培4属，10余种。

●虎尾兰（图5-285）

学名：*Sansevieria trifasciata* **Prain**

多年生草本，具匍匐的根状茎。叶簇生，1～6枚，挺直，常绿，肥厚肉质状，条状披针形或倒披针形，长30～120 cm，叶先端对折成尖刺状，基部成狭沟状；叶片两面具白色与绿色相间的横带状斑纹。花3～8朵一束，1～3束一簇在花序轴上散生；长梗上0.6 cm，中部有关节。花被6片，白色淡绿色，下部合生成筒状，上部条状分裂。

分布：原产斯里兰卡和印度东部热带干旱地区及非洲西部。我国引进栽培。

习性：喜光，耐干旱，也能耐荫，怕冻，10 ℃以下常发生冻害。适应沙质壤土。

繁殖：扦插，6月份剪取叶片，切成长6～7 cm一段，稍晾30至60 min，插入清水河沙中，压紧喷水，拱塑棚，保持20～27 ℃。分株，将丛生过密的植株用利刀切分成若干株栽培。

图5-285 虎尾兰

用途：叶颇具观赏价值，可用于室内盆栽，也可在花坛、广场等栽培。

●凤尾丝兰（图5-286）

学名：*Yucca gloriosa* **L.**

常绿木本植物，具短茎或高达5 m的茎，有时有分枝。叶坚挺，条状披针形，长40～80 cm，顶端具刺尖，边缘全缘。圆锥花序顶生，长达1.5 cm，无毛。花下垂，白色，花被片6，卵状菱形，长4～5.5 cm，宽1.5～2 cm，柱头3裂。蒴果倒卵状钜圆形，长5～6 cm，不开裂。花期7～9月。

本种与丝兰（*yucca filamentosa* L.）相似，但后者近无茎，叶在地面丛生；叶边缘有分离的白色纤维。

分布：原产北美东南部，我国引种栽培。

习性：喜光，稍耐旱，但在温暖、润湿、深厚的沙壤土上生长良好。较耐寒，在华北可越冬，海拔900 m也能越冬。

图5-286 凤尾丝兰

繁殖：播种繁殖，种子成熟后随采随播，15天左右出苗；分株繁殖。

用途：本种的观赏价值在于其广阔的花序和叶形、叶质。因此，可用于花坛、公园、庭院等栽种，孤植或小群植为宜。

六十五、天南星科（Araceae）

多年生常绿或落叶草本。叶形变化大，幼期与成熟期形状不一，佛焰苞片色彩常艳丽，叶柄长，有鞘。花小，密集着生于苞片之上的穗轴上，雄花居上，雌花在下，无花被。果为浆果状，密集于佛焰花序轴上，有的色艳。

100多属，2 000多种，主要分布于热带和亚热带地区。我国有23属（引种不计在内），100多种。

●广东万年青（图5-287）

学名：**Aglaonema modestum** Schott

多年生常绿草本，高60～150 cm。茎直立不分枝，节间明显。叶互生，椭圆状卵形，边缘波状，先端渐尖，叶片长10～25 cm，叶柄长达叶片的2/3，茎部扩大呈鞘状。肉穗花序腋生，白色佛焰苞，长6～7 cm，花小，绿色。花期秋季，浆果成熟由黄变为红色。

习性：喜温暖、湿润环境，生长适温为17～27 ℃，越冬保持4 ℃以上。忌阳光直射，在微弱光照下也不会徒长。喜肥沃、疏松、排水良好的微酸性土壤。

分布：原产我国南部、马来西亚和菲律宾等地。

繁殖：分株，或茎秆切段繁殖，亦可播种。

用途：盆栽观赏，也可做切花。

图5-287 广东万年青

●花烛（图5-288）

学名：**Anthurium Scherzerianum** Schott

常绿宿根花卉。茎短，直立，株高35～70 cm。叶自基部抽出，长椭圆形或披针形，长15～30 cm，宽6 cm，深绿色。花梗长25～30 cm，花序外有一卵形佛焰苞，长5～20 cm，宽5～10 cm，脉纹显著，红色，有粉红色、白色等品种，肉穗花序常螺旋状，花多数，花期主要集中于3～7月，环境适宜几乎全年开花。

习性：喜高温高湿，不耐寒，耐半荫，喜疏松的腐殖土。

分布：原产中美，近年来世界广为栽培。

繁殖：分株，也可用种子或组培。

用途：盆栽观赏，亦可做切花。

图5-288 花 烛

●龟背竹（图5-289）

学名：**Monstera deliciosa** Liebm

多年生常绿藤本，茎粗壮，变态成带节的根状，上面生多数深褐色电线状肉质气根。叶二列状互生，幼叶心形，无孔，长大变椭圆形，叶片长40～100 cm，叶宽，厚革质，上面具不规则的穿孔，边缘羽状分裂；叶柄长 30～70 cm，有鞘。花为佛焰苞状，淡黄色，革质，长约 30 cm，肉穗花序长 20～25 cm；花两性，多而密集，下部花可育。浆果呈松球果状，成熟时具香蕉凤梨味，可生食。花期 7～8 月。

习性：喜温暖湿润和蔽荫环境下，不耐寒，生长适温为 20～30 ℃，低于 15 ℃ 则停止生长，越冬室温应保持在 13～18 ℃；不耐干旱，忌强光直射，喜肥沃、疏松、富含有机质土壤，稍耐盐碱。

分布：原产墨西哥及中美洲。

繁殖：扦插。

用途：盆栽室内布置，或植于庭院池旁、溪边、山石间。

图 5 - 289　龟背竹

六十六、棕榈科（Palmae）

单子叶植物，灌木或乔木，有时藤本状，有刺或无刺。叶聚生于不分枝的树杆顶端，叶片大，掌状或羽状分裂，裂片或小叶在芽时内折；叶柄常扩大而成纤维状的鞘；花小，淡黄绿色，两性或单性，排列于分枝或不分枝的佛焰状花序上，此花序或生于叶丛中或叶鞘束下；佛焰苞 1 至多数，将花序柄和花序的分枝包围着，革质或膜质；花被片 6 或 2 列，离生或合生；雄蕊 3～6；子房上位，胚珠单生于每一个心皮或每一子房室的内角上；浆果或核果。

该科约 217 属 2 500 种，主要产于热带和亚热带地区。我国约 22 属 72 种，主要分布于云南、广西和台湾。

● **鱼尾葵**（图 5 - 290）

学名：*Caryota ochlandra* Hance

常绿乔木，茎无分枝，单生；茎秆上留有叶柄落下的环状痕迹。叶为二回羽状全裂，裂片暗绿色，坚硬，顶端一片扇形，有不规则的齿缺，侧面的菱形而似鱼尾状，长 15～30 cm，内侧边缘有粗齿部分超过全长的一半，外侧边缘延伸成一长尾尖。总苞和花序无鳞枇，花序长约 3 cm，分枝悬垂，花 3 朵聚生，雌花介于 2 雄花之间；雄花萼片宽圆形，长约 5 mm；花瓣黄色，长约 2 cm；雄蕊多数；雌花较小，长不及 1 cm，花蕾三棱形。果球形，直径 1.8～2 cm，淡红色，有种子 1～2 粒。

分布：主要分布于我国东南至西南部及亚洲热带地区，海拔 300 m 以下。

习性：不耐寒，适应润湿高温气候。

繁殖：播种繁殖或分株繁殖。

用途：主要用于景观设计中热带风光景观营造的树种配置；也可用于街道、公园、广场、庭院等景观设计。

图 5 - 290　鱼尾葵

●蒲葵（图 5-291）

学名：*Livistona chinensis*（**Jacq.**）**R. Br.**

常绿乔木。叶宽大，直径达 1 m，掌状分裂至中部，裂片条状披针形，顶端下垂；叶柄长达 2 m，下部两侧具向下弯的粗刺。肉穗状花序圆锥状，腋生；总苞棕色，管状，坚硬；花小，黄绿色，长 2 mm，两性，花萼 3 枚，覆瓦状排列；花冠 3 裂达基部，雄蕊 6 枚，花丝合生成环状。子房由 3 个近分离的心皮组成，3 室。核果椭圆形，长 1.8～2 cm，黑色。

分布：我国广东、广西、海南岛及越南，海拔 500 m 以下。

习性：不耐寒，喜光，适应润湿高温气候。

繁殖：播种繁殖，方法可以参考棕榈的繁殖方法。

用途：热带景观营造的配置树种；另外也可用于广场、公园、建筑物门前空地等景观设计。

图 5-291　蒲　葵

●棕竹（图 5-292）

学名：*Rhapis excelsa*（**Thunb.**）**Henry ex. Rehd.**

常绿丛生灌木，高 1～3 m。茎圆柱形，有节，直径 2～3 cm，上部覆以褐色、网状、粗纤维质的叶鞘。叶掌状，5～10 深裂，裂片条状披针形，长 10～15 cm，宽 2～4 cm，边缘和主脉上有褐色小锐齿，横脉多而明显；叶柄长 8～20 cm，稍扁平，横切面椭圆形。肉穗状花序长达 30 cm，总苞 2～3 枚，管状，被棕色弯曲绒毛；雌雄异株，雄花较小，淡黄色，无柄；雌花较大，卵状球形。浆果球形，直径 0.8～1 cm，宿存的花管不变成实心的柱状体。

分布：主要分布于我国东南和西南各省、自治区。

习性：喜光，适于润湿疏松的土壤。

繁殖：播种繁殖和分株繁殖。

用途：主要用于盆景、庭院、建筑物大厅等景观植物设计。

图 5-292　棕　竹

●棕榈（图 5-293）

学名：*Trachycarpus fortunei*（**Hook. f.**）**H. Wendl.**

常绿乔木，高达 15 m。茎秆存有环状的叶柄脱落的痕迹。叶掌状深裂，裂片多数，条形，宽 1.5～3 cm，坚硬，顶端 2 浅裂，不下垂；叶基部宽大并有纤维网状叶鞘（棕）。叶柄具细圆锯齿，锯齿不明显。肉穗状花序圆锥状，腋生，总苞片多数，革质，被锈色绒毛；花小，黄白色，雌雄异株。核果肾状，蓝黑色。花期 4～5 月；果期 10～11 月。

分布：长江以南各省区和日本，海拔 1 000 m 以下，常

图 5-293　棕　榈

见于山坡中、下的阔叶林内。

习性：喜光，适应润湿肥沃土壤。

繁殖：播种繁殖，10～12月采种，堆沤3～5天，软化后洗种，阴干，沙藏，翌年春播种。

用途：树形良好，常绿，具有热带风光，因此常用于广场、公园、庭院的景观设计。

六十七、百合科（Liliaceae）

该科为草本植物，有根状茎，鳞茎或球茎。花两性，辐射对称，合瓣花，花序各式，但不为伞形花序。花被花瓣状，无花萼之分，6裂片，稀4枚或更多。雄蕊6枚，稀3枚或12枚。子房上位，稀半下位，3室，侧膜胎座。单子叶植物，蒴果或浆果。

该科约175属，2 000余种，主产温带地区。我国54属，334种，各省、自治区有分布，但以西南山地为多。

●芦荟（图5-294）

学名：*Aloe vera* L. var. *chinensis*（Haw.）Breger

多年生草本，具短茎。叶在幼苗期排成二列，在植物体长大后呈莲座状。叶披针形，肥厚多汁，叶缘有三角形锯齿，长15～40 cm，宽3～6 cm，叶片粉绿色，两面具白色斑纹。花葶单一，连同花序高60～90 cm。花黄色或具红色斑点，花梗长0.6 cm，下垂；花被片6，长2.5 cm，雄蕊6枚，花柱伸出花被。

分布：我国南方或北方温室有栽培，原产印度热带干旱地区和非洲南部。

习性：喜光，耐干旱，也适宜蔽荫环境，耐盐碱。要求肥沃，排水良好的沙性壤土。5 ℃以上气温可以安全越冬。

繁殖：分株或扦插繁殖。

用途：芦荟四季常青，冬季开花，适合室内盆栽，可用于会场、居室等布置；也可用于花坛、草地等栽培。

图5-294 芦 荟

●吊兰（图5-295）

学名：*Chlorophytum comosum*（Thunb.）Jacques

草本，具短根状茎。叶条形，长20～45 cm，宽1～2 cm，基部抱茎，坚硬，有时具黄色纵条纹或叶边为黄色。花葶连同花序长30～60 cm，弯垂；总状花序单一或分枝，有时在花序顶部丛生条形叶，叶长2～6 cm。花白色，花被6，长0.8～1 cm，外轮3枚，倒披针形，宽约0.2 cm；内轮3枚，长矩圆形，宽约0.3 cm，具3～5条脉。花药在开花后仅折，雌蕊比雄蕊长。蒴果3棱状扁球形，长0.3～0.5 cm。花期春、夏。

图5-295 吊 兰

分布：原产南部非洲，我国引种栽培。

习性：耐荫，怕冻，冬季要求5 ℃以上的温度越冬。适宜疏松肥沃的壤土。

繁殖：分株繁殖，一年四季均可进行。

用途：叶色美观，花姿奇特，宜作悬垂观赏。因此可用于室内盆栽，置其于空中、花架、长廊等，也可布置在山石、悬崖等处。

●紫萼（图5-296）

学名：*Hosta ventricosa*（**Salisb.**）**Stearn**

多年生草本，全株无毛。叶基生，宽卵形，长 10～20 cm，宽6～8 cm，基部心形，下延至叶柄，具5～9 对弧形侧脉，叶柄长 14～40 cm。花葶从叶丛中抽出，具一枚膜质的苞片状叶，这枚苞片状叶长卵形，长 1.3～4 cm。总状花序，花梗长 0.6 cm，基部具卵形膜质苞片，苞片长于花梗。花紫色，花被筒下部细管状，花被裂片6枚，长椭圆形，长1.5～2 cm，宽仅 1 cm。雄蕊着生于花被筒基部。蒴果柱形，长 2～4 cm，顶端细尖，种子黑色，花期6～8 月。

分布：华东、华南、华中和西南，陕西、河北也有分布。常见于山坡林下。

图5-296 紫 萼

习性：耐荫，喜润湿肥沃土壤。

繁殖：播种繁殖和分株繁殖。

用途：叶片宽大，花色艳丽，可作室内盆栽，也可在花坛、花带等景观设计中栽培。

●百合（图5-297）

学名：*Lilium brownii* **F. E. Brown**

草本，鳞茎球形，直径达5 cm。鳞茎瓣无节、白色。茎高 0.7～1.5 m，有紫色条纹，无毛。叶散生，上部叶较少，叶片倒披针形，长 7～10 cm，宽 2～3 cm，3～5 条脉，具短柄。花1～4 朵，喇叭形，多为白色，花被片6枚，倒卵形，长 15～20 cm，无斑点，顶端弯而不卷。雄蕊着生于花被的基部，花丝长 9～11 cm，有柔毛，花药丁字着生，花药红褐色。子房长矩形，长 3.5 cm，花柱长 10 cm，无毛，柱头3裂。蒴果有棱，花期6～8 月。

百合是传统的景观花卉，栽培品种较多，花的颜色各样。

分布：东南、西南、河北、河南、陕西、甘肃等省区，常见于疏林山地。

图5-297 百 合

习性：喜光，但不耐干旱，适宜排水良好，肥沃润湿的壤土，在腐殖质含量较高的土壤上生长很好；海拔1 000 m 以下。

繁殖：播种繁殖，鳞茎繁殖。

用途：花素雅娟秀，可用于室内盆栽、鲜切花、插花艺术、花坛、花带、庭院等栽培。

六十八、鸢尾科（Iridaceae）

多年生或1年生草本，通常具根状茎、块茎或鳞茎，多数种类只具地下茎，分枝或不分枝。叶多基生，稀互生，剑形或线性，基部有套折状叶鞘，具平行脉。花两性，常大而鲜艳，有多种颜色，辐射对称，稀两侧对称，单生、数朵簇生或形成花序，花下有草质或膜质苞片，花被片6，两轮排列；雄蕊3；子房下位，3室，中轴胎座，胚珠多数，花柱1，上部3分枝，圆柱形或扁平花瓣状，柱头3～6。蒴果。

全国各地均有分布。

●唐菖蒲（图5-298）

学名：*Gladiolus hybridus* Hort.

多年生球根草本花卉。球茎，球形至扁球形，外被膜质鳞片，每一鳞片下有一腋芽。茎粗壮而直立，无分枝或稀有分枝。叶剑形，嵌叠为二列状，抱茎而生。穗状花序顶生，直立，着生10～24朵，通常排成两列，侧向一边，少数为四面着花；每朵花生于草质佛焰苞内，无梗；花大型，左右对称，花冠筒漏斗状，色彩丰富，有白、黄、粉、红、紫、蓝等深浅不一的单色或复色，或具斑点、条纹或呈波状、褶皱状；蒴果；种子扁平有翅。花期夏秋。

习性：喜光，喜温暖，有一定耐寒性，不耐高温，忌闷热，以冬季温暖，夏季凉爽的气候为适宜。生长适温为15～25℃。喜深厚肥沃而排水良好的沙质壤土，土壤pH以5.6～6.5为佳。生长期要求水分充足，忌旱、忌涝。对大气污染具有较强的抗性。属长日照植物。

图5-298　唐菖蒲

分布：原产地中海沿岸及南非。现世界各地广泛栽培。

繁殖：以分球为主，亦可进行切球、播种或组织培养。

用途：世界著名切花之一，其品种多，花色艳丽丰富，花期长，花容极富装饰性，具有"切花之王"的美誉。也可盆栽观赏，布置花坛，是工矿绿化和城市美化的良好植物。球茎入药，可治跌打肿痛、腮腺炎及痈疮。

●鸢尾（图5-299）

学名：*Iris tectorum* Maxim

地下具根块茎，粗壮。叶剑形，革质，基部重叠互抱成二列，长30～50 cm，宽3～4 cm。花葶自叶丛中抽生，单1或有2分枝，高与叶等长，每梗顶端着花1～4朵，花被片6，外轮3，较大，外弯或下垂。内轮片较小，直立。花柱花瓣状，花蓝紫色。蒴果长圆形，具6棱，种子黑褐。花期5月。

同属的其他变种有：

德国鸢尾（*I. germanica* L.）：根茎粗壮，株高60～90 cm，花葶略高于叶片，具2～3分枝，共有花3～8朵，花大，有香气。花期5～6月。

黄菖蒲（*I. pseudacorus* L.）：根茎短肥，植株高大，健壮。花葶几乎与叶等长，花淡黄色。

图5-299　鸢尾

习性：耐寒性强，地下部分可露地越冬。喜光照充足，但也耐荫。喜肥沃、排水良好的土壤，较耐盐碱。

分布：我国及日本、缅甸皆有分布。

繁殖：播种与分株繁殖为主。植物学原种能获得正常发育的种子，均用播种繁殖。栽培品种需用分株繁殖，球茎类用分栽小鳞茎繁殖。为加速优良品种繁殖，可用组织培养法。

用途：常用以布置花坛、花境、岩石园及水池湖畔。也可作专类园布置。另外，还可做切花及地被植物。

六十九、石蒜科（Amaryllidaceae）

多年生草本，具鳞茎或根状茎。叶细长，全缘或有刺，基生。花两性，色多鲜艳，辐射对称或两侧对称，单生或为顶生伞形花序，有佛焰状总苞或无；花被片6，2轮，花瓣状，分离或下部合生成筒，凋萎或宿存；雄蕊6，与花被片对生，花丝分离或连合成筒，稀花丝间有鳞片；子房下位，常3室，中轴胎座，每室有胚珠多颗。蒴果或浆果，种子多数。

80多属，1300种，分布于全世界亚热带、温带地区。我国约有10属，25种左右。

● **大花君子兰**（图5-300）

学名：*Clivia miniata* Regel

常绿宿根花卉，根肉质粗壮，基部为假鳞茎，叶二列基生，剑形，全缘，长30~80 cm，宽3~10 cm，主脉平行，侧脉横向，脉纹明显，叶表面深绿色有光泽。花葶粗壮，从叶丛中抽出，稍高于叶丛。伞形花序，着花10~40朵或更多。总苞片1~2轮，共5~9枚。小花柄长4~8 cm。花大，直立生长，宽漏斗形。花色有橙黄、橙红、鲜红、深红等色。浆果球形，成熟后紫红色。花期冬、春季，每年开花1次或2次，只有部分植株能开两次花，第2次在8~9月。

图5-300　大花君子兰

大花君子兰的主要变种有：

斑叶君子兰（var. *stricta*）：叶有斑。

黄色君子兰（var. *aurea*）：花黄色，基部色略深。

习性：喜温暖湿润半荫的环境。喜散射光，忌夏季阳光直射。有一定耐旱能力，不耐渍水。生长适温为15~25℃。要求疏松、肥沃、排水良好、富含腐殖质的沙质壤土。

分布：原产南非，现世界各地广泛栽培。

繁殖：播种或分株。果实8~9月成熟，剥出种子稍晾即可播种。

用途：盆栽观赏，是著名的观叶观花植物。

● **中国水仙**（图5-301）

学名：*Narcissus tazetta* var. *chinensis* Roem

中国水仙为多花水仙（*N. tazetta* L.）的主要变种之一。为多年生草本花卉。其鳞茎肥大，卵状至广卵状球形，外被褐色皮膜。叶狭长带状，长30~80 cm，宽1.5~4 cm，边全缘，端钝圆。花葶于叶丛中抽出，稍高于叶丛，中空，筒状或扁筒状。伞形花序，每葶着花3~8朵；花白色，芳香，中心部位有副冠一轮，鲜黄色，杯状，花期1~2月。

图5-301　中国水仙

习性：喜充足阳光，也耐半荫，喜冷凉湿润气候，不耐炎热，于夏季休眠，为秋植球根。要求疏松潮润且腐殖质丰富的酸性至中性土壤。

分布：现主要集中于我国东南沿海一带。中国水仙并非原产中国，而是归化于中国的逸生植物，大约于唐初由地中海传入中国。

繁殖：分球繁殖。

用途：在温暖地区，可露地布置花坛、花境；也可于疏林下，草坪中成丛成片栽培。在北方多在冬季室内水养观赏。

七十、兰科（Orchidaceae）

多年生草本或亚灌木，多直立，少数攀缘，常分为地生兰和附生兰两大类，还有少数为腐生兰类。地生兰常有根茎或块茎，附生兰常具假鳞茎和气生根。单叶常为互生，排成两列，厚而革质或薄而软；附生兰叶片的近基部常有关节，叶枯后自此处断落；腐生兰叶退化呈鳞片状。花单生或呈穗状、伞形、总状及圆锥花序。两性花，大多两侧对称，多数种美丽、芳香。雄蕊与花柱、柱头结合一体为合蕊柱。雄蕊1枚，少2～3枚，花粉粒多集合为花粉块，少数为四合花粉或单生；子房下位，多伸长，常被误认为花梗，多作180°扭转使花的各部上下颠倒，3心皮1室，侧膜胎座，胚珠多数。蒴果，种子微小数多。

兰科为单子叶植物中最大的科，约1 000属，20 000多种，广布于世界各地，主产于热带地区。我国有173属，1 000多种，还有大量的变种，南北均有分布，但以云南、海南、台湾为最多。

兰属兰花又称中国兰花，是名贵盆花，我国栽培历史悠久，品种甚多，以浓香、素心品种为珍品。为了便于查对，现将我国常见栽培的各种列检索表如下：

表5-8 兰属常见栽培检索表

1. 叶片椭圆形，有细而长的柄 ································ 兔耳兰 *C. lancifolium*
1. 叶片狭线性、剑形或带形
　2. 叶片边缘有极细齿，手触有粗糙感
　　3. 叶脉略明显，在光下不透明；花单生，偶2朵并生；早春开花 ········· 春兰 *C. goeringii*
　　3. 叶脉明显，在光下较透明；总状花序，着花5～13朵，4～5月开花 ······· 蕙兰 *C. faberi*
　2. 叶片边缘全缘，手触平滑，少数有时近顶部有极细齿
　　4. 萼片较窄短，长4 cm以下，宽1.2 cm以下，花径6 cm以下，蕊柱长1～1.8 cm，花序直立（多花兰斜出或下弯）
　　　5. 花序着花15～50朵，密生；花序斜出，下弯或近直立，花无香 ······ 多花兰 *C. floribundum*
　　　5. 花序着花2～20朵，疏生；花序直立，花芳香
　　　　6. 花序长40 cm以下，常低于叶丛；假鳞茎较小，不显著 ············ 建兰 *C. ensifolium*
　　　　6. 花序长40 cm以下，常高于叶丛；假鳞茎粗大，明显
　　　　　7. 花序中部以上的苞片长不超过1 cm，约为子房的2/3；花序轴在花的苞片基部有蜜腺 ····· 墨兰 *C. sinense*
　　　　　7. 花序中部以上的苞片长1.3～2.8 cm，与子房等长；花序轴无蜜腺 ········ 寒兰 *C. kanran*
　　4. 萼片较宽长，长4.3 cm以上，宽1.2 cm以上，花径8 cm以上；花序斜出或下弯
　　　8. 花白色、淡玫瑰红或深红
　　　　9. 花序着花12～15朵，淡玫瑰红或深红色 ················ 美花兰 *C. insigue*
　　　　9. 花序着花1～2朵，少3～6朵；花纯白色或微芽黄 ········· 独占春 *C. eburneum*
　　　8. 花绿色、黄绿色、深褐色或红褐色
　　　　10. 花被绿色或黄绿色，有紫色条纹；花授粉后唇瓣转变为红色 ········ 虎头兰 *C. hookerianum*
　　　　10. 花被浅橙黄色或浅橙红色，有深色条纹；花授粉后唇瓣不变色

11. 花径 12 cm 以下，唇瓣毛较少 ··· 黄蝉兰 *C. iridioides*

11. 花径 12～15 cm，唇瓣毛多 ·· 西藏蝉兰 *C. traceyanum*

●**卡特兰**（图 5-302）

学名：***Cattleya labiata* Lindl**

常绿草本花卉。有短根茎，假鳞茎较长且直立，顶端着生厚革质条形叶 1～2 枚。花大，花径 13～15 cm，花瓣离生，喇叭形，常起皱，花葶短。花为粉红色或紫红色，有光泽，花期秋冬。

习性：属附生兰类，喜光，但忌直射光。耐寒性差，越冬温度 15 ℃以上，要求空气湿润，喜通透性良好的微酸性基质。

分布：原产美洲热带，现世界各地均有栽培。

繁殖：分株繁殖。

用途：盆栽观赏或作高档切花。

图 5-302　卡特兰

●**春兰**（图 5-303）

学名：***Cymbidium goeringii* Rchb. f.**

根肉质白色，假鳞茎小，呈球形。叶 4～6 片丛生，狭长带形，长 15～40 cm，宽 0.5～1.5 cm，边缘有细齿，手触有粗糙感，叶脉明显。花单生，偶有两朵并生，浅黄绿色，绿白色或黄白色，有香气。花葶直立，有鞘 4～5 片。花期 2～3 月。春兰品种较多，通常依花被片的形状可分为以下 4 种类型：

蝴蝶瓣型：两侧及外瓣向后微翻，中瓣向上前伸，内瓣侧伸稍内抱，唇瓣宽

长反卷。主要品种有：迎春蝶、冠蝶、彩蝴蝶、素蝶。

梅瓣型：外三瓣短圆，弯曲内向，基部较窄，形如梅花瓣；内瓣短，边缘内弯呈兜状。唇瓣短而硬。如玉梅、宋梅、皖晶梅和西神梅等。

荷瓣型：外三瓣短厚而宽阔，先端广圆，形似荷花瓣。两内瓣左右平伸，唇瓣长宽且反卷。如：福田大荷、大福贵、绿云、翠盖等。

图 5-303　春　兰

水仙瓣型：外三瓣基部狭、中部宽、端略尖，类似水仙花花瓣，内瓣短圆，有兜，唇瓣大而下垂。如翠一品、宜春仙、龙字、汪字等。

习性：喜温暖、湿润气候，耐寒力强，喜半荫，不耐强光直射。喜腐殖质丰富的微酸性土壤。

分布：原产长江流域及西南各省、自治区。

繁殖：以分株为主。可播种繁殖，但实际只用于育种。近些年来采用组培繁殖。

用途：著名观赏盆花，常设兰圃专类栽培。花可食用，熏制兰花茶。花、叶均可入药，有止泻、滞痢之效。

●**蕙兰**（图 5-304）

学名：***Cymbidium faberi* Rolfe**

根肉质，淡黄色，根系发达，长达 20～50 cm，假鳞茎卵形，不明显。叶线性，5～7

枚，亦有多至 10 枚，比春兰叶直立而宽长，叶缘有粗锯齿，基部常对褶，横切面呈 V 形。花葶直立，高30～90 cm，常高出于叶鞘，总状花序，着花 5～13 朵，花浅黄绿色，香气浓郁。唇瓣三裂不明显，中裂片长椭圆形，有许多透明小乳突状毛，端反卷，唇瓣黄色白，有多个紫红色斑点，花期 4～5 月。品种 20～30 个，以浙江出产者最为著名。品种分类方法同春兰。

习性：喜温暖、湿润气候，喜荫凉，不耐强光直射，耐寒力强于春兰。喜富含腐殖质的微酸性土壤。

分布：原产我国中部及南部地区。

繁殖：同春兰。

图 5 - 304 蕙 兰

●**建兰**（图 5 - 305）

学名：***Cymbidium ensifolium***（**L.**）**Sw**

根系较发达，比春兰粗，比蕙兰短，较圆润，假鳞茎椭圆形，较小。叶 2～6 枚丛生，长 20～50 cm，宽 1～2 cm，广线性，略有光泽，叶缘光滑或近顶部有极细齿。花葶直立，高 20～35 cm，常低于叶丛。总状花序，着花 4～12 朵，浅黄绿色，香味浓。花期 7～9 月，常连续两度开花。

习性：喜温暖、湿润气候，喜半荫，不耐强光直射，耐寒力较春兰低。喜腐殖质丰富的微酸性土壤。

分布：原产福建、广东、四川、云南等省、自治区。全国各地有栽培。

繁殖：同春兰。

用途：同春兰。

图 5 - 305 建 兰

●**寒兰**（图 5 - 306）

学名：***Cymbidium Kanran*** **Makino**

根类似春兰，假鳞茎长椭圆形。叶长 35～70 cm，宽 1～1.8 cm，直立性强，3～7 枚丛生。花葶直立，较细，长达 40～60 cm，大多高出叶丛，花疏生，着花 5～12 朵。花瓣短而宽，中脉紫红色；唇瓣不明显三裂，黄绿色带紫瓣，有黄、白、青、红、紫等花色，花香味纯正。花期 10～12 月，有一种夏寒兰，7 月开花。

习性：喜温暖、湿润气候，喜半荫，不耐强光直射，耐寒力较建兰弱。喜腐殖质丰富的微酸性土壤。

分布：原产我国福建、浙江、江西、湖南、广东等省，日本亦有分布。

繁殖：同春兰。

用途：同春兰。

图 5 - 306 寒 兰

●棒叶万带兰（图 5 - 307）

学名：*Vanda teres* **Lindl**

常绿，茎木质，攀缘状，株高可达 2 m 以上，有气生根。叶肉质，为细长圆棍状，两列状着生。总状花序腋生，疏生少数花；花大而美，径 7~10 cm，白色至粉红色；内外花被片近同形，基部收窄，唇瓣上面被毛，黄色，下面无龙骨状突起，蕊柱短粗。花期 7~8 月。

习性：属附生类兰花，喜高温，高湿（抗干旱）和较强的光照，生长期要求高空气湿度，但根部不宜太大的湿度。栽培材料微酸性，必须具有疏松多孔、排水良好、而又保水力强的性能。

分布：原产我国云南南部。印度、缅甸、泰国、老挝、锡金也有分布。

图 5 - 307 棒叶万带兰

繁殖：分株繁殖。

用途：盆栽观赏和做切花。

七十一、禾本科（Gramineae）

该科为草本或木本植物，1 年生或多年生，有或无地下茎，地上茎称为秆，秆中空有节，很少实心。单叶，叶通常由叶片和叶鞘组成，但竹类有叶柄，叶鞘包着秆。叶片扁平，线性、披针形或狭披针形，叶脉平行，脉间常无横脉；叶片与叶鞘交接处内面常有 1 小片称叶舌（竹类称箨舌）；叶鞘顶端两侧各有一附属物称叶耳（竹类称箨耳）。花序由小穗排成穗状、总状、指状、圆锥状花序；小穗有花 1 至数朵，排列于小穗轴上，基部有 1~2 片或多片不孕苞片，称为颖。花两性、单性，较小，为外稃和内稃包被着，颖和外稃基部质地坚厚部分叫基盘，外稃和内稃中有 2~3 枚小薄片，即花被，称为鳞片或浆片。雄蕊 3 枚，花丝纤细，花药丁字着生。子房 1 室，有 1 胚珠，花柱 2，柱头常呈羽毛状或扫帚状。果实为颖果，果皮与种皮贴生，稀果皮与种皮分离（囊果）。单子叶植物，种子有胚乳。

该科广布全球，约 660 余属，10 000 余种。我国约 225 属，1 200 余种。

●佛肚竹（图 5 - 308）

学名：*Bambusa ventricosa* **Mcclure**

地下茎合轴型，秆丛生；灌木状竹类。高 1~2 m，直径 2~5 cm，盆栽的株型更小。秆型变化多样，节间畸形而成瓶肚状，秆表面无毛，多少有白粉，初为绿色，后变橄榄黄色。箨耳极发达，圆形至镰刀状，鞘口具灰白色毛。箨舌极短，弧形，高 0.3~0.5 mm，边缘具牙齿。箨叶直立。每节生 1~3 枝，每枝 7~13 枚叶；叶鞘无毛，叶耳多少明显，叶耳极短。叶片披针形，长 12 cm，宽 1.6 cm。

分布：福建、广东、江西、云南、广西等省、自治区。

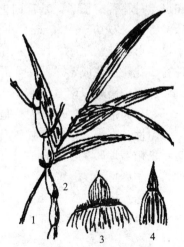

图 5 - 308 佛肚竹

1. 枝叶 2. 秆

3. 笋箨腹面 4. 笋箨背面

习性：稍耐荫，适宜沙质壤土。－2℃以下要注意防冻。

繁殖：2～3月选择秆基芽肥大充实的1～2年生竹，在距茎秆30 cm处的外围开挖，由远及近，逐渐连苑带竹挖起，一般大型竹可单秆移植；小型竹2～3秆成丛挖起，种植。

用途：室内盆栽，也可用于广场、公园、花坛、庭院、森林景观营造等配置。

● **方竹**（图5-309）

学名：*Chimonobambusa quadrangularis*（Fen－zi）**Makino**

地下茎单轴型。秆高3～6 m，直径1～4 cm，节间长8～22 cm，四方形或近四方形，上部节间呈D形。幼秆被黄褐色小刺毛，后脱落，秆粗糙。秆环隆起明显，箨环基部常常有排列成圈的刺状气生根，向下弯曲。秆箨厚纸质，无毛，背面有紫斑；无箨耳；箨舌不发达；箨叶小或退化。秆中部分枝3，上部增加至7，枝光滑，枝环隆起。叶片狭披针形，两面无毛。笋期8月至翌年1月。

分布：长江流域各省、自治区，海拔900 m以下，常见于沟谷或山坡阔叶林内。

习性：耐荫，也稍喜光，适宜土层深厚、肥沃、润湿的酸性土。耐寒，－1～－3℃可以安全越冬。

繁殖：埋鞭繁殖。

用途：秆直，四方形，叶翠，高度适中，是庭院、公园、森林景观营造的理想树种。

图5-309 方竹
1.笋 2.秆 3.枝叶

● **毛竹**（图5-310）

学名：*Phyllostachys pubescens* **Mazel ex. H. De Lehaie**

地下茎单型。秆高10～20 m，节间圆筒形，着枝一侧具沟槽，幼秆深绿色，有白粉。箨鞘厚革质，背面密生棕紫色小刺毛和斑点；箨舌窄长形，基部向上耸入，叶在每小枝2～8片，叶片披针形，宽0.5～1.5 cm，小横脉明显。花枝单生，不具小叶，小穗丛形如穗状花序，长5～10 cm，外被有覆瓦状的佛焰苞，小穗有2花，一朵成熟，另一朵退化。春天3月份发笋。

分布：秦岭以南至广东、广西的亚热带地区，海拔1 400 m以下，分布范围广、面积大，是我国传统的经济竹种。

习性：喜光，适宜润湿、温暖、土层深厚的壤土。

繁殖：埋鞭繁殖，即在2月初挖去带芽的鞭1.5～2 m长，埋入土中即可。

用途：用材，如造纸、竹炭、家具、农具等；食品工业原料，如笋罐头等；景观营造，可用于广场、公园、庭院等布置。

图5-310 毛竹

第六章　景观植物种植设计

20世纪初，人们提出了生态公园的观点，并不久即出现了生态公园，其主要有树林、池塘、沙丘、沼泽地、谷类植物和荒野地等的景观配置。20世纪80年代初，人们提出了"生态园林"的观点，强调园林环境的生态功能与社会效益。

在人工建筑物旁及生活区，常需配植乔木、灌木、草本等多种景观植物以进行环境美化，即使水面，也常布置各种水生景观植物以优化水体生态与美化环境。景观植物可以充分显示出巨大的卫生防护与美化功能，具有良好的生态功能与社会效益。在景观绿地中可创造出花团锦簇，绿草如茵，荷香拂水，空气清新的美景与意境，以最大限度地利用空间，达到人们对景观的文化娱乐、体育活动、环境保护、风景艺术以及居住环境的美化等多方面的要求。因此，景观植物种植设计是大部分公共活动场所、建筑及构筑物设计中的不可忽略的重要组成部分。

第一节　景观植物种植设计概述

一、景观植物种植设计的概念

景观植物种植设计也称植物造景或景观植物配置设计，是指按照景观植物的生态习性、形态特征、群落形态、生态学原理、景观艺术构图和环境保护要求，把没有生命的建筑物、山石水土与有生命的景观植物进行科学合理的配植，创造各种优美、实用的植物景观空间环境，充分发挥植物景观综合功能和作用，以达到景观植物与人、建筑物、景观与自然的和谐统一，使自然生活环境得以改善的植物景观营造设计。

二、植物景观与生态设计

1. 自然式设计　自然起伏变化的地形和丰富的植物群落景观构筑自然式景观设计，如林地与草坪相间的旷野景观（图6-1）。

2. 乡土化设计　运用乡土植物群落来展现地方景观特色，并创造稳定、持久、和谐的景观环境（图6-2）。

3. 保护性设计　景观设计结合自然，科学而非艺术的设计思想。如用草本植物进行护坡，防止水体冲刷、水土流失与滑坡以保护堤坝（图6-3：A）与道路（图6-3：B）。

4. 恢复性设计　即生态艺术设计，如人工设施建设对生态植被破坏后的种植恢复，诸如建筑、构筑物旁的植被恢复（图6-4：A），河道两岸施工后裸露地的植被恢复（图6-4：B）等等。这些植被恢复的设计不能为单一的保护性设计，必须考虑采用景观植物，植被设计要与生态环境的美化相结合。

图6-1 自然式设计

A. 自然起伏变化的地形与自然式景观植被

B. 自然式林地、草地与人工建筑的和谐统一

图6-2 乡土化设计

A. 人工的乡土化设计

B. 自然形成的乡土化

图6-3 单一的保护性设计

A. 堤坝保护

B. 道路保护

图6-4 生态艺术设计

A. 人工建筑物旁的植被恢复 B. 河道两岸的植被恢复

第二节 景观植物种植设计的基本形式与类型

一、景观植物种植设计的基本形式

1. 规则式 规则式是指景观植物成行成列等距离排列种植，或做有规则的简单重复，或具规整形状。规则式类型有规则对称式、规则不对称式。

（1）规则对称式 植物景观布置具有明显的对称轴线或对称中心，树木形态一致或人工整形，景观植物布置采用规则图案。多用于纪念性景观，大型建筑物环境、广场等规则式景观绿地中（图6-5）。

图6-5 规则对称式设计

（2）规则不对称式 没有明显的对称轴线和对称中心，景观布置有规律，也有变化，多用于街头绿地、庭园等（图6-6）。

2. 自然式 自然式的景观植物配置没有明显的轴线，各种景观植物的分布自由变化，没有一定的规律性。常用于自然式的园林景观环境中，如居住区绿地（图6-7：A）、综合性公园

图 6-6 规则不对称式设计
A. 公园 B. 河畔风光带绿地 C. 庭园 D. 大型建筑物旁空旷地

安静休息区（图 6-7：B）、自然式庭园（图 6-7：C）、自然式小游园（图 6-7：D）等。

图 6-7 自然式设计
A. 居住区绿地 B. 公园安静休息区 C. 自然式庭园 D. 自然式小游园

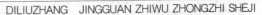

3. 混合式　混合式是规则式与自然式相结合的形式。它吸取规则式和自然式的优点，既整洁清新、色彩明快的整体效果，又有丰富多彩、变化无穷的自然景色；既有自然美，又有人工美。其类型有：

a. 以自然式为主，结合规则式。

b. 以规则式为主，点缀自然式。

c. 以规则与自然并重。

二、景观植物种植设计类型

（一）根据景观植物应用类型分类

1. 景观树木种植设计　对各种景观树木（包括乔木、灌木及木质藤本植物等）进行景观设计。可分为孤景树、对植树、树列、树丛、树群、树林、植篱及整形树等景观设计。

2. 景观花草种植设计　对各种草本花卉进行造景设计。如花坛、花境、花台、花池、花箱、花丛、花群、模纹花带、花柱、花钵、花球、花伞、吊盆等。

3. 景观蕨类与苔藓植物设计　多用于林下或阴湿环境下，创造朴素、自然和幽深宁静的艺术境界。如贯众、凤尾蕨、肾蕨、波士顿蕨、翠云草、铁线蕨等。

（二）按景观植物生境分类

1. 陆地种植设计

山地——宜用乔木造林；

坡地——多种植灌木丛、树木地被或草本地被等；

平地——宜做花坛、草坪、花境、树丛、树林等。

2. 水体种植设计　利用水生植物打破水面的平静和单调，增添水面情趣，丰富景观水体之景观内容。

（三）按景观植物应用空间环境分类

1. 户外绿地种植设计　此类种植设计是景观种植设计的主要类型，一般面积较大，景观植物种类比较丰富，以创造稳定持久的植物自然生态群落为主。

2. 室内庭园种植设计　多用于大型公共建筑等室内环境布置。须考虑空间、土壤、阳光、空气等环境因子对植物景观的限制。

3. 屋顶种植设计　非游憩性绿化种植和屋顶花园的美化。

第三节　树列、行道树、孤景树与对植树的设计

一、景观树列与景观行道树的设计

（一）景观树列设计

景观树列也称景观列植树，是指按一定间距，沿直线（或曲线）纵向排列种植的园林树木景观。

1. 景观树列设计形式　单纯树列：指用同一种景观树木进行排列种植设计，具有强烈的统一感和方向感，景观种群特征鲜明，景观形态简洁流畅，但不乏单调感。如景观行道树的设计，道路较窄的可用较小的乔木（图6-8：A）；反之，选用较高大的乔木（图6-8：B）。

图 6-8　树列设计

A. 较窄道路的树列　B. 较宽道路的树列

混合树列：指用两种以上的树木进行相间排列种植设计，具有高低层次和韵律变化，混合树列因树种不同，产生色彩、形态、季相等景观变化。

2. 景观树列设计的间距　一般乔木 3～8 m，灌木 1～5 m，主要取决于景观树种的特性、环境功能和造景要求等因素。

3. 树种选择与应用

（1）选择树冠较整齐、个体生长发育差异小或者耐修剪的景观树种。

（2）树列景观适用于乔木、灌木、常绿、落叶类景观树种。

（3）树列常用于道路边、分车绿带、建筑物旁、水际、绿地边界、花坛等种植布置。

（4）混合树列的景观树种宜少不宜多，一般不超过 3 种。树列延伸线短时，多用一树种，或乔木与灌木间植，一高一低，简洁生动。

（二）景观行道树设计

景观行道树是按一定间距列植于道路两侧或分车绿带上的乔木景观（图 6-9）。

图 6-9　景观行道树设计

1. 景观行道树需考虑的主要内容

（1）道路环境　与植物生长发育有关，直接影响着景观形态和景观效果，包括人工因素和自然因素。

（2）树种选择　要求具有适应性强、姿态优美、生长健壮、树冠宽大、萌芽性强、无污染性等特点，尽量选无花粉过敏或过敏性较少的树种，如香樟、女贞、刺槐、乌桕、水杉、黄杨、榔榆、冬青、银杏、梧桐等。

（3）设计形式

绿带式：在道路规划设计时，在道路两侧，位于车行道与人行道之间、人行道、混合道路外侧或分车绿带设置带状景观绿地。

树池式：在人行道上设计排列几何形的种植池以种植景观行道树的形式。正方形 1.5 m×1.5 m，最小不小于 1 m×1 m；长方形树池以 1.2 m×2 m 为宜；圆形树池半径不小于 1.5 m。

混合式：在人行道或分车绿带设置的带状绿地中，兼有由树丛组成的树池式设计，如圆形或半圆形等树池（图 6-10）。

图 6-10　混合式景观行道树设计

（4）设计距离　一般以 5 m 作为定植株距，高大乔木可采用 6～8 m，以成年后树冠能形成较好的郁闭效果为准，如为初种树木，可缩短间距形成遮阳效果，一般为 2.5～3 m。小乔木或窄冠乔木可用 4 m 定植。

（5）安全视距　在交叉道口，考虑行车安全。以 30～35 m 的安全视距为宜（图 6-11）。

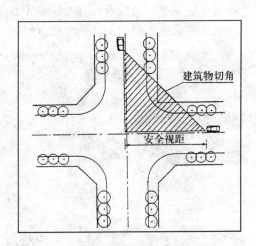

图 6-11　安全视距三角形示意图

二、景观孤景树与景观对植树设计

（一）景观孤景树设计

孤景树即孤植树、孤立木，是用一株树木单独种植设计成景的园林树木景观（图 6-12）。

1. 设计环境　有较为开阔的空间环境和比较适宜的观赏视距与观赏空间。

2. 树种选择　要求景观树木形体高大，姿态优美，树冠开阔，枝叶茂盛，或者具有某些特殊的观赏价值如鲜艳的花、果、叶色彩，优美的枝干造型，浓郁的芳香等，如古树名

图 6 - 12　孤景树
A. 大型草坪中央　B. 古建筑旁　C. 办公楼前草坪一隅

木。保护古树名木和植物资源，发挥其观赏价值和历史意义。常见的有：香樟、榕树、悬铃木、朴树、雪松、银杏、七叶树、广玉兰、金钱松、油松、薄壳山核桃、麻栎、云杉、桧柏、白皮松、枫香、白桦、枫杨、乌桕等。

（二）景观对植树设计

按一定轴线关系对称或均衡对应种植的两株或具有两株整体效果的两组树木景观。它作为配景或夹景，以烘托主景，或增强景观透视的前后层次和纵深感（图 6 - 13）。

图 6 - 13　对植树
A. 不对称均衡式　B. 对称式　C. 多组对称式

1. 景观对植树设计形式

对称式对植：多用于规则式庭园、门厅两侧等绿地（图 6 - 13：B、C）。

不对称均衡式对植：多用于自然式或混合式庭园绿地中（图6-13：A）。

2. 景观树种的选择与应用　一般要求树木形态美观或树冠整齐、花叶娇美。常应用于景观绿地的路端、建筑入口、公园两侧、规则式花园入口、桥头与石阶两侧、庭园左右等。

适合的树木有雪松、龙柏、龙爪槐、南洋杉、云杉、柳树、苏铁、棕竹、桧柏、棕榈、碧桃、紫玉兰、罗汉松等。

第四节　景观树丛的设计

景观树丛是指由多株（两株到十几株不等）的景观树木做不规则近距离组合种植，具有整体效果的园林树木群体景观。它可以由一个种群（图6-14：A、C、D），也可由多种树组成（图6-14：B）的多株树木成丛、成群的配植方式。

图6-14　景观树丛

A. 一个种群　B. 多个种群　C. 作局部空间的主景　D. 兼遮阳作用

1. 景观树丛的功能

（1）反映自然界树木小规模的群体形象美（图6-14：B）。

（2）做局部空间的主景（图6-14：C）、配景、障景、隔景等。

（3）兼有遮阳的作用，如水池边、河畔、草坪等处（图6-14：D）。

2. 景观树丛的构图法则　统一中求变化，差异中求调和。一般10～15株，景观树种不宜超过5种。

（1）**两株树丛**　一般采用同种树木，或者形态和生活习性相似的不同种树木，但两株树木的形态不要完全相同，要有变化和动势，创造活泼的景致（图6-15：A）。

（2）**三株树丛**　树木宜采用同种（图6-15：B）或两种树木。平面布置呈不等边三角形，以"2+1"的方式栽种，最大和最小靠近成一组，整体造型呈不对称均衡。树木如为两种，将同种分成两组，并且单独的一组树木体量要小。

图 6-15 树丛的构图

A. 两株树丛 B. 三株树丛

（3）四株树丛 可采用一种或两种树木。布局整体呈不等边三角形或四边形，可用"3＋1"的方式，单独一株为第二大的树，其他三株同三株树丛的方法。如为两种树种，则树量该为 3∶1，其中一株的树种，不单独种植，体量不宜为最小或最大。

第五节 景观树群的设计

景观树群是指由几十株树木组合种植的树木群体景观。它所表现的是较大规模的群体形象美（色彩、形态等）（图 6-16）。

图 6-16 缓坡地树群

1. 景观树群设计形式 单纯树群和混交树群。

单纯树群：只有一种树种，其树木种群景观的特征显著，郁闭度较高（图 6-17：A、D）。

混交树群：由多种树种混合组成一定范围树木群落景观。是景观树群设计的主要形式，具有层次丰富，景观多姿多彩、持久稳定（图 6-17：B、C）。

2. 景观树群的结构 混交树群具有多层结构，通常分为四层，即乔木层、亚乔木层、大灌木层和小灌木层，还有多年生草本地被植物，也称为第五层。一般分布原则：乔木位于树群中央，其四周是亚乔木层，而大、小灌木则分布于树群的最外缘。

3. 景观树群的树种选择

（1）考虑美感 乔木层要求树冠姿态优美，树群冠际线富于变化；亚乔木层树木最好开

图 6-17　景观树群设计形式
A. 局部空间的单纯树群　B. 局部空间的混交树群
C. 较大开阔地的单纯树群　D. 树群与水体的巧妙设计

花繁茂或具有艳丽的叶色；灌木则以花灌木为主，适当点缀常绿灌木。

（2）考虑群落生态　乔木层多为阳性树种，亚乔木层为稍耐阴的阳性树种或中性树种，灌木层多半为半阴性或阴性树种。另外，还须考虑环境生态。

（3）考虑季相的变化　考虑季节的变化，选用适当树种，使树群在不同季节有不同的景观特色。

4. 景观树群的应用环境　一般具有足够观赏视距的环境空间里，观赏视距至少为树冠高度的 4 倍或树群宽度的 1.5 倍以上。

5. 景观树群的规模　一般不宜过大，以外缘投影轮廓线长度不超过 60 m，长宽比不大于 3∶1 为宜。

第六节　景观树林、景观林带、景观植篱的设计

一、景观树林设计

景观树林是指成片、成块种植的大面积树木景观。如综合性公园安静休息区的休憩林、风景游览区的景区以及城市保护绿地中的卫生防护林、防风林、引风林、水土保持林、水源涵养林等（图 6-18）。

1. 分类　根据结构和树种的不同分为密林（图 6-19：A）、疏林（图 6-19：B）等，其中又有单纯林和混交林之分。根据形态不同分为片状树林和带状树林（又称林带）。

2. 密林　郁闭度较高的树林景观，一般郁闭度为 70%～100%。有单纯密林和混交密林之分。

图 6-18　景观树林设计

A. 水土保持林　B. 河心洲城市一端的休憩林（松海）　C. 风景游览区一景（花涛）　D. 水源涵养林

图 6-19　树　林

A. 密林　B. 疏林

（1）**层次结构**　单纯密林层次单一，缺乏季相变化，但简洁、壮观。混交密林有多层结构（3～4 层）。

（2）**布局**　大面积的混交密林中不同树种多采用片状或块状、带状混交布置，面积较小时采用小片状或点状混交设计，以及常绿树与落叶树相混交。单纯密林只需对单株树木定植。

3. 疏林　郁闭度为 40%～60%，多为单纯乔木林，也配植一些花灌木，具有舒适明朗，适合游憩活动的特点，公共庭园绿地中多有应用（图 6-19：B）。

（1）**设计形式**

疏林草地：是疏林和草坪相结合的园林景观，是运用过多的疏林设计形式。景观树木间距一般为 10～20 m，不小于成年树树冠直径为准，空地上形成草地或草坪（图 6-19：B；

图6-20：A)。

疏林花地：是疏林和花卉布置相结合的植物景观。树木间距较大，或采用窄树冠树种，改善林下的采光条件（图6-20：B）。

疏林广场：是疏林和活动场相结合的设计形式，多用于人员活动和休息频繁的景观环境。

图6-20 疏 林

A. 疏林草地　B. 疏林花地

二、景观林带设计

多用于周边环境、路边、河滨等地。一般选1~2个树种，多为高大乔木，树冠枝繁叶茂，具有较好的遮阳、降噪、防风、阻隔遮挡等功能，郁闭度较高。多采用规则式种植，株距一般为1~6 m，以树木成年后树冠交接为准（图6-21）。

常用的景观树种：水杉、杨树、栾树、桧柏、山核桃、刺槐、火炬松、白桦、银杏、柳杉、落羽杉、女贞等。

图6-21 景观林带

三、景观植篱设计

景观植篱是指由同一种景观树木（多为灌木）做近距离密集列植成篱状的树木景观，常用来做境界、空间分隔、屏障，或作为花坛、花境、喷泉、雕塑的背景与基础造景内容。

1. 景观植篱的设计形式

（1）矮篱　设计高度在50 cm以下的植篱。树种要求是株体矮小或枝叶细小，生长缓慢、耐修剪的常绿景观树种（图6-22）。

（2）中篱　设计高度在50~120 cm的植篱（图6-23）。具有分隔空间的作用，常用于绿地边界的划分、围护、绿地空间分隔、遮挡不高的挡土墙面及植物迷宫。

（3）高篱　设计高度在150 cm左右的植篱。常用作绿地空间分隔和防范，或作障景，或组织游览路线（图6-24）。

图 6-22 景观植篱——矮篱：做境界

图 6-23 景观植篱——中篱：做围护

图 6-24 景观植篱——高篱
A. 空间分隔 B. 用作防范

（4）树墙 设计高度在 170 cm 以上的植篱，多选用常绿树种。树墙用来分隔空间，屏障视线，减少干扰，遮挡、隐蔽不美观的建筑物、构筑物及设施等，常用大灌木或小乔木（图 6-25）。

（5）常绿篱 采用常绿树种设计的植篱。整齐素雅，造型简洁。

（6）花篱 由花灌木作植篱。既有绿篱的功能，又有较高的观花价值或享受花朵之芳香（图 6-26）。

（7）果篱 采用观果树种，能结出许多果实，并具有较高观赏价值的植篱。

（8）刺篱 选用多刺的植物配植而成的植

图 6-25 景观植篱——树墙：分隔空间，
屏障视线

图 6-26　景观花篱

A. 做境界　B. 作绿地空间之分隔

篱。主要用于边界防范，阻挡行人穿越绿地，但也有较好的观赏功能。

（9）彩叶篱　以彩叶树种设计的植篱。它色彩亮丽，常用于庭园环境。

（10）蔓篱　设计一定形式的篱架，并用藤蔓植物攀缘其上而形成的绿色篱体景观，主要用来围护和创造特色篱景。

（11）编篱　将绿篱植物枝条编织成网格状的植篱，其目的是为了增加植篱的牢固性和边界防范效果。

2. 景观草本篱垣及棚架　景观草本蔓性花卉的生长较藤本迅速，能很快起到景观绿化效果，适用于篱棚、门棚、窗格、栏杆及小型棚架的掩蔽与点缀。许多草本蔓性花卉植物的茎叶纤细，花果艳丽，装饰性较藤本强，也可将支架专门制成大型动物形象（如长颈鹿、象、鱼等）或太阳伞等（图 6-27），待蔓性花草布满后，细叶茸茸，繁花点点，甚为生动，更宜设置于儿童活动场所。

图 6-27　草本蔓性花卉的造型

A. 大型器物造型　B. 人物造型

3. 景观植篱的造型设计

（1）几何型　篱面平直，断面一般为几何图形如矩形、梯形、折形、圈形等，一般用于矮篱、中篱、高篱和绿篱等。

（2）建筑型　将篱体造型设计成城墙、拱门、云墙等建筑式样。可用于中、高篱和树墙，选常绿景观树种。

（3）自然型　篱体形态自然，通常以花、叶、果取胜，多用于花篱、彩叶篱、果篱、刺篱等。

用于景观植篱的蔓性花卉植物，一二年生的有各种牵牛及茑萝、红花菜豆、扁豆（*Dolichos lablab*）、香豌豆、风船葛、观赏瓜（*Cucurbita pepo var. ovifera*）、锦荔枝（*Momrodica spp.*）、小葫芦（*Lagenaria leucantha var. microcarpa*）、月光花、靠壁蔓（又名电灯花 *Cobaea scandens*）、山牵牛（*Thunbergia alata*）、斑叶葎草（*Humulus japonicus var. variegatus*）、落葵（*Basella rubra*）、智利垂果藤（*Eccremocarpus scaber*）等。宿根或具块根的有忽布（*Humulus lupulus*）、宿根山黧豆（*Lathyrus latifolius*）、宿根天剑（*Calystegia pubescens*）和栝蒌（*Trichosanthes kirilowii*）等。

第七节　景观花卉造景设计

一、景观花坛设计

1. 景观花坛　景观花坛一般多设于广场和道路的中央、两侧及周围等处，主要在规则式（或称整形式）布置中应用（图 6-28）。有单独或连续带状及成群组合等类型。外形多样，内部花卉所组成的纹样，多采用对称的图案。花坛要求经常保持鲜艳的色彩和整齐的轮廓。因此，多选用植株低矮、生长整齐、花期集中、株丛紧密而花色艳丽（或观叶）的种类，一般还要求便于经常更换及移栽布置，故常选用一二年生花卉。

景观植株的高度与形状对花坛纹样与图案的表现效果有密切关系。如低矮紧密而株丛较小的花卉，适合于表现花坛平面图案的变化，可以显示出较细致的花纹，故可用于毛毡（模纹）花坛的布置。如五色苋类、白草、香雪球、蜂室花、三色堇、雏菊、半枝莲、半边莲及矮翠菊等。也有运用草坪或彩色石子等镶嵌来配合布置的。根据采用花卉的不同，可表现宽仅 10～20 cm 的花纹图案，植株高度可控制在 7～20 cm。有些花卉虽然生长高大，但可利用其扦插苗或播种小苗就可观赏的特性，也用于毛毡花坛，如孔雀草、矮一串红、矮万寿菊、荷兰菊、彩叶草及四季秋海棠等。

景观花丛花坛是以开花时整体的效果为主，表现出不同花卉的种或品种的群体及其相互配合所显示的绚丽色彩与优美外貌。因此，在一个花坛内，不在于种类繁多，而要图样简洁，轮廓鲜明，体型有对比，才能获得良好的效果。宜选用花色鲜明艳丽，花朵繁茂，在盛开时几乎看不到枝叶又能良好覆盖花坛土面的花卉。常用的有三色堇、金盏菊、金鱼草、紫罗兰、福禄考、石竹类、百日草、一串红、万寿菊、孔雀草、美女樱、凤尾鸡冠、翠菊、藿香蓟及菊花等。球根花卉如水仙类、郁金香、风信子等，由于其花色鲜艳，花期早，也常用作早春花丛花坛的布置，因其植株叶少而土面裸露，可在株间配植低矮而枝叶繁茂美观的二年生花卉，如三色堇、雏菊、勿忘草、花亚麻等作为球根花卉的衬托；但也可用植株高过主要观赏的球根花卉，而高出部分为轻盈的小花着生于疏松的大花序上的种类，如霞草、高雪

图 6 - 28　景观花坛

A. 居住区空地中央　B. 公园安静休息区中央　C. 办公楼前坪中央　D. 独立花坛

轮、蛇目菊、山桃草（*Gaura lindheimeri*）等，使小花似雾状或繁星状罩于其上，如运用得当，能取得意想不到的效果。但不论何种配植方式，都应注意陪衬种类要单一，花色要协调。

花坛中心宜选用较高大而整齐的花卉材料，如美人蕉、扫帚草、毛地黄、高金鱼草等；也有用树木的，如苏铁、蒲葵、海枣（*Phoenix*）、凤尾兰（*Yucca*）、雪松、云杉及修剪的球形黄杨、龙柏等。花坛的边缘也常用矮小的灌木绿篱或常绿草本作镶边栽植。如雀舌黄杨、紫叶小檗、葱兰、沿阶草等。

2. 独立花坛　在景观绿地中作为局部空间构图的一个主景而独立设置于各种场地之中的花坛，称为独立花坛，一般为规则的几何形，长短轴之比小于 3∶1（图 6 - 28：D）。

（1）应用环境　广场中央、道路交叉口、大草坪中央及其他规则式景观绿地空间构图的中心位置。

（2）设计　面积不宜过大，通常以轴对称或中心对称设计，可供多面观赏，呈封闭式。

（3）形式

盛花花坛：以观花草本植物花朵盛开时的群体色彩美为表现主题的花坛，也称花丛花坛。以色彩设计为主题，图案设计为辅。选用植物的花期集中一致，高矮整齐，色彩明快。

模纹花坛：采用不同色彩的观叶或花叶兼美的草本植物以及常绿小灌木等种植而成，以精美图案纹样为表现主题的花坛。

① 平面模纹花坛。

② 立体模纹花坛。

混合花坛：兼有盛花花坛华丽的色彩和模纹花坛的精美图案，观赏价值较高。

组合花坛：也称花坛群，是指多个花坛按一定的对称关系近距离组合而成的一个不可分割的花卉景观构图整体，各花坛呈轴对称或中心对称。

① 应用环境：多用于较大的规则式景观绿地空间的花卉造景设计，或大型建筑广场、公共建筑设施前。

② 设计：以轴对称的纵、横轴的交点或中心对称的对称中心作为组合花坛景观的构图中心，在构图中心上可设计一个花坛或喷水池、雕塑、纪念碑或铺装场地等。

带状花坛：带状花坛是指设计宽度在 1 m 以上，长宽比大于 3∶1 的长条形花坛。

应用环境：较宽阔的道路中央或两侧、规则式草坪边缘、建筑广场边缘、建筑物墙基等。

连续花坛群：指由独立花坛、带状花坛、组合花坛等不同形式多个花坛沿某一方向布局排列，组成有节奏的不可分割的连续花卉景观的构图整体。

① 应用环境：较大的绿地空间，如大型建筑广场、休闲广场，具有一定规模的规则式或混合式游憩绿地。

② 设计：按一定轴线布局设计，常以独立花坛、喷水池、雕塑来强调连续景观构图的起点、高潮和结尾。

沉床花坛：由于设计在低凹处而得名，植床低于周围地面的花坛，也称下沉式花坛。

设计与应用：多设计成模纹花坛，面积不宜过大，特别注意排水问题，一般结合下沉式广场设计，应用于游憩绿地、休闲广场等。

浮水花坛：是指采用水生花卉或可进行水培的宿根花卉设计布置于水面之上的花坛景观，也称水上花坛。常用的景观植物有凤眼莲、水浮莲、美人蕉以及一些禾本科草类等。

二、景观花境的设计

景观花境是以树丛、树群、绿篱、矮墙或建筑物作背景的带状自然式花卉布置，是根据自然风景中林缘野生花卉自然散布生长的规律，加以艺术提炼而应用于景观。景观花境是以多年生草花为主，结合观叶植物和一二年生草花，沿花园边界或路缘设计布置而成的一种园林植物景观，其外形较规整，内部花卉的布置成丛或成片，自由变化，多为宿根、球根花卉，也可点缀种植花灌木，配以山石、器物等。（图 6 - 29）。花境的边缘，依环境的不同，可以是自然曲线，也可以采用直线，而各种花卉的配植是自然斑状混交。

（1）应用环境　各类景观绿地，通常沿建筑物基础墙边、道路两侧、台阶两旁、挡土墙边、斜坡地、林缘、水畔池边、草坪地以及与植篱、花架、游廊等结合布置。

图 6 - 29　景观花境

（2）设计形式　界于规则式和自然式之间的一种带状花卉景观设计形式，是草花与木本植物结合设计的景观类型。花境植床与周围地面基本相平，中央可稍凸起，坡度约 5%，以利排水。植床长度一般不超过 6 m，单向观赏花境宽 2～4 m，双向观赏花境宽 4～6 m。

（3）布局

单向观赏花境：种植设计要前低后高，有背景衬托的花境则要注意色彩对比等。

双向观赏花境：花灌木多布置于中央，周围布置较高的宿根花卉，最外缘布置低矮花卉。

（4）常用的草花与花灌木　美人蕉、大丽花、小丽花、萱草、波斯菊、金鸡菊、芍药、蜀葵、黄秋葵、沿阶草、麦冬、鸢（yuan）尾、射干、玉簪、紫茉莉、菊花、水仙、郁金香、风信子、葱兰、石蒜、韭兰、三叶草、唐菖蒲、一叶兰、紫露草、常春藤、球根海棠、吊竹梅、南天竹、梅花、凤尾竹、五针松、棣棠、丁香、月季、牡丹、玫瑰、金钟花、珍珠梅、榆叶梅、金丝桃、杜鹃、腊（蜡）梅、棕竹、朱蕉、变叶木、十大功劳、红枫、龙舌兰、苏铁、铺地柏、茶花、寿星桃、矮生紫薇、贴梗海棠等。

花境中各种各样的花卉配植应考虑到同一季节中彼此的色彩、姿态、体型及数量的调和与对比，整体构图又必须是完整的，还要求一年中有季相变化。几乎所有的露地花卉都可以布置花境，尤其宿根及球根花卉能更好地发挥花境特色，并且维护比较省工。但由于布置后可多年生长，不需经常更换，所以对各种花卉的生态习性必须切实了解，有丰富的感性认识，并予以合理安排，才能体现上述的观赏效果。例如荷包牡丹与耧斗菜类在夏季炎热地区，仅在上半年生长，炎夏到来时即因休眠而茎叶枯萎，这就需要在株丛间配植夏秋生长茂盛而春至夏初又不影响其生长与观赏的其他花卉。石蒜类根系较深，开花时多无叶，如与浅根性，茎叶葱绿而匍匐的爬景天（*Sedum sarmentosum*）混植，不仅不影响生长，而且互有益处。相邻的花卉，其生长势强弱与繁衍速度，应大致相似，否则设计效果不能持久。

三、景观花丛与花群设计

景观花丛与花群也是将自然风景中野花散生于草坡的景观应用于景观布置。常布置于开阔草坪的周围，使林缘、树丛、树群与草坪之间起联系和过渡的效果，也有布置于自然曲线道路转折处（图 6-19：B）或点缀于小型院落及铺装场地（包括小路、台阶等）之中。花丛与花群大小不拘，简繁均宜，株少为丛，丛连成群。一般丛群较小者组合种类不宜多，花卉的选择，高矮不限，但以茎秆挺直、不易倒伏（或植株低矮，匍地而整齐）、植株丰满整齐、花朵繁密者为佳。如用宿根花卉，则花丛、花群持久而维护方便。

现将适于华北地区花境、花丛与花群应用的主要宿根及球根花卉列表介绍如下（表 6-1）：

表 6-1　用于花境的主要宿根及球根花卉

早春开花（4～5 月）

中　名	学　名	株高（cm）	花　色
山耧斗菜	*Aquilegia viridiflora*	20～40	堇紫
荷包牡丹	*Dicentra spectabilis*	20～60	桃红
风信子*	*Hyacinthus orientalis*	30～60	紫、红、蓝、堇、白
水仙	*Narcissus spp.*	20～40	白、黄、橙
白头翁	*Pulsatilla chinensis*	30～40	紫
郁金香	*Tulipa gesneriana*	20～80	白、黄、粉红、紫

春夏开花（5～6 月）

中名	学名	株高（cm）	花色
乌头△	*Aconitum spp.*	80～150	白、堇、蓝、紫
彗星耧斗菜	*Aquilegia caerulea var.*	40～60	白、黄、蓝、紫、红
垂丝耧斗菜	*A. chrysantha var.*	40～60	浅蓝
尖萼耧斗菜	*A. oxysepala*	50～70	紫、堇蓝
耧斗菜	*A. vulgaris*	30～60	紫、堇蓝
蔓锦葵△	*Callirhoe involucrata*	20（蔓生匍匐）	玫瑰红
风铃草△	*Campanula spp.*	60～100	白、堇蓝
大花滨菊	*Chrysanthemum burbankii*	60～80	白
除虫菊	*Ch. cinerariae folium*	40～60	白
红花除虫菊	*Ch. coccineum*	40～60	粉红
春白菊	*Ch. leucanthemum*	50～70	白
大金鸡菊△	*Coreopsis lanceolata*	50～70	亮黄
宿根飞燕草	*Delphinium grandiflorum*	30～50	堇蓝
锦团石竹	*Dianthus chinensis var. heddewigii*	15～30	白、粉、红、紫
少女石竹	*D. deltoides*	20～30	白、粉红
常夏石竹	*D. plumarius*	40	白、粉红
瞿麦	*D. superbus*	60	白、粉红
宿根霞草	*Gypsophila paniculata*	60	白
马蔺	*Iris lactea var. chinensis*	20～40	白、蓝
香根鸢尾	*I. florentina*	50～70	白
德国鸢尾	*I. germanica*	50～80	堇、蓝、紫、褐
银包鸢尾	*I. pallida*	50～80	雪青、堇、蓝、紫
鸢尾	*I. tectorum*	40～60	浅蓝
黄菖蒲	*I. pseudacorus*	60～70	亮黄
麝香百合*	*Lilium longiflorum*	50～100	白
宿根亚麻	*Linum perenne*	40～60	浅蓝
皱叶剪夏罗	*Lychnis chalcedonica*	60～80	橘红
丽青花	*L. haageana*	40～60	橘红
芍药	*Paeonia lactiflora*	60～100	白、粉、红、紫
东方罂粟	*Papaver orientalis*	40～60	橘红具褐斑

夏季开花（6～8 月）

中名	学名	株高（cm）	花色
凤尾蓍	*Achillea filipendula*	60～100	浓黄
珠蓍	*A. Ptarmica*	40～60	白

（续）

中　名	学　名	株高（cm）	花　色
沙参△	Adenophora spp.	40～100	浅蓝
蜀葵	Althaea rosea	150～200	白、黄、橙、粉、红、紫
射干	Belamcanda chinensis	80～100	橘黄具紫点
美人蕉△*	Canna spp.	100～150	乳白、黄、橙、粉红
大丽花△*	Dahlia spp.	60～150	白、黄、橙、粉、红、紫
宿根天人菊*	Gaillardia aristata	40～60	黄、红
唐菖蒲	Gladiolus hybridus	60～100	各色均备
多花薄叶向日葵△	Helianthus decapetalus var. multiflorus	80～110	鲜黄
一枝黄花	Solidago serotina	90～120	黄
金针菜	Hemerocallis flava	60～100	淡黄
萱草	H. fulva	60～100	橙、橘红
大花萱草	H. middendorfii	50～70	深黄
黄花菜	H. minor	60～70	深黄具淡香
槭葵*	Hibiscus coccineus	150	大红
芙蓉葵	H. palustris	120	白、水红，洋红
玉簪	Hosta plantaginea	40～70	白，具芳香
紫萼	H. ventricosa	50～80	浅堇
白鸢尾	Iris dichotoma	60～80	白
盐生鸢尾	I. halophila	60～100	乳白
溪荪	I. orientalis	50～80	堇蓝
紫苞鸢尾	I. ruthenica	15～20	蓝紫
海滨鸢尾△	I. spuria	60～100	淡雪青
火炬花△	Kniphofia uvaria	50～100	黄至橘红
兰州百合	Lilium davidii	60～80	橘红
卷丹	L. ligrinum	50～70	橘红具紫点
鹿葱	Lycoris squamigera	60	粉红
千屈菜△	Lythrum salioaria	100～150	玫瑰红
博落回	Macleaya cordata	120～180	乳白且可观叶
美洲薄荷	Monarda fistulosa	40～70	粉红
宿根福禄考△	Phlox paniculata	40～60	白、粉红、紫
随意草	Physostegia virginiana	40～70	白、水红
桔梗△	Platycodon grandiflorum	40～70	白、堇蓝
晚香玉△*	Polianthes tuberosa	60～90	白、水红
金光菊	Rudbeckia laciniata var. hortensia	120～160	鲜黄
亮叶金光菊	R. nitida	120～200	鲜黄
肥皂草	Saponaria officinalis	30～50	水红

（续）

中　名	学　　名	株高（cm）	花　色
蓝花筒	*Scabiosa comosa*	40～60	粉、堇蓝
费菜	*Sedum kamtschaticum*	20～40	黄
葱兰*	*Zephyranthes candida*	20	白
韭莲*	*Z. grandiflora*	15～20	粉红

秋季开花（9～10 月）

中　名	学　　名	株高（cm）	花　色
美国紫菀	*Aster novae—angliae*	40～120	白、粉、堇、蓝、紫
荷兰菊	*A. novi—belgii*	40～80	白、粉、堇、蓝、紫
野菊	*Dendranthema indicum*	60～80	黄
甘野菊	*D. boreale*	60～80	黄
菊花	*D. morifolium*	60～80	白、黄、橙、粉、红、紫
扎菊	*D. zawadskii*	40～60	雪青、粉、浅红
一面穗	*Elsholtzia stauntonii*	40～80	粉红
泽兰	*Eupatorium japoniccum*	100～120	浅粉红
蝎子草	*Sedum spectabile*	20～40	粉红

注：表中有"△"的为花期较长，能延至下一季者；有"*"的为休眠期需掘起收藏，每年重新栽植。

宜用于花丛及花群的具体种类，属宿根及球根花卉者，可依上述原则参照花境所列标准选用；属一、二年生栽培者主要有如下各种（表 6－2）：

表 6－2　适宜花丛、花群应用的一、二年生花卉

中　名	学　　名	株高（cm）	花期（月份）	花　色
心叶藿香蓟	*Ageratum houstonianum*	20～30	5～9	白、浅蓝
三色苋	*Amaranthus tricolor*	60～100	8～9	叶色鲜红或黄色
金鱼草	*Antirrhinum majus*	15～100	5～6	白、黄、粉、橙、红、紫
雏菊	*Bellis perennis*	10～15	3～6	白、粉红
金盏菊	*Calendula officinalis*	20～40	4～6	黄、橙
翠菊	*Callistephus chinensis*	15～60	8～10	白、粉、红、堇、蓝、紫
风铃草	*Campanula medium*	40～70	5～6	白、粉、堇、蓝
长春花	*Catharanthus roseus*	40～60	7～10	白、玫瑰红
凤尾鸡冠	*Celosia cristata var. plumosa*	80～150	8～10	乳白、黄、橙、红、紫
矢车菊	*Centaurea cyanus*	60～100	5～6	白、粉、红、堇、蓝
醉蝶花	*Cleome spinosa*	60～80	6～8	白、粉红
蛇目菊	*Coreopsis tinctoria*	20～60	5～7	黄、红、紫、褐
波斯菊	*Cosmos bipinnatus*	80～120	8～9	白、粉、洋红
硫华菊	*C. sulphureus*	80～120	8～9	橙
草紫薇	*Cuphea procumbens*	30～40	7～8	雪青、桃红

（续）

中　名	学　　名	株高（cm）	花期（月份）	花　色
五彩石竹	*Dianthus barbatus*	30～40	5～6	白、粉、红、紫
石竹梅	*D. latifolius*	30～70	5～6	白、粉、红、紫
毛地黄	*Digitalis purpurea*	60～80	5～6	白、桃红、紫
花菱草	*Eschscholtzia californica*	20～30	5～6	白、黄、橙、粉、紫
天人菊	*Gaillardia pulchella var. picta*	30～40	6～8	黄、红
霞草	*Gypsophila elegans*	30～50	5～8	白
矮凤仙	*Impatiens balsamina var.*	20～40	6～8	白、粉、红、雪青、紫
半边莲	*Lobelia erinus*	15～20	5～6	堇蓝、白
香雪球	*Lobularia maritima*	15～20	9～10	白、堇蓝
紫茉莉	*Mirabilis jalapa*	40～80	7～8	白、黄、粉、红、有香味
花烟草	*Nicotiana sanderae*	50～70	7～8	粉、紫
月见草	*Oenothera biennis*	60～100	6～8	黄、有香味
待霄草	*O. drummondii*	60～80	6～8	黄、有香味
美丽月见草	*O. speciosa*	40～60	6～8	白、有香味
二月兰	*Orychophragmus violaceus*	20～40	4～5	堇蓝
矮牵牛	*Petunia hybrida*	20～40	6～8	白、粉、红、紫
福禄考	*Phlox drummondii*	20～30	5～7	白、粉、红
半枝莲	*Portulaca grandiflora*	15～20	6～8	白、黄、橙、粉、红、紫
一串红	*Salvia splendens*	20～80	9～10	红、白、紫、粉
矮雪轮	*Sileus pendula*	20～30	5～6	白、粉红
孔雀草	*Tagetes patula*	20～30	7～10	橙黄、红褐
旱金莲	*Tropaeolum majus*	20～30	5～7	乳白、黄橙、红、深红
毛蕊花	*Vebascum thapsiformis*	80～120	6	黄
美女樱	*Verbena hybrida*	40～60	8～10	白、粉、红、堇、蓝
细叶美女樱	*V. tenera*	40～60	8～10	堇蓝
三色堇	*Viola tricolor*	15～20	5～6	黄、白、堇、蓝、紫褐
线叶百日草	*Zinnia linearis*	20～40	7～9	橙黄

四、景观花台设计

景观花台是将花卉栽植于高出地面的台座上（高度一般为 40～100 cm），在空心台座式植床中填土或填人工基质，种植草花所形成的景观，类似花坛而面积常较小。设置于庭院中央或两侧角隅，也有与建筑相连且设于墙基、窗下或门旁。它一般面积较小，适合近距离观赏，展示花卉的色彩、芳香、形态及花台造型等综合美（图 6-30）。

景观花台用的花卉因布置形式及环境风格而异，如我国古典园林及民族形式的建筑庭院内，景观花台常布置成盆景式，以松、竹、梅、杜鹃、牡丹等为主，配饰山石小草，重姿态风韵，不在于色彩的华丽。景观花台以栽植草花作整形式布置时，其选材基本与景观花坛相

图 6-30　景观花台
A. 建筑墙基　B、C. 兼作空间隔离　D. 景观花台与花坛的综合类型

同。由于通常面积狭小，一个花台内常布置一种花卉。因台面高于地面，所以应选用株形较矮、紧密匍伏或茎叶下垂于台壁的景观植物。宿根花卉中常用的如玉簪、芍药、萱草、鸢尾、白银芦（*Cortaderia selloana*）、兰花及麦冬草、沿阶草等；其次，如迎春、月季、杜鹃及凤尾竹（*Bambusa multiplex var. nana*）等景观植物也常用作花台布置。

设计的类型

（1）规则形花台　花台种植台座的外形轮廓为规则几何形体。常用于规则式景观绿地的小型活动休息广场、建筑物前、建筑墙基、墙面、围墙墙头等。可以由单个花台或多个台座组合设计，或与坐椅、坐凳、雕塑等景观、设施结合起来设计，常用的植物有小型花灌木和盆景植物。

（2）自然形花台　外形轮廓为不规则的自然形状，多采用自然山石叠砌而成。常与假山、墙脚、自然式水池等相结合或单独设置于庭园中，一般种植草本花卉和小巧玲珑、形态别致的木本植物，还可配置一些假山石，创造具有诗情画意的园林景观。

五、景观岩生花卉设计

借鉴自然山野崖壁、岩缝或石隙间野生花卉所显示的风光，在景观中结合土丘、山石、溪涧等造景变化，点缀以各种岩生花卉植物。最美丽的岩生花卉植物多数分布在数千米的高山上，高山的生态环境是阳光充足，紫外线强而气候冷凉；高山岩生花卉植物一般耐瘠薄及干旱，在形态上除花色艳丽外，而且枝细密，叶片小，植株低矮或匍匐；不少岩生花卉为宿根性或基部木质化的亚灌木类植物。

在景观中除了海拔较高的地区外，一般低海拔地区自然条件对大多数高山岩生花卉植物主要是由露地花卉植物中选取，有些可引自低山区的岩生野花植物。从景观艺术的要求来说，它们的形态也应类似高山花卉植物。岩生花卉植物能耐干旱瘠薄，所以适合栽植于岩缝

石隙及山石嶙峋之处，在山阴、林下或泉石之间，也需要有好阴湿的如卷柏、蕨类、秋海棠、虎耳草、苦苣苔等类景观植物，甚至还需人工铺栽苔藓。为维护方便，应尽量选用宿根种类。

景观岩生花卉植物的应用除结合地貌布置外，也可专门堆叠山石以供栽植岩生花卉植物；也有利用台地的挡土墙或单独设置的墙面、堆砌的石块留有较大的缝隙，墙心填以园土，把岩生花卉植物栽于石隙，根系能舒展于土中。另外，铺砌砖石的台阶、小路及场院，于石缝或铺装空缺处，适当点缀岩生花卉，也是应用方式之一。

六、景观花卉在应用中的养护

花卉在景观应用中必须有合理的养护管理，才能生长良好和充分发挥其观赏效果。主要归纳为下列几项工作。

1. 栽植与更换　作为重点美化而布置的一二年生景观花卉，全年需进行多次栽植与更换，才可保持其鲜艳夺目的色彩。必须事先根据设计要求进行育苗，至含蕾待放时栽植于景观花坛，花后给予清除更换。

华北地区，景观花坛布置至少应于4～10月间保持良好的观赏效果，为此需要更换花卉4～5次；如采用观赏期较长的花卉，至少要更换3次。有些蔓性或植株铺散的花卉，因苗株长大后难移栽，另有一些是需直播的花卉，都应先盆栽培育，至可供观赏时脱盆植于景观花坛。近年国外普遍使用纸盆及半硬塑料盆，这对更换工作带来了很大的方便。但景观中应用一二年生花卉作重点美化，其育苗、更换及辅助工作等还是非常费工的，不宜大量运用。

景观球根花卉按种类不同，分别于春季或秋季栽植。由于球根花卉不宜在成长后移植或花落后即掘起，所以对栽植初期植株幼小或枝叶稀少种类的株行间，配植一二年生花卉，用以覆盖土面并以其枝叶或花朵来衬托球根花卉，是相互有益的。适应性较强的球根花卉在自然式布置种植时，不需每年采收。郁金香可隔2年、水仙隔3年，石蒜类及百合类隔3～4年掘起分栽一次。在作规则式布置时可每年掘起更新。

景观宿根花卉包括大部分岩生及水生花卉，常在春或秋分株栽植，根据生长习性不同，可2～3年或5～6年分栽一次。

景观地被植物大部分为宿根性，要求更较粗放；其中属一二年生的如选材合适，一般不需较多的管理，可让其自播繁衍，只在种类比例失调时，进行补播或移栽小苗即可。

2. 土壤要求与施肥　普通园土适合多数景观花卉生长，对过劣的或工业污染的土壤，以及对土壤有特殊要求的花卉，其土壤需要换入新土（客土）或施肥改良。对于多年生花卉的施肥，通常是在分株栽植时作基肥施入；一二年生花卉主要在圃地培育时施肥，移至景观花坛仅供短期观赏，一般不再施肥；只对花期较长的花卉，则在景观花坛中追液肥1～2次。

3. 修剪与整理　在圃地培育的景观草花，一般很少进行修剪，而在景观布置时，要使花容整洁，花色清新，修剪是一项不可忽视的工作。要经常将残花、果实（如非观果类，不使其结实，往往可显著延长花期）及枯枝黄叶剪除；毛毡花坛需要经常修剪，才能保持清晰的图案与适宜的高度；对易倒伏的花卉需设支柱；其他宿根花卉、地被植物在秋冬茎叶枯黄后要及时清理或刈除；需要防寒覆盖的可利用这些干枝叶覆盖，但应防止病虫害藏匿及注意田园卫生。

第八节　景观草坪及景观地被植物设计

景观草坪及景观地被植物常占据景观中很大面积。在景观艺术上，它把树木花草、道路、建筑、山丘及水面等各个风景要素，更好地联系与统一起来；在功能上，为人们提供了广阔的活动场地，并防止水土流失，减少尘土，湿润空气及缩小温差；在经济上，有些种类的草坪及地被植物也能直接提供饲料或药材。

考虑因素：明确草坪及地被植物的生长环境，选择合适的草种及地被植物。一般草坪草喜阳，因此在林下荫地，需选择耐阴性较强的草种，如野牛草、养胡子草等。

明确草坪及地被植物的用途，考虑草地及地被植物踩踏与人流量的问题。

考虑草地的坡度与排水的问题，同时需考虑艺术构图因素，使草地的地形与周围的景物统一起来（图 6-31）。

图 6-31　景观草坪

一、景观草坪的类型

1. 按草坪的用途分　游憩草坪、观赏草坪、运动场草坪、护坡、固堤草坪、飞机场草坪和放牧草坪等。

2. 按植物分类学分　禾本科早熟禾亚科草坪草、虎尾草亚科和黍亚科草坪草及莎草科草坪草。

3. 按草坪与树木组合方式分　空旷草坪、闭锁草坪、开朗草坪、稀树草坪、疏林草坪和林下草坪。

4. 按规划设计的形式分　规则式草坪和自然式草坪。

5. 其他分类　按草坪草种组合、生长季节、草坪季相与生活习性、草坪形成的景观、使用期长短进行分类。

二、景观草坪植物的选择

景观草坪植物选择应依据草坪的功能与境进行选择。

1. 观赏草坪　观赏草坪如广场内的草坪、建筑物四周、道路旁、分车道或花间的小块草坪等，都属于观赏草坪。这类草坪主要供装饰美化，不供入内游憩。因此，对草种要求返青早、枯黄迟、观赏性高；是否耐踩则要求不严。观赏草坪要求草坪植株低矮，叶片细小美观，叶色翠绿且绿叶期长等草种，如天鹅绒、马尼拉、早熟禾、紫羊茅、羊胡子草（*Carex rigescens*）、异穗苔（*Carex heterostachya*）及朝鲜芝草（*Zoysia tenuifolia*）等。有时也可适当混种一些植株低矮，花叶细小，适应性强，有适度自播能力的草花，形成嵌花（或称彩花）草坪。

2. 游憩草坪　一般面积较大，分布于大片的平坦或缓坡起伏的地段及树丛树群间，主要供人们散步游憩及小活动量的体育活动或游戏。草种要求耐踩踏，茎叶不污染衣服及高度可控制在 8～10 cm 为宜；最好是具有匍匐茎的草种，生长后草坪表面平整。丛生性草种的根丛，因常高出地面使草坪凹凸不平，最好不用。游憩活动草坪应选择耐践踏、耐修剪、适应性强的草坪草。宜用于游憩草坪的草种有狗牙根、马尼拉、早熟禾、野牛草、结缕草、中华结缕草、假俭草、朝鲜芝草、细弱剪股颖及匍匐剪股颖（*Agrostis stolonifera*）等。羊胡子草不耐踩踏，在游人较少处也可以应用。在面积较大，游人踩踏频率不高的局部，游憩草坪也可布置成嵌花草坪。

3. 体育运动草坪 主要是指供足球、网球及棒球等球类正规练习及比赛的球场所用的草坪。对草坪的要求是更耐踩踏而表面应极为平整，草的高度要控制在 4～6 cm，要均匀且具一定的弹性；其他与游憩草坪的要求相似。体育草坪应选择耐践踏、耐修剪、适应性强的草坪草，常用的草种有结缕草、假俭草、野牛草等。游泳日光浴场的草坪，要求茎叶柔软而草层较厚，对耐踩性要求可略低，如朝鲜芝草、狗牙根、羊胡子草及野牛草等均可。

4. 固土护坡草及地被植物 用于此目的者要求适应性强，根系深广，固土能力高的种类。在栽植护坡植物的地段上，通常不供游人的活动，故对地上部分生长的高度等无特殊要求；但对航空港如机场跑道四周的植物覆盖物，除了上述要求外，还要求是低矮的、且能吸尘、消声并抗碳氢化合物等废气的种类。

可以作为固土护坡的草坪及地被植物的种类很多，要求具备下列特点：

（1）抗性强 在山坡瘠地要求抗旱耐寒性强；在林下树丛间需耐阴性强，在湖泊水旁要耐水湿等。

（2）栽种后能通过种子或根茎迅速自播蔓延扩大，并在较长年限内生长稳定。

（3）对人畜（在水边还包括对鱼贝类）无毒害，也无特殊气味。

（4）对有害气体有一定的抗性。

（5）植物群体及季相变化有一定的观赏价值。

（6）最好还可作饲料或药材、纤维、蜜源等。

固土力强的有红顶草（*Agrostis alba*）、大剪股颖（*Agrostis stolonifera var. gigantea*）、赖草、偃麦草、无芒雀麦草、野苜蓿及白车轴草等。对有害气体抗性较强的有野牛草、羊胡子草、狗牙根、假俭草、结缕草、大花金鸡菊、萱草、金银花、加拿大一枝黄花、葱兰等。

（7）干旱少雨地区则要选具有抗旱、耐旱、抗病性强的草坪草，如假俭草、狗牙根、野牛草等。

（8）护坡草坪要求选择适应性强、耐旱、耐瘠薄、根系发达的草种，如结缕草、假俭草、白三叶、百喜草等。

草坪及地被植物除了上述应用目的外，还应该把树旁、林下、路边等一切裸露地面掩盖起来。其选材范围很广，凡生长强健，又能适应当地环境，包括各种露地花卉及部分低矮匍匐的木本植物。对植物种类的观赏、实用功能与经济收益的要求，应根据不同地段有所侧重。有些城市的景观中已大量应用葱兰、萱草、金针菜、晚香玉、吉祥草、万年青、沿阶草属、土麦冬属、酢浆草、杭白菊、薄荷、留兰香及石菖蒲等作为景观地被植物。其他如景天属、虎耳草、蔓长春花（*Vinca major*）、针叶福禄考、金鸡菊、玉簪、紫萼及各种蕨类等草本植物；木本植物如常春藤（*Hedera* spp.）、络石、云南黄馨及薜荔等也有应用。

5. 湖畔河边或地势低凹处的草地 应选择耐湿草种，如剪股颖、细叶苔草、假俭草、两耳草等。

6. 树下及建筑阴影环境的草地 应选耐阴草坪草，如两耳草、细叶苔草、羊胡子草等。

三、景观草坪坡度设计

景观草坪坡度设计应根据草坪类型、功能和用地条件而异。

1. 体育草坪坡度 体育场地开展体育运动，应该越平越好，一般排水坡度为 0.2%～1%。

2. 游憩草坪坡度 规则式游憩草坪为 0.2%～5%，自然式游憩草坪坡度可大一些，以 5%～10%，不超过 15%（图 6-32）。

3. 观赏草坪坡度 平地观赏草坪坡度不小于0.2%，坡度观赏草坪坡度不超过 50%。

图 6-32 自然式游憩草坪

第九节 景观水体植物设计

景观水生植物（或水生花卉），不仅限于植物体全部或大部分在水中生活的植物，也包括适应于沼泽或低湿环境生长的一切可观赏的植物。园林景色只有当水面栽种了各种景观水生植物后，才能使景色生动。不仅如此，多种多样的水生植物及一些藻类等低等植物，对于水体的卫生净化与生产利用都有很大的作用。

景观水生植物因种类的不同，从低湿或沼泽地以至 1 m 左右的浅水中都能生长。少数可在 2～3 m 或更深的水中生活。因此，必须按它对水深的要求筑砌栽培槽来布置景观水生植物，面积也可用缸架设水中。在不需栽植景观水生植物的地方，水应较深，以防景观水生植物自然蔓延，影响了设计景观，并妨碍了对水中倒影的欣赏。多数景观水生植物要求在静水或稍小有流动的水中生长，但有些必须在流水中，如在溪涧中才能成活，这在布置上也应予以注意。

景观水生植物常植于湖水边点缀风景，也常作为规则式水池的主景；在景观中也有专设一区，创造溪涧、喷泉、瀑布等水景，汇于池沼湖泊，栽种多样景观水生植物，布置成水景园或沼泽园；在有大片自然水域的风景区，也可结合风景的需要，栽种大量既可观赏，又有经济收益的水生植物。

水生植物在景观中还有其特殊功能。不少沉水植物虽无观赏价值，却可增加水中氧的含量，有些是食虫性或能制约某些有害藻类，这对净化水质及水体卫生与美观有很大作用。所以在应用景观水生植物时，对那些有助于水体生物平衡的其他水生植物（包括菌藻类）也要有适当考虑，对大面积水域更应注意。

一、景观水体种植设计原则

1. 水生植物占水面比例要适当。

2. 因"水"制宜，选择景观植物种类：考虑水面面积、水体深浅（图 6-33）。

（1）水面面积 大面积，可以观赏结合生产，种植莲藕、芡实、芦苇等；小面积的庭园水体，点缀种植水生观赏花卉，如荷花、睡莲、王莲、香蒲、水葱等。

（2）水体深浅 较浅的池塘或深水湖、河近岸边与岛缘浅水区，通常设计挺水植物，如荷花、水葱、千屈菜、慈姑、芦苇、菖蒲等；在面积不大的较深水体中，多种植浮叶植物加以点缀，如睡莲、王莲、芡实、菱等；各种深水水体中以漂浮植物来造景，如水浮莲、凤眼莲等（图6-33）。

3. 控制景观水生植物的生长范围。

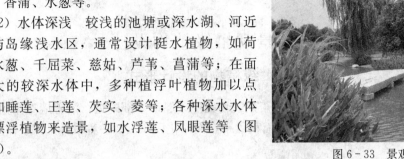

图6-33 景观水体

二、景观水体的植物布置

水体岸边及水面的种植设计形式多样，变化无穷，应根据不同的水体进行多样化设计与配置适宜的景观植物（图6-34）。

图6-34 不同景观水体的植物布置

水面种植设计：A、E、F、G、I；水体岸边种植设计：B、C、D、H

1. 选用耐水植物，如柳树、木芙蓉、池杉、素馨、迎春、水杉、水松等，美化河岸，丰富水体空间景观。

2. 种植低矮灌木，遮挡河池驳岸，使池岸含蓄、自然、多变。

3.种植高大乔木，创造水岸立面景色和水体空间景观的对比构图效果，还有生动的倒影景观。

第十节　景观攀缘植物设计

一、景观攀缘植物的设计形式

1. 附壁式　是指攀缘植物设计种植于建筑物墙壁或墙垣基部附近，沿着墙壁攀附生长，创造垂直立面绿化景观。附壁式是占地面积最小，而绿化面积大的一种设计形式。附壁式分如下两种。

直接贴墙式：指将具有吸盘或气生根的攀缘植物种植于近墙基地面或种植台内，植物直接贴附于墙面，攀缘向上生长（图6-35：A）。

墙面支架式：指植物没有吸盘或气根，不具备直接吸附攀缘能力，或攀附能力较弱时，或墙面较光滑不易攀附时，在墙面上架设攀缘支架，供植物顺着支架向上缠绕攀附生长，从而达到墙壁垂直绿化的目的（图6-35：B）。

2. 廊架式　利用廊架等建筑小品或设施作为攀缘植物生长的依附物，如花廊、花架等（图6-35：C、D；图6-36：F）。兼有空间使用功能和环境绿化、美化作用。一般选用一种攀缘植物或几种形态与习性相近的植物种植于廊架的边缘地面或种植台中。

图6-35　景观攀缘植物设计（Ⅰ）
A. 附壁式（直接贴墙式）　B. 附壁式（墙面支架式）　C. 廊架式（花廊）　D. 廊架式（花架）

3. 立柱式　指攀缘植物依附柱体攀缘生长的垂直绿化设计形式（图6-36：A）。

4. 篱垣式　利用篱架、栅栏、矮墙垣、铁丝网等作为攀缘植物依附物的造景形式，具有围护防范和美化装饰环境的功能（图6-36：B）。

5. 垂挂式 指攀缘植物种植于建筑物的较高部位，并使植物茎蔓垂挂于空中的造景形式（图6-35：C、D、E）。

图6-36 景观攀缘植物设计（Ⅱ）

A. 立柱式 B. 篱垣式 C. 垂挂式（靠墙） D. 垂挂式（悬空） E. 垂挂式（走廊） F. 廊架式（花架）

二、景观攀缘植物的选择

1. 根据环境条件的适应性，选择适合的植物。
2. 根据景观的功能要求，选择合适的植物。
3. 根据建筑、设施的色彩、风格、高低等配合协调，提高景观效果。

第十一节 景观屋顶花园设计

一、景观屋顶花园种植设计形式

景观屋顶花园种植设计需根据屋顶的承重结构、形状、排水、防水、坡度、风向、阳光等具体情况进行科学合理的设计，既要考虑屋顶以上这些因素，又要考虑景观植物的配置与

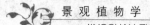
生态习性等特点进行综合设计。所以，景观屋顶花园种植设计形式变化多样（图 6 - 37），难度较大，目前的设计效果良莠不齐。

图 6 - 37 景观屋顶花园种植设计的基本形式
A. 地毯式 B. 地毯式结合有花圃式 C. 地毯式结合有自然式 D. 地毯式
E. 花圃式结合有点线式 F. 点线式结合有地毯式 G. 自然式 H. 庭院式

1. 地毯式　整个屋顶或屋顶绝大部分密集种植各种草坪地被或小灌木，屋顶犹如被一层绿色地毯所覆盖。土层要求低（10～20 cm），负荷小。

2. 花圃式　整个屋顶布满规整的种植池或种植床，也有结合生产，种植果树、花木、蔬菜或药材，注重经济效益。

3. 自然式　类似地面自然式造园种植，有微地形变化的自由种植区，种植各种地被、花卉、草坪、灌木或小乔木等植物，创造多层次、色彩丰富、形态各异的自然景观。

4. 点线式　采用花坛、树坛、花池、花箱、花盆等形式分散布置，沿建筑屋顶周边布置种植池或种植台，是过多的种植形式。

5. 庭院式　类似地面造园。种植结合水池、花架、置石、假山、凉亭等建筑小品，创造优美的"空中庭院"。

二、景观屋顶花园种植床（台）设计

1. 土层厚度　不同景观植物对土层要求各不相同。从浅到深依次为：草坪、草本花卉、灌木、乔木（有时要达 1 m 以上）。

2. 种植床布局　结合承重结构进行合理布局，尽可能创造较大面积的绿色景观。可以成片种植区、花坛、花台、树台等形式布局，使各类草坪、花卉、树木占面积比例 50%～70%。高大的种植台必须与屋顶承重结构的柱、梁的位置相结合。

3. 屋顶花园的植床构造　与地面种植区不同，不但要考虑植物生长的需要，还要考虑负荷载量、过滤、排水、防水、防根保护等因素。

4. 屋顶植床排水坡度与管道排水系统　设计一定的排水坡度，使屋面积水排向下水管口，所以要遵照原屋顶排水方向和坡度来设计种植床。

三、景观屋顶花园植物选择要求

1. 选用适应屋顶环境的植物，一般要求生长健壮、抗性强，能抵抗极端气候。

2. 对土壤深度要求不严，须根发达，适应土层浅薄和少肥条件。

3. 耐干旱或潮湿，喜光或耐阴。

4. 耐高热风，耐寒，抗冻。

5. 抗风，抗空气污染。

6. 易移植成活，耐修剪，生长较慢。

7. 耐粗放管理，养护要求低等。

第七章　景观植物与环境生态

　　景观植物的环境生态通常是泛指影响景观植物生存之空间所存在的一切事物，例如，气候、土壤、生物等因素的综合。这些事物中的每一个因素，称为环境条件。但是，对景观植物来说，各种环境条件并非都是必要的和重要的，只有那些在不同的时间或地点，对于景观植物的代谢作用直接或间接地有着密切联系，并对于景观植物特征特性的产生，类型的形成以及分布等具有最深刻影响的环境条件，才被列为景观植物的生态条件，或称为生态因素。各类生态条件在自然界中并不是孤立存在的，它们之间相互影响，相互制约，综合地形成特定的生态环境，对景观植物产生影响。景观植物在同化环境的过程中，一方面接受了环境对它的深刻影响，形成了景观植物生长发育的内在规律，即生态习性；另一方面，景观植物对环境的变化又产生各种不同的反作用，改变着环境。这两方面，构成了景观植物与环境之间相互矛盾而又是辩证统一的关系，称为景观生态系统。探索这种相互关系的规律性，即为景观生态学的内容。

第一节　景观植物的水生态

　　水是景观植物体的重要组成部分，生活旺盛的景观植物原生质含有 $60\%\sim90\%$ 以上的水分，水又是景观植物生命活动的必要条件，景观植物体内营养物质的吸收和运输，光合作用和呼吸作用的进行以及细胞内一系列的生物化学反应都有水参加。因此，水是景观植物生活的必要条件。

　　自然界中的水条件通常是以雨、雪、冰雹、雾等不同状态出现，它们的数量多少和持续时间的长短对景观植物的影响显著不同。各种景观植物由于长期生活在不同的水条件下，形成了不同的生态习性和类型，通常分为：旱生景观植物、中生景观植物、湿生景观植物和水生景观植物四大类。

一、旱生景观植物

　　旱生景观植物能在相当干旱的条件下如景观沙漠、干草原、干热山坡等环境下生长，具有较强的抗旱能力。旱生景观植物的适应方式多种多样，其中，不少的藻类、地衣等低等景观植物以及一部分高等景观植物如某些苔藓、蕨类等，能生长在很干燥的岩石、沙漠、房瓦、墙壁或树皮上。这类景观植物结构比较简单，在干旱时它们细胞内的原生质容易由溶胶状态转变成凝胶状态，当得到水分后又能恢复原状，称为凝胶化旱生景观植物。这种以降低代谢活动的假死状态来适应干旱的方式，是一种较低级的适应形式。

　　许多高等景观植物，特别是种子景观植物，对于干旱环境具有多样化的适应：有些具有发达的根系，能充分利用土壤深层的水分；有些具有良好的抑制蒸腾作用的结构，能有效地减少体内水分的损失；有些具有发达的贮水薄壁组织，在干旱季节能缓冲景观植物需水与环境供水之间的矛盾；有些具有发达的输导系统，能把根部吸收的水分迅速地转输到地上部，使不致枯萎。这类特点统称为旱生结构。

生长在干草原上的针茅属（*Stipa*）、羊茅属（*Festuca*）、隐子草属（*Kengia*）等禾本科草类景观植物以及蒿属（*Artemisia*）景观植物多具有发达的、浅而平展的根系，能及时吸收雨后土壤表层的水分。生长在干旱荒漠（戈壁）上的骆驼刺（*Alhagi pseudalhagi* Desv.），根深往往超过 30 m，可从地下吸收充足的水分，平衡蒸腾作用的消耗。仙人掌 [*Opuntia dillenii*（Ker-Gawl.）Haw.]、麻黄（*Ephedra* spp.）、沙拐枣（*Calligonum mongolicum* Turcz.）的叶变态、叶面缩小或退化，以减少蒸腾面积和降低蒸腾强度。景观植物夹竹桃（*Nerium indicum* Mill.）的叶具有复表皮，气孔藏在表皮上称为气孔窝的深腔内，腔内还具有细长的毛，也是一种抑制蒸腾的适应。景观植物仙人掌、龙舌兰（*Agave Americana* L.）、芦荟 [*Aloe oera* var. *chinensis*（Haw.）Berger] 以及景天科（Crassulaceae）的许多肉质多浆景观植物，具有发达的贮水薄壁组织，能在体内蓄存大量水分，其中有些景观植物体的表面角质层很厚，表皮下面还有几层厚壁细胞，气孔很少，且常关闭，并深陷在组织里，均能减少水分的消耗。

旱生景观植物常具有很高的渗透压（一般可达 40~60 个大气压，有的可高达 100 个大气压），不仅可大大提高景观植物吸取水分的能力，还能增强其保水的能力，使植物体不容易失水。

景观植物生活的环境中水分常常并不缺乏，但由于其他生态条件的影响，如盐分过多，酸性过强，温度过低，氧气缺乏等，使水分难以为景观植物所利用，植物体仍然表现出旱生的特点，称为生理性干旱。

二、水生景观植物

水生景观植物的植物体全部或大部浸没在水里，它们一般不能脱离水湿环境。根据其生长的水层深浅不同，可再分为沉水景观植物、浮水景观植物和挺水景观植物。

1. 沉水景观植物 植物体沉在水面以下，如金鱼藻（*Ceratophylum demersum* L.）、苦草（*Vallisneria spiralis*）、狸藻（*Utricularia vulgaris* L.）、菹草（*Potamageton crispus* L.）等。

2. 浮水景观植物 叶片漂浮在水面，如睡莲（*Nymphaea tetragona* Georgi.）、水鳖（*Hydrocharis dubia*）、浮萍（*Lemna minor* L.）、芡实（*Euryale ferox* Salisb.）等。

3. 挺水景观植物 茎、叶部分在水面以下，如甜茅（*Glyceria acutiflora*）、莲（*Nelumbo nucifera* Gaertn.）等。

水生景观植物的植物体表面几乎都有吸收功能，因此，它们的根系不发达，输导系统也很衰退。沉水景观植物的体表没有角质层等抑制蒸腾的结构，没有气孔，光合和呼吸作用也都在整个植物体表面进行；机械组织弱化；细胞渗透压很低，一般不超过 10 个大气压（淡水中的水生景观植物细胞渗透压只有 2~3 个大气压）。从综合的生态环境来看，由于水中光照较弱，氧气也不充足（水中氧的含量通常只有 0.6%~0.8%，最多不超过 2.5%，有时甚至只有 0.03%~0.05%），因此水生景观植物的沉水叶叶片通常柔软，小而薄，有的还裂成

图7-1　浮水景观植物

图7-2　挺水景观植物

线形，以扩大与外界的接触面，以吸收更多的氧等所需物质；在结构上，叶内没有栅栏组织和海绵组织的分化，茎、叶各部分都含有叶绿体，植物体内有很大的细胞间隙或发达的通气组织。水生景观植物还具有适应于水面传粉及传播种子的能力。

在水中，温度条件比较稳定，二氧化碳浓度也较高，特别在池塘、湖泊及大陆架等水域中，各种可溶性物质也异常丰富。所以，这里的景观植物光合作用强、生长旺盛。

三、湿生景观植物

湿生景观植物生长在陆地上最潮湿的环境里，如沼泽、河滩、湖泊低洼地、池塘边、山谷湿地、潮湿区域的森林下等。其中有些称为沼生景观植物。湿生景观植物的种类很多，如菖蒲（*Acorus calamus* L.）、香蒲（*Typha* spp.）、灯心草（*Juncus* spp.）等。

由于环境的极度潮湿，蒸腾作用大大地减弱，因此，湿生景观植物抑制蒸腾的结构弱化。典型的湿生景观植物叶面很大，光滑无毛，角质层薄，无蜡层，气孔多而经常开张。许多湿生景观植物还产生了泌水组织（水孔），借以促进水分的代谢。湿生景观植物的吸收和输导组织也相应地简化，表现为根系浅，侧根少而延伸不远，中柱不发达，导管少，叶脉稀

疏。此外，由于生活在高度潮湿的环境下，细胞经常处于膨胀状态，机械组织也趋于简化，通气组织却相当发达。湿生景观植物渗透压介于8～12大气压，是抗旱力最小的陆生景观植物。

四、中生景观植物

中生景观植物生长在水湿条件适中的土壤上，为介于旱生景观植物和湿生景观植物之间的类型。它们的根系、输导系统、机械组织、抑制蒸腾作用的结构等都比湿生景观植物发达，但又不如旱生景观植物。其他的形态结构和生理特性等也介于这两类景观植物之间。中生景观植物的渗透压一般在11～15个大气压，很少超过20～25个大气压。大多数森林树种、果树、草地的草类、林下杂草等都是中生植物。

一般中生景观植物对水分的反应都较敏感，在水分供应适宜时，根系发育良好，植株生长旺盛。如果在水分供应不足时，很多小花原基发育为毛状体（刚毛），不能正常结实。但在阴雨连绵、土壤水分较多的情况下，又由于空气缺乏，常致根毛大量死亡，影响地上部的正常生长。

旱生景观植物、中生景观植物、湿生景观植物和水生景观植物类型的划分，只是指景观植物对生态环境中的水分关系而言，并不能包括它们的生理性质。如在雨季、荒漠、半荒漠中生长的一年生或多年生短命植物和类短命植物，能在短暂而较潮湿的季节完成其生活周期，而以种子或休眠的地下部分度过漫长的干季，它们并不具备旱生结构及其相应的生理特性，但是由于对干旱环境的高度适应，也常列为旱生植物。此外，在自然环境中水分的多少是极其多样化的，因此，在长期的适应过程中，旱生景观植物、中生景观植物、湿生景观植物和水生景观植物之间，出现了许多中间类型。

第二节　景观植物与气温

各种景观植物的生长、发育都要求一定的温度条件。在地球表面，温度条件的变化很大。在空间上，温度是随海拔的升高、纬度（指北半球）的北移而降低；在时间上，一年有四季变化，一天有昼夜变化。温度的这些变化都能对景观植物的生长发育产生明显的作用和影响。因此，在不同温度的地区，相应地就有不同的景观植物种类。

一、温度对景观植物的作用与影响

在景观植物生活所需要的温度范围内，不同的温度对景观植物生命活动所产生的作用是不同的。一般景观植物在0～35℃的范围内，温度上升则生长加速，温度降低则生长减慢，低温能明显地减少景观植物对水分和矿质养分的吸收。同时，景观植物的蒸腾作用也直接或间接地受着温度高低不同的影响，而光合和呼吸作用强度的高低又往往受到一定的温度范围的限制。在景观植物生长发育过程中，对温度条件的要求有最适点、最低点和最高点，称为温度三基点。在最适点温度的范围内，景观植物生长、发育得最好；而超过景观植物正常生活的最高、最低点的温度范围后，景观植物生长、发育减缓直至停止，并开始出现伤害。景观植物在不同的生长、发育阶段和各种生理过程中对温度三基点的要求是不同的。通常，景观植物发育阶段要比生长阶段对温度要敏感，要求更为严格，特别在花粉母细胞减数分裂期和开花受精期对温度条件最为敏感，称为温度的临界期。研究景观植物及其在不同生长发育阶段的温度三基点，特别要研究临界期（景观植物对温度反应最敏感的阶段）的三基点，并根据临界期低温最易受害的特点，在繁殖、栽培景观植物时，特别是草本景观开花植物的繁育，要设法使临界期避开低温季节，以保证其正常的生长发育。一般景观植物光合作用的最适温度要比呼吸作用的为低。所以，对于一般景观植物来说，当温度上升到光合作用最适点以上时，就不利于体内营养物质的积累，其正常积累和生殖会受到妨碍。这种光合作用和呼吸作用之间的温度关系，对于许多景观植物在不同纬度和海拔高度上的分布，有相当重要的关系。又如，有地下贮藏器官的二年生及多年生景观植物和某些禾本科景观植物，在夏季末期开始，碳水化合物积累较快，部分原因就是由于这个时期温度开始降低，因而光合速率超过呼吸速率的缘故。

每一种景观植物的地理分布，也常受温度条件的限制，在平地上，景观植物的高低温度界限就是南北分布界限。例如，白桦（*Betula platyphylla* Suk）和云杉（*Picea asperata* Mast.）在自然情况下不生长在华北平原上，就是由于受高温的限制；杉〔*Cunninghamia lanceolata*（Lamb.）Hook.〕不过淮水，樟〔*Cinnamomum camphora*（L.）Presl〕不越长江，柑桔不能在北方栽种，也是由于受低温的限制。山地垂直分布的高低温界，常是海拔高度的下限和上限界限。以松树为例，长江流域和福建的马尾松（*Pinus massoniana* Lamb.）分布在从海平面到海拔 1 000～1 200 m 以下的地方，这就是马尾松的低温界限。黄山松（*P. taiwanensis* Hayata）在福建生长的海拔高度是 1 200（或 1 000）～1 500 m，所以，1 200（或 1 000)m 是黄山松的高温界限，1 500 m 是黄山松的低温界限。

温度是影响景观植物分布的主要条件之一；但是，温度经常是和水分配合在一起决定景观植物分布界限的，其他条件如日照长度、土壤类型等对景观植物的分布也有重要的作用，所以在引种栽培和繁殖景观植物时，要根据当地具体情况进行具体分析。现在，常能见到把热带景观植物引种栽培到亚热带甚至温带，用以布置所谓热带园林景观，其结果大多是失败的，这是未考虑景观植物的地理属性，违背其生活习性所引起的。所以，在设计布置人工植物景观时，要遵循景观植物的自然属性，科学合理地加以利用。

二、节律性变温和非节律性变温

温度变化是否有规律，对景观植物也是有作用和影响的，特别是对一些草本景观植物的影响更为明显。节律性变温，包括一天内的昼夜变温和一年内的季节变温两方面。这些变化规律，均能从景观植物生长发育等方面反映出来。而非节律性变温又可从极端温度，升、降速度和高、低温持续时间三方面对景观植物产生影响。

在有季节变化的地带，温度的年变节律是由低逐渐升高，再逐渐降低。与此相应，一些开花景观植物的生活节律是：在春季温度开始升高时发芽、生长，继之出现花蕾，夏、秋季温度较高的条件下开花、结实，秋末温度逐渐下降时开始落叶随即进入休眠。这种发芽、生长、现蕾、开花、结实、落叶休眠等不同生育期进程快慢与温度高低直接相关，每一生育期需要有一定的积温数量。

景观植物的生长发育受温度影响，而温度条件又与当地的纬度和海拔高度有关，因此，景观植物生长发育的时期就间接地受纬度和海拔高度的影响。在纬度上的差别，如桃始花从广东沿海直至北纬26°的福州、赣州一带，南北相距5个纬度，生育期迟早相差50天，即每一个纬度平均相差 10 天。海拔高度对景观植物生育迟早的影响是海拔愈低，温度愈高，景观植物发育愈快。

非节律性变温主要指温度的突然降低（低温）和突然升高（高温），这种温度的突然变化对景观植物的危害。低温对景观植物的伤害程度，决定于温度降低的量、低温的持续时间和低温发生的季节，同时也决定不同种及品种的景观植物及其不同发育阶段的抗低温能力。温度降得愈低，景观植物受害愈重；低温持续时间愈长，对景观植物的危害愈大；降温速度越快，景观植物受伤害越重。在寒冷的季节（冬季），景观植物抵抗低温的能力较强，但当早春气候回暖后，景观植物抗低温能力减弱，这时突然降温，对景观植物危害更严重，特别是草本景观植物。寒潮以后，温度急剧回升要比缓慢回升受害更重。不同种的景观植物抗寒能力差异很大，如热带景观植物橡胶林、椰树等在 2～5 ℃就严重受害，但起源于北方的某些景观植物能在 −40 ℃或更低的温度条件下越冬。即使是同一类景观植物由于种和品种不同，抗寒能力也会有很大差别。同一景观植物在不同发育阶段，抗寒能力也不相同，通常休眠阶段抗寒性最强，营养生长阶段次之，生殖生长阶段最弱。此外，营养条件不同，也能影响景观植物对低温的抗性。如一些草本景观植物氮肥施得过多、抗性减弱；多施磷钾肥或有机肥，能增强抗寒性。

高温对景观植物的有害作用，首先是破坏了光合作用和呼吸作用的平衡，使植物长期"饥饿"而死。在高温下，景观植物蒸腾作用突然加强，破坏了体内水分平衡，使植物迅速受到干旱而致萎蔫、枯死。不同种及品种的景观植物，抗高温的能力是不同的。同一景观植物，在不同发育阶段对高温的抗性也不相同，通常休眠时期抗性最强，生长、发育初期最弱，以后又逐渐提高。长期生活在高温地区的景观植物具有种种生态适应，如植物体呈白色，体外密生绒毛、鳞片，茎干具有厚的木栓层，叶缘侧面向光等。此外，不少景观植物具有较强的蒸腾作用，通过蒸腾作用，降低体温。

了解节律性变温和非节律性变温对景观植物的作用，可以根据不同景观植物的生育期，尽量避开不利的温度条件，使景观植物充分地利用环境中的热能资源。同时，引种时可以选择适宜的栽种地区和节令，保证景观植物在适宜的温度条件下生长与繁殖。

第三节　景观植物与阳光

光是绿色植物不可缺少的条件。光在地球上的分布是不均匀的，它随着地理纬度、海拔高度、地形坡向而改变，也随着不同的季节和一天的进程而变化。此外，空中水汽和尘埃的含量，景观植物的相互荫蔽程度等，也直接影响光照强度和性质。而光照强度、光质和光照时间的变化，都能对景观植物的形态结构、生理生化等方面产生深刻的影响。各种景观植物长期生活在一定的光照环境里，形成了不同的生态习性，表现为不同的生态类型。

一、阳性景观植物与阴性景观植物

根据景观植物对光照强度的要求，分为阳性景观植物和阴性景观植物两大类型，居于两类之间的为耐阴景观植物。阳性景观植物要求在较强的光照下才能生育健壮，不耐荫蔽，一般枝叶稀疏、透光，自然整枝良好。它们大多生长在空旷之处，树皮通常较厚，叶色较淡，植株开花结实率较高；一般生长较快，但寿命较短，补偿点较高。如松、杉、麻栎、栓皮栎

（*Quercus variabilis* Bl.）、杨、柳、枣〔*Ziziphus jujuba* Mill. var. *inermis*（Bunge）Rehd.〕、桦、洋槐（*Robinia pseudoacacia* L.）和蓟、刺苋、蒲公英等草本是需要强或较强的光照，属于阳性景观植物。阴性景观植物在较弱的光照条件下比在强光下生育良好，一般枝叶浓密，透光度小，自然整枝不良，外观树皮较薄，叶色较深；通常生长较慢，但寿命较长，补偿点较低。山毛榉、铁杉和许多林下蕨类景观植物均属阴性景观植物。此外，阳性景观植物和阴性景观植物在内部结构上的反映也是很明显的。

补偿点就是光合作用所产生的碳水化合物与呼吸作用所消耗的碳水化合物达到动态平衡时的光照强度。补偿点的高低除了和景观植物在微弱光下进行光合作用的能力有关外，还取决于景观植物呼吸作用的强度，而温度高低又能影响呼吸作用的强弱。因此，温度也能明显地制约补偿点的高低。各种景观植物的光强补偿点高低不同，通常为 $100\sim1\,600\,m$ 烛光，阳性景观植物偏高，阴性景观植物偏低。在同一植物体上，阳性叶偏高，阴性叶偏低。

二、长日照景观植物和短日照景观植物

地面上每天日照时间的长短，随纬度、季节而不同。各种不同长短的昼夜交替，对景观植物开花结实的影响，称为景观植物的光周期现象。根据景观植物对光周期的不同反应，分为长日照景观植物、短日照景观植物和中性景观植物三类。这是对开花景观植物之花期调控的重要依据。长日照景观植物在其生长过程中，需要有一段时期每天的光照时数 18 h 或至少 12 h 左右才能形成花芽，光照时间越长，则开花越早。短日照景观植物在其生长过程中，需要有一段时间是白天短、夜间长的条件，即每天只要有 8 h 或至多 10 h 左右的光照就能开花，而且在一定范围内，暗期越长，开花越早；如果在长日照下，则只能进行营养生长而不能开花。还有一类对光照长度没有严格要求的景观植物，只要其他条件适合，在不同的日照长度下都能开花，这类属于中性类型。景观植物在发育上要求不同日照长度的这种特性是与它们的原产地日照长度有关的，也是景观植物系统发育过程中对于环境的适应。一般来说，长日照景观植物大多是在北方高纬地带起源的，而短日照景观植物则起源于南方低纬地带。

进一步的研究表明，对短日照景观植物花原基形成起决定作用的不是较短的光期，而是较长的暗期。根据这个认识，人们用闪光的方法打断黑暗，可以抑制和推迟短日照景观植物的花期，促进和提早长日照景观植物开花。这在生产上，尤其在花卉园林上很有应用的价值。

三、光质的景观生态作用

不同光谱成分对景观植物的形态建成和生理生化作用是不一样的。在可见光区（波长 $380\sim760nm$），大部分光波能被绿色景观植物吸收利用，通常把这部分光波称为生理有效光。其中红橙光吸收利用最多，其次是蓝紫光。绿光大部分被绿色叶子所透射或反射，很少被吸收利用。红橙光具有最大的光合活性，有利于碳水化合物的合成。青蓝紫光能抑制景观植物的伸长，而使景观植物形成矮小形态，并能促进花青素的形成，也是支配细胞分化的最重要的光线。不可见光中的紫外线也能抑制茎的伸长和促进花青素的形成。在自然界，高山景观植物一般都具茎干短矮，叶面缩小，茎叶富含花青素，花色鲜艳等特征，这除了与高山低温有关外，也与高山上蓝紫青等短波光及紫外线较多等密切相关。近年来，在园艺生产上应用有色薄膜改变光质，受到国内外的注意。如利用浅蓝色薄膜育苗，比用无色薄膜育成的

苗粗壮，根系较发达，生长健壮。

在园林上，根据不同植物的生长习性和人类对其经济性状的要求，采取不同栽培技术措施，满足其对光照的要求；或改变其光照条件，使其按照人们所需要的经济性状发展，如菊科等景观植物的花期调控。在远距离引种、调种时，要以该景观植物对日照长短的反应特性和引种地日照长短的季节变化，结合两地温度条件为考虑依据。一般由南方（短日照、气温较高）向北方（长日照、气温较低）引种，往往出现生育期延长、发育推迟等现象；由平原往高原引种，由于光照和温度条件的改变，也会有类似情况出现。

无论是自然植被或栽培植物，对光能的实际利用效率都还很不充分，一般仅能利用单位面积上获得的全年辐射能的 0.1%～1%。因此，在生产上改进培植技术、选育优良品种等，均有利于改善景观植物对光能的利用和积蓄，以加快景观植被的恢复或提高景观植被的效果。

第四节　景观植物与空气和风

一、景观植物与空气

空气是许多气体的混合体，主要由氮（约占 78%）和氧（约占 21%）组成；此外，还有一定数量的氩（少于 1%）、二氧化碳（约 0.03%）和极少量的氢，以及一些不固定的成分如氨、二氧化硫、水汽、烟尘、微生物和动植物分泌的挥发性物质等。从景观植物生态观点来看，空气成分的变化能对景观植物的生长发育产生直接的影响，而景观植物在生命活动过程中又能起平衡大气成分和净化空气中污染物的作用。

空气中的氮，必须经过一定转化（例如固氮细菌的作用），才能被绿色植物所利用。氧和二氧化碳是景观植物生存的重要生态条件。氧在水中和土壤中常感不足。因此，水生景观植物和湿生景观植物体内常具发达的通气组织。二氧化碳是景观植物光合作用的主要原料，景观植物生长盛期需要大量的二氧化碳。在全日照条件下，二氧化碳供应不足，成了光合速率的限制因素，增强二氧化碳浓度可以提高光合作用的强度。有人研究认为：阳性景观植物光合作用的强度，依赖于二氧化碳浓度比依赖光照强弱还要大；而阴性景观植物的光合作用几乎完全依赖于二氧化碳的浓度。近年来证明：景观植物根部也能吸收二氧化碳，并运输到叶里去参加光合作用。在园林花卉的生产中，施用有机肥料，不仅能增进土壤肥力，而且由于有机物的分解，能增加地面二氧化碳的浓度，有利于景观植物的生长发育。

城市或工矿附近空气中常含有各种对景观植物有害的气体，称为烟害。其中以二氧化硫数量最多，对景观植物的为害更大。此外，还有氯、氯化氢及氟与氟化氢等。这类气体的毒性比二氧化硫还大，在同样浓度下，对景观植物的为害要比二氧化硫严重得多。

空气中的水气不仅会降低大气透明度，减弱地面光照强度，还因水气吸收长波光线，改变光的性质，而光强和光质的改变，均能直接影响景观植物的生长发育。粉尘是飘浮在大气中的细微颗粒，也是大气污染的主要祸害之一。粉尘可以阻塞气孔，妨碍景观植物正常的气体交换，特别是风暴中所夹带的大量尘砂和尘雾，可以掩埋整个景观植物或景观植物群落，为害更大。空气中还含有某些景观植物的分泌物，某种景观植物分泌的挥发性物质对其他种类的景观植物会起有害或有益的影响。这是实行景观植物的混植与绿化造林选择树种组合时的依据之一。

景观植物在光合作用过程中，吸收二氧化碳，放出氧气，起了调节大气成分、维持其动态平衡的作用。绿化造林，不仅能减低风速，改善气候，绿化环境，还能净化空气，吸滤各种污染物。有的景观植物叶面粗糙，多绒毛；有的能分泌油脂或黏性汁液，起到很好的阻挡风沙和过滤粉尘的作用。不少景观植物具有吸收大气中有毒有害气体的能力，如柳杉、柑桔、夹竹桃、丁香等具有很强的吸硫能力；槐、紫藤、紫穗槐、合欢、桑等能吸氯；刺槐、女贞、月桂等能吸氯。此外，在城区多种些加拿大白杨、胡颓子、栓槭、洋槐、栎等，对吸收光化学烟雾及醛、酮、醇、醚等有毒气体有一定的作用。利用景观植物减少大气污染，净化环境，保护人民健康，是当前景观植物生态学工作者面临的新任务。

二、景观植物与风

风可以改变气温和湿度，又可以增强蒸发，既对景观植物有益，也具有害的作用。风能使大气中二氧化碳的含量分布均匀，还有助于花粉传播。许多景观植物的种子或果实体积微小，或有毛、翅，可随风散布。我国东半部的森林植被是与湿润的季风分不开的。但强烈的风能使草本景观植物倒伏，甚至摧折树木。台风常妨碍沿海植被的发展。干燥的风能导致景观植物枯萎。在寒冷季节，风能加重冻害。在风大的高山上，由于顶芽或顶枝受风害而枯死，直立灌木或乔木能变成匍匐形。在风害显著的地区，由于迎风面的芽和幼枝经常枯死，只有背风面的得到发展，结果树冠变成旗形。

景观植物也能降低风速，防减风害，其中以森林的效用最为显著。森林的防风效用，一方面决定于它的繁茂情况，另一方面也决定于森林的高度。一般来说，防风林的效应与树高成正比。通常在距离树高 10 倍处，防风效益最大；在距离树高 25 倍的范围内，仍有实际效益。我国目前在西北、华北和东北一带风沙危害和水土流失严重的地区，建立大型防护林体系，以保护辽阔的耕地和草牧场，并在广大面积上结合农田水渠、河流、道路，建立林带，实行农田林网化，均取得改善生态环境，增进经济效益的良好效果，也美化了辽阔的农村景观。

第五节　景观植物与土壤生态

土壤是景观植物生长发育的基地，景观植物从土壤摄取水分和矿质营养，土壤的性质决定着景观植物生长发育和繁殖的状况。肥沃的土壤能同时满足景观植物对水、肥、气、热的要求，是景观植物生长茂盛的基础。

构成土壤的物质极其复杂，而且变动性很大，其中最多的是矿物质，其次是有机质、水分、空气和土壤中的生物（藻类、细菌、真菌、蚯蚓、昆虫幼虫以及原生动物等）。这些因素互相影响，形成一种综合的自然体，在气候、生物、人类活动的影响下，对景观植物发生作用。土壤对景观植物最直接、最重要的作用是供给景观植物所必需的水分和养料。在自然界多种多样的土壤中，水分和养料的配合情况很不一致，在长期的发展过程中，出现了适应各种土壤的景观植物。

有些景观植物长期以来在人工培育下，它们对于自然土壤的适应能力相对地下降，必须在水分、养分充足的沃土中才能发育良好，如长春花（*Catharanthus roseus*）、千日红（*Gomphrena globosa*）等草本观花植物。因此，灌溉、施肥、耕作等措施对培育优良景观植物具有重要意义。

干旱气候下的土壤，如我国西北和内蒙古一带的灰钙土和栗钙土，由于水分不足，养料不能充分发挥作用，其上生长的自然景观植物稀疏而矮小，属于旱生类型。

干旱气候下的低洼地，如我国北方内蒙古、新疆、青海、甘肃等省、自治区以及沿海各地常出现盐土，其中以含氯化钠的盐土最多，也有含硫酸钠和硫酸钙的。盐土的土壤溶液浓度大，不利于一般景观植物的生长。有一些专能适应于盐土的自然景观植物，它们的细胞渗透压很高，一般在 40 个大气压以上，个别的可达 150 个大气压，因而能在浓度较高的土壤溶液中摄取水分和养料。

生长在盐土之上的自然景观植物在形态结构上表现为植物体干而硬，叶不发达，蒸腾表面强烈缩小，气孔下陷；表皮有厚的外壁，还常有灰白色绒毛；细胞间隙缩小，栅栏组织发达。其中有一类盐土自然景观植物，具肉质的茎、叶，体内含有大量盐分，其细胞原生质不但不会受害，反而由于渗透压的大大提高，能从多盐的外界环境中吸收足够的水分，保持繁茂生长，如盐角草（*Salicornia europaea* L. ）、滨藜［*Atriplex patens*（Litw. ）Itjin］等。另有一类盐土自然景观植物，其根部细胞对盐类的渗透性也很大，但所吸收的盐类并不积累在体内，而是经由茎、叶表面密布的分泌腺排出体外，最后，逐渐被风吹或雨露淋洗掉，如怪柳（*Tamarix chinensis* Lour. ）、矶松等。我国额尔济纳河沿岸的胡桐（杨）（*Populus diversifolia* Schrenk），茎部伤流凝成的碳酸钠结晶，当地群众称"胡桐泪"，是家畜用药。还有一类盐生自然景观植物的根系对盐分的渗透性较小，体内并不积累大量盐分，但因含有较多的可溶性有机酸和糖类，使细胞渗透压增大，提高了从盐碱土中吸收水分的能力，如田菁［*Sesbania cannabina*（Rez. ）Pers.］、胡颓子等。

盐土景观植物的生态环境与土壤里易溶性盐类离子增加而引起生理性干旱的综合结果有关，因此，盐土景观植物的生态适应特征通常是与旱生景观植物的适应特征结合在一起的。

碱土通常含碳酸钠或碳酸钾，以含碳酸钠的碱土为最常见，我国除东北、西北局部地区有零星分布外，没有大面积的碱土。碱蓬（*Suaeda glauca* Bunge）和大碱蓬（*S. altissima*）是碱土自然景观植物。

栽培景观植物中没有真正的盐土景观植物，但也有少数种或品种能在含盐量较高的土壤上生长，同一景观植物的不同生育期耐盐性也有差异，如很多景观植物幼苗期的耐盐性不如成年植株强。

在干旱地区，岩石的风化物在风作用下常聚成流动的沙丘。由于沙丘的流动性、干旱性以及养分缺乏，温度变幅大等特点，其上只有砂生景观植物才能生长。砂生自然景观植物的适应方式主要表现在：①根系很深，能从深层土壤中获得水分和养料；②水平状的根和根状茎发达，能固定景观植物体，不易被风沙移动；③产生不定根和不定芽的性能很强，能在被沙掩埋或受风蚀暴露后的植物体任何部分重新长出根系和枝条。沙拐枣（*Calligonum mongolicum* Turcz. ）是典型的砂生景观植物，它的根深达 15 m，水平伸展达 20 m，产生不定根和不定芽的能力很强。细枝岩黄芪（*Hedysarum scoparium* Fisch et. Mey. ）为生于内蒙及中亚沙漠中的灌木，高 1/3～2/3 m，萌蘖能力强，能耐沙埋。近年来，用来固沙，收效较好。我国西北还有一些砂生植物，如梭梭［*Haloxylon ammodendron*（Mey. ）Bunge］、白刺（*Nitraria sibirica* Pall. ）、油蒿（*Artemisia ordosica* Kraschen. ）生于流沙；籽蒿（*A. sphaerecephala* Krasch. ）生于半固定的沙丘；沙蒿（*A. salsoloicles* Willd. ）生于戈壁

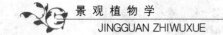
滩等。这些固沙植物资源正日益受到重视。

　　湿润气候下的土壤，由于水分充沛，养料也容易被景观植物吸收利用，因而其上植被茂密。但雨水多，往往容易引起土壤养料的淋洗或流失，形成矿质营养的相对缺乏（特别是上层土壤），并使土壤呈酸性反应和缺氧，为真菌和嫌气性细菌的活动创造有利条件。我国北方和南方许多山区习见的灰化土、生草灰化土以及南方部分红壤或黄壤，都在一定程度上具有上述性质。这些土壤上习见的景观植物有杜鹃（*Rhododendron simsii* Planch.）、马尾松、杉、枫香（*Liquidambar formosana* Hance）、白栎（*Quercus fabri* Hance）、冷杉〔*Abies fabri*（Mast.）Craib〕、云杉（*Picea asperata* Mast.）、茶（*Camellia sinensis* O. Ktze.）和油茶（*C. oleifera* Abel.）等。由于不同景观植物对土壤酸碱度的反应和要求不同，可以分为酸性土景观植物（土壤酸度 pH<6.7）、中性土景观植物（土壤酸度 pH6.7～7.0）和碱性土景观植物（pH>7.0）三大生态类型。

　　长期被水浸渍的地段形成沼泽。沼泽的水分充足，但养分差异很大。寒冷地方的沼泽往往酸性很强，而且瘠薄，只有藓类才能适应这样的环境。

　　岩石未经风化之前，几乎没有蓄水的性能，养料更难被植物摄取，只有地衣和某些藻类能在其上生长。石块累积的地方，例如砾石荒漠、倒石堆等，有时完全没有土壤或只在石隙处有少量土壤，这里生长的植物称为石隙植物，主要是些深根的灌木和草本。

　　藜（*Chenopodium album* L.）、反枝苋（*Amaranthus retroflexus* L.）、刺苋（*A. spinosus* L.）以及曼陀罗属（*Datura*）植物，经常出现于堆积垃圾、厩肥的地方或畜圈附近，这类植物被称为喜硝景观植物。还有一些喜钙景观植物，在石灰性含钙丰富的土壤上生长，如侧柏〔*Biota orientalis*（L.）Endl.〕、甘草（*Glycyrrhiza spp.*）、贯众（*Cyrtomum fortunei* J. Sm.）等。

　　自然界的多数景观植物对土壤的适应范围都比较广泛，但也有一些植物对环境条件的要求相当严格，不是处在它所要求的气候和土壤环境之下，就不能生长，或生长不良，因此，当我们发现有这类植物生长的地方时，就可以判断这些地方生态环境的特点。因为这类植物有指示某一特殊的生态环境的作用，所以叫做指示植物。如盐角草、滨藜常作为盐土的指示植物，景观植物杜鹃、芒萁〔*Dicranopteris dichotoma*（Thunb.）Bernh.〕、乌饭树（*Vaccinium bracteatum* Thunb.）等作为酸性土的指示植物，侧柏、蜈蚣草（*Pteris vittata* L.）等作为钙质土的指示植物。指示植物有专门指示某地气候条件的，有专门指示土壤条件的，更多的是同时指示气候和土壤二者性质的。还有一些植物能指示地下的矿苗。但任何指示植物都是在植物对各生态条件综合适应的基础上表现其指示作用的，因此，指示植物有一定的区域性。把这些植物作为景观植物进行人工栽培或引种时要特别注意其这一特性；否则，难以实现其景观效果。

第六节　景观植物与地形

　　地形条件指坡度、坡向、海拔高度等。这类条件不直接参与景观植物的代谢作用，但却影响着各种生态条件。例如，起伏的地形影响着水的分配，不同的坡向影响着光、湿度、风等的分配。因此，也就影响着景观植物的生活。

　　在各种生态条件综合作用下，有时某一条件对景观植物的生活甚至对生存起着决定性作用，例如，在干旱地区，水分的多少对景观植物起着决定性的作用；在盐土上，盐分的多少对景观植物起着决定性的作用。我们把这类条件称之为主导条件或主导因素。某条件之所以成为主导条件，是因为这一条件的量或强度已经接近或达到景观植物可能适应的边缘。由于这类景观植物的生态幅较狭，故这一条件的微量增减就会引起景观植物的巨大变化。

由于地形条件影响着各种生态条件的分配，因此，地形条件的变化能引起各种生态条件的变化，其中也包括主导因素的变化。由于地形条件能通过主导因素而影响景观植物，所以，地形的变化往往能引起景观植物的巨大变化。

例如，在干旱的陕北丘陵地区（此区位于森林草原与干草原的过渡地段），水条件起着主导作用。丘陵的阴坡、阳坡以及坡的上部、中部、下部的水分条件不同，所以丘陵南北坡的景观植物常表现出明显的差异，丘陵北坡植物比较茂盛，间或还出现乔木［山杨（*Popuplus davidiana* Dode）］；但南坡则乔木绝迹，草类也很稀疏，草的种类也以干草原的成分为主，如冷蒿（*Artemesia frigida* Willd）、糙隐子草［*Kengia squarrosa*（Trin.）Packer］。

山地可以阻滞气流，使气流沿坡上升，冷凝成雨，所以，丘陵地带的雨量较附近平原地区的为大，向风山坡的雨量较背风坡的为大。坡度大小影响土壤温度高低，也影响土壤湿度。同时，坡度越陡，使径流速度增大，可供土壤吸收水分的时间相对缩短；陡坡还使土壤强烈地被侵蚀，土层越薄，所能渗透的雨水也越少。因此，斜坡上的上、中、下部土壤湿度显然不同。在北半球温带地区，太阳位置偏南，南向坡所吸收到的阳光较平地多，北坡则较平地少，南北两坡由于光照条件的不同，引起气温、土温、大气湿度和土壤含水量等生态条件的差异，导致其上生长的植物种类和植物群落也有了明显的不同。

在山区，随地形的上升而引起生态环境的变化，也相应地导致植物的变化。以秦岭主峰太白山北坡为例：山麓一带（海拔 1 100 m 以下）的植物以侧柏为主，杂以酸枣（*Ziziphus jujuba* Mill.）、狼牙刺（白刺花）（*Sophora viciifolia* Hance）等较耐旱的灌丛。由此而上（1 100 m 以上），侧柏绝迹，而代之以栎林（*Quercus* spp.），杂以榛属（*Corglus* spp.）的矮林和灌丛；再上（海拔 2 200 m 以上）则进入桦林（*Betula* spp.），茂密的桦林代替了栎林；再上（海拔 3 150 m 以上）则阔叶林绝迹，代之以针叶林，如冷杉（*Abies* spp.）和落叶松（*Larix* spp.）；再上（由 3 500 m 直到山顶），则乔木绝迹，山顶上只有几种零星生长的灌丛和草本群落，如小枇杷（密枝杜鹃 *Rhododendron fastigiatun* Franch）灌丛、杯腺柳（*Salix cupularix* Rehd.）灌丛和嵩草（*Kobresia* spp.）群落等。

通常认为，纬度每增加 1 度（约 100 km），年平均温度降低 0.5 ℃，但实际上受地形的影响很大。因此，在地形起伏的地方培植景观植物，必须注意坡度和温度的关系。需要热量较多的景观植物，在寒冷的地方，只有南坡才能生长。我国北方，东坡上常易受冻害，因为东坡经寒夜之后，很快就面临太阳直射，温度变化急剧，易致受害。高地的景观植物容易遭受风害，低洼地方的景观植物由于冷空气下沉的结果，容易遭受寒害。关中农谚"风吹高岗，霜杀低洼"，是多年经验的总结。

由沼泽过渡到平地的地段上，由于地形所引起的植物变化也是极为典型的。随着地形的升高，水分逐步减少，相应的水生植物依次被湿生植物、中生植物和旱生植物（如果当地的气候是干旱的）所替代。

山区的地形复杂，它拥有峰、梁、坡、谷、台等各种地形。在这类地形上，又有高度、坡度、坡向等变化。因此，山区就存在着极其多样化的生态环境。相应地，山区的植物种类和分布要比平地的复杂得多。例如，山杨在陕北干旱的黄土丘陵上，只出现在北坡；而在秦岭山区，当山杨的垂直分布已接近上缘时，就只出现在南坡。在前一种情况下，水分显然起着主导的作用，北坡的水分稍多，所以山杨在北坡出现；后一种情况下，温度显然起着主导作用，南坡的温度稍高，所以山杨在南坡出现。这种地形影响植物种类和分布的实例，甚至在很小的范围内也能经常见到。我们要善于发现和分析这种小地形的特点，因地制宜地设计环境景观与培植景观植物。

第七节　景观植物与生物条件

生物条件是景观植物经常接触的条件，它深刻地影响着景观植物。本节主要介绍生物条件对高等景观植物的影响。

许多景观植物的花粉、果实或种子，借助动物传播。昆虫是传播花粉的媒介，其中最常见的是蜂类和蝶类，所以果园养蜂既可以产蜜，又有利于果树传粉。许多可食的核果、坚果或松柏科景观植物的种子，由于啮齿类动物的搬运和储藏而得到广泛传播。有些浆果或核果被动物吞食后，由于种皮（或内果皮）坚硬或包有蜡质，不能消化，随粪便排出后并未丧失发芽力而得到散布。鸟类啄食浆果时，种子也随之散出，特别像桑寄生一类的寄生植物，当鸟类啄食其果实时，种子常黏在喙上，鸟在树枝上擦喙时，种子又黏在树上，随后发芽生长。许多草本植物的果实或种子表面有刺、钩、粘液或类似结构，可以附着在动物身上，传播到远处。此外，食虫景观植物如猪笼草 ［*Nepenthes mirabilis*（Lour.）Druce］、狸藻（*Utricularia vulgaris* L.）、茅膏菜 ［*Drosera peltata* Smith var. *lunata*（Buch. - Ham.）Clarke］ 等，经常捕食和消化一些幼小昆虫以补充其氮素营养不足。

在土壤内，固氮细菌能够固定空气中的分子氮，增加景观植物的氮素营养。根瘤细菌和若干土壤菌类与景观植物建立了相互有力的共生关系。根瘤菌有专一性，所以引种新的豆科景观植物时，应接种相应的根瘤菌。此外，蚯蚓的活动，可以改变土壤的结构，有利于根系的发育。

景观植物也经常受到某些生物的为害，我国西部草原上的啮齿类动物如旱獭、土拨鼠等以食草为生，掘土为穴，破坏草原或草坪，森林里的野羊、鹿、兔、鼠、猴、松鼠以及鸟类等喜欢吃树叶、幼苗、嫩枝、果实、种子，妨碍景观树木种子的发芽和景观森林的更新，严重的甚至可以改变景观森林的组成成分。蝶类的幼虫为害景观植物的枝、叶。受了昆虫伤害的景观植物，又容易受细菌、真菌和病毒的危害。病菌给景观植物带来的损害也很大。此外，蚁能破坏土壤结构，影响植物生长；白蚁啃食树皮，常导致景观植物枯死；甲虫的幼虫伤害景观植物的根系，线虫也常寄生景观植物根部，为害景观植物生长；还有不少地下害虫为害景观植物幼苗，造成苗圃死苗与移栽后的严重缺苗现象。

第八节　人类对景观植物的影响

人类自古以来，就不断地选择有益的植物，加以驯化栽培。因此，栽培植物的品种日益增多，种植面积日益扩大，从而大大地改变了地面的自然景观。人类也在广阔的范围内对植物进行传播。例如，桉树原产澳洲，月季原产中国，目前已遍布各地。另一方面，由于交通事业的发展，也常无意地将一些有害植物和病菌传至各地。

人类经过长期的生产活动，创造出许多栽培植物，开辟了广大的农田、牧场与人工园林景观，在生产上奠定了良好的基础。但由于历史的原因，也留下了不少缺点和问题。例如，不合理的灌溉曾引起大面积的土地盐碱化；盲目开荒曾使土壤严重侵蚀，造成河流泛滥、生产下降和自然景观的消失；大面积地砍伐森林，导致气候干旱、风沙侵入和自然森林景观的消失、水土流失；还有工业"三废"，污染环境，不仅影响景观植物的正常生长，也危及人类的生活。

通过以上各生态条件的叙述，加深了我们对于景观植物与环境关系的认识。实际上，植物与环境构成一个体系（系统）。环境中的各生态条件不但与景观植物之间存在着密切的联系，而且各生态条件相互之间也存在着密切的联系。某一生态条件的变化，往往会引起其他生态条件一系列的变化。因此，当研究某一生态条件对景观植物的影响时，不能忽视与其他生态条件的关系，因为它们是在综合作用的基础上对景观植物发生作用的。生态条件的综合作用，是植物生态学的一条基本规律。

参 考 文 献

陈俊愉，程绪珂．1990．中国花经．上海：上海文化出版社．

胡正山，陈立军．1992．花卉鉴赏辞典．长沙：湖南科学技术出版社．

金岚．环境生态学．2001．北京：高等教育出版社．

李光晨，范双喜．2001．园艺植物栽培学．北京：中国农业大学出版社．

刘仁林．2003．园林植物学．北京：中国科学技术出版社．

李杨汉．1979．植物学．上海：上海科学技术出版社．

北京林业大学园林系花卉教研组．1990．花卉学．北京：中国林业出版社．

孙吉雄．草坪学．2003．北京：中国农业出版社．

孙可群，张应麟，龙雅宜，董保华，费砚良，王雪洁．1985．花卉及观赏树木栽培手册．北京：中国林业出版社．

游泳．园林史．2002．中国农业科技出版社．

郭兆武，郭旭春，高建芳，裴丽丽．2010．黄花石蒜（*Lycoris aurea* Herb.）不同大小外植体对其组织培养效果的影响．中药材，33(7)：1038-1041．

郭兆武，郭旭春，高建芳，裴丽丽．2010．黄花石蒜不同外植体的组织培养研究．西北植物学报，30(8)：1695-1700．

郭兆武，郭旭春，裴丽丽，高建芳．2010．BA 与 NAA 对药用黄花石蒜（*Lycoris aurea* Herb.）鳞片组织培养的影响．热带作物学报，31(2)：229-234．

郭兆武，虢国成，熊远福．2007．两种野生石蒜的光合生理细胞学及栽培特性比较．西北农业学报，16(2)：136-141．

郭兆武，金建军，俞健．2007．彩叶草株型矮化的化学控制及其细胞学特征初探．中国农学通报，23(11)：261-266．

郭兆武，吴栋，张楠楠．2010．花卉植物紫竹梅观赏性状的化学调控．西北农业学报，19(11)：148-153．

郭兆武，吴栋，张楠楠．2010．热带花卉植物半支莲（*Portulaca grandiflora* Hook.）观赏性状的化学调控研究．热带作物学报，31(1)：39-44．

郭兆武，萧浪涛，童建华．2005．GA_3 对三色堇观赏性状的调控．西北农业学报，14(1)：57-61．

郭兆武，萧浪涛，熊远福．2005．一种新型花烛切花保鲜剂的作用机理探析．西南农业学报，18(1)：84-89．

郭兆武，萧浪涛，邹应斌．2004．花烛鲜切花的衰败原因探析．中国农学通报，20(6)：205-209．

郭兆武，萧浪涛．2002．6-BA 和 GA_3 促进三色堇再生的研究．湖南农业大学学报，28(6)：499-501．

郭兆武，萧浪涛．2003．观赏花卉分子育种及育种中的基因工程．长沙电力学院学报，18(1)：84-88．

郭兆武，萧浪涛．2002．花卉的化学控制．长沙电力学院学报，17(3)：91-95．

郭兆武，邹应斌，夏石头．2004．一种新型花烛切花保鲜剂的效果．亚热带植物科学，33(2)：13-17．

郭兆武．2000．长江中下游地区河湖沿岸防洪减灾生态措施初探．湖南农业大学学报，26(1)：76-78．

Allison M L, Kathleen M K. 2011. Comparing the adaptive landscape across trait types: larger QTL effect size in traits under biotic selection. BMC Evolutionary Biology. 11: 60.

Asako M, Makoto S, Hiroshi T, Kaoru N. 2011. Changes in forest resource utilization and forest landscapes in the southern Abukuma Mountains, Japan during the twentieth century. Journal of Forest Research. 16

(2)：87－97.

Bill S. 2012. The Moral Landscape. Journal of Business Ethics. 108(3)：411－415.

Farah H，Iraj E，Ghoddusifar S H，Nahid M. 2012. Correspondence Analysis：A New Method for Analyzing Qualitative Data in Architecture. Nexus Network Journal. 14(3)：517－538.

Fetisov D M. 2011. Landscape diversity in the Russian part of the Lesser Khingan. Geography and Natural Resources. 32(1)：60－64.

Guo Z W，Deng H F，Li S Y，Xiao L T，Huang Z Y，He Q，Huang Z G，Li H S，Wang R Z. 2011. Characteristics of the mesophyllous cells in the sheaths of rice (*Oryza sativa* L.). Agricultural Science in China. 10(9)：1354－1364.

Guo ZW，Li HS，Wang RZ，Xiao LT. 2007. Photosynthesis of the Flag Leaf Blade and Its Sheath in High－yielding Hybrid Rice 'Liangyoupeijiu'. JPPMB. 33(6)：531－537.

Guo ZW. 2013. Feature of the photosynthetic tissue in the sheath of rice(Oryza sativa L.). Proceedings of Spie. 87(62)：168－173.

Guo ZW. 2013. Significance of rice sheath photosynthesis：yield determination by ^{14}C radio－autography. African Crop Science Journal. 21 (3)：185－190.

Hajime K，2005. Yukihiro M. What is landscape and ecological engineering. Landscape and Ecological Engineering. 1(1)：1.

Hayriye E，Bulent D，Baris K，Birsen K. 2010. Analyzing landscape changes in the Bafa Lake Nature Park of Turkey using remote sensing and landscape structure metrics. Environmental Monitoring and Assessment. 165(1)：617－632.

Jason T F，Gray M. 2000. Resource patch array use by two squirrel species in an agricultural landscape. Landscape Ecology. 15(4)：333－338.

Joan I N. ，Paul O. 2008. Design in science：extending the landscape ecology paradigm. Landscape Ecology. 23 (6)：633－644.

John H W. 2012. Recent Landscape Archaeology in South America. Journal of Archaeological Research. 20(4)：309－355.

John H W. 2012. Recent Landscape Archaeology in South America. Journal of Archaeological Research. 20(4)：309－355.

John P C，Christopher S. G，Winston T. L. C. 2013. Landscape configuration and urban heat island effects：assessing the relationship between landscape characteristics and land surface temperature in Phoenix，Arizona. Landscape Ecology. 28(2)：271－283.

Jon B. 1978. Toward an applied human ecology for Landscape Architecture and Regional Planning. Human Ecology. 6(2)：179－199.

Kurt F A，Richard H W，Cherie L S. 2001. An Archaeology of Landscapes：Perspectives and Directions. Journal of Archaeological Research. 9(2)：157－211.

Laura R M. 2013. Key concepts and research priorities for landscape sustainability. Landscape Ecology. 28(6)：995－998.

Makunina G S. 2011. Geophysical systems of landscapes. Geography and Natural Resources. 32(4)：301－307.

Malin F，Zdislaw M. 1994. The key role of water in the landscape system. GeoJournal. 33(4)：355－363.

Marc A，Jesper B，Isabel L R，Emilio P S，Jonathan P，Veerle V E，Teresa P C. 2013. How landscape ecology can promote the development of sustainable landscapes in Europe：the role of the European Association for Landscape Ecology(IALE－Europe)in the twenty－first century. Landscape Ecology. 28(9)：1641－1647.

Mike L，Kate C. 1990. Minnesota State Parks. Voyageur Press，Inc.

Nicolas M，Bram V M，Bruno C，Angibault J M，Bruno L，Jo? l M，Sylvie L，Hewison A J M. 2011. Landscape composition influences roe deer habitat selection at both home range and landscape scales. Landscape Ecology. 26(7)：999 - 1010.

Nora F，Niina K，Veerle V E. 2013. Landscape Characterization Integrating Expert and Local Spatial Knowledge of Land and Forest Resources. Environmental Management. 52(3)：660 - 682.

Olaf B. 2001. Landscape Ecology - towards a unified discipline. Landscape Ecology，16(8)：757 - 766.

Reiley H E，Carrol L S. 1983. Introductory Horticulture. International Thomson Limited.

Richling A. 1983. Subject of study in complex physical geography (Landscape geography) . GeoJournal. 7(2)：185 - 187.

Roger L H D，Leonardo D，John W D，Tim G S. 2013. Corridors and barriers in biodiversity conservation：a novel resource - based habitat perspective for butterflies. Biodiversity and Conservation. 22(12)：2709 - 2734.

Semenyuk O V，Sileva T M，Peleneva M V. 2011. The mineral background of the anthropogenic soils of landscape architecture objects. Moscow University Soil Science Bulletin. 66(4)：149 - 152.

Stanton G. 2012. The Archaeology of Baseball：Landscape and the Power of Place. Archaeologies. 8(3)：313 - 329.

Tami N，Gary B，Yu G A. 2013. A broad overview of landscape diversity of the Yellow River source zone. Journal of Geographical Sciences. 23(5)：793 - 816.

Thomas S. 2013. Landscape of the unknown：mobilizing three understandings of landscape to interpret American and Indian cinematic outer space. GeoJournal. 78(1)：165 - 180.

Thomas S. 2013. Landscape of the unknown：mobilizing three understandings of landscape to interpret American and Indian cinematic outer space. GeoJournal. 78(1)：165 - 180.

Tristan K. 2010. Canalization and adaptation in a landscape of sources and sinks. Evolutionary Ecology. 24(4)：891 - 909.